高等学校通识教育系列教材

计算机基础与计算思维
（第二版）

熊福松 主编

黄蔚 张志强 副主编

李小航 凌云 沈玮 编著

清华大学出版社
北京

内 容 简 介

本书内容包括计算机组成及工作原理、计算机软件与信息表示、计算机网络与信息安全、计算机新技术、大数据应用技术,以及计算思维与程序设计。

全书分为3部分:第1部分(第1~4章)为基础篇,着重介绍现代信息技术,主要让读者理解计算机硬件的基本工作原理、软件与信息编码技术、网络与信息安全,并了解云计算、人工智能、物联网、虚拟现实、增强现实、区块链技术以及数字人民币等计算机新技术;第2部分(第5章)为大数据应用技术篇,着重介绍大数据相关概念、大数据处理的流程、Python处理数据与分析以及大数据可视化,理解数据的收集、存储、清洗、整理等预处理过程,并对这些数据进行简单分析及可视化展示;第3部分(第6章)为计算思维与程序设计篇,着重介绍"计算平台—问题求解—数据处理"的过程,使读者掌握问题求解的方法与手段以及正确的科学思维模式,并初步具备运用程序设计的思想与方法求解实际问题的能力,为后续计算机程序设计等课程的深入学习奠定良好的基础。

本书既可供多层次、不同专业的高等院校非计算机专业本科生使用,通过合理选取,可以满足不同学时的教学,也可作为计算机等级考试一级、二级基础理论的参考书,还可作为一般工程技术人员和对计算机技术感兴趣的读者的参考书。

图书在版编目(CIP)数据

计算机基础与计算思维/熊福松主编. —2版. —北京:清华大学出版社,2021.8(2023.9重印)
高等学校通识教育系列教材
ISBN 978-7-302-58413-1

Ⅰ.①计… Ⅱ.①熊… Ⅲ.①电子计算机—高等学校—教材 Ⅳ.①TP3

中国版本图书馆 CIP 数据核字(2021)第 115631 号

责任编辑:刘向威 常晓敏
封面设计:文 静
责任校对:胡伟民
责任印制:杨 艳

出版发行:清华大学出版社
  网 址:http://www.tup.com.cn,http://www.wqbook.com
  地 址:北京清华大学学研大厦 A 座 邮 编:100084
  社 总 机:010-83470000 邮 购:010-62786544
  投稿与读者服务:010-62776969,c-service@tup.tsinghua.edu.cn
  质量反馈:010-62772015,zhiliang@tup.tsinghua.edu.cn
  课件下载:http://www.tup.com.cn,010-83470236
印 装 者:三河市天利华印刷装订有限公司
经 销:全国新华书店
开 本:185mm×260mm 印 张:24 字 数:596千字
版 次:2018 年 9 月第 1 版 2021 年 9 月第 2 版 印 次:2023 年 9 月第 6 次印刷
印 数:13501~16500
定 价:69.00 元

产品编号:091377-01

前 言

PREFACE

计算机及相关技术的发展与应用在当今社会生活中发挥着前所未有且越来越重要的作用,计算机与人类的生活息息相关,是不可或缺的工作工具和生活工具。因此,计算机教育应面向社会,与时代同行。为进一步推动高等学校计算机基础教育的发展,教育部高等学校计算机科学与技术教学指导委员会发布了《关于进一步加强高等学校计算机基础教学的意见暨计算机基础课程教学基本要求(试行)》(简称白皮书)。白皮书建议各高等学校在课程设置中采用"1+X"方案,即大学计算机基础课程+若干必修或选修课程。

目前,大学计算机基础课程主要由理论部分和实践部分构成,本书是为大学计算机基础课程的理论部分编写的。全书内容共分 6 章。第 1 章是计算机组成及工作原理;第 2 章是计算机软件与信息表示;第 3 章是计算机网络与信息安全;第 4 章是计算机新技术;第 5 章是大数据应用技术;第 6 章是计算思维与程序设计。其中,第 1~3 章重点对计算机信息技术相关的基础知识做了全景式介绍,属于基本原理性内容,力求讲解简洁与说理透彻。第 4 章属于技术性内容,做了粗线条的介绍,读者在将来学习和工作中还可以进一步学习和加深理解。随着大数据技术的迅猛发展,数据科学与大数据技术越来越重要,已被列为国家重大发展战略。越来越多的专业领域都需要和大数据技术结合,因此第 5 章着重介绍大数据应用技术。同时,计算思维的培养是由九校联盟(C9)率先从美国常春藤名校引入国内的计算机基础类课程,经过几年的实践在国内已经取得了较好的效果,教育部高等学校计算机基础课程教学指导委员会建议有条件的高校开设相关内容的教学,因此第 6 章重点介绍计算思维和程序设计基础。

本书在精心编排课程内容的同时,结合相关章节的知识点,引入思政教育的内容。例如,第 1 章的计算机组成及工作原理,介绍光刻机,让学生了解计算机硬件的核心——芯片的制作过程,以及在这个制作过程中,美国是如何对我们设置重重障碍的,激发同学们的爱国热情,理解落后就要挨打的道理;第 2 章的计算机软件与信息表示,介绍华为的鸿蒙操作系统,让学生理解操作系统的重要性以及华为科学家们多年潜心钻研,打破美国对于操作系统的垄断,提升学生们的自信心,同时教育学生们要能沉下心来,把冷板凳坐热才能取得重大的研究成果;第 3 章的计算机网络与信息安全,介绍我国发起的"雪人计划",让学生充分认识到,虽然我们是网络大国,但还不是网络强国,要想变成网络强国就需要把网络安全的控制权牢牢掌控在自己手上,还需要我们大学生努力学习,把祖国建设为网络强国;第 4 章的计算机新技术,介绍我国自主研发的北斗卫星导航系统,中国科学家们凭着一股不服输的韧劲,在重重困难下,一次次地进行突破,攻克了一道又一道的技术难题,让同学们理解,大国重器必须掌握在自己手里,培养学生的责任感、自豪感和荣誉感。

参与本书编写的有熊福松、黄蔚、张志强、李小航、凌云、沈玮,全书由熊福松统稿,朱锋和金海东老师对本书的编写给予了很多指导性意见。本书是集体智慧的结晶,在编写过程中得到苏州大学东吴学院大学计算机系全体老师的大力支持,在此谨向付出辛勤劳动的各位老师表示感谢!同时,本书的出版得到了全国高等院校计算机基础教育研究会研究项目"计算机基础课'课程思政'教学研究与探索"(项目号:2021-AFCEC-400)、2021 年苏州大学课程思政示范项目"计算机信息技术(计算思维)"的资助,在此一并表示衷心的感谢!

　　本书的编写力求做到由浅入深、层次分明、概念清晰,在选取案例时追求生动、通俗易懂,同时涉及的知识点尽量全面、实用且新颖。由于编者水平有限,书中难免存在不足之处,敬请广大读者和同行不吝指正。

编　者

2021 年 4 月

目录
CONTENTS

第1部分 基 础 篇

第1章 计算机组成及工作原理 ································· 3

1.1 计算机概述 ··· 3
1.1.1 计算机发展历史 ·································· 3
1.1.2 计算机分类 ······································ 5

1.2 微电子技术 ··· 9
1.2.1 集成电路 ··· 9
1.2.2 摩尔定律 ··· 9

1.3 计算机的组成与工作原理 ······················· 10
1.3.1 冯·诺依曼体系结构 ························· 10
1.3.2 五大基本部件 ································· 11
1.3.3 计算机的工作原理 ························· 13

1.4 PC 的组件 ·· 15
1.4.1 主板 ··· 15
1.4.2 CPU ··· 21
1.4.3 存储器 ··· 24
1.4.4 输入输出设备 ································· 28

习题 ·· 32

阅读材料 1：光刻机 ··· 35

阅读材料 2：未来计算机 ··································· 38

第2章 计算机软件与信息表示 ························· 43

2.1 软件概述 ··· 43
2.1.1 程序与软件 ····································· 43
2.1.2 软件的分类 ····································· 43

2.2 操作系统 ··· 46
2.2.1 操作系统概述 ································· 46
2.2.2 操作系统的功能 ····························· 48
2.2.3 常见操作系统 ································· 57

2.3　信息与信息表示 ·· 60

2.3.1　信息 ·· 60

2.3.2　数制与数制转换 ·· 62

2.3.3　数值的编码 ·· 68

2.3.4　文本的编码 ·· 72

2.3.5　图像的编码 ·· 76

2.3.6　其他信息的编码 ·· 80

习题 ·· 82

阅读材料：鸿蒙操作系统 ·· 84

第3章　计算机网络与信息安全 ·· 89

3.1　通信技术 ·· 89

3.1.1　通信系统 ·· 89

3.1.2　网络传输介质 ·· 91

3.1.3　网络互联设备 ·· 93

3.1.4　数据交换技术 ·· 95

3.1.5　多路复用技术 ·· 98

3.2　计算机网络基础 ·· 99

3.2.1　计算机网络概述 ··· 99

3.2.2　计算机网络的组成 ··· 101

3.2.3　计算机网络的分类 ··· 103

3.2.4　计算机网络体系结构 ··· 107

3.3　局域网 ··· 118

3.3.1　局域网简介 ·· 118

3.3.2　以太网 ·· 118

3.3.3　无线局域网 ·· 121

3.4　Internet ·· 122

3.4.1　Internet 简介 ·· 122

3.4.2　IP 地址 ··· 123

3.5　信息安全 ·· 127

3.5.1　信息安全概述 ·· 127

3.5.2　数据加密技术 ·· 127

3.5.3　身份鉴别技术 ·· 129

3.5.4　防火墙 ·· 131

3.5.5　计算机病毒及其防治 ··· 131

习题 ··· 133

阅读材料：雪人计划 ·· 136

第4章　计算机新技术 ·· 139

4.1　云计算 ··· 139

4.1.1 云计算概述···139
4.1.2 云计算的分类···141
4.1.3 云计算的关键技术及存在的问题······················142
4.2 人工智能···144
4.2.1 什么是人工智能··144
4.2.2 人工智能的研究途径·····································144
4.2.3 人工智能的研究目标·····································145
4.2.4 人工智能的研究领域·····································146
4.2.5 人工智能的进展··153
4.3 物联网···155
4.3.1 物联网概述···155
4.3.2 物联网的关键技术··156
4.3.3 物联网的应用···157
4.4 虚拟现实技术与增强现实技术·······························158
4.4.1 虚拟现实技术概述··158
4.4.2 虚拟现实技术基础及硬件设备··························160
4.4.3 增强现实技术概述··163
4.4.4 虚拟现实和增强现实技术的应用·······················164
4.5 区块链技术···167
4.5.1 区块链技术概述··167
4.5.2 区块链的概念···167
4.5.3 区块链的类型···167
4.5.4 区块链的特征···168
4.5.5 区块链的架构模型··168
4.5.6 区块链的核心技术··169
4.5.7 区块链的应用···170
4.6 数字人民币···171
4.6.1 数字人民币的概念··171
4.6.2 数字人民币发展历史·····································171
4.6.3 数字人民币的基本理念···································173
4.6.4 数字人民币的期待作用及价值意义·····················174
习题···174
阅读材料1：北斗卫星导航系统································176
阅读材料2：人工智能的应用——AlphaGo·················178

第2部分 大数据应用技术篇

第5章 大数据应用技术··185
5.1 大数据概述···185
5.1.1 大数据的发展背景··185

　　　5.1.2　大数据的基本概念 ………………………………………………… 186

　　　5.1.3　大数据应用经典案例 ……………………………………………… 188

　　　5.1.4　大数据处理的基本流程 …………………………………………… 190

　　5.2　大数据的获取 ………………………………………………………………… 191

　　　5.2.1　大数据来源 …………………………………………………………… 192

　　　5.2.2　大数据采集 …………………………………………………………… 193

　　　5.2.3　互联网数据抓取 ……………………………………………………… 193

　　　5.2.4　数据预处理 …………………………………………………………… 194

　　5.3　大数据存储 …………………………………………………………………… 195

　　　5.3.1　数据库基础 …………………………………………………………… 195

　　　5.3.2　关系数据库 …………………………………………………………… 215

　　　5.3.3　非关系数据库 ………………………………………………………… 216

　　　5.3.4　大数据存储技术简介 ………………………………………………… 218

　　5.4　大数据处理与分析 …………………………………………………………… 221

　　　5.4.1　大数据处理与分析简介 ……………………………………………… 221

　　　5.4.2　Python 编程基础 …………………………………………………… 224

　　　5.4.3　Pandas 数据处理与分析 …………………………………………… 267

　　5.5　大数据可视化 ………………………………………………………………… 275

　　　5.5.1　数据可视化简介 ……………………………………………………… 275

　　　5.5.2　数据可视化工具 ……………………………………………………… 276

　　　5.5.3　大数据可视化典型案例 ……………………………………………… 278

　　　5.5.4　Python 数据可视化 ………………………………………………… 279

　　习题 ………………………………………………………………………………… 281

　　阅读材料：大数据竞赛平台——Kaggle ………………………………………… 283

第 3 部分　计算思维与程序设计篇

第 6 章　计算思维与程序设计 …………………………………………………… 289

　　6.1　计算思维基础 ………………………………………………………………… 289

　　　6.1.1　计算思维的概念 ……………………………………………………… 289

　　　6.1.2　计算思维与算法 ……………………………………………………… 290

　　　6.1.3　算法、程序与程序设计语言 ………………………………………… 293

　　　6.1.4　程序设计 ……………………………………………………………… 295

　　6.2　一个简单的计算机程序 ……………………………………………………… 296

　　　6.2.1　程序代码 ……………………………………………………………… 297

　　　6.2.2　空白和注释 …………………………………………………………… 297

　　　6.2.3　预处理指令 …………………………………………………………… 298

　　　6.2.4　函数 …………………………………………………………………… 298

　　　6.2.5　程序输出 ……………………………………………………………… 299

　　　6.2.6　程序的编译运行 ……………………………………………………… 299

6.3　顺序结构程序 ……………………………………………………………… 302
　　6.3.1　数据与输出 ……………………………………………………… 302
　　6.3.2　数据输入 ………………………………………………………… 305
　　6.3.3　算术运算 ………………………………………………………… 307
　　6.3.4　使用函数 ………………………………………………………… 309
　　6.3.5　几个常用函数 …………………………………………………… 311
6.4　选择结构程序 ……………………………………………………………… 314
　　6.4.1　关系运算 ………………………………………………………… 314
　　6.4.2　逻辑运算 ………………………………………………………… 315
　　6.4.3　if 语句 …………………………………………………………… 317
　　6.4.4　if 语句嵌套 ……………………………………………………… 323
　　6.4.5　switch 语句 ……………………………………………………… 324
6.5　循环结构程序 ……………………………………………………………… 327
　　6.5.1　while 循环 ……………………………………………………… 327
　　6.5.2　do…while 循环 ………………………………………………… 329
　　6.5.3　for 循环 ………………………………………………………… 331
　　6.5.4　循环嵌套 ………………………………………………………… 336
6.6　Windows 桌面程序 ………………………………………………………… 339
　　6.6.1　Windows 桌面程序结构 ……………………………………… 340
　　6.6.2　创建 Windows 桌面程序 ……………………………………… 341
　　6.6.3　输出文本 ………………………………………………………… 345
　　6.6.4　绘制图形 ………………………………………………………… 347
　　6.6.5　输入处理 ………………………………………………………… 351
　　6.6.6　几个重要消息 …………………………………………………… 354
习题 …………………………………………………………………………………… 358
阅读材料：程序之美 ……………………………………………………………… 362

参考文献 ……………………………………………………………………………… 368

附录　部分习题参考答案 ………………………………………………………… 369

第 1 部分

基 础 篇

## 第 1 章

计算机组成及工作原理

 1.1 计算机概述

计算机是 20 世纪人类最伟大的科学技术发明之一,对人类的生产和社会生活产生了极大的影响。计算机是一种能够根据程序指令对复杂任务进行自动、高速、精确处理的电子设备。通常所说的计算机主要是指电子计算机,它在人们的日常生活中几乎无处不在。现代电子计算机虽然只经历了短短的几十年,但是它却彻底改变了人类的生产和生活方式。

1.1.1 计算机发展历史

1946 年 2 月,美国宾夕法尼亚大学研制成了大型电子数字积分计算机(Electronic Numerical Integrator and Computer,ENIAC),它最初专门用于火炮弹道计算,后经多次改进成为能进行各种科学计算的通用计算机,如天气预报、原子核能、风洞试验设计等。ENIAC 是个宽度约为 1m,长度为 30.5m,总重量达 30t 的庞然大物,如图 1-1 所示,它每秒可以执行 5000 次加法或 400 次乘法运算,是手工计算速度的 20 万倍,只需要 3s 就可以完成此前需要 200 人手工计算两个月的弹道计算。ENIAC 是计算机发展史上的一个里程碑,也是公认的世界上第一台现代电子计算机。

伴随电子技术的发展,计算机所采用的元件经历了从电子管到晶体管,从分离元件到集成电路,再到高集成度的微处理器阶段。每次物理元件的变革都是一次新的突破,促使计算机性能出现新的飞跃。概括地说,自 1946 年以来,根据所采用的电子元件不同,可以将电子计算机的发展划分为四代。

图 1-1 世界上第一台现代
电子计算机 ENIAC

第一代——电子管计算机(1946—1959 年)。第一代计算机的逻辑器件采用电子管,如图 1-2 所示。主存储器有水银延迟线存储器、阴极射线示波管、静电存储器等类型,内存储器(简称内存)大小仅几千字节,外存储器(简称外存)使用磁带、磁鼓、纸带、卡片等。运算速度为每秒几千次至几万次。第一代计算机没有系统软件,使用机器语言和汇编语言编程。这个时期的计算机主要用于科学计算,只被运用于少数尖端领域。第一代计算机的体积庞大、运算速度慢、存储容量小、可靠性低,但它们奠定了以后计算机技术发展的基础,对计算机的发展产生了深远的影响。

第二代——晶体管计算机(1959—1964 年)。第二代计算机的逻辑器件采用晶体管,如图 1-3 所示。主存储器均采用磁心存储器,内存容量扩大到几万字节,磁鼓和磁盘开始用作主要的辅助存储器,利用 I/O(输入输出)处理机进行输入输出处理。运算速度明显提高,每秒可以执行几万次到几十万次的加法运算。计算机中出现了操作系统,配置了子程序库和批处理管理程序,还出现了高级语言,如 Fortran、COBOL、ALGOL 等。计算机不仅继续大量用于科学计算,还被用于数据处理和工业过程控制。中小型计算机开始大量生产并逐渐被工商企业用于商务处理。与第一代计算机相比,第二代计算机的晶体管体积小、寿命长、发热小、功耗低、价格便宜,使得计算机电子线路的结构大有改观,存储容量大为增加,运算速度也得到大幅提高。

图 1-2　电子管

图 1-3　晶体管

图 1-4　中小规模集成电路

第三代——中小规模集成电路计算机(1964—1970 年)。第三代计算机的逻辑器件采用中小规模集成电路,如图 1-4 所示。与晶体管电路相比,集成电路计算机的体积、重量、功耗都进一步减小,运算速度、逻辑运算功能和可靠性进一步提高。半导体存储器逐步取代了磁心存储器的主存储器地位,内存容量大幅度提高,磁盘成了不可缺少的辅助存储器,并且开始普遍采用虚拟存储技术。运算速度达到每秒几百万次。操作系统软件在规模和功能上发展很快,功能日趋成熟和完善;软件技术进一步提高,提出了结构化、模块化的程序设计思想,出现了结构化的程序设计语言 Pascal;软件开始形成产业,出现了大量面向用户的应用程序。第三代计算机的应用进入了更多的科学技术领域和工业生产领域。

第四代——大规模、超大规模集成电路计算机(1970 年至今)。20 世纪 70 年代以来,集成电路的集成度迅速从中、小规模发展到大规模、超大规模的水平,如图 1-5 所示。微处理器和微型计算机应运而生,各类计算机的性能迅速提高。金属氧化物半导体电路(Metal Oxide Silicon,MOS)的出现,使计算机的主存储器由半导体存储器完全替代了服役达 20 年之久的磁心存储器,主存储器的功能和可靠性进一步提高,存储容量向百兆字节、千兆字节发展;外存储器除了软盘和硬盘外,还出现了光盘。运算速度向每秒十万亿次、每秒百万亿次及更高速度发展。这个时期,操作系统不断地完善,应用软件成为现代工业中的一个重要产业,计算机的发展进入网络时代。

图 1-5 大规模及超大规模集成电路

计算机在提高性能、降低成本、普及和深化应用等方面的发展趋势仍在继续,节奏进一步加快,学术界和工业界不再沿用"第 X 代计算机"的说法。人们正在研究开发的计算机系统,主要着力于智能化,它以知识处理为核心,可以模拟或部分替代人的智能活动,具有自然的人机通信能力。当然,这是一个需要持续努力才能逐步实现的目标。

1.1.2 计算机分类

计算机及相关技术的迅速发展带动计算机的类型也不断分化,形成了各种不同种类的计算机。计算机按结构原理可分为模拟计算机、数字计算机和混合式计算机;按用途可分为专用计算机和通用计算机。较为普遍的一种分法是按照计算机的运算速度、字长、存储容量等综合性能指标,将计算机分为巨型机、大型机、小型机、微型机和嵌入式计算机等。

1. 巨型机

巨型机是一种超大型电子计算机,具有很强的计算和处理数据的能力,其主要特点表现为高速度和大容量,配有多种外围设备及丰富的、高性能的软件系统,如图 1-6 所示。巨型计算机实际上是一个巨大的计算机系统,主要用来承担重大的科学研究、国防尖端技术和国民经济领域的大型计算课题及数据处理任务。例如,大范围天气预报、卫星照片整理、原子核物理探索、洲际导弹、宇宙飞船研究等。

图 1-6 巨型机

目前,我国最快的超级计算机——神威太湖之光,安装在无锡国家超级计算中心。线性系统软件包基准测试测得其运行速度达到每秒 93 千万亿次浮点运算。神威太湖之光拥有 10 649 600 个计算核心,包括 40 960 个节点,速度是"天河二号"的 2 倍,效率是其 3 倍。

2. 大型机

大型机也称为大型主机。大型机使用专用的处理器指令集、操作系统和应用软件。大型机最初是指装在非常大的带框铁盒子里的大型计算机系统,以用来与小一些的迷你机和微型机相区别,如图 1-7 所示。

大型机和巨型机的主要区别如下。

(1) 大型机使用专用的指令系统和操作系统;巨型机使用通用处理器及 UNIX 或类 UNIX 操作系统(如 Linux)。

(2) 大型机擅长非数值计算(数据处理);巨型机擅长数值计算(科学计算)。

(3) 大型机主要用于商业领域,如银行和电信;而巨型机用于尖端科学领域,特别是国防领域。

(4) 大型机大量使用冗余等技术确保其安全性及稳定性,所以内部结构通常有两套;而巨型机使用大量处理器,通常由多个机柜组成。

(5) 为了确保兼容性,大型机的部分技术较为保守。

3. 小型机

小型机是指采用精简指令集处理器,性能和价格介于 PC 服务器和大型机之间的一种高性能计算机,如图 1-8 所示。在中国,小型机习惯上是指 UNIX 服务器。

图 1-7　大型机

图 1-8　小型机

UNIX 服务器具有区别于 x86 服务器和大型机的特有体系结构,基本上各厂家的 UNIX 服务器均使用自家 UNIX 版本的操作系统和专属处理器。使用小型机的用户一般是看中 UNIX 操作系统和专用服务器的安全性、可靠性、纵向扩展性以及高并发访问下的出色处理能力。

目前,生产 UNIX 服务器的厂商主要有 IBM、HP、浪潮、富士通和甲骨文(收购了 SUN 公司)。典型机器如 IBM 公司曾经生产的 RS/6000、HP 公司的 Superdome、浪潮公司的天梭 K1950 等。

4. 微型机

微型机又称微型计算机、微机、微电脑。微型机是由大规模集成电路组成的体积较小的电子计算机。它是以微处理器为基础,配以内存储器及输入输出接口电路和相应的辅助电路而构成的裸机。

微型机的特点是体积小、灵活性大、价格便宜、使用方便。自 1981 年美国 IBM 公司推出第一代微型机(IBM-PC)以来,微型机以其执行结果精确、处理速度快、性价比高、轻便小巧等特点迅速进入社会各个领域,且技术不断更新,产品快速换代,从单纯的计算工具发展成为能够处理数字、符号、文字、语言、图形、图像、音频、视频等多种信息的强大多媒体工具。如今的微型机产品无论从运算速度、多媒体功能、软硬件支持,还是易用性等方面都比早期产品有了很大飞跃。

微型机主要包括台式机、电脑一体机、笔记本电脑、平板电脑和智能手机等。

1) 台式机

台式机也称桌面机,是一种主机、显示器等设备相对独立的计算机,相较于笔记本电脑,其体积较大,一般需要放置在电脑桌或者专门的工作台上,因此命名为台式机。台式机的性能相对来说比笔记本电脑强。

台式机一般具有如下特点。

(1) 散热性。台式机具有笔记本所无法比拟的优点,台式机的机箱因空间大、通风条件好等因素而一直被人们广泛使用。

(2) 扩展性。台式机的机箱方便用户进行硬件升级,如台式机机箱的硬盘驱动器插槽是4~5个,非常方便日后的硬件升级。

(3) 保护性。台式机全方位保护硬件不受灰尘的侵害。

(4) 明确性。台式机机箱的开关键、重启键、USB口、音频接口都在机箱前置面板上,使用方便。

2) 电脑一体机

电脑一体机是由一台显示器、一个键盘和一个鼠标组成的计算机,如图1-9所示。它的芯片、主板与显示器集成在一起,显示器就是一台电脑,因此只要将键盘和鼠标连接到显示器上,机器就能使用。随着无线技术的发展,电脑一体机的键盘、鼠标与显示器可实现无线连接,机器只有一根电源线。这就解决了一直为人诟病的台式机线缆多而杂的问题。有的电脑一体机还具有电视接收、AV功能。

3) 笔记本电脑

笔记本电脑也称手提电脑或膝上型电脑,是一种小型、可携带的个人计算机,通常重1~3kg。它和台式机架构类似,但是提供了更好的便携性,如图1-10所示。

图1-9 电脑一体机

图1-10 笔记本电脑

笔记本电脑大体上可以分为6类:商务型、时尚型、多媒体应用型、上网型、学习型、特殊用途型。商务型笔记本电脑一般移动性强、电池续航时间长、商务软件多;时尚型笔记本电脑外观时尚,主要针对时尚女性;多媒体应用型笔记本电脑则有较强的图形、图像处理能力和多媒体能力,尤其是播放能力,为享受型产品;上网型笔记本电脑即上网本,轻便、配置低,具备上网、收发邮件以及即时信息(Instant Messaging,IM)等功能,可以实现流畅播放流媒体和音乐；学习型笔记本电脑机身设计为笔记本外形，全面整合学习机、电子词典、复读机、学生电脑等多种机器的功能；特殊用途型笔记本电脑服务于专业人士，可以在酷暑、严寒、低气压、战争等恶劣环境下使用，如奥运会前期在"华硕珠峰大本营IT服务区"使用的华硕笔记本电脑。

4）平板电脑

平板电脑是一款无须翻盖、没有键盘、大小不等、形状各异但功能完整的计算机。其构成组件与笔记本电脑基本相同，但它是利用触控笔或数字笔在屏幕上书写，而不是使用键盘和鼠标输入，并且打破了笔记本电脑键盘与屏幕垂直的L型设计模式，如图1-11所示。它除了拥有笔记本电脑的所有功能外，还支持手写输入或语音输入，移动性和便携性更胜一筹。

5）智能手机

智能手机是由掌上电脑演变而来的。最早的掌上电脑并不具备手机通话功能，但是随着用户对掌上电脑的个人信息处理方面功能的依赖，厂商将掌上电脑的系统移植到手机中，于是出现了智能手机。智能手机比传统手机具有更多的综合性处理能力。

智能手机同传统手机的外观和操作方式类似，但是传统手机使用的都是生产厂商自行开发的封闭式操作系统，所实现的功能非常有限，不具备智能手机的扩展性。智能手机可以像计算机那样随意安装和卸载应用软件，具有独立的操作系统、独立的运行空间，用户可以自行安装软件、游戏、导航等第三方服务商提供的程序，并可以通过移动通信网络来实现无线网络接入，如图1-12所示。

图 1-11　平板电脑

图 1-12　智能手机

智能手机作为一种新型的移动终端，也可以归入微型机一类，但是由于手机要求体积非常小，便于携带，因此它与普通计算机在硬件设计上有很大的不同。

5. 嵌入式计算机

图 1-13　嵌入式计算机

嵌入式技术是针对某个特定的应用，如针对网络、通信、音频、视频、工业控制等的"专用"计算机技术。嵌入式计算机一般由嵌入式微处理器、外围硬件设备、嵌入式操作系统以及用户的应用程序四部分组成，如图1-13所示。

嵌入式计算机在应用数量上远远超过了各种通用计算机，制造工业、过程控制、通信、仪器、仪表、汽车、船舶、航空、航天、军事装备、消费类产品等均是嵌入式计算机的应用领域。

1.2　微电子技术

1.2.1　集成电路

集成电路(Integrated Circuit,IC)又称微电路(Microcircuit)、微芯片(Microchip)、芯片(Chip),是把一定数量的常用电子元件,如电阻、电容、晶体管等,以及这些元件之间的连线,通过半导体工艺集成在一起的具有特定功能的电路。

单块芯片上所容纳的元件数目称为集成度。一般来说,集成度越高,性能越强大。集成电路按集成度高低的不同可分为如下6种。

(1) 小规模集成电路(Small Scale Integrated circuits,SSI):集成度<100。

(2) 中规模集成电路(Medium Scale Integrated circuits,MSI):100<集成度<1000。

(3) 大规模集成电路(Large Scale Integrated circuits,LSI):1000<集成度<10万。

(4) 超大规模集成电路(Very Large Scale Integrated circuits,VLSI):10万<集成度<100万。

(5) 特大规模集成电路(Ultra Large Scale Integrated circuits,ULSI):100万<集成度<1亿。

(6) 极大规模集成电路(Giga Scale Integration,GSI):集成度>1亿。

不过需要注意的是,对于超大规模以上的集成电路,有时候人们不那么严格地区分超大、特大和极大规模的区别,而是笼统地称为超大规模集成电路。

第四代计算机中的主要部件几乎都和集成电路有关,如CPU、显卡、主板、内存、声卡、网卡、光驱等,并且最新技术把越来越多的元件集成到一块集成电路板上,使计算机拥有了更多功能,在此基础上产生了许多新型计算机,如掌上电脑、指纹识别计算机、声控计算机等。

集成电路在通信中的应用也非常广泛,如通信卫星、手机、雷达等,尤其是我国自主研发的北斗导航系统就是其中典型的例子。北斗导航系统是我国具有自主知识产权的卫星定位系统,与美国的GPS、俄罗斯的格洛纳斯、欧盟的伽利略系统并称为全球四大卫星导航系统。北斗导航系统的研究成功,打破了卫星定位导航应用市场由国外GPS垄断的局面。

除此之外,集成电路技术在日常生活中的其他各个领域都有广泛应用。如在汽车上,微控制器、功率半导体器件、电源管理器件、LED驱动器等汽车集成电路器件的应用使得汽车能够处于最佳工作状态;再如在热能动力工程领域中的应用,最简单的莫过于温控计;当然,火电厂中的信息管理系统也离不开集成电路技术。总之,集成电路技术的发展使人们的生活越来越美好,越来越便利。

1.2.2　摩尔定律

摩尔定律是由Intel(英特尔)创始人之一戈登·摩尔(Gordon Moore)提出来的。其内容为:当价格不变时,集成电路上可容纳的元件的数目每隔18~24个月便会增加一倍,性能也将提升一倍。这种指数级的增长,促使20世纪70年代的大型家庭计算机转化成20世纪80年代、90年代更先进的机器,然后又孕育出了高速度的互联网、智能手机,以及现在的车联网、智能冰箱和自动调温器等。

摩尔定律可以说是整个计算机行业最重要的定律,它其实是一个预言,这个看起来自然而然的进程,实际很大程度上也是人类有意控制的结果。芯片制造商有意按照摩尔定律预测的轨迹发展,软件开发商的新软件产品也日益挑战现有设备的芯片处理能力,消费者需要更新配置更高的设备,设备制造商赶忙去生产可以满足处理要求的下一代芯片……

20 世纪 90 年代以来,半导体行业每两年就会发布一份行业研发规划蓝图,协调成百上千家芯片制造商、供应商跟着摩尔定律走。这份规划蓝图使整个计算机行业跟着摩尔定律按部就班地发展。

但是现在,这种发展轨迹可能要告一段落了。由于同样小的空间里集成越来越多的硅电路,产生的热量也越来越大,这种原本两年处理能力加倍的速度已经慢慢下滑。此外,还逐渐出现了更多、更大的问题。5nm 工艺是硅芯片的一个技术分水岭,因为电子的行为受限于量子的不确定性,晶体管将变得不可靠,并且芯片制造的核心设备光刻机需要从深紫外光(Deep Ultraviolet Light,DUV)技术向极紫外光(Extreme Ultraviolet Light,EUV)技术发展,目前全球仅有荷兰阿斯麦尔(ASML)公司掌握该项技术。EUV 光刻机是一种高尖端的机器,里面有 80 000 多个精密零部件,许多零件非常复杂,甚至有些关键部件在全球只有一两家公司能够制造。虽然中国有着强大的制造业,且模仿能力超强,但是国内配套零部件的生产在短期内还无法追上,技术经验和人才储备更是远远不足,这些成为我国芯片制造发展的阻碍。但是,中国对芯片半导体的自主研发突击已经开始,中国的技术实力比当初要强得多,全面突破只是时间问题。

1.3　计算机的组成与工作原理

1.3.1　冯·诺依曼体系结构

冯·诺依曼(1912—1957 年),布达佩斯大学数学博士,美籍匈牙利数学家,在 ENIAC 的研制中期,冯·诺依曼参与了原子弹的研制工作,他带着原子弹研制过程中遇到的大量计算问题加入计算机的研制工作中。

ENIAC 是世界上第一台现代电子计算机,但是 ENIAC 有两个致命的缺陷:一是采用十进制运算,逻辑元件多,结构复杂,可靠性低;二是没有内部存储器,操纵运算的指令分散存储在许多电路部件内,这些运算部件如同一副积木,解题时必须像搭积木一样用人工把大量运算部件搭配成各种解题的布局,每算一题都要搭配一次,非常麻烦且费时。

1945 年 6 月底,冯·诺依曼执笔写出了 EDVAC(Electronic Discrete Variable Automatic Computer,离散变量自动电子计算机)计划草案,提出了在计算机中采用二进制算法和设置内存储器的理论,并明确规定了电子计算机必须由运算器、控制器、存储器、输入设备和输出设备五大部分组成基本结构形式。他认为,计算机采用二进制算法和内存储器后,指令和数据便可以一起存放在存储器中,可以使计算机的结构大大简化,并且为实现运算控制自动化和提高运算速度提供了良好的条件。

EDVAC(图 1-14)于 1952 年建成,它的运算速度与 ENIAC 相似,而使用的电子管却只有 5900 多个,比 ENIAC 少得多。EDVAC 的诞生,使计算机技术出现了一个新的飞跃。EDVAC 是世界上第一台采用冯·诺依曼体系结构的通用计算机,它奠定了现代电子计算机的基本结构,标志着电子计算机时代的真正开始。

从第一台通用计算机诞生到今天已经过去将近 70 年,计算机的技术与性能也都发生了巨大的变化,但整个主流体系结构依然是冯·诺依曼体系结构。由于冯·诺依曼对现代计算机技术的突出贡献,因此他被称为"计算机之父"。

冯·诺依曼的主要贡献是他提出了"存储程序控制"的工作原理。该原理的要点是:程序由二进制指令构成,所有指令都以操作码和地址码的形式存放在存储器中,以运算器和控制器为中心,顺序执行指令所规定的操作。冯·诺依曼设计思想可以简要概括为以下4点。

图1-14 第一台通用计算机 EDVAC

(1) 计算机应包括运算器、存储器、控制器3个核心部件,以及输入设备和输出设备。输入设备负责把人工编制的指令以及需要处理的数据输入存储器中;输出设备负责把存储器里的计算结果输出(显示)。

(2) 计算机的数制采用二进制。

(3) 程序的每条指令一般具有一个操作码和一个地址码。操作码表示运算性质,如加法或者除法;地址码指出操作数在存储器中的位置。

(4) 将编好的程序和原始数据送入存储,然后启动计算机工作。计算机可以在不需要操作人员干预的情况下,自动逐条取出指令和执行指令,并最终完成整个任务。

1.3.2 五大基本部件

冯·诺依曼机的硬件系统主要由五大基本部分组成:运算器、控制器、存储器、输入设备和输出设备。这五大部分通过系统总线完成指令所传达的操作,当计算机接受指令后,由控制器指挥,将数据从输入设备传送到存储器中存放,再由控制器将需要参加运算的数据传送到运算器中,由运算器进行处理,处理后的结果由输出设备输出。

下面简要介绍计算机的五大基本部分。

1. 运算器

运算器又称算术逻辑部件(Arithmetic and Logic Unit,ALU)。运算器的主要任务是执行各种算术运算和逻辑运算。算术运算是指各种数值运算,如加、减、乘、除等。逻辑运算是进行逻辑判断的非数值运算,如与、或、非、比较、移位等。计算机所完成的全部运算都是在运算器中进行的。根据指令规定的寻址方式,运算器从存储器或寄存器中取得操作数,进行计算后,送回指令所指定的寄存器中。运算器的核心部件是加法器和若干寄存器,加法器用于运算,寄存器用于存储参加运算的各种数据以及运算后的结果。

2. 控制器

控制器对输入的指令进行分析,并统一控制计算机的各个部分完成一定任务的部件。它一般由指令寄存器、状态寄存器、指令译码器、时序电路和控制电路组成。计算机的工作方式是执行程序,程序就是为完成某一任务所编制的特定的指令序列,各种指令按一定的时间关系有序安排,控制器产生各种最基本的不可再分的微操作命令信号,即微命令,以指挥整个计算机有条不紊地工作。当计算机执行程序时,控制器首先从程序计数器中取得指令的地址,并将下一条指令的地址存入程序计数器中,然后从存储器中取出指令,由指令译码器对指令进行译码后产生控制信号,用以驱动相应的硬件完成指令操作。简言之,控制器就是协调指挥计算机各部分工作的部件,它的基本任务就是根据指令的要求,综合有关逻辑条件与时间条件产生相应的微命令。

运算器和控制器是计算机的核心部件,现代计算机通常把运算器、控制器和若干寄存器集中在一块芯片上,这块芯片称为中央处理器(Central Processing Unit,CPU)。微型计算机的CPU又称为微处理器。计算机以CPU为中心,输入设备和输出设备与存储器之间的数据传输和处理都通过CPU来控制执行。

3. 存储器

存储器由大量的记忆单元组成,记忆单元是一种具有两个稳定状态的物理器件,可用来表示二进制的0和1,这种物理器件一般由半导体器件或磁性材料等构成。存储器分为内存储器(简称内存或主存)、外存储器(简称外存或辅存)和缓冲存储器(简称缓存)。

内存储器一般由半导体存储器构成,通常装在主板上,主要用来存放计算机正在执行的或经常使用的程序和数据。CPU可以直接访问内存储器,执行程序时就是从内存储器中读取指令,并且在内存储器中存取数据的。内存储器的特点是存取速度快,但容量有限,大小受到地址总线位数的限制。

外存储器用来存放不经常使用的程序和数据,CPU不能直接访问它。外存储器属于计算机的外围设备,是为弥补内存储器容量不足而配置的。它的特点是容量大、成本低,但存取速度慢,通常使用DMA(Direct Memory Access)技术和IOP(I/O Processor)技术来实现内存储器和外存储器之间的数据直接传送。

缓冲存储器位于内存储器与CPU之间,其存取速度非常快,但存储容量更小,一般用来解决存取速度与存储容量之间的矛盾,以提高整个系统的运行速度。

在现代计算机中,存储系统是一个具有不同容量、不同访问速度的存储设备的层次结构。整个存储系统中包括CPU寄存器、缓冲存储器(内部Cache和外部Cache)、内存储器和外存储器(辅助存储器和大容量辅助存储器),如图1-15所示。在存储系统的层次结构中,层次越高,速度越快,但是价格越高;而层次越低,速度越慢,同时价格越低。这样就能做到在性能和价格之间的一个很好的平衡。

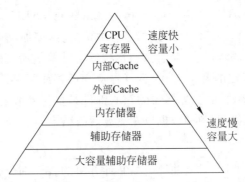

图1-15　存储系统的层次结构

4. 输入设备

输入设备用来接受用户输入的原始数据和程序,并将它们变为计算机能识别的二进制信息存入内存储器中。常用的输入设备有键盘、鼠标、扫描仪、光笔等。

5. 输出设备

输出设备用于将内存储器中的由计算机处理的结果转变为人们能接受的形式输出。常用的输出设备有显示器、打印机、绘图仪等。

1.3.3　计算机的工作原理

1. 计算机的基本工作原理

计算机的基本工作原理是存储程序和程序控制。程序与数据都存储在内存储器中,CPU按照程序编排的顺序,一步一步地取出指令,自动完成指令规定的操作,这是计算机的基本工作原理,如图 1-16 所示。

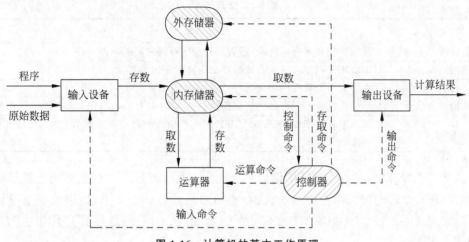

图 1-16　计算机的基本工作原理

具体描述如下。

(1) 将程序和原始数据通过输入设备送入存储器。

(2) 启动运行后,计算机从存储器中取出程序指令送到控制器去识别,分析该指令要做什么事情。

(3) 控制器根据指令的含义发出相应的命令(如加法、减法),将存储单元中存放的操作数据取出送往运算器进行运算,再把运算结果送回存储器指定的单元。

(4) 当运算任务完成后,就可以根据指令将结果通过输出设备输出。

因此,计算机的工作过程实际上就是快速执行指令的过程。指令执行时,必须先装入计算机内存储器,CPU 负责从内存储器中逐条取出指令,并对指令分析译码,判断该条指令要完成的操作,向各部件发出完成操作的控制信号,从而完成一条指令的执行。总之,计算机的基本工作过程就是不断地重复取指令、分析指令及取数、执行指令等过程,如此周而复始,直到遇到停机指令或外来事件的干预为止。

在计算机执行指令过程中有两种信息在流动:数据流和控制流。数据流包括原始数据、中间结果、结果数据和源程序等,这些信息从存储器读入运算器进行运算,所得的计算结果再存入存储器或传送到输出设备。控制流是由控制器对指令进行分析、解释后向各部件发出的控制命令,指挥各部件协调地工作。

2. 指令及指令系统

计算机工作的过程就是执行程序的过程。为了解决某一问题,程序设计人员将一条条指令进行有序的排列,只要在计算机上执行这一指令序列,便可完成预定的任务。因此,程序是一系列有序指令的集合,计算机执行程序就是执行这一系列的有序指令。

指令是一种能被计算机识别并执行的二进制代码,它规定了计算机能完成的某一种操作。一条指令通常由操作码和操作数两部分组成。

(1)操作码:指明该指令要完成的操作类型或性质,如加、减、取数或输出数据等。

(2)操作数:指明操作对象的内容或所在的单元地址,大多数情况下操作数是地址码。

通常一台计算机有许多条作用不同的指令,所有指令的集合称为该计算机的指令系统。一般来说,无论是哪一种类型的计算机,都具有表 1-1 所示的指令。

表 1-1　常用指令

指　　令	说　　　明
数据传送型指令	实现主存和寄存器之间,或寄存器和寄存器之间的数据传送
数据处理型指令	主要用于定点数或浮点数的算术运算和逻辑运算
程序控制型指令	主要用于控制程序的流向
输入输出型指令	用于主机与外围设备之间交换信息
其他指令	除以上各类指令外,较少被用到的一些指令包括字符串操作指令、堆栈指令、停机指令等

不同种类的计算机,其指令系统的指令数目与格式也不相同。CPU 的指令系统反映了计算机对数据进行处理的能力。由于每种 CPU 都有自己独特的指令系统,因此在某类计算机上可以执行的机器语言程序难以在其他不同类型的计算机上使用,这是由于不同类型的 CPU 采用的指令相互不兼容。

通常,同一 CPU 生产厂家在开发新的 CPU 产品时,既会设计增加一些高效的新指令,又同时"向下兼容",使新的处理器可以正确执行老处理器中的所有指令。"向下兼容"的开发方式使用户在升级计算机硬件时不必担心原有的软件会被作废,但这也使得采用"向下兼容"方式开发的 CPU 指令系统越来越庞大和越来越复杂。

根据指令系统设计架构的不同,产生了复杂指令系统计算机(Complex Instruction Set Computing,CISC)和精简指令系统计算机(Reduced Instruction Set Computer,RISC)。

3. 指令的执行过程

按照存储程序的原理,计算机在执行程序时必须先将要执行的相关程序和数据放入内存储器中,在执行程序时 CPU 根据当前程序指令寄存器的内容取出指令并执行指令,然后再取出下一条指令并执行,如此循环下去,直到程序结束指令时才停止执行。整个工作过程就是不断地取指令和执行指令的过程,最后将计算的结果放入指令指定的存储器地址中。指令执行过程中所涉及的部件主要有程序计数器、指令寄存器、指令译码器、通用寄存器和运算器等,如图 1-17 所示。

一条指令的执行过程按时间顺序可分为以下 4 个步骤。

(1)取指令。当某个程序开始执行时,控制器根据程序计数器中的内容,向内存储器的相应存储单元发出读请求,内存储器将相应存储单元的指令读取后,通过总线送到指令寄存器中。

(2)分析指令及取操作数。取出指令后,机器立即进入分析指令及取数阶段,指令译码器可识别和区分不同的指令类型及各种获取操作数的方法。指令译码器根据指令的内容分析出对应的操作类型,并产生相应的控制电信号。如果当前指令中的操作数需要从通用寄存器或

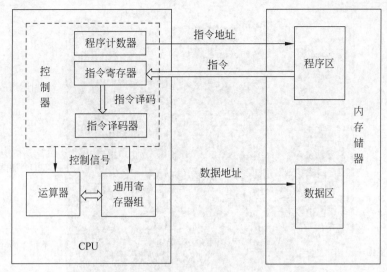

图 1-17 与指令执行有关的 CPU 部件

内存储器获取,则控制器将先向相关部件发送读数据的请求,取到操作数后,再向相关部件发送完成指令操作相关的控制电信号。由于各种指令功能不同,寻址方式也不同,因此分析指令及取数阶段的操作是不同的,甚至会有很大的区别。

（3）指令执行。由控制器发出完成该操作所需要的一系列控制信息,相关部件根据控制信号,完成当前指令所要求的操作。

（4）写回数据及转下条指令。当前指令操作完成后,可能会有运算结果。控制器根据指令中操作结果的存放位置(通用寄存器或内存储器),向相关部件发送"写数据"的请求,写回结果数据。一条指令执行完毕后,程序计数器加 1 或将转移地址码送入程序计数器,然后回到步骤(1),开始执行下一条指令。

 1.4 PC 的组件

人们经常使用的台式机,简单地从外观上看,其硬件包括两部分:主机系统和外围设备(简称外设)。主机是指安装在 PC 机箱内部的一个整体,包括主板、硬盘、光驱、电源和风扇等。主板上安装了 CPU、内存、总线和 I/O 控制器等。

1.4.1 主板

主板(Motherboard 或 Mainboard)又称主机板、系统板、逻辑板、母板或底板等,是构成复杂电子系统(如电子计算机)的中心或者主电路板。

1. 主板概述

主板安装在机箱内,是微型机的最基本也是最重要的部件之一。主板的性能影响着整个微型机系统的性能,在整个微型机系统中扮演着举足轻重的角色。可以说,主板的类型和档次决定整个微型机系统的类型和档次。

主板一般为矩形电路板,能提供一系列接合点,供处理器、显卡、声卡、硬盘、存储器、外部设备等部件连接,如图 1-18 所示。

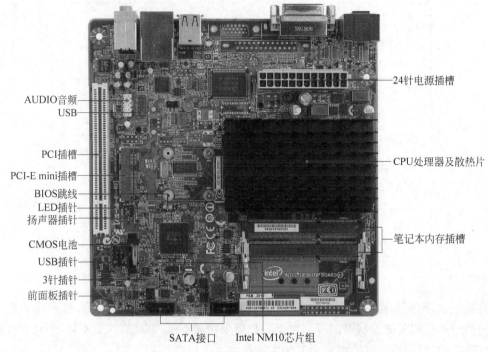

主板采用开放式结构,一般提供 6～15 个扩展插槽,供 PC 外围设备的控制卡(适配器)插接。通过更换这些插卡,可以对微型机的相应子系统进行局部升级,使厂家和用户在配置机型方面有更大的灵活性。

2. 主板的重要芯片

主板功能的实现,很大程度上依赖于主板上各类芯片的作用。面对主板上密密麻麻的芯片时,大家经常会感到一阵阵的疑惑。这些芯片都是用来干什么的?彼此之间有什么区别?

1) 芯片组

芯片组(Chipset)是主板的核心组成部分,几乎决定了这块主板的功能,进而影响整个计算机系统性能的发挥。芯片组性能的优劣,决定了主板性能的好坏与级别的高低。芯片组通常由北桥和南桥组成,也有些以单片设计,增强其性能。

北桥芯片又称为主桥(Host Bridge),在计算机中起着主导作用。一般来说,芯片组的名称是以北桥芯片的名称来命名的。北桥芯片负责与 CPU 的联系并控制内存储器、PCI-E 数据在北桥内部传输,提供对 CPU 的类型和主频、系统的前端总线频率、内存储器的类型和最大容量、AGP/PCI-E 插槽、ECC 纠错等支持,整合型芯片组的北桥芯片还集成了显示核心。

北桥芯片是主板上离 CPU 最近的芯片,这主要是考虑到北桥芯片与处理器之间的通信最密切,为了提高通信性能而缩短传输距离。北桥芯片的数据处理量非常大,发热量也越来越大,因此北桥芯片都覆盖着散热片,有些主板的北桥芯片还会配合风扇进行散热。

南桥芯片负责 I/O 总线之间的通信,如 PCI 总线、USB、LAN、ATA 总线、SATA、音频控制器、键盘控制器、实时时钟控制器、高级电源管理等,这些技术一般相对来说比较稳定,所以不同芯片组中可能南桥芯片是一样的,不同的只是北桥芯片。

南桥芯片一般位于主板上离 CPU 插槽较远的下方、PCI 插槽的附近,这种布局是考虑到它所连接的I/O总线较多,离处理器远一点有利于布线。相对于北桥芯片来说,其数据处理量并不算大,所以南桥芯片一般都没有覆盖散热片。南桥芯片不与处理器直接相连,而是通过一定的方式与北桥芯片相连,如图1-19所示。

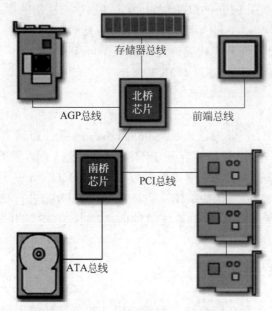

存储器总线

北桥芯片

AGP总线 前端总线

南桥芯片 PCI总线

ATA总线

图1-19 芯片组连接示意图

值得注意的是,近年来,随着处理器(CPU)的集成度越来越高,北桥芯片的大部分功能都已经整合进了处理器内,北桥芯片基本取消,剩余的功能都由南桥芯片提供。这样一来,主板上只剩一个南桥芯片,但是习惯上仍然叫作芯片组。

2) BIOS芯片

BIOS(Basic Input Output System,基本输入输出系统)芯片是主板上一块长方形或正方形芯片,一般是一块32针的双列直插式集成电路,上面印有BIOS字样。既然BIOS称为系统,那它就不只是一个简单的软件或一个硬件设备,而是软硬件结合在一起,把一组重要程序固化在主板上的一个ROM芯片中,人们把这种硬件化的软件称为固件。

早期BIOS使用的ROM都是在工厂里用特殊的方法把内容烧录进去的,用户只能读取而不能修改其中的内容。从奔腾机时代开始,主板一般都使用Flash ROM作为BIOS的存储芯片,能通过特定的写入程序实现BIOS的升级。BIOS中主要包括4种程序。

(1) 加电自检程序。计算机接通电源后,系统将有一个对内部各个设备进行检查的过程,这是由一个称为POST(Power On Self Test)的程序来完成的。完整的POST自检包括CPU、640KB基本内存、1MB以上的扩展内存、ROM、主板、CMOS存储器、串并口、显示卡、软硬盘子系统及键盘测试。POST自检中若发现问题,系统将给出提示信息或蜂鸣警告。

(2) 系统启动自检程序。当系统完成POST自检后,ROM BIOS就按照系统CMOS设置中保存的启动顺序搜索软硬盘驱动器及CD-ROM、U盘、网络服务器等有效的启动驱动器,读入操作系统引导记录,然后将系统控制权交给引导记录,并由引导记录来完成系统的顺序启动。

(3) CMOS设置程序。CMOS设置程序只在开机时才可以进行设置。一般在计算机启动时按F2键或者Delete键进入设置,一些特殊机型按F1键、Esc键、F12键等进行设置。

CMOS 设置程序主要对计算机的基本输入输出系统进行管理和设置,使系统运行在最好状态下。使用 CMOS 设置程序还可以排除系统故障或者诊断系统问题。

(4) 主要 I/O 设备的驱动程序和中断服务程序。操作系统对软硬盘、光驱与键盘、显示器等外围设备的管理是建立在 BIOS 的基础之上的。基本输入输出的程序决定了主板是否支持某种 I/O 设备,如果 BIOS 中不包含某种 I/O 设备的驱动程序,则系统不支持此 I/O 设备。BIOS 中断服务程序是计算机系统软硬件之间的一个可编程接口,用于程序软件功能与计算机硬件实现的衔接。程序员可以通过对 INT 5、INT 13 等中断的访问直接调用 BIOS 中断服务程序。

3) CMOS 芯片

CMOS(Complementary Metal Oxide Semiconductor,互补金属氧化物半导体)是主板上一块可读写的 RAM 芯片,主要用来存放 BIOS 中的设置信息以及系统时间和日期。如果 CMOS 数据损坏,则计算机将无法正常工作。为了确保 CMOS 数据不被损坏,主板厂商都在主板上设置了开关跳线,一般默认为关闭。当要对 CMOS 数据进行更新时,可将它设置为可改写。为了使计算机不丢失 CMOS 和系统时钟信息,在 CMOS 芯片的附近有一个电池给它持续供电。

3. 总线和 I/O 接口

1) 总线

总线(Bus)是计算机各种功能部件之间传送信息的公共通信干线,它是由导线组成的传输线束。按照计算机传输的信息种类,计算机的总线可以划分为数据总线、地址总线和控制总线,分别用来传输数据信号、地址信号和控制信号。

总线是一种内部结构,是 CPU、内存、输入输出设备传递信息的公用通道,主机的各个部件通过总线相连接,外围设备通过相应的接口电路再与总线连接,从而形成计算机的硬件系统,如图 1-20 所示。微型机是以总线结构来连接各个功能部件的。

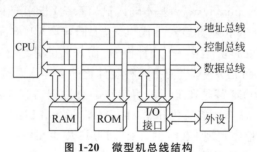

图 1-20　微型机总线结构

总线的主要技术指标有 3 个:总线位宽、总线工作频率和总线带宽。

(1) 总线位宽。总线位宽是指总线能够传送的二进制数据的位数。例如,32 位总线、64 位总线等。总线的位宽越宽,数据传输速率越大,总线带宽越宽。

(2) 总线工作频率。总线的工作频率以 MHz 为单位,工作频率越高,总线工作速度越快,总线带宽越宽。

(3) 总线带宽。总线带宽是指单位时间内总线上传送的数据量,反映了总线数据传送速率。总线带宽、总线位宽和总线工作频率之间的关系为

总线带宽＝总线工作频率×总线位宽×传输次数/8

其中,传送次数是指每个时钟周期的数据传输次数,一般为 1。

为了提高计算机的可拓展性,以及部件和设备的通用性,除了片内总线外,各个部件或设备都采用标准化的形式连接到总线上,并按照标准化的方式实现总线上的信息传输。而总线的这些标准化的连接形式及操作方式,统称为总线标准。常用的总线标准有 PCI 总线和 PCI-E 总线。

(1) PCI 总线。

PCI(Peripheral Component Interconnect)总线是一种同步的独立于处理器的 32 位或 64 位局部总线,是一种局部并行总线标准。

PCI 总线可以在主板上和其他系统总线(如 ISA、EISA 或 MCA)相连接,系统中的高速设备挂接在 PCI 总线上,而低速设备仍然通过 ISA、EISA 等这些低速 I/O 总线支持。

从 1992 年创立规范到如今,PCI 总线已成为计算机的一种标准总线,广泛用于高档微型机、工作站,以及便携式微型机,主要用于连接显示卡、网卡、声卡。

(2) PCI-E 总线。

PCI-E(PCI-Express)是最新的总线和接口标准,它原来的名称是 Intel 提出的 3GIO,意思是第三代 I/O 接口标准。2002 年正式命名为 PCI-Express。它采用了目前业内流行的点对点串行连接,比起 PCI 以及更早期的计算机总线的共享并行架构,每个设备都有自己的专用连接,不需要向整个总线请求带宽,而且可以把数据传输速率提高到一个很高的频率,达到 PCI 不能提供的高带宽。

根据总线位宽的不同,PCI-Express 规格允许实现 X1、X2、X4、X8、X12、X16 和 X32 通道规格,有非常强的伸缩性,可以满足不同系统设备对数据传输带宽不同的需求。从形式上来看,PCI-Express X1 和 PCI-Express X16 已成为 PCI-Express 的主流规格,芯片组厂商在南桥芯片中添加了对 PCI-Express X1 的支持,在北桥芯片中添加对 PCI-Express X16 的支持。除去提供极高数据传输带宽之外,PCI-Express 因为采用串行数据包方式传递数据,所以 PCI-Express 接口每个引脚可以获得比传统 I/O 标准更多的带宽,这样就可以降低 PCI-Express 设备的生产成本和体积。另外,PCI-Express 也支持高阶电源管理、热插拔、数据同步传输,为优先传输数据进行带宽优化。

在兼容性方面,PCI-Express 在软件层面上兼容 PCI 技术和设备,也就是说驱动程序、操作系统无须推倒重来。PCI-Express 可以为带宽渴求型应用分配相应的带宽,大幅提高 CPU 和图形处理器(Graphics Processing Unit,GPU)之间的带宽。

2) I/O 接口

I/O(Input/Output Port)即输入输出接口。每个设备都会有一个专用的 I/O 地址来处理自己的输入输出信息。由于计算机的外围设备种类繁多,几乎都采用了机电传动设备,CPU 在与 I/O 设备进行数据交换时存在很多不匹配的问题,因此 CPU 与外围设备之间的数据交换必须通过接口来完成。I/O 接口的功能实现 CPU 通过系统总线把 I/O 电路和外围设备联系在一起。

I/O 接口是一个电子电路(以 IC 芯片或接口板的形式出现),其内由若干专用寄存器和相应的控制逻辑电路构成。它是 CPU 和 I/O 设备之间交换信息的媒介和桥梁。CPU 与外围设备、存储器的连接和数据交换都需要通过接口设备来实现,通常前者称为 I/O 接口,后者称为存储器接口。

计算机系统中有很多不同种类的 I/O 设备,其相应的接口电路也各不相同,因此 I/O 接口也很多,下面对一些目前比较常见的接口做具体说明。

(1) SATA。SATA(Serial ATA,串行 ATA)的主要功能是用作主板和大量存储设备(如硬盘及光盘驱动器)之间的数据传输。这是一种完全不同于传统 ATA(也就是并行 ATA)的新型硬盘接口类型,因采用串行方式传输数据而得名。SATA 总线使用嵌入式时钟信号,具备了更强的纠错能力,与以往相比其最大的区别在于能对传输指令(不仅是数据)进行检查,如果发现错误会自动矫正,这在很大程度上提高了数据传输的可靠性。串行接口还具有结构简单、支持热插拔的优点。图 1-21 为 SATA 接口。

图 1-21　SATA 接口

(2) USB。USB(Universal Serial Bus,通用串行总线)是由 Intel、Compaq、Digital、IBM、Microsoft、NEC、Northern Telecom 七家世界著名的计算机和通信公司共同推出的一种新型接口标准。它基于通用连接技术,实现外围设备的简单快速连接,达到方便用户、降低成本、扩展 PC 连接外围设备范围的目的。它可以为外围设备提供电源,而不像普通的使用串口和并口的设备那样需要单独的供电系统。另外,快速是 USB 技术的突出特点之一,而且 USB 还能支持多媒体。图 1-22 为 USB 接口。

图 1-22　USB 接口

目前,USB 接口的主流版本是 USB 3.1,传输速度为 10Gb/s,有三段式电压 5V/12V/20V,最大供电为 100W,而且新型 Type C 插型不再分正反面。USB 设备主要具有以下优点。

① 可以热插拔。用户在使用外接设备时,不需要关机再开机等动作,而是在计算机工作时,直接将 USB 插上使用。

② 携带方便。USB 设备大多以小、轻、薄见长,对用户来说,随身携带大量数据时,使用 USB 设备很方便。例如,USB 硬盘就是首选。

③ 标准统一。过去大家常见的设备是 IDE 接口的硬盘、串口的鼠标键盘、并口的打印机和扫描仪,有了 USB 接口之后,这些外围设备都可以用同样的标准与 PC 连接,这就有了 USB 硬盘、USB 鼠标、USB 打印机等。

④ 可以连接多个设备。USB 在 PC 上往往具有多个接口,可以同时连接多个设备。如果连接一个有 4 个端口的 USB Hub 时,就可以再连接 4 个 USB 设备,以此类推。从而,将家里的设备同时连在一台 PC 上也不会有任何问题(注:最高可连接至 127 个设备)。

(3) HDMI 接口。HDMI(High Definition Multimedia Interface,高清晰度多媒体接口)是一种数字化视频或音频接口技术,是适合影像传输的专用型数字化接口,可同时传送音频和影像信号,最高数据传输速度为 48Gb/s(2.1 版)。同时,无须在信号传送前进行数-模转换或者模-数转换。

HDMI 可搭配宽带数字内容保护(High-Bandwidth Digital Content Protection,HDCP),以防止具有著作权的影音内容遭到未经授权的复制。HDMI 所具备的额外空间可应用在日后升级的音视频格式中。因为一个 1080p 的视频和一个 8 声道的音频信号对传输速度的需求少于 0.5Gb/s,因此 HDMI 还有很大余量。

HDMI 的设备具有即插即用的特点,信号源和显示设备之间会自动进行"协商",自动选择最合适的视频或音频格式。与 DVI 相比,HDMI 接口的体积更小。HDMI/DVI 的线缆长度最佳距离均不超过 8m。只要一条 HDMI 缆线,就可以取代最多 13 条模拟传输线,能有效解决家庭娱乐系统背后连线杂乱纠结的问题。

HDMI 应用非常广泛,具体如下。

(1) 高清信号源:蓝光机、高清播放机、PS3、独显计算机、高端监控设备。

(2) 显示设备:液晶电视、计算机显示器、监控显示设备等。

液晶电视带 HDMI 是目前最为常见的,一般至少有一个,多的有 3~6 个 HDMI。图 1-23 为 HDMI。

图 1-23 HDMI

1.4.2 CPU

中央处理器(CPU)是一块超大规模的集成电路,是一台计算机的运算和控制中心。它的功能主要是解释计算机指令以及处理数据。

1. CPU 的物理结构

CPU 内部结构大致可以分为运算单元、控制单元、存储单元和时钟等几个主要部分。下面主要介绍运算单元和控制单元。

1) 运算单元

运算器是计算机对数据进行加工处理的中心,它主要由算术逻辑部件(ALU)、通用寄存器组和状态寄存器组成。ALU 主要完成对二进制信息的定点算术运算、逻辑运算和各种移位操作,也可执行地址运算和转换。

通用寄存器组是用来保存参加运算的操作数和运算的中间(或最终)结果。状态寄存器在不同的机器中有不同的规定,程序中状态位通常作为转移指令的判断条件。

2) 控制单元

控制器是计算机的控制中心,它决定了计算机运行过程的自动化。它不仅要保证程序的正确执行,而且要能够处理异常事件。控制器一般包括指令控制逻辑、时序控制逻辑、总线控制逻辑、中断控制逻辑等部分。

指令控制逻辑完成取指令、分析指令和执行指令的操作。时序控制逻辑为每条指令按时间顺序提供应有的控制信号。时钟脉冲就是最基本的时序信号,是整个机器的时间基准,称为机器的主频。

执行一条指令所需要的时间称为一个指令周期,不同指令的周期有可能不同。一般为了便于控制,根据指令的操作性质和控制性质不同,会把指令周期划分为几个不同的阶段,每个阶段就是一个 CPU 周期。早期 CPU 同内存储器在速度上的差异不大,所以 CPU 周期通常和存储器存取周期相同,随着 CPU 的发展,现在速度上已经比存储器快多了,于是常常将 CPU 周期定义为存储器存取周期的几分之一。

总线控制逻辑是为多个功能部件服务的信息通路的控制电路,称为 CPU 总线,是 CPU 对外联系的通道,也称前端总线(Front Side Bus,FSB),用于在 CPU 与高速缓存、主存和北桥芯片(或 MCH)之间传送信息。

中断是指计算机由于异常事件,或者一些随机发生的需要马上处理的事件,引起 CPU 暂时停止现在程序的执行,转向另一个服务程序去处理这一事件,处理完毕再返回源程序的过程。由机器内部产生的中断称为陷阱(内部中断),由外围设备引起的中断称为外部中断。

2. CPU 的性能指标

计算机的性能在很大程度上由 CPU 的性能决定,而 CPU 的性能主要体现在其运行程序的速度上。影响运行速度的性能指标包括 CPU 的字长、主频、缓存等参数。

1) 字长

字长是 CPU 的主要技术指标之一,指的是 CPU 一次能并行处理的二进制数的位数,由微处理器对外数据通路的数据总线条数决定。在其他指标相同时,字长越大,计算机处理数据的速度就越快。字长总是 8 的整数倍,早期的微型机字长一般是 8 位和 16 位,386 处理器以及更高的处理器大多是 32 位。目前,市面上大部分计算机的处理器已达到 64 位。为了适应不同的要求及协调运算精度和硬件造价间的关系,大多数计算机均可支持变字长运算,即机内可实现半字长、全字长(或单字长)和双倍字长运算。

2) 主频

主频也叫时钟频率,单位是兆赫(MHz)或千兆赫(GHz),用来表示 CPU 运算、处理数据的速度。通常,主频越高,CPU 处理数据的速度就越快。

$$CPU 的主频＝外频×倍频系数$$

(1) 外频。外频是 CPU 的基准频率,单位是 MHz。外频是 CPU 与主板之间同步运行的速度。CPU 的外频决定整块主板的运行速度,目前绝大部分计算机系统中外频也是内存与主板之间同步运行的速度。

(2) 倍频系数。倍频系数是指 CPU 主频与外频之间的相对比例关系。在相同的外频下,倍频越高,CPU 的主频也越高。但实际上,在相同外频的前提下,高倍频的 CPU 本身意义并不大。这是因为 CPU 与系统之间数据传输速度是有限的,一味追求高倍频而得到高主频的 CPU 就会出现明显的“瓶颈”效应,CPU 从系统中得到数据的极限速度不能满足 CPU 运算的速度。

(3) 前端总线频率。前端总线频率直接影响 CPU 与内存交换数据的速度。数据传输的最大带宽取决于所有同时传输数据的带宽和传输频率,即数据带宽＝(总线频率×数据带宽)/8。外频与前端总线频率的区别是:前端总线的速度指的是数据传输的速度,外频是 CPU 与主板之间同步运行的速度。

3) 缓存

缓存是一种速度比内存更快的存储设备,它用来减少 CPU 因等待慢速设备(如内存)所导致的延迟,进而改善系统的性能。缓存的结构和大小对 CPU 速度的影响非常大。缓存容量增大,可以大幅度提升 CPU 内部读取数据的命中率,而不用再到内存或者硬盘上寻找,以此提高系统性能。但是,从 CPU 芯片面积和成本的因素来考虑,缓存一般都很小。

L1 Cache(一级高速缓存)是 CPU 的第一层高速缓存,分为数据缓存和指令缓存。内置的一级高速缓存的容量和结构对 CPU 的性能影响较大,不过高速缓存均由静态 RAM 组成,结构较复杂。在 CPU 管芯面积不能太大的情况下,一级高速缓存的容量不可能做得太大。服务器 CPU 的一级高速缓存的容量通常为 32~256KB。

L2 Cache(二级高速缓存)是 CPU 的第二层高速缓存,分内部和外部两种芯片。内部的芯片二级高速缓存运行速度与主频相同,而外部芯片的二级高速缓存只有主频的一半。二级高速缓存容量也会影响 CPU 的性能,原则上是越大越好。以前家庭版 CPU 容量最大的是 512KB,笔记本电脑中也可以达到 2MB,而服务器和工作站上用 CPU 的 L2 高速缓存更高,可以达到 8MB 以上。

L3 Cache(三级高速缓存)分为两种,早期是外置的,现在都是内置的。而它的实际作用是进一步降低内存延迟,同时提升大量数据计算时处理器的性能。降低内存延迟和提升大量数据计算能力对游戏很有帮助。但基本上三级高速缓存对处理器的性能提高显得不是很重要,如配备 1MB 三级高速缓存的 Xeon MP 处理器仍然不是 Opteron 的对手。由此可见,前端总线的增加比缓存的增加能带来更有效的性能提升。

4) CPU 扩展指令集

CPU 扩展指令集指的是 CPU 增加的多媒体或者是 3D 处理指令,这些扩展指令可以提高 CPU 处理多媒体和 3D 图形的能力。常用的有 MMX(多媒体扩展指令)、SSE(因特网数据流单指令扩展)和 3DNow! 指令集。

5) 多线程

多线程(Simultaneous Multithreading,SMT)可通过复制处理器上的结构状态,让同一个处理器上的多个线程同步执行并共享处理器的执行资源,可最大限度地实现宽发射、乱序的超标量处理,提高处理器运算部件的利用率,缓和由于数据相关或 Cache 未命中带来的访问内存延时。

当没有多个线程可用时,SMT 处理器几乎和传统的宽发射超标量处理器一样。SMT 最具吸引力的是只需小规模改变处理器核心的设计,几乎不用增加额外的成本就可以显著地提升效能。这对于桌面低端系统来说无疑十分具有吸引力。

6) 多核心

多核心,也指单芯片多处理器(Chip Multiprocessors,CMP)。CMP 是由美国斯坦福大学提出的,其思想是将大规模并行处理器中的 SMP(Symmetric Multi-Processing,对称多处理结构)集成到同一芯片内,各个处理器并行执行不同的进程。这种依靠多个 CPU 同时并行地运行程序是实现超高速计算的一个重要方向,称为并行处理。

由于 CMP 结构被划分为多个处理器核来设计,每个核都比较简单,有利于优化设计,因此更有发展前途。但并不是说核心越多,性能就越高,如 16 核的 CPU 可能还没有 8 核的 CPU 运算速度快,因为核心太多,不能进行合理分配,所以可能导致运算速度减慢。

1.4.3 存储器

1. 内存储器

内存储器(Memory)简称内存,又称为主存储器,是 CPU 能直接寻址的存储空间,它的特点是存取速率快。内存是计算机中重要的部件之一,其作用是暂时存放 CPU 中的运算数据,以及与硬盘等外部存储器交换的数据。只要计算机在运行中,CPU 就会把需要运算的数据调到内存中进行运算,当运算完成后 CPU 再将结果传送出来。由于所有程序的运行都是在内存储器中进行的,因此内存储器的性能对计算机的影响非常大。

早期的计算机内存储器采用磁心存储器,现在一般采用半导体存储单元,包括随机存储器和只读存储器两大类。

1) 随机存储器

随机存储器(Random Access Memory,RAM)是一种可以随机读写数据的存储器,也称为读写存储器。RAM 有以下两个特点:一是可以读出,也可以写入,读出时并不损坏原来存储的内容,只有写入时才修改原来存储的内容;二是 RAM 只能用于暂时存放信息,一旦断电,存储内容立即消失,即具有易失性。

RAM 通常由 MOS 型半导体存储器组成,根据其保存数据的机理又可分为动态随机存储器(Dynamic Random Access Memory,DRAM)和静态随机存储器(Static Random Access Memory,SRAM)两大类。

(1) 动态随机存储器。由于 DRAM 存储单元的结构简单,所用元件少,集成度高,功耗低,目前已成为大容量 RAM 的主流产品。DRAM 利用电容来存储数据,每位只需要一个晶体管另加一个电容,电容的有电和没电状态分别表示 0 和 1。由于电容不可避免地存在衰减现象,因此电容必须被周期性地刷新(预充电)以保持数据,这是 DRAM 的一大特点。而且电容的充放电需要一个过程,刷新频率不可能无限提升,这就导致 DRAM 的频率很容易达到上限,即便有先进工艺的支持也收效甚微。

(2) 静态随机存储器。SRAM 用触发器存储数据,接通表示 1,断开表示 0,并且状态会保持到接收了一个改变信号为止,也就是 SRAM 不需要刷新。SRAM 的特点是存取速度特别快。但如同 DRAM 一样,一旦停机或断电,SRAM 也会丢掉信息。由于一个触发器需要 4~6 个晶体管和其他零件,因此除了价格较贵外,SRAM 芯片在外形上也比较大,所以主要用于二级高速缓存。

2) 只读存储器

ROM(Read Only Memory)是只读存储器。顾名思义,它的特点是只能读出原有的内容,不能由用户再写入新内容,一般用来存放专用的、固定的程序和数据。

只读存储器是一种非易失性存储器,一旦写入信息后,无须外加电源来保存信息,不会因断电而丢失。目前,ROM 主要采用可在线改写内容的快擦除 ROM(Flash ROM),如 BIOS 芯片就是采用了这种存储器。

2. 外存储器

外存储器是指除计算机内存及 CPU 缓存以外的存储器,此类存储器一般断电后仍然能保存数据。外存储器包括硬盘、光盘和 U 盘等,通常由机械部件带动,速度比 CPU 慢得多。

1）硬盘

硬盘是计算机中主要的存储媒介之一,分为机械硬盘、固态硬盘、固态混合硬盘。机械硬盘采用磁性碟片来存储,固态硬盘采用闪存颗粒来存储,固态混合硬盘则把磁性碟片和闪存集成到一起。

（1）机械硬盘。机械硬盘即传统的普通硬盘（Hard Disk Drive,HDD）,具有存储容量大、数据传输速率高、存储数据可长期保存等特点。最常用的是温切斯特硬盘,简称温盘。它将盘片、磁头、电机驱动设备乃至读写电路等做成一个不可随意拆卸的整体,并密封起来,所以防尘性能好、可靠性高,对环境要求不高。

从结构上看,机械硬盘主要由盘片、磁头、盘片转轴及控制电机、磁头控制器、数据转换器、接口、缓存等部分组成。所有的盘片都装在一个旋转轴上,每张盘片之间是平行的,在每个盘片的存储面上有一个磁头,所有的磁头连在一个磁头控制器上,由磁头控制器负责各个磁头的运动。

磁头可沿盘片的半径方向运动,加上盘片每分钟几千转的高速旋转,磁头就可以定位在盘片的指定位置上进行数据的读写操作。图 1-24 为硬盘结构示意图。

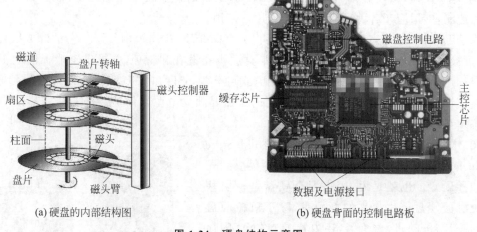

(a) 硬盘的内部结构图　　(b) 硬盘背面的控制电路板

图 1-24　硬盘结构示意图

一个硬盘通常由多个盘片组成,每个盘片被划分为磁道和扇区。因为扇区的单位太小,因此把它捆在一起,组成一个更大的单位方便进行灵活管理,这就是簇。簇是硬盘存放信息的最小单位。通常,连续的若干扇区形成一个簇。簇的大小是可变的,是由操作系统在"高级格式化"时决定的,因此管理也更加灵活。图 1-25 为磁道、扇区和簇。

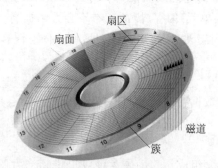

图 1-25　磁道、扇区和簇

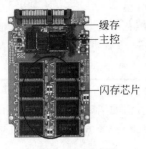

图 1-26 固态硬盘

（2）固态硬盘。固态硬盘（Solid State Drive,SSD）简称固盘,是用固态电子存储芯片阵列制成的硬盘,由控制单元和存储单元组成。固态硬盘在接口的规范、定义、功能及使用方法上与普通硬盘完全相同,在产品外形和尺寸上也与普通硬盘一致,如图 1-26 所示。

固态硬盘的存储介质分为两种：一种是闪存；另一种是DRAM。

基于闪存的固态硬盘是固态硬盘的主要类别,也是通常所说的 SSD,其内部构造十分简单。固态硬盘的主体其实就是一块 PCB 板,这块 PCB 板上最基本的配件就是控制芯片、缓存芯片（部分低端硬盘无缓存芯片）和用于存储数据的闪存芯片。主控芯片是固态硬盘的大脑,其作用是合理调配数据在各个闪存芯片上的负荷；承担整个数据中转,连接闪存芯片和外部 SATA 接口。不同的主控芯片之间能力相差非常大,在数据处理能力、算法、对闪存芯片的读取写入控制上会有很大的不同,直接导致固态硬盘产品在性能上差距高达数十倍。固态硬盘的外观可以被制作成多种模样,如笔记本硬盘、微硬盘、存储卡、U 盘等样式,最大的优点就是可以移动,而且数据保护不受电源控制,能适应于各种环境,适合个人用户使用。

基于 DRAM 的固态硬盘采用 DRAM 作为存储介质,应用范围较窄。它仿效传统硬盘的设计,可被绝大部分操作系统的文件系统工具进行卷设置和管理,并提供工业标准的 PCI 和FC 接口,用于连接主机或者服务器。应用方式可分为 SSD 和 SSD 阵列两种。它是一种高性能的存储器,而且使用寿命很长,美中不足的是需要独立电源来保护数据安全。基于 DRAM 的固态硬盘属于比较非主流的设备。

（3）固态混合硬盘。固态混合硬盘（Solid State Hybrid Drive,SSHD）是把磁性硬盘和闪存集成到一起的一种硬盘。也就是说,固态混合硬盘是一块基于传统机械硬盘衍生出来的新硬盘,除了机械硬盘必备的碟片、电动机、磁头等,还内置了 NAND 闪存颗粒,这些颗粒将用户经常访问的数据进行存储,有如 SSD 效果的读取性能,如图 1-27 所示。

图 1-27 固态混合硬盘

固态混合硬盘通过增加高速闪存来进行资料预读取,以减少从硬盘读取资料的次数,从而提高性能,还可减少硬盘的读写次数,使硬盘耗电量降低,特别是提高笔记本电脑的电池续航能力；另外,由于一般固态混合硬盘仅内置 8GB 的MLC（Multi-Level Cell,多层单元）闪存,因此成本不会大幅提高。同时,固态混合硬盘亦采用传统磁性硬盘的设计,没有固态硬盘容量小的不足,所以固态混合硬盘是处于磁性硬盘和固态硬盘中间的一种解决方案。

2）移动存储器

移动存储器是便携式的数据存储装置,带有存储介质且自身具有读写介质的功能,不需要或很少需要其他装置的协助。现代的移动存储器主要有移动硬盘、U 盘和各种存储卡。

（1）移动硬盘。

移动硬盘由硬盘和硬盘盒组成。移动硬盘可以提供相当大的存储容量,是一种较具性价比的移动存储产品。移动硬盘一般采用 USB 接口,数据传输速度快,可以支持热插拔,但要注意 USB 接口必须确保停止以后才能拔下 USB 连线,否则处于高速运转的硬盘突然断电可能会导致硬盘损坏。移动硬盘有如下特点。

① 容量大。移动硬盘能在用户可以接受的价格范围内,提供给用户较大的存储容量和不错的便捷性。市场中的主流移动硬盘基本都能提供 500GB 以上的存储容量,有的甚至高达 12TB,可以说是 U 盘、磁盘等产品的升级版,被大众广泛接受。

② 体积小。移动硬盘(盒)的尺寸分为 1.8 英寸(1 英寸=0.0254 米)、2.5 英寸和 3.5 英寸 3 种。2.5 英寸移动硬盘盒使用的是笔记本电脑硬盘,体积小、重量轻,便于携带,一般没有外置电源。3.5 英寸的硬盘盒使用的是台式机硬盘,体积较大,便携性相对较差,并且一般都自带外置电源和散热风扇。

③ 速度高。移动硬盘大多采用 USB 接口,能提供较高的数据传输速度。不过移动硬盘的数据传输速度在一定程度上受到接口速度的限制,USB 2.0 接口传输速率是 60MB/s,USB 3.0 接口传输速率是 625MB/s。

④ 使用方便。主流的 PC 基本都配备了 USB 接口,主板通常可以提供 2~8 个,一些显示器也会提供 USB 适配器,USB 接口已成为个人计算机的必备接口。USB 设备在大多数版本的 Windows 操作系统中都不需要预先安装驱动程序,具有真正的即插即用特性,使用起来非常灵活方便。

⑤ 可靠性高。移动硬盘与笔记本电脑硬盘的结构类似,多采用硅氧盘片。这是一种比铝、磁更为坚固耐用的盘片材质,并且具有更大的存储量和更好的可靠性,提高了数据的完整性。另外,还具有防震功能,在剧烈震动时盘片自动停止转动并将磁头复位到安全区,以防止损坏盘片。

图 1-28 为移动硬盘。

(2) U 盘。

U 盘的全称为 USB 闪存盘(USB Flash Disk)。它是一种无须物理驱动器的微型高容量移动存储产品,通过 USB 接口与计算机连接,实现即插即用,如图 1-29 所示。

图 1-28 移动硬盘　　　　　　　图 1-29 U 盘

U 盘的组成很简单,主要由外壳和机芯组成。其中,机芯是一块 PCB,上面有 USB 主控芯片、晶振、贴片电阻、电容、Flash(闪存)芯片,以及 USB 接口和贴片 LED(不是所有的 U 盘都有)等。

U 盘最大的优点是小巧、便于携带、存储容量大、价格便宜、性能可靠。一般的 U 盘容量有 8GB、16GB、32GB、64GB,甚至还有 128GB、256GB、512GB、1TB 等。U 盘中无任何机械式装置,抗震性能极强。另外,U 盘还具有防潮、防磁、耐高低温等特性,安全可靠性很好。

(3) 存储卡。

存储卡又称为数码存储卡、数字存储卡、储存卡等,是用于手机、数码相机、便携式计算机等数码产品上的独立存储介质,一般是卡片的形态,故称为存储卡。存储卡具有体积小、携带方便、使用简单的优点。同时,大多数存储卡都具有良好的兼容性,便于在不同的数码产品之间交换数据。

存储卡大多使用闪存作为材料,但由于形状、体积和接口的不同又分为 SD 卡、CF 卡、MMC 卡、XD 卡、T-Flash 卡、Mini-SD 卡等,如图 1-30 所示。

图 1-30   存储卡

1.4.4   输入输出设备

输入输出设备是计算机系统的重要组成部分。各类信息通过输入设备输入计算机中,计算机的处理结果则由输出设备输出。

1. 输入设备

输入设备(Input Device)是计算机与用户或其他设备通信的桥梁,是用户和计算机系统之间进行信息交换的主要装置之一。计算机能够接收各种各样的数据,既可以是数值型的数据,也可以是各种非数值型的数据,如图形、图像、声音等都可以通过不同类型的输入设备输入计算机中,供计算机进行存储、处理和输出。

1) 键盘

键盘是最常用也是最主要的输入设备,通过键盘可以将英文字母、数字、标点符号等输入计算机中,从而向计算机发出命令、输入数据等。为了适应不同用户的需要,常规键盘具有CapsLock(字母大小写锁定)、NumLock(数字小键盘锁定)、ScrollLock(滚动锁定)3 个指示灯来标识键盘的当前状态。这些指示灯一般位于键盘的右上角。

不管键盘形式如何变化,按键的排列还是基本保持不变,可以分为主键盘区、数字辅助区、功能键区、控制键区,对于多功能键盘还增添了快捷键区。

键盘的接口有 AT 接口、PS/2 接口和最新的 USB 接口。目前,市场上最炙手可热的无线技术——蓝牙、红外线等,也被应用在键盘上。无线技术的应用使人摆脱键盘线的限制和束缚,可以自由地操作。一般来说,蓝牙在传输距离和安全保密性方面要优于红外线。红外线的有效传输距离为 1~2m,而蓝牙的有效传输距离约为 10m。由此可知,无线键盘的市场很大。

2) 鼠标

鼠标(Mouse)是计算机的一种输入设备,也是计算机显示系统纵横坐标定位的指示器,因形似老鼠而得名。使用鼠标是为了使计算机的操作更加简便快捷,代替键盘烦琐的指令。目前,常用的光电鼠标是通过检测鼠标器的位移,将位移信号转换为电脉冲信号,再通过程序的处理和转换来控制屏幕上光标箭头的移动。

除此之外,无线鼠标和 3D 振动鼠标都是比较新颖的鼠标。无线鼠标把鼠标在 X 轴或 Y 轴上的移动、按键按下或抬起的信息转换成无线信号,并发送给主机。3D 振动鼠标具有全方位立体控制能力,同时具有振动功能,即触觉回馈功能。例如,玩某些游戏时,当你被敌人击中时,会感觉到鼠标也振动了。

键盘和鼠标如图 1-31 所示。

图 1-31　键盘和鼠标

3) 扫描仪

扫描仪(Scanner)是利用光电技术和数字处理技术,以扫描的方式将图形或图像信息转换为数字信号的装置。

扫描仪是一种光、机、电一体化的高科技产品,它是将各种形式的图像信息输入计算机的重要工具,是继键盘和鼠标之后的第三代计算机输入设备。扫描仪具有比键盘和鼠标更强的功能,从最原始的图片、照片、胶片到各类文稿资料都可用扫描仪输入计算机中,进而实现对这些图像形式的信息的处理、管理、使用、存储和输出等,配合光学字符识别(Optical Character Recognize,OCR)软件还能将扫描的文稿转换成计算机的文本形式。

扫描仪的工作原理如下:扫描仪工作时发出的强光照射在稿件上,没有被吸收的光线将被反射到光学感应器上,光感应器接收到这些信号后,将这些信号传送到模数(A/D)转换器,模数转换器将其转换成计算机能读取的信号,然后通过驱动程序转换成显示器上能看到的正确图像。

待扫描的稿件可分为反射稿和透射稿。反射稿泛指一般的不透明文件,如报刊、杂志等;透射稿包括幻灯片(正片)或底片(负片)。如果经常需要扫描透射稿,就必须选择具有光罩(光板)功能的扫描仪。图 1-32 为扫描仪。

4) 数码相机

数码相机(Digital Camera,DC)是集光学、机械、电子于一体的产品,如图 1-33 所示。它集成了影像信息的转换、存储和传输等部件,具有数字化存取,与计算机交互处理和实时拍摄等特点。光线通过镜头或镜头组进入数码相机,再通过数码相机成像元件转化为数字信号,数字信号则通过影像运算芯片存储在存储设备中。数码相机的成像元件是 CCD 或 CMOS。该成像元件的特点是光线通过时,能根据光线的不同转化为不同的电子信号。按照用途,数码相机分为单反相机、微单相机、卡片相机、长焦相机和家用相机等。

图 1-32　扫描仪

图 1-33　数码相机

5）触摸屏

触摸屏(Touch Screen)又称为触控屏、触控面板,是一种可接收触头等输入信号的感应式液晶显示装置。当接触了屏幕上的图形按钮时,屏幕上的触觉反馈系统可根据预先编好的程序驱动连接各种装置,用以取代机械式的按钮面板,并借由液晶显示画面制造出生动的影音效果。

触摸屏作为一种最新的计算机输入设备,是目前非常简单、方便、自然的一种人机交互方式。它赋予了多媒体崭新的面貌,是极富吸引力的全新多媒体交互设备,主要应用于公共信息查询、领导办公、工业控制、军事指挥、电子游戏、点歌点菜、多媒体教学、房地产预售等方面。

从技术原理来看,触摸屏可分为 5 个基本类型:矢量压力传感技术触摸屏、红外线技术触摸屏、电容技术触摸屏、电阻技术触摸屏、表面声波技术触摸屏。其中,矢量压力传感技术触摸屏已退出历史舞台;红外线技术触摸屏价格低廉,但其外框易碎,容易产生光干扰,曲面情况下会失真;电容技术触摸屏设计构思合理,但其图像失真问题很难得到根本解决;电阻技术触摸屏的定位准确,但其价格颇高,且怕刮、易损;表面声波技术触摸屏避免了以往触摸屏的各种缺陷,图像清晰、不容易被损坏,适用于各种场合,缺点是如果屏幕表面有水滴和尘土,会使触摸屏变得迟钝,甚至不工作。

6）游戏手柄

游戏手柄也是一种常见的输入部件,通过操纵其按钮实现对游戏虚拟角色的控制。游戏手柄的标准配置是由任天堂公司确立及实现的,它包括十字键(方向)、ABXY 功能键、选择及暂停键(菜单)3 种控制按键。随着游戏设备硬件的升级换代,现代游戏手柄又增加了类比摇杆(方向及视角)、扳机键以及 HOME 菜单键等。图 1-34 为游戏手柄。

图 1-34　游戏手柄

2. 输出设备

输出设备(Output Device)是人与计算机交互的一种部件,用于数据的输出,把各种计算结果数据或信息以数字、字符、图像、声音等形式表现出来。常见的输出设备有显示器、打印机、绘图仪、影像输出系统、语音输出系统等。下面主要介绍显示器和打印机。

1）显示器

显示器(Display)又称监视器,是实现人机对话的主要工具。它既可以显示键盘输入的命令或数据,也可以显示计算机数据处理的结果。

常用的显示器主要有两种类型:一种是阴极射线管(Cathode Ray Tube,CRT)显示器,如图 1-35 所示;另一种是液晶显示器(Liquid Crystal Display,LCD),如图 1-36 所示。

图 1-35　CRT 显示器　　　　　　　图 1-36　LCD 显示器

显示适配器又称显示控制器,是显示器与主机的接口部件,通常以硬件插卡的形式插在主机板上,故简称显卡,如图 1-37 所示。

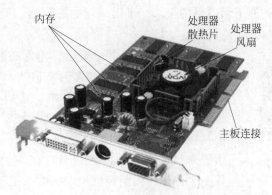

图 1-37 显示器适配器

显示器必须配合显卡才能正常工作。显卡作为计算机的一个重要组成部分,承担输出显示图形的任务。显卡的基本结构包括图形处理器(GPU)、显示存储器(Video RAM,VRAM)、数模转换器(Digital-to-Analog Converter,DAC)以及相关的接口电路,这些部件决定了计算机在屏幕上的输出,如屏幕画面显示的速度、颜色,以及分辨率等。

2) 打印机

打印机(Printer)是将计算机的处理结果打印在纸张上的输出设备。人们常把显示器的输出称为软拷贝,把打印机的输出称为硬拷贝。

按照工作机制,打印机可以分为击打式和非击打式两类。其中,击打式分为字模式打印机和点阵式打印机;非击打式分为喷墨打印机、激光打印机、热敏打印机和静电打印机等。

(1) 点阵式打印机。点阵式打印机是一种特殊的打印机,和喷墨、激光打印机都存在很大的差异。点阵式打印机的主要部件是打印头,通常所讲的 9 针、16 针和 24 针打印机说的就是打印头上的打印针的数目。图 1-38 为点阵式打印机。

图 1-38 点阵式打印机

点阵式打印机是利用直径为 $2×10^{-4}∼3×10^{-4}$ m 的打印针通过打印头中的电磁铁吸合或释放来驱动打印针向前击打色带,将墨点印在打印纸上而完成打印动作,通过对色点排列形式的组合控制,实现对规定字符、汉字和图形的打印。通常,点阵式打印机所使用的色带都是单色的,打印速度要比喷墨打印机慢,而且精度较低,噪声也较大,因此点阵式打印机在家用打印机市场上已遭到淘汰。然而,点阵式打印机的耗材成本极低,并且能多层套打,因此在银行、证券等领域有着不可替代的地位。

图 1-39 喷墨打印机

(2) 喷墨打印机。喷墨打印机是在点阵式打印机之后发展起来的,采用非击打的工作方式。它比较突出的优点有体积小、操作简单方便、打印噪声低、使用专用纸张时可以打印出和照片相媲美的图片。

喷墨打印机按工作原理可分为固体喷墨打印机和液体喷墨打印机两种,最常用的液体喷墨打印机采用液体喷墨方式,又可分为气泡式与液体压电式。图 1-39 为喷墨打印机。

喷墨打印机在打印图像时,需要进行一系列的繁杂程序。当打印机喷头快速扫过打印纸时,它上面的喷嘴就会喷出无数的小墨滴,从而组成图像中的像素。打印机头上一般有 48 个及以上的独立喷嘴喷出各种不同颜色的墨水。不同颜色的墨滴落于同一点上,形成不同的复色。一般来说,喷嘴越多,打印速度越快。

图 1-40　激光打印机

(3) 激光打印机。激光打印机脱胎于 20 世纪 80 年代末的激光照排技术,它是将激光扫描技术和电子照相技术相结合的产物。图 1-40 为激光打印机。其基本工作原理是由计算机传来的二进制数据信息,通过视频控制器转换为视频信号,再由视频接口/控制系统把视频信号转换为激光驱动信号,然后由激光扫描系统产生载有字符信息的激光束,之后扫描到感光体上。感光体与照相机构组成电子照相转印系统,把照射到感光鼓上的图文影像转印到打印纸上。与其他打印设备相比,激光打印机有打印速度快、成像质量高等优点;但缺点是使用成本相对高昂。

打印机的评价指标有打印分辨率、打印速度、打印幅面和打印成本等。

① 打印分辨率。打印机分辨率又称为输出分辨率,是指在打印输出时横向和纵向两个方向上每英寸最多能够打印的点数,通常以"点/英寸"即 dpi 表示。目前,一般激光打印机的分辨率均在 600×600dpi 以上。

打印分辨率的具体数值大小决定了打印效果的好坏,一般情况下激光打印机在纵向和横向两个方向上的输出分辨率几乎是相同的;而喷墨打印机在纵向和横向两个方向上的输出分辨率相差很大。一般情况下,喷墨打印机分辨率是指横向喷墨表现力。如 800×600dpi,其中 800 表示打印幅面上横向显示的点数,600 则表示纵向显示的点数。打印分辨率不仅与显示打印幅面的尺寸有关,还要受打印点距和打印尺寸等因素的影响。若打印尺寸相同,点距越小,则打印分辨率越高。

② 打印速度。评价一台打印机是否质量优秀,不仅要看打印图像的品质,还要看它是否有良好的打印速度。打印机的打印速度是用每分钟打印多少页纸(PPM)来衡量的,一般分为彩色文稿打印速度和黑白文稿打印速度。打印速度越快,打印文稿所需时间越短。

打印速度与打印时设定的分辨率有直接的关系,打印分辨率越高,打印速度也就越慢。通常打印速度的测试标准为 A4 标准打印纸,分辨率为 300dpi,覆盖率为 5%。

③ 打印幅面。打印幅面指最大能够支持打印纸张的大小。它的大小是用纸张的规格来标识或是直接用尺寸来标识的,具体有 A3、A4、A5 等。

④ 打印成本。激光打印机最关键的部件是硒鼓,也就是感光鼓。它不仅决定了打印质量的好坏,还决定了使用者在使用过程中需要花费的金钱多少。根据感光材料的不同,目前可以把硒鼓主要分为 3 种: OPC 硒鼓(有机光导材料)、Se 硒鼓和陶瓷硒鼓。在使用寿命上,OPC 硒鼓一般为 3000 页左右,Se 硒鼓为 10 000 页,陶瓷硒鼓为 100 000 页。

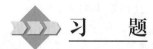 习　　题

一、判断题

1. 现代计算机采用的是冯·诺依曼提出的"存储程序控制"思想,科学家们正在研究的生物计算机采用非冯·诺依曼结构。

2. 微型计算机的性能主要取决于主板。

3. 运算器是进行算术和逻辑运算的部件,通常称它为 CPU。

4. 任何存储器都有记忆能力,其中的信息不会丢失。

5. 计算机总线由数据总线、地址总线和控制总线组成。

6. 微型计算机断电后,机器内部的计时系统将停止工作。

7. 通常硬盘安装在主机箱内,因此它属于主存储器。

8. 用屏幕水平方向上显示的点数乘以垂直方向上显示的点数来表示显示器清晰度的指标,通常称为分辨率。

二、选择题

1. 与信息技术中的感知与识别技术、通信与存储等技术相比,计算技术主要用于扩展人的_____器官的功能。

    A. 感觉　　　　　B. 神经网络　　　　　C. 思维　　　　　D. 效应

2. 下列关于集成电路的叙述错误的是_____。

    A. 集成电路是将大量晶体管、电阻及互连线等制作在尺寸很小的半导体单晶片上

    B. 现代集成电路使用的半导体材料通常是硅或砷化镓

    C. 集成电路根据它所包含晶体管的数目可分为小规模、中规模、大规模、超大规模和极大规模集成电路

    D. 集成电路按用途可分为通用集成电路和专用集成电路两大类。微处理器和存储器芯片都属于专用集成电路

3. 计算机内所有的信息都是以_____数码形式表示的,其单位是比特(bit)。

    A. 八进制　　　　B. 十进制　　　　C. 二进制　　　　D. 十六进制

4. 微型计算机硬件系统中最核心的部件是_____。

    A. 主板　　　　　B. CPU　　　　　C. 内存储器　　　　D. I/O 设备

5. 计算机中对数据进行加工与处理的部件,通常称为_____。

    A. 运算器　　　　B. 控制器　　　　C. 显示器　　　　D. 存储器

6. 微型计算机中,控制器的基本功能是_____。

    A. 实现算术运算和逻辑运算　　　　　　B. 存储各种控制信息

    C. 保持各种控制状态　　　　　　　　　D. 控制机器各个部件协调一致地工作

7. 指出 CPU 下一次要执行指令的地址的部件称为_____。

    A. 程序计数器　　B. 指令寄存器　　C. 目标地址码　　D. 数据码

8. 32 位微型计算机在进行算术运算和逻辑运算时,可以处理的二进制信息长度是_____。

    A. 32 位　　　　　B. 16 位　　　　　C. 8 位　　　　　D. 以上 3 种都可以

9. 下面列出的 4 种存储器中,易失性存储器是_____。

    A. RAM　　　　　B. ROM　　　　　C. PROM　　　　D. CD-ROM

10. 微型计算机中内存储器比外存储器_____。

    A. 容量大且读写速度快　　　　　　　B. 容量小但读写速度快

    C. 容量大但读写速度慢　　　　　　　D. 容量小且读写速度慢

11. 配置高速缓冲存储器(Cache)是为了解决_____。

    A. 内存与辅助存储器之间速度不匹配问题

  B. CPU 与辅助存储器之间速度不匹配问题

  C. CPU 与内存储器之间速度不匹配问题

  D. 主机与外设之间速度不匹配问题

12. 机械硬盘工作时应特别注意避免_____。

  A. 噪声　　　　　　B. 震动　　　　　　C. 潮湿　　　　　　D. 日光

13. 下列各组设备中,全部属于输入设备的一组是_____。

  A. 键盘、磁盘和打印机　　　　　　　B. 键盘、扫描仪和鼠标

  C. 键盘、鼠标和显示器　　　　　　　D. 硬盘、打印机和键盘

14. 显示器显示图像的清晰程度,主要取决于显示器的_____。

  A. 对比度　　　　　B. 亮度　　　　　　C. 尺寸　　　　　　D. 分辨率

15. 针式打印机术语中,24 针是指_____。

  A. 24×24 点阵　　　　　　　　　　B. 信号线插头有 24 针

  C. 打印头内有 24×24 根针　　　　　D. 打印头内有 24 根针

16. 下面有关计算机的叙述中,正确的是_____。

  A. 计算机的主机只包括 CPU

  B. 计算机程序必须装载到内存中才能被执行

  C. 计算机必须具有硬盘才能工作

  D. 计算机键盘上字母键的排列方式是随机的

三、填空题

1. 在计算机内部,程序是由指令组成的。大多数情况下,指令由_____和操作数地址两部分组成。

2. 计算机系统一般有_____和软件两大系统组成。

3. 一台计算机所具有的各种机器指令的集合称为该计算机的_____。

4. 一台计算机所有指令的集合称为指令系统,常见的指令系统有复杂指令系统和_____。

5. 计算机在工作时突然断电,会使存储在_____中的数据丢失。

6. 总线是连接计算机各部件的一簇公共信号线,由_____、_____和控制总线组成。

7. 主板中最重要的是_____,它是主板的灵魂。

四、简答题

1. 计算机可以分为哪些类型?现在用得最多的属于哪一类?

2. 简述冯·诺依曼机的工作原理。

3. 电子计算机的发展经历了几个阶段?每个阶段有什么样的特点?

4. 什么是集成电路?集成电路按集成度的高低可分为哪几类?

5. 什么是摩尔定律?

6. 什么是比特?为什么计算机中采用二进制?

7. 存储容量有哪些计量单位?内存容量和外存容量的计量单位有何差别?

8. 计算机硬件由哪几部分组成?各部分的主要功能是什么?

9. 简述计算机指令的执行过程。

10. 主板上安装了哪些主要部件和器件?

11. 什么是芯片组？它与 CPU、内存和各种 I/O 设备的关系是怎样的？

12. BIOS 中有哪些基本程序？

13. 评价 CPU 性能的指标有哪些？

14. 内存储器的半导体存储芯片有哪些类型？它们各自的特点是什么？

15. PC 上有哪些主要的 I/O 接口？

16. 硬盘存储器由哪些部分组成？它是怎样工作的？

17. U 盘与存储卡都是什么材质的存储器？

阅读材料 1：光刻机

根据摩尔定律，平均每 18～24 个月集成电路的性能就会提升一倍，而这个过程至今已经持续了半个多世纪了，可见人类能够在信息和电子技术领域取得今日这般成就，半导体芯片居功至伟。

在信息时代，芯片广泛用于计算机、手机、家电、汽车、高铁、电网、医疗仪器、机器人、工业控制等各种电子产品和系统，是高端制造业的核心基石，没有芯片中国许多高端行业的发展均会受到限制。芯片也事关国家安全，现代化的战斗机、军舰或是坦克上都安装有大量的芯片，没有了芯片的加持，今天的军队和"二战"时的没什么区别。而更重要的是，在人类逐步"未来化"的过程中，芯片将会扮演极为关键的角色，成为第四次科技革命的重要基础。目前，英特尔、高通、AMD、联发科等都是芯片领域里的巨头。

那么芯片的生产过程是怎样的呢？

芯片的制造工艺非常复杂，一条生产线大约涉及 50 多个行业、2000～5000 道工序。

第一，需要相关设计公司设计电路图纸，然后交给晶圆加工厂。

第二，需要芯片设备厂商生产制造生产芯片所需要的设备。

第三，需要化工工业生产相关的材料。例如，使用的材料包括几百种特种气体、液体、靶材等，需要有化工工业将"砂子"提纯成硅，再切成晶圆，然后加工晶圆。

第四，需要晶圆加工厂根据图纸对晶圆进行加工，包含前后两道工艺，前道工艺分几大模块（光刻、薄膜、刻蚀、清洗、注入）；后道工艺主要是封装（互联、打线、密封）以及测试。

在芯片生产过程的四大环节中，中国在制造（晶圆加工）领域最弱小，在芯片设计领域，华为代表了国内芯片设计的最高水平，但电子设计自动化（EDA）软件依然几乎被国外垄断，而在封装测试环节发展得最好最强大。我们最不用担心的就是封装与测试领域。因此，设计与制造两个环节对我们来说尤为重要。芯片设计，美国的高通可以说是处于最高水平，还有新贵华为海思，以及老牌中国台湾的联发科。他们只负责画图纸设计，不负责生产，图纸画出来后，就得找芯片代工厂生产，否则就成了空中楼阁，废纸一张。芯片制造则是负责将图纸落地的芯片代工厂，要做的是按照图纸不打折扣地做出来。这方面，台积电是当之无愧的世界第一，规模和技术均列全球第一。7nm、5nm 的图纸我们可以画出来，但芯片代工厂方面目前就只有中芯国际的 14nm，还差很远。中芯国际曾向荷兰的 ASML 订购过一台高端光刻机，但是被美国一再阻挠。甚至一拖再拖后，在即将交付之前，厂房竟然莫名其妙地着了一场"大火"。而要做出来这些高端芯片就需要用到最先进的光刻机。没有光刻机只能纸上谈兵。

在所有的工序中，可以说光刻是最重要的一道工序，它是制造和设计的纽带。一块芯片在生产过程中要进行 20～30 次的光刻，所耗工时占据整个制造流程的 50% 左右，耗费整个芯片

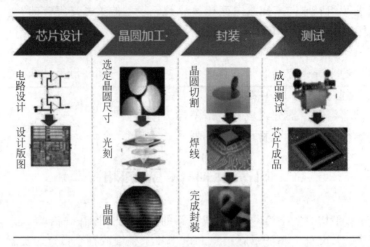

图 1-41　芯片的生产制造过程

制造成本的 30% 左右。光刻也决定了芯片的制程和性能水平。光刻需要用到一种叫光刻机的设备。

光刻机(Mask Aligner)又名掩模对准曝光机、曝光系统、光刻系统等,是制造芯片的核心装备。它采用类似照片冲印的技术,把掩模版上的精细图形通过光线的曝光印制到硅片上。简单来说,光就像一台投影仪,首先由光刻机把需要的光源通过带有图案的掩模投射出来,经过透镜或镜子将图案聚焦在晶圆上。

不过这里面最有科技含量的是投射出来的光非常神奇,能把晶圆蚀刻成立体的形状,而不是平面。通过不断重复的操作,把数十亿甚至上百亿计的电子元件构建在晶圆上,形成集成电路,也就是我们所说的芯片。看到这里,大家应该对光刻机有一个大概的了解。在一台指甲盖大小的晶圆上,要把数十亿甚至上百亿的电子元件进行蚀刻,高科技程度出乎常人的理解,可能很多人都无法想象,这台机器得有多精密。

目前,全球能生产最先进光刻机的厂商是荷兰的 ASML(阿斯麦尔)。现在 ASML 最先进的极紫外(Extreme Ultra-violet,EUV)光刻机,重达 180t,各种零部件超过 10 万个,需要 40 个集装箱才能装下,仅是安装和调试的时间就需要一年以上,如图 1-42 所示。当然,价值肯定不便宜,高达上亿美元。

图 1-42　ASML EUV 光刻机 3400B

就一台这样的机器,现在全世界范围,却只有 ASML 可以生产。因为手握光刻机的核心技术,ASML 占据了全球超过 70% 的光刻机市场,高端市场更是几乎垄断,而且供不应求,要提前预订,先交钱,等一年之后再提货。因为摩尔定律的支配,现在芯片的制程一般都达到了 7nm 和 5nm ,而这个任务,只有 ASML 的光刻机才能完成。

看到这里,大家可能会问了,我们泱泱大国,人才济济,难道还生产不出一台 EUV 光刻机? 目前,还真做不出来,不过,我们也不是没有努力过。

其实早在 1974 年,我国的 1445 所就开始研制光刻机,到 1977 年,成功研制了一台接触式光刻机,型号是 GK-3,属于半自动光刻机。

因为那个年代,外国对我们实现封锁,一切都得自力更生。后来改革开放了,这些设备都能从国外采购,自然就暂停了研制的进程。

为什么要停止研发呢? 首先,光刻机的研发周期长,回报时间久,要 10 多年甚至更长的时间才能收回成本;其次是投入高,每年要投入巨额的研发资金,还不一定有回报,而且那个时期的国内,对芯片的需求也不是很大。因为大部分高科技产品都是从国外采购,这样的模式叫作“贸工技”,不仅光刻机,我们的大飞机项目也是受此影响而叫停的。

值得庆幸的是,工业兴国的信念在国人心中从没动摇,就算没有市场,没有资金,也有一群人在默默地研发属于我们自己的光刻机。上海微电子装备公司在起步晚、技术薄弱的情况下,还是研发生产了 90nm 制程的光刻机。近期更是迎来了研发生产出 22nm 的光刻机,代表国产光刻机的最高技术。

虽然和 ASML 相比,在技术上还有很大的差距,但是只要行动起来,有一群甘心研发的人,总会有赶超的那一天。

ASML 总裁 Peter Wennink 向媒体说过:“高端的 EUV 光刻机永远不可能被中国模仿,因为我们是系统集成商,我们将数百家公司的技术整合在一起,为客户服务。这种机器有80 000 个零件,其中许多零件非常复杂。以蔡司公司为例,为我们生产镜头,包括各种反光镜和其他光学部件,世界上没有一家公司能模仿他们”。

所以我们国家要走学习 ASML 的道路应该是不可能了,只能靠自己独立研发出自己的光刻机。

美国近几年把注意力放在对华为的封锁中,不仅自身不遗余力地封杀华为的正常销售,还经常伙同盟国在所谓的“自由市场”中以各式各样荒唐怪诞的理由对华为采取制裁措施,其根本原因是华为的进步已经威胁到美国的霸权利益,触碰到其所构建的基础框架。而对于芯片的制作,光刻机是重中之重,缺乏达标的光刻机意味着即便有再先进的芯片设计理念也无法转化为实际应用,更没有办法进行量产。所以,我国迄今为止芯片依旧仰仗于国外的订单,时常会发生因芯片延缓未到,而手机新品的发布也随之推移的尴尬情况。

目前,国产光刻机想要完全实现替代有很大的难度,未来十几年在大数据、物联网、自动驾驶、人工智能、5G 等创新的驱动下,光刻机市场规模势必持续增长,随着半导体制造市场转移,中国晶圆厂建设快速推进。2021 年 3 月 17 日,国际半导体产业协会(Semiconductor Equipment and Materials International,SEMI)全球副总裁、中国区总裁居龙在 SEMIO China 开幕式上透露,2020 年全球半导体设备市场大幅增长,其增长率达 18.9%,中国大陆增长率达 39%,首次成为全球最大设备市场。

当美国断供我们的芯片时,我们有华为、展讯、紫光和中芯微。

当美国限制台积电不给我们代工芯片时,我们还有中芯国际。

当美国限制 ASML 的光刻机卖给我们时,我们束手无策。

光刻机,是我们芯片产业中最大的痛!

通过美国的技术封锁打压,也使我们能更加明白,一切只能靠自己,没有任何成果是等来的,求来的。中国近些年对于各个领域的发展都取得突破性的成就,逐渐打破西方技术封锁壁垒,一个又一个的好消息振奋人心。道阻且长,行则将至,相信通过国人的努力奋斗,一定能突破西方国家的科技围堵和封锁。

阅读材料2:未来计算机

从目前计算机的研究情况可以看到,未来计算机将有可能在纳米计算机、光子计算机、量子计算机和生物计算机等方面的研究取得重大的突破。

1. 纳米计算机

随着硅芯片上集成的晶体管数量越来越接近极限,通电和断电的频率将无法再提高,耗电量也无法再减少,集成电路的性能将越来越不稳定。科学家认为,解决这个问题的途径是研制"纳米晶体管",并用这种纳米晶体管来制作"纳米计算机"。

纳米是长度计量单位,1nm 等于 10^{-9} m,大约是氢原子直径的 10 倍。科学家从 20 世纪 60 年代开始,把纳米微粒作为研究对象,探索纳米体系的奥秘。研究纳米技术的最终目标是人类按照自己的意志直接操纵单个原子,制造出具有特定功能的产品。

作为在纳米尺度范围内,通过操纵原子、分子、原子团或分子团使其重新排列组合成新物质的技术,涉及了现代物理学、化学、电子学、建筑学、材料学等领域,受到了各发达国家的高度重视。1989 年,IBM 公司的科学家实现了用单个原子排列拼写出 IBM 商标,以后又制造出了世界上最小的算盘,算盘的珠子是用直径还不到 1nm 的分子做成的;康奈尔大学的研究人员制作的六弦吉他,大小相当于一个白细胞。

将纳米技术应用到芯片生产上,可以降低生产成本。因为它既不需要建设超洁净生产车间,也不需要昂贵的实验设备和庞大的生产队伍。只要在实验室里将设计好的分子合在一起,就可以造出芯片。而且纳米计算机不仅几乎不需要耗费任何能源,性能要比今天的计算机强大许多倍。

目前,纳米计算机的成功研制已有一些鼓舞人心的消息。2013 年 9 月 26 日,斯坦福大学宣布,人类首台基于碳纳米晶体管技术的计算机已成功测试运行。该项实验的成功证明了人类有望在不远的将来,摆脱当前硅晶体技术,以生产新型计算机设备。英国学术杂志《自然》已在刊物中刊登了斯坦福大学的研究成果。

碳纳米管是由碳原子层以堆叠方式排列构成的同轴圆管。该种材料具有体积小、传导性强、支持快速开关等特点,因此当被用于晶体管时,其性能和能耗表现要大幅优于传统硅材料。首台纳米计算机实际只包括 178 个碳纳米管,并运行只支持计数和排列等简单功能的操作系统。然而,尽管原型看似简单,却已是人类多年的研究成果。这意味着"硅"作为计算时代的王者地位或将不保,硅谷的未来可能不再"姓硅"。

不管怎样,计算设备体积越来越小,价格越来越便宜,性能越来越强大的趋势不会改变,这对广大消费者来说都是利好消息。

2. 光子计算机

在过去的四十多年里,摩尔定律一直在发挥它的威力,芯片厂商们将产品越做越小,以至于晶体管之间的相互作用会造成严重影响。摩尔定律失效将会出现在 0.2nm 工艺制作芯片的时候,因为那已经是一个原子的直径了。于是,工程师们开始将目光投到光子方面,想利用光子来传输信息。

现有的计算机由电流来传递和处理信息,虽然电场在导线中传播的速度比我们看到的任何运载工具的运动速度都快得多,但是采用电流做运输信息的载体还不能满足更快的要求。不用电子,而用光子做传递信息的载体,就有可能制造出性能更优异的计算机。

使用光子作为信息载体的优势体现在以下方面。

(1) 光子不带电荷,也就不存在电磁场,彼此之间不会发生相互干扰。

(2) 电子计算机只能通过一些相互绝缘的导线来传导电子,而光子的传导是可以不需要导线的。

(3) 即使在最佳情况下,电子在固体中的运行速度也远远低于光速,具体来说,电子在导线中的传播速度是 593km/s,而光子的传播速度却达 3×10^5 km/s,这表明光子携带信息传递的速度比电子快得多。

(4) 随着装配密度的不断提高,会使导体之间的电磁作用不断增强,散发的热量也在逐渐增加,从而制约了电子计算机的运行速度。而光子计算机不存在这些问题,对使用环境条件的要求比电子计算机低得多。

(5) 光子计算机与电子计算机相比,大大降低了电能消耗,减少了机器散发的热量,为光子计算机的微型化和便携化研制提供了便利的条件。

要想制造真正的光子计算机,需要解决可以用一条光束来控制另一条光束变化的光学晶体管这一基础元件,目前科学家已经实现了这样的装置,但是所需的条件,如温度等,仍较为苛刻,尚难以进入实用阶段。

1990 年初,美国贝尔实验室宣布研制出世界上第一台光学计算机。它采用砷化镓光学开关,运算速度达每秒 10 亿次。尽管这台光子计算机与理论上的光子计算机还有一定距离,在功能以及运算速度等方面,还赶不上电子计算机,但已显示出强大的生命力。

目前,我们使用的主要还是电子计算机,今后一段时期内也仍然要继续发展电子计算机。但是,从发展的潜力大小来说,显然光子计算机比电子计算机大得多,特别是在对图像处理、目标识别和人工智能等方面,光子计算机将来发挥的作用远比电子计算机大。

3. 量子计算机

目前,传统计算机的发展已经逐渐遭遇功耗墙、通信墙等一系列问题,传统计算机的性能增长越来越困难。因此,探索全新物理原理的高性能计算技术的需求就应运而生。

量子计算机(Quantum Computer)是一类遵循量子力学规律进行高速数学和逻辑运算、存储及处理量子信息的物理装置。当某个装置处理和计算的是量子信息,运行的是量子算法时,它就是量子计算机。量子计算机的概念源于对可逆计算机的研究,目的是解决计算机中的能耗问题。

量子计算是一种基于量子效应的新型计算方式。基本原理是以量子比特作为信息编码和存储的基本单元,通过大量量子比特的受控演化来完成计算任务。

量子计算机处理速度惊人,比传统计算机快数十亿倍。量子计算机与传统电子计算机相比具有超强的本领,主要是因为它使用的是可叠加的量子比特。所谓量子比特就是一个具有两个量子态的物理系统,如光子的两个偏振态、电子的两个自旋态、离子(原子)的两个能级等都可构成量子比特的两个状态。在处理数据时,量子比特可以同时处于 0 和 1 两个状态,这是由量子叠加特性决定的。而传统的晶体管只有开和关两个状态,一次只能处于 0 或者 1 的状态。因此,如果要进行海量运算,量子计算机就有了无与伦比的优势。这是由于电子计算机只能按时间顺序来处理数据,而量子计算机能做到超并行运算。

举例来说,1个量子比特同时表示 0 和 1 两个状态,n 个量子比特可同时存储 2^n 个数据,数据量随 n 呈指数增长。与此同时,量子计算机操作一次等效于电子计算机进行 2^n 次操作的效果,一次运算相当于完成了 2^n 个数据的并行处理,这就是量子计算机相对于经典计算机的优势。

那么,这种科幻级设备工作原理是什么样的? 量子计算机本身处理的是量子数据,要实现超强的功能就需要有量子。我们要把原子量子化,需要从"囚禁"原子开始。可以说,"囚禁"原子是量子计算机的通用方案。

在原子被"囚禁"之后,就需要降低原子的温度,一般超冷原子的温度需要接近绝对零度。因为原子在常温下的速度高达每秒数百米,只有让原子保持在极低温度状态,才可受控制。此外,量子计算机还致力于控制分子的状态。因为分子在常温下会做不规则的热运动,温度越低分子运动得越慢,在低温情况下更易受控制,进一步进入量子态。

冷却原子后的下一步是如何保持长时间的量子态,这是当前最大的技术瓶颈。迄今为止,世界上还没有真正意义上的量子计算机。但是,世界各地的许多实验室正在以巨大的热情追寻着这个梦想。

早在 2007 年,加拿大的 D-Wave 公司就宣称造出了世界上第一台量子计算机,但 D-Wave 的机器在学术界一直存在争议。2013 年,Google 从 D-Wave 公司购买了这样一台量子计算机 D-Wave 2(图 1-43),解决问题时能够比其他任何计算机都快出一亿倍。D-Wave 模拟了一个量子模型,经过数值分析模拟出量子的势场结构;其量子处理器由低温超导体材料制成,利用了量子微观客体之间的相互作用。因此,D-Wave 体系是量子力学的。但是也有人认为,D-Wave 并非真正的量子计算机,而是量子退火机,算法和一般意义理解的加减乘除的算法是有区别的。

图 1-43　Google 的 D-Wave 量子计算机

如何实现量子计算的方案并不少,问题是在实验上实现对微观量子态的操纵确实太困难。已经提出的方案主要利用了原子和光腔相互作用、冷阱束缚离子、电子或核自旋共振、量子点操纵、超导量子干涉等,还很难说哪一种方案更有前景,只是量子点方案和超导约瑟夫森结方案更适合集成化和小型化。将来也许现有的方案都派不上用场,最后脱颖而出的是一种全新的设计,而这种新设计又是以某种新材料为基础的,就像半导体材料对于电子计算机一样。研究量子计算机的目的不是要用它来取代现有的计算机。量子计算机使计算的概念焕然一新,这是量子计算机与其他计算机,如光子计算机和生物计算机等的不同之处。量子计算机的作用远不只是解决一些经典计算机无法解决的问题。

4. 生物计算机

生物计算机是人类期望在 21 世纪完成的伟大工程,是计算机世界中最年轻的分支。自从 1983 年美国提出生物计算机的概念以来,各个发达国家开始研制生物计算机。

生物计算机也称仿生计算机,它的主要原材料是生物工程技术产生的蛋白质分子,并以此作为生物芯片来替代半导体硅片。生物计算机芯片本身还具有并行处理的功能,其运算速度要比当今最新一代的计算机快 10 万倍,能量消耗仅相当于普通计算机的十亿分之一,存储信息的空间仅占百亿亿分之一。生物计算机有很多优点,主要表现在以下 6 方面。

(1) 体积小,功效高。生物计算机的面积上可容纳数亿个电路,比目前的电子计算机提高了上百倍。同时,生物计算机已经不再具有计算机的形状,可以隐藏在桌角、墙壁或地板等地方,且发热和电磁干扰都将大大降低。

(2) 生物计算机芯片的永久性与高可靠性。生物计算机具有永久性和很高的可靠性。蛋白质分子可以自我组合,能够新生出微型电路,具有活性,因此生物计算机拥有生物特性。生物计算机不再像电子计算机那样,芯片损坏后无法自动修复,生物计算机能够发挥生物调节机能,自动修复受损芯片。因此,生物计算机可靠性非常高,不易损坏,生物计算机芯片具有一定的永久性。

(3) 生物计算机的存储与并行处理。生物计算机是以核酸分子作为数据,以生物酶及生物操作作为信息处理工具的一种新颖的计算机模型。20 世纪 70 年代以来,人们发现脱氧核糖核酸(DNA)处在不同的状态下,可产生有信息和无信息的变化。科学家们发现,生物元件可以实现逻辑电路中的 0 与 1、晶体管的通导或截止、电压的高或低、脉冲信号的有或无等。经过特殊培养后制成的生物芯片可作为一种新型高速计算机的集成电路。生物计算机在存储方面与传统电子学计算机相比具有巨大优势。一克 DNA 存储的信息量可与一万亿张 CD 相当,存储密度通常是磁盘存储器的 1000 亿到 10 000 亿倍。更为不可思议的是,DNA 还具有在同一时间处理数兆大小运算指令的能力。

生物计算机具有超强的并行处理能力,通过一个狭小区域的生物化学反应可以实现逻辑运算,数百亿个 DNA 分子构成大批 DNA 计算机并行操作。生物计算机传输数据与通信过程很简单,其并行处理能力可与超级电子计算机媲美,通过 DNA 分子碱基不同的排列次序作为计算机的原始数据,对应的酶通过生物化学变化对 DNA 碱基进行基本操作,能够实现电子计算机的各种功能。

(4) 发热与信号干扰。生物计算机的元件是由有机分子组成的生物化学元件,它们是利用化学反应工作的,只需要很少的能量就可以工作了,因此不会像电子计算机那样,工作一段时间后,机体会发热,而且生物计算机的电路间也没有信号干扰。

(5) 数据错误率。DNA 链的另一个重要性质是双螺旋结构,A 碱基与 T 碱基、C 碱基与 G 碱基形成碱基对。每个 DNA 序列有一个互补序列。这种互补性使得生物计算机具备独特优势。如果错误发生在 DNA 某一双螺旋序列中,修改酶能够参考互补序列对错误进行修复。因此,生物计算机自身具备修改错误特性,数据错误率较低。

(6) 与人体组织的结合。生物计算机具有生物活性,能够和人体的组织有机结合起来,尤其是能够与大脑和神经系统相连。这样,生物计算机就可直接接受大脑的综合指挥,成为人脑的辅助装置或扩充部分,并能由人体细胞吸收营养补充能量,因而不需要外界能源。它将成为能植入人体内,帮助人类学习、思考、创造、发明的最理想的伙伴。

虽然生物计算机的优点十分明显,但是它也有自身难以克服的缺点。最主要的缺点是提取信息困难。一种生物计算机 24 小时就完成了人类迄今全部的计算量,但从中提取一个信息却花费了 1 周。这是目前生物计算机没有普及的最主要原因。但这并不影响生物计算机这个存在巨大诱惑的领域的快速发展,随着人类技术的不断进步,这些问题终究会被解决,生物计算机商业化繁荣终将到来。

第**②**章

计算机软件与信息表示

2.1 软件概述

软件是用户与硬件之间的接口,用户主要通过软件与计算机进行交流。只有硬件没有软件的计算机称为裸机。裸机是无法正常工作的。计算机只有在安装了软件之后,才能发挥其强大的功能。

2.1.1 程序与软件

在计算机系统中,软件和硬件是两种不同的产品。硬件是有形的物理实体,而软件是无形的,是人们解决信息处理问题的原理、规则与方法的体现,是人类智力活动的成果。在形式上,软件通常以程序、数据和文档的形式存在,需要在计算机上运行来体现它的价值。

在日常生活当中,人们经常把软件和程序互相混淆,不加以严格区分,但是这两个概念是有区别的。程序只是软件的主体部分,指的是指挥计算机做什么和如何做的一组指令或语句序列;数据则是程序的处理对象和处理以后得到的结果(分别称为输入数据和输出数据)。文档是跟程序开发、维护及使用相关的资料,如设计文档、用户手册等。通常,软件都有完整、规范的文档,尤其是商品软件。

如果在不严格的场合下,可以用程序指代软件,因为程序是一个软件的最核心部分,但是只有单独的数据和文档则不能看成是软件。

软件产品通常指的是软件开发厂商交付给用户的一整套完整的程序、数据和文档(包括安装和使用手册等),往往以光盘等存储介质作为载体提供给用户,也可以通过网络下载,经版权所有者许可后使用。

2.1.2 软件的分类

按照不同的原则和标准,可以将软件划分为不同的种类。从应用的角度出发,可将软件大致划分为系统软件和应用软件两大类。按照软件权益如何处置来进行分类,可将软件划分为商业软件、共享软件、免费软件和自由软件。

1．系统软件和应用软件

1）系统软件

在计算机系统中，系统软件是必不可少的一类软件，它具有一定的通用性，并不是专为解决某个具体应用而开发的。通常在购买计算机时，计算机供应厂商应当提供给用户一定的基本系统软件，否则计算机将无法工作。具体来说，系统软件主要是指那些为用户有效使用计算机系统、给应用软件开发与运行提供支持或者为用户管理与使用计算机提供方便的一类软件，主要包括以下四类。

（1）操作系统，如 Windows、UNIX、Linux 等。

（2）程序设计语言处理系统，如汇编程序或者编译程序和解释程序等。

（3）数据库管理系统，如 Oracle、Access 等。

（4）各种服务性程序，如基本输入输出系统(BIOS)、磁盘清理程序、备份程序等。

一般来说，系统软件与计算机硬件有很强的交互性，能对硬件资源进行统一的调度、控制和管理，使得它们可以协调工作。系统软件允许用户和其他软件将计算机当作一个整体而无须顾及底层每个硬件是如何工作的。

2）应用软件

应用软件是指为特定领域开发并为特定目的服务的一类软件。由于计算机的通用性和应用的广泛性，应用软件比系统软件更丰富多样、五花八门。例如，计算机辅助设计/制造软件(CAD/CAM)、智能产品嵌入软件(如汽车油耗控制、仪表盘数字显示、刹车系统)，以及人工智能软件(如专家系统、模式识别)等，给传统的产业部门带来了惊人的生产效率和巨大的经济效益。目前的软件市场产品结构中，应用软件占有较大份额，并且还有逐渐增加的趋势。

按照应用软件的开发方式和适用范围，应用软件可以分为通用应用软件和定制应用软件两大类。

（1）通用应用软件。

在现代社会，不论是学习还是工作，不论从事何种职业、处于什么岗位，人们都需要阅读、书写、通信、娱乐和查找信息，有时可能还要做演讲、发消息等。所有这些活动都有相应的软件帮助人们更方便、更有效地进行这些活动。由于这些软件几乎人人都需要使用，因此把它们称为通用应用软件。

通用应用软件还可进一步细分为若干类别，如文字处理软件、电子表格软件、图形图像软件、网络通信软件、演示软件、媒体播放软件等，如表 2-1 所示。这些软件设计精巧，易学易用，多数用户几乎不经培训就能使用。在普及计算机应用的进程中，它们起到了很大的作用。

表 2-1　通用应用软件的主要类别和功能

类　　别	功　　能	流行软件举例
文字处理软件	文字处理、桌面排版等	WPS、Word、Acrobat 等
电子表格软件	表格定义、计算和处理等	Excel 等
图形图像软件	图像处理、几何图形绘制等	AutoCAD、Photoshop、3ds MAX、CorelDraw 等
网络通信软件	电子邮件、网络文件管理、Web 浏览等	Outlook Express、FTP、IE 等
演示软件	幻灯片制作等	PowerPoint 等
媒体播放软件	播放数字音频和视频文件	Media Player、暴风影音等

（2）定制应用软件。

定制应用软件是按照不同领域用户的特定应用要求而专门设计开发的软件,如超市的销售管理和市场预测系统、汽车制造厂的集成制造系统、大学教务管理系统、医院挂号计费系统、酒店客房管理系统等。这类软件专用性强,设计和开发成本相对较高,只有一些机构用户需要购买,因此价格比通用应用软件贵得多。

由于应用软件是在系统软件的基础上开发和运行的,而系统软件又有多种,如果每种应用软件都要提供能在不同系统上运行的版本,将导致开发成本大大增加。目前,有一类称为"中间件"(Middleware)的软件,它们作为应用软件与各种系统软件之间使用的标准化编程接口和协议,可以起到承上启下的作用,使应用软件的开发相对独立于计算机硬件和操作系统,并能在不同的系统上运行,实现相同的应用功能。

2. 商业软件、共享软件、免费软件和自由软件

软件是一种逻辑产品,它是脑力劳动的结晶,软件产品的生产成本主要体现在软件的开发和研制上。软件的研制工作需要投入大量的、复杂的、高强度的脑力劳动,它的成本相当昂贵。因此,软件如同其他产品一样,有获得收益的权利。

1）商业软件

商业软件(Commercial Software)是指被作为商品进行交易的软件,一般售后服务较好,以大型软件居多。直到2000年,大多数软件都属于商业软件,用户需要付费才能得到其使用权。除了受版权保护之外,商业软件通常还受到软件许可证(License)的保护。软件许可证是一种法律合同,它确定了用户对软件的使用方式,扩大了版权法给予用户的权利。例如,版权法规定将一个软件复制到其他机器去使用是非法的,但是软件许可证允许用户购买一份软件而同时安装在本单位的若干计算机上使用,或者允许所安装的一份软件同时被若干用户使用。

相对于商业软件,可供分享使用的有共享软件、免费软件和自由软件等。

2）共享软件

共享软件(Shareware)是以"先使用后付费"的方式销售的享有版权的软件。根据共享软件作者的授权,用户可以从各种渠道免费得到它的副本,也允许用户复制和散发(但不可修改后散发)。用户总是可以先使用或试用共享软件,认为满意后再向作者付费;如果你认为它不值得你花钱买,可以停止使用。这是一种为了节约市场营销费用的有效的软件销售策略。

3）免费软件

顾名思义,免费软件(Freeware)是不需要花钱即可得到使用权的一种软件,它是软件开发商为了推广其主力软件产品,扩大公司的影响,免费向用户发放的软件产品。还有一些是自由软件者开发的免费产品。

4）自由软件

需要注意的是,"自由"和"免费"的英文单词都是Free,但是自由软件和免费软件是两个不同的概念,并且有不同的英文写法。自由软件(Free Software)不讲究版权,可以自由使用,不受限制,可以对程序进行修改,甚至可以反编译。自由软件具备两个主要特征:一是可以免费使用;二是公开源代码。因此,可以认为自由软件等价于开源软件。

自由软件的创始人是理查德·斯塔尔曼(Richard Stallman),他于1984年启动了开发"类UNIX系统"的自由软件工程(名为GNU),创建了自由软件基金会(FSF),拟定了通用公共许可证(GPL),倡导自由软件的非版权原则。该原则是:用户可共享自由软件,允许随意复制、

修改其源代码,允许销售和自由传播,但是对软件源代码的任何修改都必须向所有用户公开,还必须允许此后的用户享有进一步复制和修改的自由。自由软件有利于软件共享和技术创新,它的出现成就了 TCP/IP 协议、Apache 服务器软件和 Linux 操作系统等一大批精品软件的产生。

2.2　操作系统

2.2.1　操作系统概述

操作系统(Operating System,OS)是管理计算机硬件的程序,它为应用程序提供基础,并且充当计算机硬件和计算机用户之间的中介。引入操作系统的目的是用户能够方便、有效地执行程序。操作系统一个比较公认的定义是:操作系统是一直运行在计算机上的程序,通常称为内核,其他程序则是系统程序和应用程序。在现代操作系统设计中,往往把一些与硬件紧密相关的模块、运行频率较高的模块以及一些公用的基本操作安排在靠近硬件的软件层次中,并使它们常驻内存,以提高操作系统的运行效率,这些软件模块就是所谓的操作系统内核。

1. 操作系统的基本概念

操作系统是最靠近硬件的一层系统软件,它是对硬件系统的第一次扩充,使得硬件裸机被改造成为一台功能完善的虚拟计算机。从用户的角度看,计算机硬件系统加上操作系统软件后形成的虚拟计算机,使得用户的计算机使用环境更加方便、友好,因此,操作系统是用户和计算机之间的接口。

从应用软件的角度看,没有操作系统,其他软件就无法直接运行在计算机硬件之上。因此,操作系统也是计算机硬件和其他软件的接口。同时,操作系统还扩充了硬件的功能,可以给上层的应用程序提供更多的支持。

总而言之,操作系统是一组管理计算机硬件与软件资源的程序模块,它是计算机系统的内核与基石。操作系统可以管理所有的计算机资源,包括硬件资源、软件资源及数据资源,以使各种资源被更合理、有效地使用,最大限度地发挥各种资源的作用。同时,它能为用户提供方便、友好的服务界面,也为其他应用软件提供支持和服务。

2. 操作系统的作用

操作系统主要有以下三方面的作用。

(1) 为计算机中运行的程序分配和管理各种软硬件资源。

计算机系统的资源可分为硬件资源和软件资源两大类。硬件资源指的是组成计算机的硬件设备,如中央处理器、主存储器、辅助存储器、打印机、显示器、键盘和鼠标等设备。软件资源指的是存放于计算机内的各种数据和程序,如文件、程序库、知识库、系统软件和应用软件等。

操作系统根据用户的需求按一定的策略来分配和调度系统的硬件资源和软件资源。一般情况下,计算机中总是有多个程序在同时运行,它们会根据自身程序的需要,要求使用系统中的各种资源。此时,操作系统就承担着资源的调度和分配任务,以避免程序之间发生冲突,使所有程序都能正常有序地运行。

操作系统的存储管理负责把内存单元分配给需要内存的程序以便让它执行,在程序执行结束后将它占用的内存单元收回以便再利用。处理器管理(或称处理器调度)是操作系统资源管理功能的另一个重要内容。在一个允许多道程序同时执行的系统里,操作系统会根据一定的策略将处理器交替地分配给等待运行的程序,使各种程序能够有序地运行。操作系统的设备管理功能主要是分配和回收外围设备,以及控制外围设备按用户程序的要求进行操作等。文件管理主要是操作系统向用户提供一个文件系统,通过文件系统向用户提供创建文件、撤销文件、读写文件、打开和关闭文件等功能。

(2) 为用户提供友好的人机界面。

人机界面也称用户接口或人机接口,是决定计算机系统的重要组成部分。早期的人机界面是字符用户界面(Character User Interface,CUI),需要操作员通过键盘输入字符命令行,操作系统接到命令后立即执行并将结果通过显示器显示出来。目前的人机界面主要形式是图形用户界面(Graphical User Interface,GUI),它可以让用户通过单击或双击图标来对计算机提出操作要求,并以图形方式返回操作结果。随着模式识别,如语音识别、汉字识别等输入设备的发展,操作员也可以采用类似自然语言或受限制的自然语言来交互控制计算机执行操作。

(3) 为应用程序的开发和运行提供一个高效率的平台。

没有安装操作系统的裸机是无法工作的,安装了操作系统后的虚拟计算机可以屏蔽物理设备的具体技术细节,以规范、高效的方式(如系统调用、库函数等)为开发和运行其他系统软件及各种应用程序提供了一个平台。

3. 操作系统的启动和关闭

操作系统是一种系统软件,大多驻留在计算机的外存上。从计算机加电开始,一直到操作系统装入内存、获得对计算机系统的控制权,使得计算机系统能够正常工作的过程就是计算机的启动。

不管是何种操作系统,启动过程大致为:加载系统程序→初始化系统环境→加载设备驱动程序→加载服务程序等。简单地说,就是使操作系统中管理资源的内核程序装入内存并投入运行,以便随时为用户服务。反之,关闭过程则为:保存用户设置→关闭服务程序→通知其他联机用户→保存系统运行状态,并正确关闭相关外围设备等。

操作系统的启动和关闭都十分重要,只有正确的启动,操作系统才能处于良好的运行状态。同样,只有正确的关闭,系统信息和用户信息才不会丢失。各种操作系统的具体启动过程是各不相同的,下面以 Windows NT 内核为例,说明操作系统是如何启动的。

(1) 当按下电源开关时,主板上的控制芯片组向 CPU 发出一个 RESET 信号,让 CPU 内部自动恢复到初始状态,当芯片组检测到电源开始稳定供电时,CPU 从地址 FFFF0H 处开始执行指令。这个地址处实际存放的只是一条跳转指令,即跳到 BIOS 中真正的启动代码处。

(2) 运行 BIOS 中的 POST(Power-On Self Test,加电后自检)程序,主要任务是检测系统中的一些关键设备(如内存和显卡等)是否存在和能否正常工作。如果在 POST 过程中发现了一些致命错误,如没有找到内存或者内存有问题,那么 BIOS 就会发出蜂鸣声来报告错误,声音的长短和次数代表错误的类型。

(3) 所有硬件检测完毕,若无异常,则 BIOS 将根据用户指定的启动顺序从硬盘或光驱启动。

(4) 以从硬盘启动为例,BIOS 将磁盘的第一个物理扇区加载到内存,读取并执行位于硬盘第一个物理扇区的主引导记录(Master Boot Record,MBR),接着搜索 MBR 中的分区表,查找活动分区(Active Partition)的起始位置,并将活动分区的第一个扇区中的引导扇区,即分区引导记录载入内存。

(5) MBR 查找并初始化 ntldr 文件。NT 内核操作系统的启动器(Windows Loader),将控制权转交给 ntldr,由 ntldr 继续完成操作系统的启动。

(6) 进入引导阶段后,Windows 依次加载内核、初始化内核,最后用户登录。只有用户成功登录计算机后,才意味着 Windows 真正引导成功了。

2.2.2 操作系统的功能

操作系统管理所有的计算机资源,包括硬件资源、软件资源及数据资源,具体有以下四方面的功能。

1. 处理器管理

CPU 是计算机系统中最重要、最宝贵、竞争最激烈的硬件资源,任何程序的运行必须占用 CPU。因此,处理器管理实质上是对处理器执行时间的管理,即如何将 CPU 真正合理地分配给每个任务,实现对 CPU 的动态管理。

在单道程序或单任务操作系统中,处理器当前只为一个作业或一个用户独占,对处理器的管理十分简单。但是,为了提高 CPU 的利用率,一般操作系统都采用多道程序设计技术,即多任务处理。例如,Windows 系列的操作系统就属于并发多任务的操作系统。从宏观上看,系统中的多个程序是同时并发执行的;但是从微观上看,任一时刻一个处理器仅能执行一道程序,系统中各个程序是交替执行的。当一个程序因等待某一条件而不能运行下去时,处理器管理程序就会把处理器占用权转交给另一个可运行程序;或者,当出现一个比当前运行的程序更重要的可运行程序时,该重要程序就能抢占对 CPU 的使用权。因此,在多道程序或多用户的情况下,需要解决处理器的分配调度策略、分配实施和资源回收等问题,这就是处理器管理功能。

在多道程序环境下,程序的并发执行使得程序的活动不再处于封闭系统中,因此程序这个静态概念不能如实反映程序活动的动态特征。为此,人们引入了一个新的概念——进程。进程是程序在处理器上的一次执行过程,是系统进行资源分配和调度的一个独立单位。处理器管理又称进程管理,在采用多道程序的操作系统中,任何用户程序在系统中都是以进程的形式存在的,各种软硬件资源也都是以进程为单位进行分配的,这些资源包括 CPU 时间、内存空间、I/O 设备、文件等。

进程和程序不同,程序本身不是进程。程序是一个静态的概念,而进程是一个动态的概念。简单地说,进程是一个执行中的程序,两个进程可能对应同一个程序,它们所执行的代码虽然相同,但是所处理的数据不同,运行中所占用的软硬件资源也不同。

例如,Windows 的记事本程序同时被执行多次时,系统创建了多个进程,而每个记事本进程所打开的文件(即所处理的数据)可能是不同的,被打开文件的大小不同会使每个记事本进程所占用的内存空间大小不同。图 2-1 是 Windows 10 的任务管理器,从中可以看到有不同类型的进程,有的是应用进程,有的是后台进程,还有一些是 Windows 进程。其中,应用程序记事本被同时运行了 3 次,因而内存中有 3 个这样的进程,它们所占用的内存空间大小是不同的。

进程执行时的动态特性决定了进程具有多种状态。事实上,运行中的进程至少具有以下 3 种基本状态。

(1) 就绪状态。进程已经获得了除处理器以外的所有资源,一旦获得处理器就可以立即执行。

(2) 运行状态。当一个进程获得必要的资源并正在处理器上运行时,此进程所处的状态

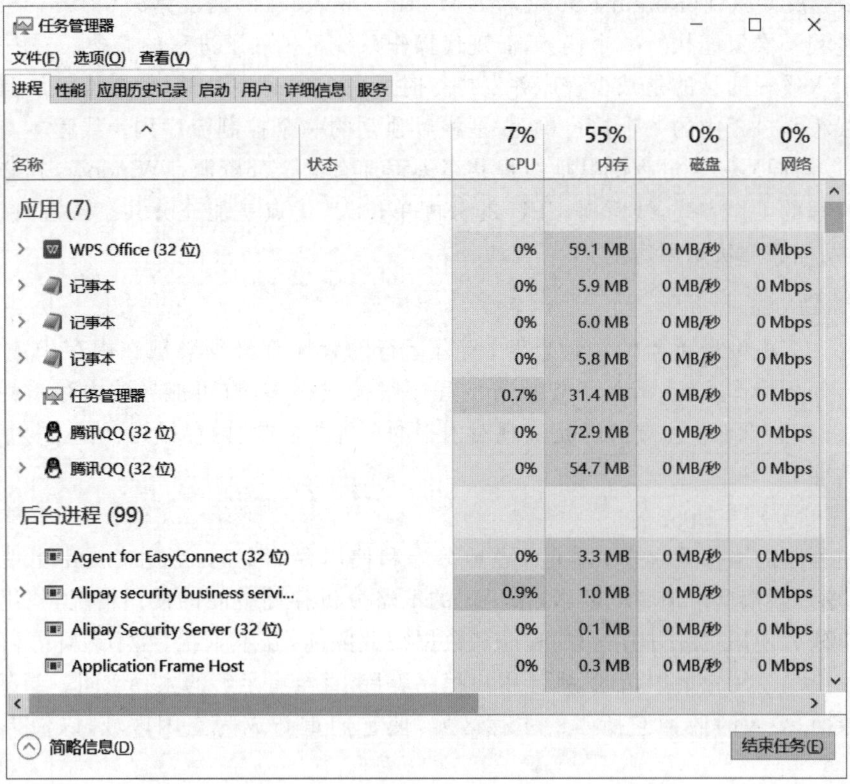

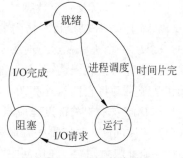

图 2-1　Windows 10 中的任务管理器

为运行状态。

（3）等待状态。等待状态又称阻塞状态或睡眠状态。正在执行的进程，由于发生某事件而暂时无法继续执行（如等待输入输出完成），此时进程所处的状态为等待状态。

进程的状态不断地随着自身的运行和外界条件的变化而发生变化，如图 2-2 为进程状态图。

从图 2-2 中可以看出，进程不能直接从阻塞状态返回运行状态，因为此时系统中可能存在一些优先级高于该进程的就绪进程；进程也不能从就绪状态转入阻塞状态，否则将使某些进程可能长期得不到运行。

根据调度策略的不同，将产生不同性质和功能的操作系统，如批处理操作系统、分时操作系统、实时操作系统、网络操作系统和分布式操作系统等。一般而言，常用的处理器调度算法有如下 6 种。

图 2-2　进程状态图

（1）先来先服务（First-Come First-Service，FCFS）调度算法。

（2）最短作业优先（Shortest Job First，SJF）调度算法。

（3）时间片轮转（Round Robin，RR）调度算法。

（4）多级队列（Multiple-Level Queue）调度算法。

（5）优先级（Priority）调度算法。

（6）多级反馈队列（Round Robin with Multiple Feedback）调度算法等。

上述进程一次只能执行一个任务，而现代操作系统又扩展了进程的概念，支持一次执行多个线程。引入线程的目的是减少程序并发执行时所付出的时空开销，使操作系统具有更好的并发性。线程是进程内的一个执行单元，是相对独立的一个控制流序列。线程本身不拥有资源，但它可以与同属一个进程的其他线程共享进程拥有的全部资源。Windows 操作系统就是采用了多线程的工作方式，线程是 CPU 的分配单位，其优点是能充分共享资源，减少内存开销，提高并发性和加快切换速度。

2. 存储管理

内存是计算机中最重要的一种资源，所有运行的程序都必须装载在内存中才能由 CPU执行。在多任务操作系统中，如果要执行的程序很大或很多，有可能导致内存消耗殆尽。因此，操作系统存储管理的主要任务是实现对内存的分配与回收、内存扩充、地址映射、内存保护与共享等功能。

1）内存的分配与回收

在多道程序的操作系统中，为了合理地分配和使用存储空间，当用户提出申请存储空间时，存储管理必须根据申请者的要求，按一定的策略分析存储空间的使用情况，找出足够的空闲区域给申请者使用，使不同用户的程序和数据彼此隔离，互不干扰、互不破坏。若当时可使用的主存不能满足用户的申请时，则让用户程序等待，直至有足够的主存空间。当某个用户程序工作结束时，要及时收回它所占的主存区域，使它们重新成为空闲区域，以便再装入其他程序。

2）内存扩充

进程只有在所有相关内容装入内存后方能运行，如果内存小于某个进程所需要的存储空间，该进程是无法运行的。为了解决这一问题，大多数操作系统采用了虚拟存储技术，即拿出一部分硬盘空间来充当内存使用，如 Windows 家族的"虚拟内存"，Linux 系统的"交换空间"等，它们将内存和外存结合起来统一管理，形成一个比实际内存容量大得多的虚拟存储器，从而解决内存的扩充问题。

虚拟存储技术的基本原理是基于局部性原理。从时间上看，一般程序中某条指令的执行和下次再次执行，以及一个数据被访问和下次再被访问，多数是集中在一个较短的时间段内的；从空间上看，程序执行时访问的存储单元多数也是集中在一个连续地址的存储空间范围内的。因此，一个进程在运行时不必将全部的代码和数据都装入内存，而仅需将当前要执行的那部分代码和数据装入内存，其余部分可以暂时留在磁盘上，当要执行的指令不在内存时，才由操作系统自动将它们从外存调入内存。

虚拟存储技术的关键点是应当如何解决下列问题。

（1）调度问题：决定哪些程序和数据应被调入主存。

（2）地址映射问题：在访问主存或辅存时如何把虚拟地址变为主存或辅存的物理地址。此外，还要解决主存分配、存储保护与程序再定位等问题。

（3）替换问题：决定哪些程序和数据应被调出主存。

（4）更新问题：确保主存与辅存的一致性。

3）地址映射

虚拟存储技术可以使用户感觉自己好像在使用一个比实际物理内存大得多的内存，这个内存被称为虚拟内存。由于虚拟内存空间和实际物理内存空间不同，进程在使用虚拟内存中的地址时,必须由操作系统协助相关硬件,把虚拟地址转化为真正的物理地址。在现代操作系统中,多个进程可以使用相同的虚拟地址,因为转化时可以把各自的虚拟地址映射到不同的物理地址。

用户编制程序时使用的地址是虚拟地址,或者叫逻辑地址,其对应的存储空间是虚地址空间;而计算机物理内存的访问地址称为物理地址,它是存储单元的真实地址,与处理器和CPU连接的地址总线相对应,对应的存储空间是实地址空间。

每个程序的虚地址空间可以大于实地址空间,也可以小于实地址空间。前者是为了扩大存储容量,后者是为了方便地址变换。后者通常出现在多用户或多任务系统中:实地址空间较大,而单个任务并不需要很大的地址空间,较小的虚存空间则可以缩短指令中地址字段的长度。

程序进行虚拟地址到物理地址转换的过程称为程序的再定位。当程序运行时,由地址变换机构依据当时分配给该程序的物理地址空间把程序的一部分调入物理内存。每次访问主存时,首先判断该虚拟地址所对应的部分是否在物理内存中:如果是,则进行地址转换并用物理地址访问主存;否则,按照某种算法将辅存中的部分程序调度进内存,再按同样的方法访问主存。

调度方式有页式、段式、段页式3种。Windows操作系统属于典型的页式调度方式,在硬盘上有一个特殊的分页文件,它就是虚拟内存所占用的硬盘空间。在不同操作系统中,分页文件的文件名不一样。例如,Windows 9X操作系统中分页文件的文件名是Win386.swp,其默认位置是在Windows的安装文件夹中。而在Windows XP及之后的Windows系列操作系统版本中,分页文件的文件名则是pagefile.sys,它位于系统盘的根目录下,通常情况下是看不到的,必须关闭资源管理器对系统文件的保护功能才能看到这个文件。

在Windows 10操作系统中,用户可以利用"控制面板"→"系统和安全"→"系统"来查看内存的工作情况,包括总的物理内存大小和可用的物理内存大小,也可以通过"高级系统设置"来自主管理虚拟内存,如图2-3所示是使用"更改"功能改动虚拟内存的设置对话框。

虚拟存储器的效率是系统性能评价的重要内容,它与主存容量、页面大小、命中率、程序局部性和替换算法等因素有关。如果虚拟内存设置不当,设置过小,将会影响系统程序的正常运行;设置过大则会导致关机过慢,甚至长达几十分钟。一般应设置为物理内存的1.5～3倍。但事实上,严格按照1.5～3倍的倍数关系来设置并不科学,应当根据系统的实际情况进行设置。

4) 内存保护与共享

在多道程序环境下,操作系统提供了内存共享机制,使多道程序能共享内存中的那些可以共享的程序和数据,从而提高了系统的利用率。同时,操作系统还必须保护各进程私有的程序和数据不被其他用户程序使用和破坏。

3. 文件管理

1) 文件和文件夹

根据冯·诺依曼体系结构,计算机所使用的程序和数据应当存放在存储器中。存储器又分为内存和外存两类。其中,保存在内存中的信息一旦断电就会丢失;而保存在外存上的信息可以永久保存下来。保存在外存上的一组相关信息的集合就是所谓的文件。文件夹就像我们平时工作学习中使用的文件袋一样,起到分类并便于管理的作用。文件通常放在文件夹中,文件夹中除了存放文件外,还可以存放子文件夹,子文件夹中又可以包含文件和下级文件夹。

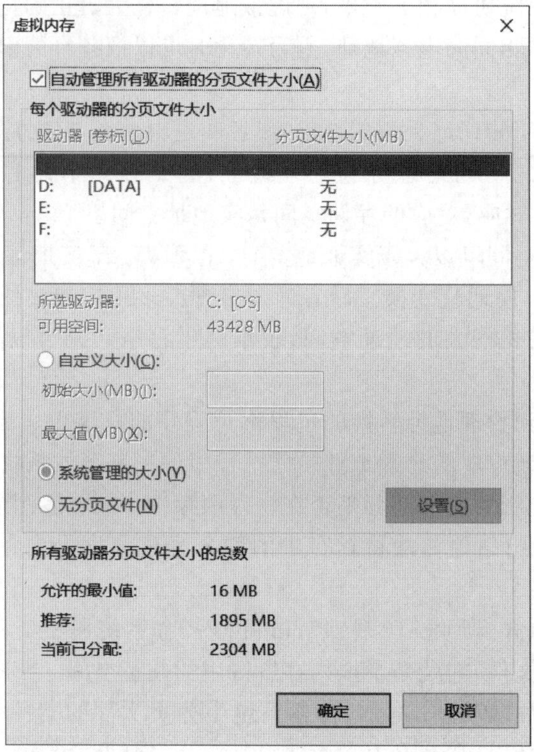

图 2-3　虚拟内存设置

(1) 文件。

在计算机中,任何一个文件都有其文件名,文件名是存取文件的依据。一般来说,文件名由主文件名和文件扩展名构成,形式如下:

<主文件名.扩展名>

不同操作系统的文件命名规则有所不同,以 Windows 10 为例,其文件名的命名规则如下。

① 文件名长度最多可使用 256 个字符。

② 除开头以外,文件名中可以使用空格,也可以使用汉字,但不能有?、\、/、*、"、<、>、|、、:。

③ Windows 在显示时保留用户指定名字的大小写形式,但不以大小写区分文件名。例如,Myfile.txt 和 MYFILE.TXT 被视为相同的文件名。

④ 文件名中可以有多个分隔符".",最后一个分隔符后的字符串用于指定文件类型。例如,文件名 Myfile.file1.doc,文件名是 Myfile.file1,扩展名是 doc,表示这是一个 Word 文档。

文件扩展名代表了某种类型的文件,表 2-2 中是 Windows 操作系统中常见的文件扩展名及其含义。

表 2-2　文件扩展名及其意义

文件类型	扩　展　名	说　　明
可执行文件	exe、com	可执行的程序文件
文本文件	txt	存放不带格式的纯字符文件

续表

文件类型	扩 展 名	说 明
Office 文件	doc、xls、ppt、docx、xlsx、pptx	办公自动化软件 Office 中 Word、Excel、PowerPoint 创建的文件
图像文件	bmp、jpg、gif	图像文件,不同的扩展名表示不同格式的图像文件
流媒体文件	wmv、rm、qt	能通过 Internet 播放的流式媒体文件,无须下载即可播放
压缩文件	zip、rar	压缩文件,可以减少外存的使用空间
音频文件	wav、mp3、mid	声音文件,不同的扩展名表示不同格式的音频文件
网页文件	htm、asp	不同格式的网页文件
源程序文件	c、cpp、bas、asm	程序设计语言的源程序文件

文件属性是一些描述性的信息,它定义了文件的某种独特性质,可以用来帮助查找和整理文件,以便存放和传输。文件属性未包含在文件的实际内容中,而是提供了有关文件的信息。图 2-4 是资源管理器中的文件所显示的文件属性。

图 2-4 文件属性

Windows 中常见的文件属性有系统属性、隐藏属性、只读属性和归档属性。

① 系统属性。具有系统属性的文件就是系统文件,在一般情况下,系统文件不能被查看,也不能被删除。系统属性是操作系统对重要文件的一种保护属性,可以防止这些文件被意外损坏。

② 隐藏属性。在查看文件时,一般情况下,系统不会显示具有隐藏属性的文件,因此这些文件也就不能被删除、复制和更名。但可以将系统设置为显示隐藏文件,此时隐藏的文件和文件夹是浅色的,以表明它们与普通文件不同。

③ 只读属性。对于具有只读属性的文件,可以查看它的名字,它能被应用,也能被复制,但不能被修改和删除。可以将重要文件设置为只读文件,这不会影响它的正常读取,但可以避免意外删除或修改。

④ 归档属性。一个文件被创建之后,系统会自动将其设置成归档属性,这个属性常用于文件的备份。

(2) 文件夹。

① 目录结构。

为了分门别类地有序存放文件,操作系统把文件组织在若干目录(也称文件夹)中。文件夹是组织和管理文件的一种数据结构。每个文件夹对应一块外存空间,提供了指向对应空间的路径地址,它可以有扩展名,但不具有文件扩展名的作用,也就不像文件那样用扩展名来标识格式。使用文件夹最大的优点是为文件的共享和保护提供了方便。

文件夹一般采用多级层次式结构(树状结构),在这种结构中,每个磁盘有一个根文件夹,它包含若干文件和文件夹。文件夹不但可以包含文件,也可以包含下一级文件夹,以此类推,就形成了多级文件夹结构,如图 2-5 所示。多级文件夹可以帮助用户把不同类型和不同用途的文件分类存储在不同的文件夹中。在网络环境下,具有相同访问权限的文件可以放在同一个文件夹中,便于实现网络共享。

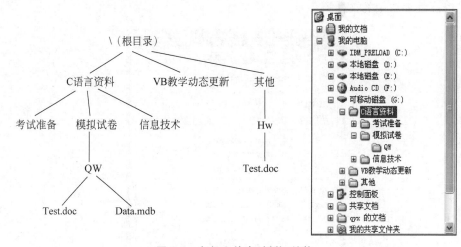

图 2-5　多级文件夹(树状)结构

② 路径。

当访问一个文件时,必须按照目录结构加上路径,以便文件系统找到所需要的文件。在Windows 操作系统中,文件夹之间的分隔符用"\"表示,同一文件夹中的文件名不能相同,但不同文件夹下的文件可以同名,如图 2-5 中存在两个 Test. doc 文件,它们位于不同的文件夹下。表示目录路径的方式有绝对路径和相对路径两种形式。

绝对路径:用绝对路径表示时需要完整表示从根目录开始一直到该文件的目录路径。例如,图 2-5 中的文件 Data. mdb 的绝对路径是"G:\C 语言资料\模拟试卷\QW\Data. mdb"。

相对路径:用相对路径表示时只需表示从当前目录开始到该文件之前的目录路径。例如,图 2-5 中的当前目录是"C 语言资料",因此文件 Data. mdb 的相对路径是"模拟试卷\QW\Data. mdb"。

③ 文件夹属性。

与文件相似,文件夹也有若干与文件类似的说明信息。文件夹属性除了有存档、只读、隐藏等属性外,在 Windows 中还有压缩、加密和编制索引等属性。如图 2-6 中展示的是文件夹的常规属性和高级属性。

2) 文件系统

操作系统中负责管理和存储文件信息的软件机构称为文件管理系统,简称文件系统。文

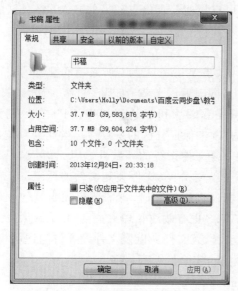
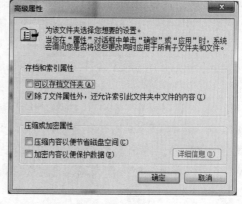

(a) 常规属性　　　　　　　　　　　　　　　　(b) 高级属性

图 2-6　文件夹的常规属性和高级属性

件系统的主要功能包括管理和调度文件的存储空间,提供文件的逻辑结构、物理结构和存储方法;实现文件从标识到实际地址的映射,实现文件的控制操作和存取操作,实现文件信息的共享并提供可靠的文件保密和保护措施,提供文件的安全措施。

从系统角度来看,文件系统是对文件存储设备的空间进行组织和分配,负责文件存储并对存入的文件进行保护和检索的系统。具体地说,文件系统负责为用户建立文件,存入、读出、修改、转储文件,控制文件的存取,当用户不再使用时撤销文件等。

一台计算机往往配置了多种不同类型的辅助存储器,如硬盘、U 盘、CD、DVD 等,由于物理特性的差异,它们的目录结构、扇区大小和空间划分与分配方法都是不一样的,因而需要使用不同的文件系统。例如,早先的硬盘容量很小(2GB 以内),Windows 使用的是 FAT16 文件系统,后来硬盘容量增大后改用 FAT32 和 NTFS 文件系统,闪存出现后则使用 exFAT 文件系统。

此外,不同操作系统使用的文件系统也不一样。例如,UNIX 操作系统使用 UFS 和 UFS2 文件系统,Linux 最早使用 Minix 文件系统,现在流行的则是 EXT2、EXT3 和 EXT4 文件系统。文件系统的实质是操作系统用于明确磁盘或分区上的文件的方法和数据结构。

下面以 Windows 使用的文件系统为例,具体说明几种不同文件系统的区别与应用。

(1) FAT。

FAT(File Allocation Table)是文件分配表。它的意义在于对硬盘分区的管理。计算机将信息保存在硬盘上称为"簇"的区域内,簇就是磁盘空间的配置单位。使用的簇越小,保存信息的效率越高。

以前使用的 DOS、Windows 95 都使用 FAT16 文件系统。它最大可以管理到 2GB 的分区,但每个分区最多只能有 65 525 个簇。随着硬盘或分区容量的增大,每个簇所占的空间将越来越大,从而导致硬盘空间的浪费,FAT16 文件系统已不能很好地适应系统的要求。在这种情况下,推出了增强的文件系统 FAT32。同 FAT16 相比,FAT32 可以支持大到 2TB 的分区。由于采用了更小的簇,FAT32 文件系统可以更有效地保存信息。另外,FAT32 分区的启动记录被包含在一个含有关键数据的结构中,减少了计算机系统崩溃的可能性。

(2) NTFS。

NTFS 文件系统是一个基于安全性的文件系统,是 Windows NT 所采用的独特的文件系统结构,它是建立在保护文件和目录数据的基础上,同时兼顾节省存储资源、减少磁盘占用量的一种先进的文件系统。NTFS 可以支持的 MBR 分区最大可以达到 2TB,GPT 分区则无限制。NTFS 通过使用标准的事务处理日志和恢复技术来保证分区的一致性。当发生系统失败事件时,NTFS 使用日志文件和检查点信息自动恢复文件系统的一致性。因此,在 NTFS 分区上用户很少需要运行磁盘修复程序。NTFS 还支持对分区、文件夹和文件的压缩。任何基于 Windows 的应用程序对 NTFS 分区上的压缩文件进行读写时,不需要事先由其他程序进行解压缩。由于 NTFS 采用了更小的簇,能比 FAT32 更有效地管理磁盘空间,最大限度地避免磁盘空间的浪费。在 NTFS 分区上,可以为共享资源、文件夹以及文件设置访问许可权限。与 FAT32 文件系统下对文件夹或文件进行访问相比,安全性要高得多。

(3) exFAT。

exFAT(Extended File Allocation Table File System,扩展文件分配表)是为解决 FAT32 不支持 4GB 及更大的文件而推出的一种适用于闪存的文件系统。对超过 4GB 的 U 盘格式化时默认采用 NTFS 分区,但是这种格式容易损坏 U 盘,因为 NTFS 分区是采用日志式的文件系统,需要记录详细的读写操作,因此会不断地进行读写,容易造成 U 盘损坏。

(4) ReFS。

ReFS(Resilient File System,弹性文件系统)作为 NTFS 文件系统的继任者,在 Windows 8.1 和 Windows Server 2012 中开始引入,并在 Windows 10 中得以启用。ReFS 与 NTFS 大部分兼容,主要目的是保持较高的稳定性,能够支持容错,优化大数据量任务并实施自动更正。虽然 ReFS 文件系统相较 NTFS 有诸多的优势,但 Microsoft 公司只是主要在服务端应用中进行推广和普及,主要应用在大规模数据存储方面。在个人使用的 Windows 10 中要启用 ReFS 文件系统,需要在控制面板中将 Windows License Manager Service 服务的启动类型设置为自动,否则用户打开文件时可能会遇到错误提示"文件系统错误-2147416359"。

4. 设备管理

计算机通常配置有种类繁多的输入输出(I/O)设备,这些设备在使用特性、数据传输速率、数据的传输单位、设备共享属性等方面都各不相同。为了方便、有效、可靠地完成输入输出操作,操作系统中的"设备管理"模块负责对用户和应用程序的 I/O 操作进行统一管理。设备管理的任务是完成用户提出的 I/O 请求,为用户分配 I/O 设备,提高 I/O 设备的利用率,方便用户使用 I/O 设备。设备管理应具备以下功能。

(1) 设备分配。按照设备类型和相应的分配算法决定将 I/O 设备分配给哪一个要求使用该设备的进程。如果在 I/O 设备与 CPU 之间存在设备控制器和通道,则需分配相应的控制器和通道,以保证 I/O 设备与 CPU 之间有传递信息的通路,凡未分配到所需设备的进程则进入等待队列。为了实现设备分配,系统中设置了一些数据结构用于记录设备的状态。

(2) 设备处理。实现 CPU 和设备控制器之间的通信。即当 CPU 向设备控制器发出 I/O 指令时,设备处理程序启动设备进行 I/O 操作,并对设备发来的中断请求做出及时的响应和处理。

(3) 缓冲管理。设置缓冲区的目的是缓和 CPU 与 I/O 设备之间速度不匹配的矛盾。缓冲管理程序负责完成缓冲区的分配、释放及有关的管理工作。

（4）设备独立性。设备独立性又称设备无关性，是指应用程序独立于物理设备。用户在编制应用程序时，应尽量避免直接使用实际设备名。因为如果程序使用了实际设备名，那么当该设备没有连接在系统中或者该设备发生故障时，用户程序将无法运行。如果用户程序不涉及实际设备而使用逻辑设备，那么它所要求的输入输出便与物理设备无关。设备独立性可以提高用户程序的可适应性，使程序不局限于某个具体的物理设备。

操作系统的设备管理模块对各种物理 I/O 设备的硬件操作细节进行了屏蔽和抽象，以统一的逻辑 I/O 设备的形式向 OS 上层软件和应用程序提供服务。每个物理设备配置驱动程序，由驱动程序负责把逻辑设备的 I/O 操作转换为具体物理设备的 I/O 操作。这样，不同规格和性能参数的 I/O 设备通过安装各自的设备驱动程序，就可以使系统和应用程序无须修改即可使用该设备。通常，I/O 设备的生产厂商在提供硬件设备的同时提供该设备的驱动程序。

设备驱动程序是直接与硬件打交道的软件模块，一般具有如下特点。

（1）驱动程序是在请求 I/O 的进程与设备控制器之间的一个通信程序。设备驱动程序接收上层软件发来的抽象要求（如 read 命令等），再把它转换成具体要求，以及检查用户 I/O 请求的合法性，了解 I/O 设备的状态，设置其工作方式等。

（2）驱动程序与 I/O 设备的特性紧密相关。

（3）驱动程序与 I/O 控制方式紧密相关。

（4）由于驱动程序与硬件紧密相关，因而其中一部分程序用汇编语言编写，目前有很多驱动程序，其基本部分已经固化在 ROM-BIOS 中。

2.2.3 常见操作系统

目前，用户在 PC 上使用最多的操作系统是 Windows，Linux 也有一定的踪影，但相对较少。而在服务器领域占主导地位的是 UNIX 和 Linux，其中 UNIX 主要用于大型设备和高端机上，在中小服务器端则主要选用 Linux。形成这种局面往往与技术优势无关，而仅是网络规模效应的作用。下面将分别介绍 5 种常见的操作系统。

1. Windows

Windows 是由 Microsoft 公司开发的一种在 PC 上广泛使用的操作系统，支持多任务处理和图形用户界面。Windows 先后推出了很多不同的版本。

Windows 1.0 是 Windows 系列的第一个产品，于 1985 年开始发行。这是 Microsoft 公司第一次尝试在 PC 操作平台上采用图形用户界面。刚诞生的 Windows 1.0 并不是一个真正的操作系统，它只是一个 MS-DOS 系统下的应用程序。此后，Microsoft 公司发布的 Windows 2.0 依然没有获得用户的认同，一直到 Windows 3.0，才真正为 Windows 在桌面 PC 市场上的开疆辟土立下了汗马功劳。至此，Microsoft 公司的研究开发终于进入了良性循环，为后面它在操作系统领域的垄断地位打下了坚实的基础。

1995 年发行的 Windows 95 是一个混合的 16 位/32 位 Windows 系统，其内核版本号为 NT 4.0。它带来了更强大、更稳定、更实用的桌面图形用户界面，同时也结束了桌面操作系统之间的竞争，成为操作系统销售史上最成功的操作系统。Windows 95 开创使用的"开始"按钮以及 PC 桌面和任务栏的风格一直保留在 Windows 8 之前的所有产品中。

在发行适用于 PC 上的 Windows 系列产品的同时，Microsoft 公司也发行了一系列用于服务器和商业的桌面操作系统，这个产品就是 Windows NT 系列。1996 年发布的 Windows NT 4.0

是 NT 系列的一个里程碑,它面向工作站、网络服务器和大型计算机,与通信服务紧密集成,提供文件和打印服务,能运行客户机/服务器应用程序,内置了 Internet/Intranet 功能,安全性达到美国国防部的 C2 标准。

最新的 Windows 10 是 2015 年 7 月发行的,目标是为所有硬件提供一个统一平台,构建跨平台共享的通用技术,包括从 4 英寸屏幕的"迷你"手机到 80 英尺(1 英尺=0.3048 米)的巨屏计算机,都将统一采用 Windows 10 系统,让这些设备拥有类似的功能。

长期以来,Windows 操作系统垄断了 PC 市场 90%左右的份额,吸引了大量第三方开发者在 Windows 平台上开发应用软件,硬件厂商也都把 Windows 用户作为其主要目标市场。然而,Windows 在可靠性和安全性方面的问题也经常受到用户批评。Windows 系统出现不稳定的情况比其他操作系统多,系统对用户操作的响应变得越来越慢,也更容易遭到病毒和木马的攻击。

2. UNIX

UNIX 操作系统是美国 AT&T 公司于 1971 年在 PDP-11 上运行的操作系统,具有多用户、多任务的特点,支持多种处理器架构,最早由肯·汤普逊(Ken Thompson)和丹尼斯·里奇(Dennis Ritchie)于 1969 年在 AT&T 的贝尔实验室里进行开发。

早期的 UNIX 是用汇编语言开发的,修改、移植都很不方便,后来丹尼斯·里奇在 B 语言的基础上设计了一种崭新的 C 语言,并重写了 UNIX 的第三版内核。至此,UNIX 系统的修改和移植就变得相当便利,引起了学术界的浓厚兴趣,他们向开发者索取了源代码,因此第五版 UNIX 以"仅用于教育目的"的协议,提供给各个大学作为教学使用,成为当时操作系统课程中的范例教材。

在 UNIX 源代码的基础上,各大公司对其进行了各种各样的改进和扩展。于是,UNIX 开始广泛流行,成为应用面最广、影响力最大的操作系统,可以应用在从巨型机到普通 PC 等多种不同的平台上。

但是自 20 世纪 80 年代后期,UNIX 开始了商业化。购买 UNIX 非常昂贵,大约需要 5 万美元。目前,UNIX 的商标权由国际开放标准组织(Open Group)拥有,但是 UNIX 的产品提供商有多个,这是因为 UNIX 系统大多是与硬件配套的,主要有 Sun 公司的 Solaris、IBM 公司的 AIX、HP 公司的 HP-UX,以及 x86 平台的 SCO UNIX 等。目前在电信、金融、油田、移动、证券等行业的关键性应用领域,UNIX 服务器仍处于垄断地位,这些服务器对并行度和可靠性的要求非常高,CPU 数量可达一百多个。尽管 UNIX 仍是个命令行系统,但是可以通过搭建桌面环境,如开源的图形界面 GNOME、KDE、xfce 等,提高它的易用性,因此 UNIX 仍是最受欢迎的服务器操作系统。

3. Linux

Linux 是 1991 年左右诞生的,起源于一个学生的简单需求。林纳斯·托瓦兹(Linus Torvalds)是 Linux 的开发者,他在上大学时唯一能买得起的操作系统是 Minix。Minix 是一个类似 UNIX,被广泛用于教学的简单操作系统。Linus 对 Minix 不是很满意,于是他以 UNIX 为原型,按照公开的 UNIX 系统标准 POSIX 重新编写了一个全新的操作系统。需要说明的是,Linux 并没有采用任何 UNIX 源代码,仅是设计思想与 UNIX 非常相似。

Linux 1.0 在发布时正式采用了 GPL(General Public License)协议,允许用户可以通过网络或其他途径免费获得此软件,并任意修改其源代码。对于个人用户来说,使用 Linux 基本上是免费的；但是针对企业级应用，不同的 Linux 发行商在基本系统上做了些优化，开发了一些应用程序包与 Linux 捆绑在一起销售，这些产品包括支持服务，因此价格比较高。目前，商业化的 Linux 有 Red Hat Linux、SuSe Linux、slakeware Linux、国内的红旗等，这些不同版本的 Linux 内核是相同的。

与 UNIX 相比，Linux 同时具有字符界面和图形界面。在字符界面用户可以通过键盘输入相应的命令来进行操作。它同时还提供有类似 Windows 图形界面的 X－Window 系统，用户可以使用鼠标对其进行操作。

Linux 可安装在各种计算机硬件设备中，如手机、平板电脑、路由器、视频游戏控制台、台式机、大型机和超级计算机。

4. Mac OS

Mac OS 是运行于苹果 Macintosh（简称 Mac）系列计算机上的操作系统，它是首个在商用领域成功的图形用户界面操作系统。苹果公司不但生产 Mac 的大部分硬件，也自行开发 Mac 所用的操作系统，它的许多特点和服务都体现了苹果公司的理念，一般情况下在普通 PC 上无法安装 Mac OS。

Mac OS 可以被分成两个系列：一个是老旧且已不被支持的 Classic Mac OS（系统搭载在 1984 年销售的首部 Mac 及其后代上，终极版本是 Mac OS 9）。采用 Mach 作为内核，在 OS 8 以前用 System x. xx 来称呼；另一个是新的 Mac OS X（X 为 10 的罗马数字写法），结合了 BSD UNIX、OpenStep 和 Mac OS 9 的元素。它的最底层基于 UNIX，其代码被称为 Darwin，实行的是部分开放源代码。Mac OS X 界面非常独特，突出了形象的图标和人机对话。另外，疯狂肆虐的计算机病毒几乎都是针对 Windows 的，由于 Mac 的架构与 Windows 不同，因此很少受到病毒的袭击。

5. 手机操作系统

随着移动通信技术的飞速发展和移动多媒体时代的到来，手机作为人们必备的移动通信工具，已从简单的通话工具演变成一个移动的个人信息收集和处理平台。智能手机等同于"掌上电脑＋手机"，除了具备普通手机的全部功能外，还具备个人数字助理（Personal Digital Assistant，PDA）的大部分功能。借助于操作系统和丰富的应用软件，智能手机成了一台移动终端。

手机操作系统是用在智能手机上的操作系统，它是智能手机的"灵魂"。智能手机操作系统在嵌入式操作系统基础之上发展而来，除了具备嵌入式操作系统的功能，如进程管理、文件系统、网络协议栈等外，还有针对电池供电系统的电源管理部分、与用户交互的输入输出部分、对上层应用提供调用接口的嵌入式图形用户界面服务、针对多媒体应用提供底层编解码服务、针对移动通信服务的无线通信核心功能及智能手机的上层应用等。目前，主流的手机操作系统可分为两大类：Android 和 iOS。下面介绍两者之间的不同。

1) Android

Android 是一种以 Linux 为基础的开源操作系统，主要使用于便携设备。Android 操作系统最初由 Andy Rubin 开发，主要支持手机。2005 年，由 Google 公司收购注资后，逐渐扩展到平板电脑及其他领域中。由于 Android 系统是开源的，各式各样的系统都有，版本并不统一。Google 公司开发的 Android 原生系统是外国人研发的，有些操作习惯对于中国人来说不习惯，因此在中国诞生了很多本土化的 Android OS，包括小米的 MIUI、锤子的 Smartisan OS、魅族的 Flyme OS 等,它们都属于经过优化的 Android 系统。

2) iOS

iOS 操作系统是由美国苹果公司开发的手持设备操作系统。原名叫 iPhone OS,2010 年 6 月 7 日 WWWDC 大会上宣布改名为 iOS。iOS 操作系统以 Darwin 为基础,这与苹果台式机使用的 Mac OS X 操作系统一样,属于类 UNIX 的商业操作系统。该操作系统设计精美、操作简单,帮助 iPhone 手机迅速占领了市场。随后在苹果公司的其他产品,如 iPod Touch、iPad 以及 Apple TV 等产品上也都采用了该操作系统。

目前,Android 操作系统的市场占有率遥遥领先于 iOS,这主要得益于 Android 是一种开源系统,但是 Android 和 iOS 究竟哪一个更好,这是一个见仁见智的问题,双方都在进行取长补短,很难说谁比谁更优秀。通常评价一个手机 OS 的好坏主要是 3 个要素:UI 界面、系统流畅性和后台的真伪。在 UI 界面上,iOS 的设计风格比较简洁,没有二级 UI 界面,看上去非常整齐,用户使用起来很方便;而 Android 的 UI 设计更开放一些,采用了三级界面,显得更华丽。在系统流畅性方面,通常 iOS 更流畅一些。这是因为 iOS 是一种伪后台,任何第三方程序都不能在后台运行;而 Android 则是真后台,任何程序都可以在后台运行,一直到没有了内存才会关闭,这也是 Android 手机对配置要求较高的原因之一。另外,在 iOS 中用于 UI 的指令权限最高,所以用户的操作能立即得到响应,而 Android 中则是数据处理的指令权限最高。这些因素都导致了 iOS 给人一种更流畅的感觉。

此外,在安全性方面,由于 Android 系统的开放性特点允许大量开发者对其进行开发,随之而来的一个问题是手机病毒和恶意收费软件盛行;与之相反,iOS 封闭的系统则在一定程度上能够带来更为安全的保证。

综上所述,iOS 是一款优秀的手机操作系统,但是封闭式的开发模式决定了 iOS 的影响力有限,而 Android 的开放式开发模式为它带来了大量的用户。

 ## 2.3 信息与信息表示

2.3.1 信息

信息(Information)看不见也摸不着,但是人们却越来越意识到信息的重要性,它的价值甚至远远超过了许多看得见摸得着的东西。如果把人类发展的历史看作一条轨迹,按照一定的目的向前延伸,那么就会发现它是沿着信息不断膨胀的方向前进的。

信息量小、传播效率低的社会,发展速度就会缓慢;而信息量大、传播效率高的社会,发展速度就可以一日千里,一年的发展甚至超过以往的百年。信息的爆炸,使人类社会加速向前迈进,成为推动社会进步的巨大推动力。

1. 信息的定义

什么是信息?不同研究者从各自的研究领域出发,给出过不同的定义。

(1) 信息奠基人香农(Shannon)认为"信息是用来消除随机不确定性的东西",这一定义常被人们看作是经典性定义并加以引用。

(2) 控制论创始人维纳(Norbert Wiener)认为"信息是人们在适应外部世界,并使这种适应反作用于外部世界的过程中,同外部世界进行互相交换的内容和名称",它也被作为经典性定义加以引用。

（3）经济管理学家认为"信息是提供决策的有效数据"。

（4）电子学家、计算机科学家认为"信息是电子线路中传输的信号"。

（5）我国著名的信息学专家钟义信教授认为"信息是事物存在方式或运动状态的直接或间接的表述"。

（6）美国信息管理专家霍顿（F. W. Horton）给信息下的定义是："信息是为了满足用户决策的需要而经过加工处理的数据"。

综上所述，可以把信息理解为经过加工以后的数据，或者说，信息是数据处理的结果。

2. 信息量单位

1）比特

计算机所处理的数据（包括数值、文字、图像、声音、视频等）都可以使用比特来表示，其表示方法称为编码。比特是信息的度量单位，由英文 bit 音译而来，也称为二进位数字、二进位，或简称为位，是信息量的最小单位。比特表示二进制数中的位，只有两种取值，即 0 和 1，无大小之分。

计算机内部采用二进制，原因如下。

（1）二进制运算规则简单。众所周知，十进制的加法和乘法运算规则的口诀各有 100 条，根据交换律去掉重复项，也各有 55 条，用计算机的电路实现这么多运算规则是很复杂的。而二进制的算术运算规则非常简单，用数字电路很容易实现，这使得运算器的结构大大简化。

（2）二进制只需用两种状态表示数字，物理上容易实现。二进制所需要的基本符号只有两个，可以用通电表示 1，断电表示 0；或者用磁化表示 1，未磁化表示 0；再或者用凹点表示 1，凸点表示 0；也可以用放电表示 1，充电表示 0 等。制造包含两个稳定状态的元件一般要比制造具有多个稳定状态的元件容易得多。

（3）可靠性高。只有两个数字符号在存储、处理和传输的过程中可靠性强，不容易出错。

（4）用二进制容易实现逻辑运算。计算机不仅需要算术运算功能，还应具备逻辑运算功能，二进制的 0 和 1 分别可用来表示逻辑量"真"（T）和"假"（F）或"是"和"否"，用布尔代数的运算法则很容易实现逻辑运算。

2）存储容量和单位换算

存储容量是指存储器可以容纳的二进制信息量，是存储器的一项重要指标。比特是数字信息的最小单位，用小写字母 b 表示。由于比特单位太小，用于表示较大的存储容量不太方便，因此人们经常使用一些比比特更大的计量单位。

计算机的内存储器容量通常采用 2 的幂次方作为单位，常用的计量单位有 B（Byte，字节）、KB（千字节）、MB（兆字节）、GB（吉字节、千兆字节）和 TB（太字节、兆兆字节），其单位换算关系如下：

$1B=8b$

$1KB=2^{10}B=1024B$

$1MB=2^{20}B=2^{10}KB=1024KB$

$1GB=2^{30}B=2^{20}KB=2^{10}MB=1024MB$

$1TB=2^{40}B=2^{30}KB=2^{20}MB=2^{10}GB=1024GB$

计算机外存储器经常使用 10 的幂次方来计算。例如，对于计算机硬盘，其换算关系如下：

$1B=8b$

$1KB=10^{3}B=1000B$

$1MB=10^6B=10^3KB=1000KB$

$1GB=10^9B=10^6KB=10^3MB=1000MB$

$1TB=10^{12}B=10^9KB=10^6MB=10^3GB=1000GB$

另外,随着人类所处理的数据量越来越大以及大数据技术的发展,比 TB 更大的计量单位还有 PB、EB、ZB、YB、BB 等,其换算关系如下:

1PB(拍字节)=1024TB

1EB(艾字节)=1024PB

1ZB(泽字节)=1024EB

1YB(尧字节)=1024ZB

1BB(千亿亿亿字节)=1024YB

【例 2.1】 购买计算机时,商家配置 500GB 的硬盘,实际能使用的硬盘容量为多少?

由于硬盘厂商在生产硬盘时,其容量是按 10 的幂次方来计算的,因此 500GB 硬盘的实际容量为

$$500×10^9B=500×10^9/(1024×1024×1024)GB≈465.66GB$$

Windows 操作系统在显示内外存容量时,采用的度量单位是以 2 的幂次方来计算的,因此 500GB 的硬盘在操作系统中显示的是 465.66GB,这也是外存储器在系统中变小的原因。

3) 比特的传输

在数字通信和网络技术中,信息的传输实际上就是比特的传输。每秒可传输的二进制代码的位数就表示比特的传输速率。传输速率的常用单位如下。

(1) 比特/秒(b/s),也称 bps(bits per second)。

(2) 千比特/秒(kb/s),$1kb/s=10^3b/s=1000b/s$。

(3) 兆比特/秒(Mb/s),$1Mb/s=10^6b/s=1000kb/s$。

(4) 吉比特/秒(Gb/s),$1Gb/s=10^9b/s=1000Mb/s$。

(5) 太比特/秒(Tb/s),$1Tb/s=10^{12}b/s=1000Gb/s$。

2.3.2　数制与数制转换

1. 数制

在日常生活中,人们最熟悉的记数制是十进制,而计算机中使用的数制则是二进制。然而,表述二进制数据时有一个致命弱点——书写特别长。为了解决这个问题,人们还使用了两种辅助进位制——八进制和十六进制。

无论是十进制、二进制、八进制还是十六进制,其共同之处都是进位记数制。十进制的基数为 10,有 0~9 共十个数码,逢 10 进 1;二进制的基数为 2,只有 0 和 1 两个数码,逢 2 进 1;八进制的基数为 8,有 0~7 共 8 个数码,逢 8 进 1;十六进制的基数为 16,逢 16 进 1,有 16 个数码,分别为 0~9 和 A、B、C、D、E、F,A、B、C、D、E、F 分别代表 10、11、12、13、14、15。通常采用在数字的后面加上后缀的方法来区分进制,后缀为 B 表示二进制数,O 或 Q 表示八进制数,H 表示十六进制数,D 表示十进制数(十进制数可不加任何后缀)。除了采用后缀法,还可以采用数字下标来表示数的进制。例如,二进制数 1011.1 可表示为 1011.1B 或者 $(1011.1)_2$;八进制数 367.35 可表示为 367.35O、367.35Q 或 $(367.35)_8$;十进制数 123.468 可表示为 123.468D、$(123.468)_{10}$ 或 123.468;十六进制数 2D.7F 可表示为 2D.7FH 或 $(2D.7F)_{16}$。

表 2-3 列出了计算机中常用的进位记数制及其记数规则、基数、可用数码和后缀。

表 2-3　计算机中常用的进位记数制

进位制	记数规则	基数	可用数码	后缀
二进制	逢 2 进 1	2	0,1	B
八进制	逢 8 进 1	8	0,1,2,3,4,5,6,7	O 或 Q
十进制	逢 10 进 1	10	0,1,2,3,4,5,6,7,8,9	D
十六进制	逢 16 进 1	16	0,1,2,3,4,5,6,7,8,9,A,B,C,D,E,F	H

对于大家熟悉的十进制数,众所周知,数码出现的位置不同,其表示的值也不同。例如,数码 5,出现在百位,表示的就是 500;出现在千位,表示的则是 5000。将处在某一位上的数码所表示的数值的大小称为该位的权,如十进制中的"个""十""百""千"等就是权。任何一种 R 进制数 N 可以写成按其权值展开的多项式之和,即

$$(N)_R = a_n a_{n-1} \cdots a_1 a_0 . a_{-1} a_{-2} \cdots a_{-m}$$

$$= a_n \times R^n + a_{n-1} \times R^{n-1} + \cdots + a_1 \times R^1 + a_0 \times R^0 + a_{-1} \times R^{-1} + a_{-2} \times R^{-2}$$

$$+ \cdots + a_{-m} \times R^{-m} = \sum_{i=-m}^{n} a_i \times R^i$$

例如,十进制数 135.67 按权值展开应为

$$135.67 = 1 \times 10^2 + 3 \times 10^1 + 5 \times 10^0 + 6 \times 10^{-1} + 7 \times 10^{-2}$$

2. 不同进制数的相互转换

熟练掌握不同进制数之间的相互转换,在编写程序和设计数字逻辑电路时很有用,只要学会了二进制数与十进制数之间的相互转换,与八进制数、十六进制数之间的转换就相对容易了。

1) R 进制数转换为十进制数

将 R 进制数转换为十进制数,只需要将各位数码乘以各自的权值再累加,即可得到其对应的十进制数。

【例 2.2】　将二进制数 1011.11 转换为十进制数。

解:　$(1011.11)_2 = 1 \times 2^3 + 0 \times 2^2 + 1 \times 2^1 + 1 \times 2^0 + 1 \times 2^{-1} + 1 \times 2^{-2}$

$$= 8 + 2 + 1 + 0.5 + 0.25$$

$$= 11.75$$

【例 2.3】　将八进制数 37.24 转换为十进制数。

解:　$(37.24)_8 = 3 \times 8^1 + 7 \times 8^0 + 2 \times 8^{-1} + 4 \times 8^{-2}$

$$= 24 + 7 + 0.25 + 0.0625$$

$$= 31.3125$$

【例 2.4】　将十六进制数 B4.A 转换为十进制数。

解:　$(B4.A)_{16} = 11 \times 16^1 + 4 \times 16^0 + 10 \times 16^{-1}$

$$= 176 + 4 + 0.625$$

$$= 180.625$$

2) 十进制数转换为 R 进制数

将一个十进制整数转换为 R 进制整数常用的方法是除 R 取余法。所谓除 R 取余法,就是将一个十进制数除以 R,得到一个商和一个余数,并记下这个余数 r_0。然后,将商作为被除数除以 R,得到一个商和一个余数,并记下这个余数 r_1。不断重复以上过程,直到商为 0 为

止。假设一共做了 m 次除法,则得到的 R 进制整数从高位到低位为 $r_{m-1}\cdots r_2 r_1 r_0$。

例如,十进制整数 10 转化为二进制的过程如下:

$$10/2=5 \quad 余\ 0$$
$$5/2=2 \quad 余\ 1$$
$$2/2=1 \quad 余\ 0$$
$$1/2=0 \quad 余\ 1$$

所以,二进制形式为 1010。

将一个十进制小数转换为 R 进制小数,常用的方法为乘 R 取整法。所谓乘 R 取整法,就是将十进制的小数乘以 R,得到的整数部分作为小数点后第 1 位;剩余的小数部分再乘以 R,得到的整数部分作为小数点后第 2 位;以此类推,直到剩余小数部分为 0,或达到一定精度为止。

例如,十进制的 0.55 转换为 16 进制的过程如下:

$$0.55\times16=8.8 \quad 取\ 8$$
$$0.8\times16=12.8 \quad 取\ 12(C)$$
$$0.8\times16=12.8 \quad 取\ 12(C)$$
$$0.8\times16=12.8 \quad 取\ 12(C)$$
$$\cdots$$

由于不能被精确地转换,可以只取前 4 位,为 0.8CCC。

一般的十进制数(既包含整数又包含小数)转换为 R 进制数,可分别转换整数和小数部分,然后再连接起来即可。

【例 2.5】 将十进制数 130 转换为二进制数。

解: 将 $(130)_{10}$ 转换为二进制形式的过程如下。

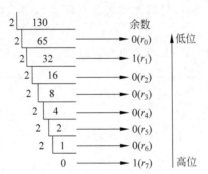

所以,$(130)_{10}=(10000010)_2$。

【例 2.6】 将十进制数 130 转换为八进制数。

解: 将 $(130)_{10}$ 转换为八进制形式的过程如下。

所以,$(130)_{10}=(202)_8$。

【例 2.7】 将十进制数 130 转换为十六进制数。

解：将 $(130)_{10}$ 转换为十六进制形式的过程如下。

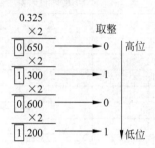

所以，$(130)_{10} = (82)_{16}$。

【例 2.8】 将十进制数 0.325 转换为二进制数（精确到 4 位小数）。

解：将 $(0.325)_{10}$ 转换为二进制形式的过程如下。

```
        0.325
         ×2
       ┌─┐
       │0│.650  ────→ 0   │高位
       └─┘
         ×2
       ┌─┐
       │1│.300  ────→ 1
       └─┘
         ×2
       ┌─┐
       │0│.600  ────→ 0
       └─┘
         ×2
       ┌─┐
       │1│.200  ────→ 1   ↓低位
       └─┘              取整
```

所以，$(0.325)_{10} \approx (0.0101)_2$。

【例 2.9】 将十进制数 0.325 转换为八进制数（精确到 4 位小数）。

解：将 $(0.325)_{10}$ 转换为八进制形式的过程如下。

```
        0.325
         ×8
       ┌─┐
       │2│.600  ────→ 2   │高位
       └─┘
         ×8
       ┌─┐
       │4│.800  ────→ 4
       └─┘
         ×8
       ┌─┐
       │6│.400  ────→ 6
       └─┘
         ×8
       ┌─┐
       │3│.200  ────→ 3   ↓低位
       └─┘              取整
```

所以，$(0.325)_{10} \approx (0.2463)_8$。

【例 2.10】 将十进制数 0.325 转换为十六进制数（精确到 4 位小数）。

解：将 $(0.325)_{10}$ 转换为十六进制形式的过程如下。

```
        0.325
         ×16
       ┌─┐
       │5│.200  ────→ 5   │高位
       └─┘
         ×16
       ┌─┐
       │3│.200  ────→ 3
       └─┘
         ×16
       ┌─┐
       │3│.200  ────→ 3
       └─┘
         ×16
       ┌─┐
       │3│.200  ────→ 3   ↓低位
       └─┘              取整
```

所以，$(0.325)_{10} \approx (0.5333)_{16}$。

【例 2.11】 将十进制数 130.325 转换为二进制数（精确到 4 位小数）。

解：由例 2.5 和例 2.8 可知 $(130.325)_{10} \approx (10000010.0101)_2$。

【例 2.12】　将十进制数 130.325 转换为八进制数(精确到 4 位小数)。

解：由例 2.6 和例 2.9 可知 $(130.325)_{10} \approx (202.2463)_8$。

【例 2.13】　将十进制数 130.325 转换为十六进制数(精确到 4 位小数)。

解：由例 2.7 和例 2.10 可知 $(130.325)_{10} \approx (82.5333)_{16}$。

3)二进制数与八进制数、十六进制数之间的互换

二进制的权值 2^i 与八进制的权值 8^i、十六进制的权值 16^i 之间的对应关系为 $8^i = 2^{3i}$ 和 $16^i = 2^{4i}$，也就是说每三位二进制数可以表示为一位八进制数，每四位二进制数可以表示为一位十六进制数，如表 2-4 所示。

表 2-4　不同进制的关系

十　进　制	二　进　制	八　进　制	十　六　进　制
0	0000	0	0
1	0001	1	1
2	0010	2	2
3	0011	3	3
4	0100	4	4
5	0101	5	5
6	0110	6	6
7	0111	7	7
8	1000	10	8
9	1001	11	9
10	1010	12	A
11	1011	13	B
12	1100	14	C
13	1101	15	D
14	1110	16	E
15	1111	17	F

将一个二进制数转换为八进制数所用的方法为"取三合一法"，即以二进制的小数点为分界点，分别向左(整数部分)、向右(小数部分)每三位分成一组，接着按组将这三位二进制数按权相加，得到的数就是一位八进制数，然后按顺序进行排列，小数点的位置不变，得到的数字就是所求的八进制数。如果取到最高或最低位时无法凑足三位，可以在小数点的最左边(整数部分)和最右边(小数部分)添 0，凑足三位。

将一个八进制转换为二进制数所用的方法为"取一分三法"，即将一位八进制数分解成三位二进制数，用三位二进制数按权相加去凑这位八进制数，小数点位置不变。

以此类推，二进制数转换为十六进制数所用的方法为"取四合一法"；十六进制数转换为二进制数所用的方法为"取一分四法"。

【例 2.14】　将二进制数 10111010.11011 转换为八进制数。

解：将 $(10111010.11011)_2$ 转换为八进制形式的过程如下。

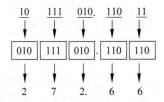

所以，$(10111010.11011)_2 = (272.66)_8$。

【例 2.15】　将二进制数 10111010.1101 转换为十六进制数。

解：将$(10111010.1101)_2$转换为十六进制形式的过程如下。

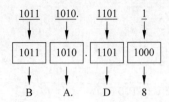

所以，$(10111010.11011)_2 = (BA.D8)_{16}$。

【例 2.16】　将八进制数 376.25 转换为二进制数。

解：将$(376.25)_8$转换为二进制形式的过程如下。

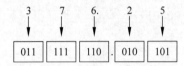

所以，$(376.25)_8 = (11111110.010101)_2$。

【例 2.17】　将十六进制数 5F.3C 转换为二进制数。

解：将$(5F.3C)_{16}$转换为二进制形式的过程如下。

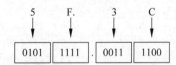

所以，$(5F.3C)_{16} = (1011111.001111)_2$。

对于八进制数与十六进制数之间的转换，可以借助二进制数或十进制数，先将要转换的数转换为二进制数或十进制数，然后再转换为所需要的进制数。

3. 二进制的运算

二进制的运算有算术运算和逻辑运算两种。

1）算术运算

二进制的算术运算主要是加法运算和减法运算。与十进制加减法规则类似，二进制加法运算满二进一，减法借一当二，其主要规则如下。

加法：$0+0=0$　　$0+1=1$　　$1+0=1$　　$1+1=0$（向高位进 1）

减法：$0-0=0$　　$1-0=1$　　$1-1=0$　　$0-1=1$（向高位借 1）

2）逻辑运算

二进制的逻辑运算主要有逻辑与运算（AND）、逻辑或运算（OR）、逻辑非运算（NOT）和逻辑异或运算（XOR），其运算规则如下。

逻辑与（也称逻辑乘）：$0 \wedge 0=0$　　$0 \wedge 1=0$　　$1 \wedge 0=0$　　$1 \wedge 1=1$

逻辑或（也称逻辑加）：$0 \vee 0=0$　　$0 \vee 1=1$　　$1 \vee 0=1$　　$1 \vee 1=1$

逻辑异或：　　　　　　$0 \oplus 0=0$　　$0 \oplus 1=1$　　$1 \oplus 0=1$　　$1 \oplus 1=0$

逻辑非（也称取反）：　0 取反后是 1,1 取反后是 0,即 $\bar{0}=1,\bar{1}=0$。

【例 2.18】 分别求 $10101100+10011101$，$10101100-10011101$，$10101100 \wedge 10011101$，$10101100 \vee 10011101$，$10101100 \oplus 10011101$，$\overline{10101100}$。

解：

① $10101100+10011101$

$$
\begin{array}{r}
10101100 \\
+\quad 10011101 \\
\hline
101001001
\end{array}
$$

故：$10101100+10011101=101001001$

② $10101100-10011101$

$$
\begin{array}{r}
10101100 \\
-\quad 10011101 \\
\hline
00001111
\end{array}
$$

故：$10101100-10011101=00001111$

③ $10101100 \wedge 10011101$

$$
\begin{array}{r}
10101100 \\
\wedge\quad 10011101 \\
\hline
10001100
\end{array}
$$

故：$10101100 \wedge 10011101=10001100$

④ $10101100 \vee 10011101$

$$
\begin{array}{r}
10101100 \\
\vee\quad 10011101 \\
\hline
10111101
\end{array}
$$

故：$10101100 \vee 10011101=10111101$

⑤ $10101100 \oplus 10011101$

$$
\begin{array}{r}
10101100 \\
\oplus\quad 10011101 \\
\hline
00110001
\end{array}
$$

故：$10101100 \oplus 10011101=00110001$

⑥ $\overline{10101100}=01010011$

2.3.3 数值的编码

数值是指通常意义上数学中的数。数值有正负和大小之分，一般可以将数值分为整数和实数两大类。计算机中整数又可以分为无符号整数(正整数)和有符号整数两类。由于整数不使用小数点，或者小数点始终隐藏在个位数的右边，因此整数也被称为定点数；而实数既有整数部分又有小数部分，其小数点不固定，又被称为浮点数。

将各种数值在计算机中表示的形式即编码方式，称为机器数或机器码。机器码的特点是采用二进制数表示。为了区别一般书写表示的数和机器中这些编码表示的数，通常将前者称为真值，后者称为机器码。

1. 无符号整数的表示

无符号整数只能表示正整数，且所有位数都用于表示数值大小，其机器码就是将该数直接转换为二进制,不足的位数用 0 补齐。对于一个用 n 位二进位来表示的无符号整数,其可表示的数据范围是 $0 \sim 2^n - 1$。例如,一个 8 位无符号整数的表示范围为 $(00000000)_2 \sim (11111111)_2$,即 $0 \sim 255(2^8 - 1)$,16 位无符号整数的表示范围为 $0 \sim 65535(2^{16} - 1)$。

例如,对于无符号整数 44,其二进制真值为 101100。由于不足 8 位,前面用 0 补足 8 位,即 00101100 就是其机器码。

2. 带符号整数的表示

在计算机中,带符号整数可以采用原码、反码、补码等各种编码方式,这种编码方式就称为码制。

1) 原码

由于带符号整数既要能表示正数也要能表示负数,因此就必须让计算机能从其编码中判断出是正数还是负数,通常采用的做法是用其编码的最左边 1 位,即最高位来表示数值的符号,最高位为 0 表示正号,最高位为 1 表示负号。例如,00101100＝＋44,10101100＝－44。这种表示法就叫作原码。

对于一个用 n 位原码表示的整数,由于最高位被用来表示正负符号,用来有效表示数值范围的数值位就只有 $n-1$ 位,其表示的数值范围就是 $-2^{n-1}+1 \sim 2^{n-1}-1$。例如,一个 8 位原码的表示范围是 $-127 \sim 127(-2^7+1 \sim 2^7-1)$,一个 16 位原码的表示范围是 $-32767 \sim 32767(-2^{15}+1 \sim 2^{15}-1)$。

2) 反码

对于带符号的正数,其反码就是其本身,和原码相同。负数的反码,其符号位不变,其余各位取反即可。例如:

$(44)_反 = (44)_原 = 00101100$

$(-44)_原 = 10101100, (-44)_反 = 11010011$

反码的表示范围和原码相同。例如,一个 8 位反码的表示范围是 $-127 \sim 127(-2^7+1 \sim 2^7-1)$,一个 16 位反码的表示范围是 $-32767 \sim 32767(-2^{15}+1 \sim 2^{15}-1)$。

3) 补码

对于带符号的正数,其补码和原码相同。负数的补码,其符号位不变,其余各位是原码的每位取反后再加 1 得到的结果,实际上就是反码加 1 的结果。例如:

$(44)_补 = (44)_反 = (44)_原 = 00101100$

$(-44)_原 = 10101100, (-44)_反 = 11010011, (-44)_补 = 11010100$

在计算机中,对于有符号的整数,其机器码是采用补码表示的。

通过以上内容可以知道,正数的原码、反码以及补码都是其本身。负数的原码的数值位是其本身,反码是对原码除符号位之外的各位取反,补码则是反码加 1。

需要指出的是,编码仅是数的一种表示方式,其真值是不变的,由其中任何一种编码都能求出该数的真值。

【例 2.19】 若用一个 8 位二进制数表示一个有符号的整数,则二进制数(10011010)的真值是多少?

解:由于有符号数 10011010 的最高位为 1,表示负数,该二进制数 10011010 就是其补码形式。其反码为补码减 1,即是 10011001,原码为 11100110,其真值就是－102。

对于有符号类型的整数,虽然有原码、反码和补码 3 种形式,但是最后选择了补码作为机器码,即有符号的整数在计算机中的表示形式是补码。有符号数的原码是最容易计算的,补码的计算过程略微有点复杂,那么为什么要舍易取难,选择补码作为机器码呢? 具体来说有下面3点原因。

(1) 能够统一 +0 和 −0 的表示。

以 8 位二进制位来表示有符号整数为例。采用原码表示。+0 的二进制表示形式为00000000,而 −0 的二进制表示形式为 10000000;采用反码表示,+0 的二进制表示形式为00000000,而 −0 的二进制表示形式为 11111111;采用补码表示,+0 的二进制表示形式为00000000,而 −0 的二进制表示形式为 11111111+1=100000000,因为计算机会进行截断,只取低 8 位,所以 −0 的补码表示形式为 00000000。

从上面可以看出只有用补码表示,+0 和 −0 的表示形式才一致。也正因为如此,补码的表示范围比原码和反码表示的范围都要大,用补码能够表示的范围为 −128~127,0~127 分别用 00000000~01111111 来表示,而 −127~−1 则用 10000001~11111111 来表示,多出的10000000 则用来表示 −128。因此,对于任何一个 n 位的二进制数,假如表示带符号的整数,其表示范围为 $-2^{n-1}\sim 2^{n-1}-1$。

假如不采用补码来表示,那么计算机中需要对 +0 和 −0 区别对待,显然这个对于设计来说要增加难度,而且不符合运算规则。

(2) 对于有符号整数的运算能够把符号位同数值位一起处理。

由于将最高位作为符号位处理,不具有实际的数值意义,那么如何在进行运算时处理这个符号位? 如果单独把符号位进行处理,显然又会增加电子线路的设计难度和 CPU 指令设计的难度,但是采用补码就能够很好地解决这个问题。下面举例说明。例如,−2+3=1,如果采用原码表示(把符号位同数值位一起处理),则 10000010+00000011=10000101=(−5)原,显然这个结果是错误的。

如果采用反码表示,则 11111101+00000011=100000000=00000000=(+0)反,显然这个结果也是错误的。

如果采用补码表示,则 11111110+00000011=100000001=00000001=(1)补,结果是正确的。

从上面可以看出,当把符号位同数值位一起进行处理时,只有补码的运算才是正确的。如果不把符号位和数值位一起处理,则会给 CPU 指令的设计带来很大的困难;如果把符号位单独考虑,CPU 指令还要特意对最高位进行判断,这个对于计算机的最底层实现来说是很困难的。

(3) 能够简化运算规则。

对于 −2+3=1 这个例子来说,可以看作是 3−2=1,也即(3)+(−2)=1,从上面的运算过程可知,采用补码运算相当于是(3)补+(−2)补=(1)补,即可以把减法运算转换为加法运算。这样的好处是在设计电子器件时,只需要设计加法器即可,不需要单独再设计减法器。实际上,在计算机内部,二进制的基本运算是加法运算,乘法运算可以转换为连加来实现,除法运算可以用连减来实现,而减法运算可以转换为加法运算。这样,计算机中的加、减、乘、除都可以转换为加法运算,计算机中就不需要设计减法器、乘法器和除法器了,这就大大简化了运算器的设计难度。

总地来说,采用补码主要有以上 3 点好处,从而使得计算机从硬件设计上更加简单,简化了 CPU 指令的设计。

3. 浮点数(实数)的表示

在计算机系统的发展过程中,曾经提出过多种方法来表示实数。典型的方法如相对于浮点数的定点数。在这种表示方法中,小数点固定位于实数所有数字中间的某个位置。货币的表示就可以使用这种方法。例如,99.00 或者 00.99 可以用于表示具有四位精度、小数点后有两位的货币值。由于小数点位置固定,因此可以直接用四位数值来表示相应的数值。还有一种提议的表示方法为有理数表示方法,即用两个整数的比值来表示实数。定点数表示法的缺点在于其形式过于僵硬,固定的小数点位置决定了固定位数的整数部分和小数部分,不利于同时表示特别大的数或者特别小的数。最终,绝大多数现代的计算机系统采纳了所谓的浮点表示法进行表示。这种表示方法利用科学记数法来表示实数,即用一个尾数(尾数有时也称为有效数字,尾数实际上是有效数字的非正式说法)、一个基数、一个指数以及一个表示正负的符号来表示实数。例如,十进制数 123.456 用十进制科学记数法可以表示如下。

1.23456×10^{2},其中 1.23456 为尾数,2 为指数,10 为基数,符号为正。

12.3456×10^{1},其中 12.3456 为尾数,1 为指数,10 为基数,符号为正。

1234.56×10^{-1},其中 1234.56 为尾数,-1 为指数,10 为基数,符号为正。

12345.6×10^{-2},其中 12345.6 为尾数,-2 为指数,10 为基数,符号为正。

...

对于二进制数同样也可以用浮点表示法进行表示,例如:

$10101100.011 = 1.0101100011 \times 2^{7}$

$10101100.011 = 0.10101100011 \times 2^{8}$

$10101100.011 = 1010110001.1 \times 2^{-2}$

...

二进制数的浮点表示法与十进制数的浮点表示法相比,不同之处仅在于二进制数的基数为 2。

浮点数利用指数达到了浮动小数点的效果,从而可以灵活地表示更大范围的实数。

在计算机中是用有限的连续字节保存浮点数的。早期浮点数的各个部分表示方法互不相同,相互之间的数据格式也无法兼容。因此,IEEE(美国电气与电子工程师协会)于 1985 年制定了计算机内部浮点数的工业标准——IEEE 754。在 IEEE 754 中,一个浮点数分割为符号域、指数域和尾数域 3 个域,通过尾数和可以调节的指数(所以称为浮点)表示给定的数值。

浮点数的各部分长度如表 2-5 所示。

表 2-5　浮点数的各部分长度

精　　度	符 号 位 数	指 数 位 数	尾 数 位 数
单精度	1	8	23
双精度	1	11	52

下面以单精度浮点数为例,做具体说明如下。

(1) 单精度浮点数存储时占 4 字节,即 32 位。

(2) 如果浮点数是正数,则符号位为 0;否则为 1。

(3) 尾数用原码表示,且最高位总是 1,为了节省空间,1 和小数点不存储。

(4) 指数是无符号整数,且带有 127 的偏移量(因为有的浮点数的指数是负值,而无符号整数只能表示正数,所以设置了偏移量)。

【例 2.20】 假设有一单精度数(32 位)的表示形式如下,请问该数的十进制真值是多少?

| 1 | 10001011 | 10010011000101100000000 |

解:符号位为 1,因此该数为负数。

指数:$(10001011)_2 = 139$,因为有 127 的偏移量,因此,指数为 $139 - 127 = 12$。

尾数:将位数前加上 1 和小数点,即 $1.10010011000101100000000$。

由此可知,该浮点数为

$$-1.10010011000101100000000 \times 2^{12} = -(1100100110001.01100000000)_2 = -6449.375$$

2.3.4 文本的编码

文字信息在计算机中称为文本(Text),是计算机中最常见的一种数字媒体。文本由一系列的字符(Character)组成,包括字母、数字、标点符号等,每个字符均使用二进制编码表示。由一组特定字符构成的集合就是字符集。不同的字符集包含的字符数目与内容不同,如西文字符集、中文字符集、日文字符集等。

文本在计算机中的处理过程包括文本准备、文本编辑、文本处理、文本存储与传输、文本展现等。其处理过程如图 2-7 所示。

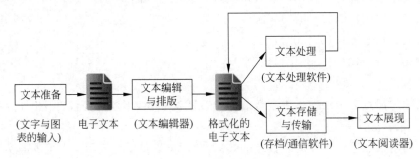

图 2-7　文本处理过程

对于文本,要想让计算机能够识别、存储、处理各种文字,首先要对相应的字符集进行编码。字符集中的每个字符都要使用一个唯一的二进制编码来表示,而所有的字符编码就构成了该字符集的编码表,简称码表。

1. 西文字符的编码

由于计算机发源于美国,因此最早的信息编码也来源于美国。目前,使用最广泛的西文字符集码表是美国的 ASCII 字符编码,简称 ASCII 码,其全称为 American Standard Code for Information Interchange(美国信息交换标准代码),同时它也被国际标准化组织(International Organization for Standardization,ISO)批准为国际标准,称为 ISO-646。

ASCII 码于 1961 年提出,用于在不同计算机硬件和软件系统中实现数据传输的标准化,大多数的小型机和全部的个人计算机都使用此码。ASCII 码分为标准 ASCII 码和扩展 ASCII 码。

1) 标准 ASCII 码

标准 ASCII 码共有 128 个字符。其中,有 96 个可打印字符,包括常用的字母、数字、标点符号等；另外还有 32 个控制字符。由于只有 128 个字符，因此标准 ASCII 码只使用 7 个二进制位对字符进行编码。虽然标准 ASCII 码是 7 位编码，但由于计算机的基本处理单位为字节（1B＝8b），因此仍以 1 字节来存放一个 ASCII 字符。每个字节中多余出来的一位（最高位）在计算机内部通常保持为 0（在数据传输时可用作奇偶校验位），而字节的低 7 位则表示字符的编码值。

表 2-6 为标准 ASCII 码表。

表 2-6　标准 ASCII 码表

二进制	十进制	十六进制	字符	二进制	十进制	十六进制	字符
00000000	0	0	NUL	01000000	64	40	@
00000001	1	1	SOH	01000001	65	41	A
00000010	2	2	STX	01000010	66	42	B
00000011	3	3	ETX	01000011	67	43	C
00000100	4	4	EOT	01000100	68	44	D
00000101	5	5	ENQ	01000101	69	45	E
00000110	6	6	ACK	01000110	70	46	F
00000111	7	7	BEL	01000111	71	47	G
00001000	8	8	BS	01001000	72	48	H
00001001	9	9	HT	01001001	73	49	I
00001010	10	A	LF	01001010	74	4A	J
00001011	11	B	VT	01001011	75	4B	K
00001100	12	C	FF	01001100	76	4C	L
00001101	13	D	CR	01001101	77	4D	M
00001110	14	E	SO	01001110	78	4E	N
00001111	15	F	SI	01001111	79	4F	O
00010000	16	10	DLE	01010000	80	50	P
00010001	17	11	DCI	01010001	81	51	Q
00010010	18	12	DC2	01010010	82	52	R
00010011	19	13	DC3	01010011	83	53	S
00010100	20	14	DC4	01010100	84	54	T
00010101	21	15	NAK	01010101	85	55	U
00010110	22	16	SYN	01010110	86	56	V
00010111	23	17	TB	01010111	87	57	W
00011000	24	18	CAN	01011000	88	58	X
00011001	25	19	EM	01011001	89	59	Y
00011010	26	1A	SUB	01011010	90	5A	Z
00011011	27	1B	ESC	01011011	91	5B	[
00011100	28	1C	FS	01011100	92	5C	\
00011101	29	1D	GS	01011101	93	5D	]
00011110	30	1E	RS	01011110	94	5E	^
00011111	31	1F	US	01011111	95	5F	_
00100000	32	20	（Space）	01100000	96	60	`
00100001	33	21	!	01100001	97	61	a
00100010	34	22	"	01100010	98	62	b
00100011	35	23	#	01100011	99	63	c

二进制	十进制	十六进制	字符	二进制	十进制	十六进制	字符
00100100	36	24	$	01100100	100	64	d
00100101	37	25	%	01100101	101	65	e
00100110	38	26	&	01100110	102	66	f
00100111	39	27	'	01100111	103	67	g
00101000	40	28	(	01101000	104	68	h
00101001	41	29	)	01101001	105	69	i
00101010	42	2A	*	01101010	106	6A	j
00101011	43	2B	+	01101011	107	6B	k
00101100	44	2C	,	01101100	108	6C	l
00101101	45	2D	—	01101101	109	6D	m
00101110	46	2E	·	01101110	110	6E	n
00101111	47	2F	/	01101111	111	6F	o
00110000	48	30	0	01110000	112	70	p
00110001	49	31	1	01110001	113	71	q
00110010	50	32	2	01110010	114	72	r
00110011	51	33	3	01110011	115	73	s
00110100	52	34	4	01110100	116	74	t
00110101	53	35	5	01110101	117	75	u
00110110	54	36	6	01110110	118	76	v
00110111	55	37	7	01110111	119	77	w
00111000	56	38	8	01111000	120	78	x
00111001	57	39	9	01111001	121	79	y
00111010	58	3A	:	01111010	122	7A	z
00111011	59	3B	;	01111011	123	7B	{
00111100	60	3C	<	01111100	124	7C	|
00111101	61	3D	=	01111101	125	7D	}
00111110	62	3E	>	01111110	126	7E	~
00111111	63	3F	?	01111111	127	7F	DEL

　　字母和数字的 ASCII 码的记忆是非常简单的,因此只要记住一个字母或数字的 ASCII 码(例如,记住 A 的 ASCII 码为 65,0 的 ASCII 码为 48),就可知道相应的大小写字母之间差 32(同一字母的小写字母的编码值比大写字母的编码值大 32),相应的十六进制差 20H,且字母的编码值是按字典顺序编码的,就可以推算出其余字母、数字的 ASCII 码。

　　【例 2.21】 已知大写字母 A 的十进制 ASCII 码为 65,十六进制 ASCII 码为 41H,计算小写字母 d 的 ASCII 码(十进制、十六进制)。

　　解:对于同一个字母,其小写字母的十进制编码值比对应的大写字母编码值大 32,十六进制相差 20H。

　　因此,小写字母 a 的 ASCII 码为 65+32=97,十六进制编码值是 41H+20H=61H。

　　小写字母 d 的 ASCII 码值比小写字母 a 大 3,所以 d 的 ASCII 码为 97+3=100,其十六进制编码值为 61H+3H=64H。

　　2) 扩充 ASCII 码

　　标准 ASCII 码是美国提出的,所以其编码的字符也主要是服务于美国的字符集。但是,欧洲很多国家的语言使用的字符是英语中所没有的,因此标准 ASCII 码不能解决欧洲各国的编码问题。为了解决这个问题,同时考虑到标准 ASCII 码只使用了 1 字节的低 7 位,借鉴 ASCII 码的编码思想,又创造了 128 个使用 8 位二进制数表示的字符的扩充字符集,这样就可以使用总共 256 种二进制编码以表示更多的字符了。在这 256 个字符中,从 0～127 的编码与标准 ASCII 码保持兼容,而 128～255 用来表示其他字符。扩充出来的 128 个编码称为扩展 ASCII 编码,对应的字符称为扩展 ASCII 字符。由于各个国家的语言不同,因此扩展字符里有各个国家的不同字符,于是人们为不同的语言指定了大量不同的编码表,在这些编码表中,128～255 表示各自不同的字符。其中,国际标准 ISO 8859 得到了广泛的使用。ISO 8859 不是一个标准,而是一系列的标准,由 ISO 8859-1～ISO 8859-16 组成。例如,ISO 8859-1 字符集,就是 Latin-1,收集了西欧常用字符,包括德国和法国两个国家的字母;ISO 8859-2 字符集,也称为 Latin-2,收集了东欧字符;ISO 8859-3 字符集,也称为 Latin-3,收集了南欧字符;ISO 8859-4 字符集,也称为 Latin-4,收集了北欧字符;等等。

2. 中文汉字的编码

汉字信息处理系统一般包括编码、输入、存储、编辑、输出和传输,其中编码是关键。计算机在处理任何媒体信息时,都要将这些信息转换为二进制代码,因此汉字也需要转换为二进制代码,也就是要对汉字进行编码。与西文字符相比,汉字的编码要复杂、困难得多,其原因主要有以下 3 点。

(1) 数量庞大:一般认为,汉字总数已超过 6 万个(包括简化字)。

(2) 字形复杂:有古体今体,繁体简体,正体异体;而且笔画相差悬殊。

(3) 存在大量一音多字和一字多音的现象。

在处理汉字的不同环节,需要使用不同的编码方案。例如,在输入汉字时使用输入码,存储汉字时使用机内码,显示打印汉字时使用字形码,等等。汉字信息处理系统模型如图 2-8 所示。

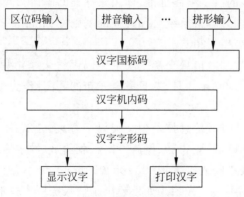

图 2-8　汉字信息处理系统模型

1) GB 2312 汉字编码

GB 2312 字符集的中文名为《信息交换用汉字编码字符集》。它是国家标准总局于 1980 年发布的一套国家标准,收入汉字 6763 个,非汉字图形字符 682 个,总计 7445 个字符,这是中国内地普遍使用的简体字字符集。楷体-GB 2312、仿宋-GB 2312、华文行楷等市面上绝大多数字体支持显示这个字符集,它也是大多数输入法所采用的字符集。

由于 1 字节最多只能表示 $2^8 = 256$ 种信息,所以使用 2 字节联合存储一个汉字,理论上就可以有 $256 \times 256 = 65\ 536$ 个不同编码,这对常用汉字来说足够存储了。

在 GB 2312 字符集中把汉字划分为 94 个区,每个区划分成 94 个位,区号和位号分别用 1 字节来存储,这就是汉字的区位码。因为 ASCII 码中的前 32 个字符是控制码,如回车、换行、退格等,为了避开这些控制码,汉字国标码规定,在区位码的 2 字节上分别加上 32。又因为计算机的汉字处理系统要保证中西文兼容,当系统中同时存在西文 ASCII 码和汉字国标码时,会产生二义性。例如,2 字节的内容分别为 00110000 和 00100001 时,既可能表示一个汉字"啊"的国标码,也可能表示两个西文"0"和"!",这就产生了二义性。为此,汉字机内码在相应国标码的每字节的最高位加上 1,以和 ASCII 码中每字节的最高位为 0 相区分。因此,汉字机内码=汉字国标码+1000000010000000。计算机内部使用的是汉字机内码。

2) GBK 汉字编码

GB 2312 只收入了 6763 个常用简体汉字,在早期经常会碰到一些生僻字无法输入计算机中的现象。为了解决这个问题,1995 年全国信息技术标准化技术委员会制定并发布了另一个汉字编码标准,即 GBK(汉字内码扩展规范)。GBK 编码是在 GB 2312 基础上的内码扩展规范,使用了双字节编码方案,共收录了 21 003 个汉字(包括繁体字和生僻字),883 个图形符号。目前,简体中文版的 Windows 操作系统,如 Windows 2000、Windows XP、Windows 7、Windows 10 等,都支持 GBK 编码方案。

3) UCS/Unicode 与 GB 18030 汉字编码

为了实现全球不同国家不同文字的统一编码,国际标准化组织(ISO)制定了一个能覆盖几乎所有语言的编码表,称为 UCS(Universal Character Set),对应的国际标准为 ISO 10646。UCS 对应的工业标准为 Unicode,它的具体实现(如 UTF-8、UTF-16)已在 Windows、UNIX、Linux 操作系统及 Internet 中广泛使用。

为了既能与国际标准接轨,又能保护已有的大量中文信息资源,继 GB 2312 和 GBK 之后,我国政府发布了最重要的汉字编码标准,即国家标准 GB 18030《信息交换用汉字编码字符集基本集的补充》,它是我国计算机系统必须遵循的基础性标准之一。GB 18030 有两个版本:GB 18030—2000 和 GB 18030—2005。

国家标准 GB 18030—2000《信息交换用汉字编码字符集基本集的补充》是由信息产业部和国家质量技术监督局在 2000 年 3 月 17 日联合发布的,并且作为一项国家标准在 2001 年的 1 月正式强制执行。

国家标准 GB 18030—2005《信息技术中文编码字符集》是我国自主研制的以汉字为主并包含多种我国少数民族(如藏族、蒙古族、傣族、彝族、朝鲜族、维吾尔族等)文字的超大型中文编码字符集强制性标准,其中收入汉字 70 000 余个。

编码方案繁多,这里不再一一介绍。如果超出了输入法所支持的字符集,就不能录入计算机。有些人利用私人造字区(PUA)的编码,造了一些字体。如果机器没有相应字体的支持,则不能正常显示。如果操作系统或应用软件不支持该字符集,则显示为问号(一个或两个)。在网页上也存在同样的情况。

2.3.5 图像的编码

图像(Image)有多种含义,其中最常见的定义是指各种图形和影像的总称,它是人们认识和感知世界最直观的渠道之一。计算机领域中的图像通常是指数字图像。数字图像又称数码图像或数位图像,是以二维数字组形式表示的图像,其数字单元为像素。数字图像按生成方式大致可分为两类:位图(Bitmap)和矢量图(Vector Graphics)。

位图是指由扫描仪或数码相机等输入设备捕捉到的实际画面所产生的数字图像,也称取样图或点阵图。矢量图又称矢量图像,一般是指通过计算机绘图软件生成的矢量图形。矢量图形的文件存储描述生成图形的指令,因此不必对图形中的每个点进行数字化处理。这里主要讨论位图的编码。

1. 图像的获取与数字化

现实中的图像是一种模拟信号,要想让计算机能处理图像,首先要将模拟图像数字化。将现实世界中景物成像的过程,也就是将模拟图像转换成数字图像的过程,称为图像获取。

1) 数字图像获取设备

数字图像获取设备的功能是将现实世界中的景物输入计算机内,并以数字图像的形式表示。例如,数码相机、扫描仪等,可以对景物或图片进行数字化,这时得到的数字图像通常是2D图像。此外,还有3D扫描仪能获得包括深度信息在内的3D景物的信息。

2) 图像的数字化

图像的数字化过程就是将模拟信号进行数字化的过程,其具体处理步骤大致分为4步,如图2-9所示。

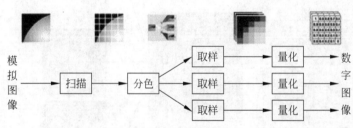

图 2-9 图像的数字化过程

(1) 扫描。

将画面划分为 $m \times n$ 个网格,每个网格即一个取样点,又称像素(Pixel)。这样,一幅模拟图像就转换为 $m \times n$ 个取样点组成的矩阵。

(2) 分色。

将彩色图像取样点的颜色通过一种特殊的棱镜分解成 3 个基色,如红、绿、蓝 3 种颜色。如果不是彩色图像,则不必进行分色。

(3) 取样。

通过图像传感元件将每个取样点(像素)的每个分量(基色)的亮度值转化为与其成正比的电压值(灰度值)。

(4) 量化。

将取样得到的每个分量的电压值进行模-数转换,即把模拟量的电压值使用数字量(一般为8~12位正整数)来表示。

2. 图像的基本参数

从图像数字化的过程可以看出,一幅取样图像由 m(行)$\times n$(列)个取样点组成,每个取样点是组成取样图像的基本单位,称为像素。

黑白图像的像素只有 0 和 1 两个值,而灰度图像的像素是包含灰度级(亮度)的。例如,像素灰度级用 8b 表示时,每个像素的取值就是 256(0～255)种灰度中的一种,通常用 0 表示黑,255 表示白,从 0～255 亮度逐渐增加,如图 2-10 所示。

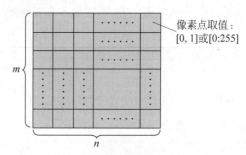

图 2-10　黑白或灰度图像的表示

彩色图像的像素是矢量,它由多个彩色分量组成。以 24 位真彩色图像(3 个彩色分量红、绿、蓝各 8b,每个颜色分量亮度值取值范围是 0～255)为例,取图像中的 8×8 个像素块,其表示如图 2-11 所示。

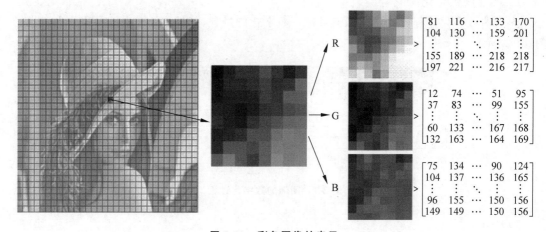

图 2-11　彩色图像的表示

由此可知,取样图像在计算机中的表示方法是:单色或灰色图像用一个矩阵来表示;彩色图像用一组(一般是 3 个,分别表示红(R)、绿(G)、蓝(B))矩阵来表示,矩阵行数称为图像的垂直分辨率,列数称为图像的水平分辨率,矩阵中的元素是图像像素颜色分量的亮度值,使用二进制整数表示,一般是 8～12 位。

描述一幅图像的属性,可以使用不同的参数,主要有颜色模型、图像分辨率、位平面数、像素深度等。

1) 颜色模型

图像数字化的过程中,首先要将图像离散成 m 行和 n 列的像素点,然后将每个点用二进制的颜色编码表示。图像中的颜色编码可以使用不同的颜色模型,颜色模型又称颜色空间,是指彩色图像所使用的颜色描述方法。常用的颜色模型有 RGB(红、绿、蓝)、CMYK(青蓝、洋红、黄、黑)、YUV(亮度、色度)、HSV(色相、饱和度、色明度)、HIS(色调、色饱和度、亮度)等。从理论上讲这些颜色模型都可以相互转换。

RGB 模型也称为加色法混色模型。它是以红(Red)、绿(Green)、蓝(Blue)三色光互相叠加来实现混色的方法,因而适合显示器等发光体的显示。一般将红、绿、蓝三基色按颜色深浅

程度的不同分为 0～255 共 256 级,每种颜色可以分别用 8 位二进制数表示,0 表示亮度最弱,
255 表示亮度最亮,三种颜色通过不同的比例搭配可以表示不同的颜色。256 级的 RGB 色彩
总共能组合出约 1678 万种色彩,即 256×256×256＝16 777 216,通常也被称为 1600 万色或
千万色。

CMYK 模型广泛用在彩色打印和印刷工业上。实际印刷中,一般采用青蓝(Cyan)、洋红
(Magenta)、黄(Yellow)、黑(Black)四色印刷。

YUV 模型主要应用在彩色电视信号传输上。

2) 图像分辨率

在图像数字化过程中,会将图像扫描划分为 $m×n$ 个像素,取样后的总像素数目就称为图
像分辨率。它是表示图像大小的一个参数,一般表示为"水平分辨率×垂直分辨率"的形式,其
中,水平分辨率表示图像在水平方向的像素数量,垂直分辨率表示图像在垂直方向的像素数
量,如 1024×768、1280×1024 等。

需要注意的是,对于一幅相同尺寸的图像,组成该图像的像素数量越多,则图像的分辨率
就越高,看起来就会越逼真。相应地,图像文件所占用的存储空间也就越大;相反,像素数量
越少,图像看起来就会越粗糙,但图像文件占用的存储空间就会越小。

3) 位平面数

位平面数就是矩阵的数目,也就是图像模型中彩色分量的数目。例如,RGB 模型的位平
面数是 3,CMYK 的位平面数是 4。

4) 像素深度

像素深度是指存储每个像素所用的二进制位数。像素深度决定彩色图像的每个像素可能
有的颜色数,或者确定灰度图像的每个像素可能有的灰度级数。例如,一幅真彩色图像的每个
像素用 R、G、B 三个分量表示,若每个分量用 8 位二进制数表示,那么一个像素共用 24(8＋
8＋8)位表示,就是像素的深度为 24,每个像素可以是 16 777 216(2^{24})种颜色中的一种。表示
一个像素的位数越多,它能表示的颜色数目就越多,它的像素深度也就越深。

3. 图像编码

一幅图像的数据量实际上就是存储该图像所有像素点所需要的数据量,其计算公式为

图像数据量＝水平分辨率×垂直分辨率×像素深度/8(单位为字节)

表 2-7 列出了不同分辨率和不同像素深度的图像的数据量。

表 2-7　不同格式图像的数据量

分　辨　率	数　据　量		
	8 位(256 色)	16 位(65 536 色)	24 位(真彩色)
800×600	468.75KB	937.5KB	1406.25KB
1024×768	768KB	1.5MB	2.25MB
1280×1024	1.25MB	2.5MB	3.75MB

以表 2-7 中 1280×1024 的未经压缩的 24 位真彩色图像为例,其数据量计算方法如下:

图像数据量＝1280×1024×24/8B＝1280×1024×3/1024/1024MB＝3.75MB

从表 2-7 中可以看出,图像在经过数字化后,其数据量是巨大的。为了节省图像占用的存
储容量、提高图像在网络中的传输速率,对图像进行合理的压缩是十分有必要的。

图像编码与压缩的本质就是对将要处理的图像源数据按照一定的规则进行变换和组合,从而使得可以用尽可能少的符号来表示尽可能多的信息。源图像中常常存在各种各样的冗余,如空间冗余、时间冗余、信息熵冗余、结构冗余、知识冗余等,这就使得通过编码来进行压缩成为可能。如果对图像进行压缩后,则一幅图像的数据量为

图像数据量=未经压缩前的图像数据量/图像压缩的倍数

【例 2.22】 一架数码相机,其 Flash 存储器容量为 40MB,它一次可以连续拍摄像素深度为 16 位(65 536 色)的 $1024×1024$ 的彩色相片 60 张,请计算其图像数据的压缩倍数。

解:一幅图像的数据量为 $1024×1024×16/(8×1024×1024)MB=2MB$。

60 幅图像的数据量为 $2×60=120MB$。

图像压缩倍数$=120MB/40MB=3$。

4. 图像编码方法分类

(1) 根据压缩效果,图像编码可以分为有损编码和无损编码。有损编码在编码的过程中把不相干的信息都删除了,只能对原图像进行近似的重建,典型的方法有变换编码、矢量编码等,JPEG 图像格式就是采用的有损压缩;而无损编码的压缩算法中仅是删除了图像数据中的冗余信息,解压缩时能够精确恢复原图像,典型的方法有行程长度(RLE)编码、字串表(LZW)编码、哈夫曼(Huffman)编码等,PCX、GIF、BMP、TIFF 等图像格式都采用无损压缩。

(2) 根据编码原理,图像编码可以分为熵编码、预测编码、变换编码和混合编码等。熵编码是一种基于图像信号统计特征的无损编码技术,给概率大的符号一个较小的码长,较小概率的符号较大的码长,使得平均码长尽量小,常见的熵编码有哈夫曼编码、算术编码和行程长度编码;预测编码基于图像的空间冗余或时间冗余,用相邻的已知像元来预测当前像元的值,然后再对预测误差进行量化和编码,常用的预测编码有差分脉冲编码调制;变换编码利用正交变换将图像从空域映射到另一个域上,使得变换后的系数之间相关性降低,其变换并无压缩性,但可以结合其他编码方式进行压缩;混合编码综合了各种编码方式。

2.3.6　其他信息的编码

除了以上介绍的数值、文字和图像之外,计算机中所处理的信息主要还包括音频和视频。音频和视频的编码更为复杂,尤其是视频。但是,无论何种信息,要想让计算机能够处理模拟视频,首先要将其转换为二进制数字编码的形式,即信息的数字化。音频、视频的数字化过程一致,即采样—量化—编码,如图 2-12 所示。

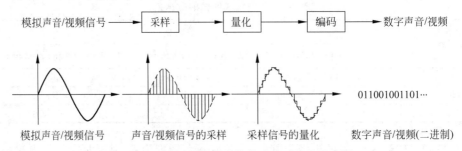

图 2-12　声音/视频信号的数字化过程及示意图

下面以声音信号为例,介绍其数字化过程以及一些技术指标。

1. 声音数字化

1）采样

声音的采样是指每隔一定时间间隔在声音波形上取一个幅度值,把时间上连续的信号变为时间上离散的信号。采样频率即每秒的采样次数。如 44.1kHz 表示将 1s 的声音用 44 100 个采样点的数据表示,采样频率越高,数字化音频的质量就越好,但存储音频的数据量也会越大。

目前,市场上的非专业声卡的最高采样频率为 48kHz,专业声卡可达 96kHz 以上。根据采样定理,采样频率至少是信号频率最高频率的两倍才能重新恢复为原来的模拟信号。人耳能听到的最高频率是 20kHz,所以以 CD 标准的采样频率通常采用 44.1kHz,低于这个值音质会有所下降,高于这个值人耳难以分辨。

2）量化

量化是将每个采样点的幅度值以数字来存储。量化位数叫采样精度或采样位数,是对模拟声音信号的振幅进行数字化所采用的位数。量化位数一般取 8 位或 16 位,量化位数越高,声音保真度越好。量化位数也是一个影响声音质量的重要指标,它决定了表示声音振幅的精度。例如,8 位量化位数表示每个采样值可以用 2^8 即 256 个不同的量化值之一来表示,16 位量化位数则表示每个采样值可以用 2^{16} 即 65 536 个不同的量化值之一来表示。

3）编码

编码是将采样和量化后的数字数据以一定的格式记录下来。目前,编码的方法很多,常用的编码方法是 PCM（Pulse Code Modulation,脉冲编码调制）,其优点是抗干扰能力强,失真小,传输特性稳定;缺点是编码后的数据量比较大。

2. 声音的技术指标和压缩标准

1）声音的技术指标

数字化声音的技术标准有采样频率、量化位数、声道数、压缩编码方法及比特率。其中,采样频率和量化位数前面已经做了介绍。

声道数是指声音通道的个数。单声道只记录和产生一个波形,双声道产生两个波形,也称立体声,其存储空间是单声道的两倍。

比特率也称码率,是指每秒的数据量,其单位为 b/s（bits per second）。波形声音未压缩前,声音的码率计算公式为

$$波形声音的码率 = 采样频率(Hz) \times 量化位数(bit) \times 声道数$$

压缩编码后的码率则为压缩前的码率除以压缩倍数。

【例 2.23】 用 44.1kHz 的采样频率,量化位数为 8 位,录制 1s 的立体声节目,其声音文件的码率为多少?

$$44.1 \times 1000 \times 8 \times 2 b/s = 705\ 600 b/s = 88\ 200 B/s = 88.2 KB/s$$

在声音质量要求不高时,降低采样频率、降低采样精度（量化位数）或利用单声道来录制声音,可以减少声音文件的数据量。

2）声音的压缩标准

波形声音经过数字化之后的数据量是很大的。以我们经常听的 CD 盘片上存储的高保真全频带数字音乐为例,1 小时的数据量大约是 635MB,一首音乐大概要 50MB 的数据量。这种未经压缩的数字音乐不利于节省存储空间和在网络中传输,因此有必要对数字波形声音进行

压缩。衡量一个声音数据压缩算法的优劣标准有压缩倍数、声音失真度、算法复杂度、编码器/解码器成本几方面。

声音文件的压缩算法也分为无损压缩和有损压缩两种。常见的声音压缩标准有 MPEG-1 Audio、MPEG-2 Audio、MPEG-4 Audio 和杜比数字(AC-3)等。其中,MPEG-1 Audio 定义了 3 个独立的压缩层,目前网络上流行的 MP3 就是采用了 MPEG-1 audio 层 3 的压缩标准,它典型压缩比为(10∶1)~(12∶1)。表 2-8 列出了几种常见的声音压缩编码方法及其应用。

表 2-8　几种常见的声音压缩标准

标准名称	压缩后码率(每个声道)	声道数目	主要应用
MPEG-1 audio 层 1	192kb/s(压缩 4 倍)	2	数字盒式录音带
MPEG-1 audio 层 2	128kb/s(压缩 6 倍)	2	DAB、VCD
MPEG-1 audio 层 3	64kb/s(压缩 12 倍)	2	Internet、MP3 音乐
MPEG-2 audio	与 MPEG-1 层 1,层 2,层 3 相同	5.1,5.7	同 MPEG-1
Dolby AC-3	64kb/s(压缩 12 倍)	5.1,5.7	DVD、DTV、家庭影院

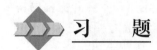

习　题

一、判断题

1. 软件必须依附于一定的硬件环境和软件环境,否则无法正常运行。

2. 自由软件允许用户随意复制、修改其源代码,但不允许销售。

3. Windows 操作系统采用并发多任务方式支持系统中的多个任务的执行,但任何时刻只有一个任务正被 CPU 执行。

4. 带符号的整数,其符号位一般在最低位。

5. 使用原码表示整数 0 时,有 1000…00 和 0000…00 两种表示形式,而在补码表示法中,整数 0 只有 1 种表示形式。

6. 虽然标准 ASCII 码是 7 位的编码,但由于字节是计算机中最基本的处理单位,故一般仍以 1 字节来存放一个 ASCII 字符编码,每字节中多余出来的一位(最高位),在计算机内部通常保持为 0。

7. 图像的像素深度决定了一幅图像包含的像素的最大数目。

二、选择题

1. 应用软件分为通用应用软件和定制应用软件两类,下列软件中全部属于通用应用软件的是_____。

　　A. WPS、Windows、Word　　　　　　B. PowerPoint、MSN、UNIX

　　C. ALGOL、Photoshop、FORTRAN　　D. PowerPoint、Photoshop、Word

2. 若某单位的多台计算机需要安装同一软件,则比较经济的做法是购买该软件的_____。

　　A. 多用户许可证　　　　B. 专利　　　　C. 著作权　　　　D. 多个副本

3. 计算机软件操作系统的作用是_____。

　　A. 管理系统资源,控制程序的执行　　　B. 实现软硬件功能的转换

　　C. 把源程序翻译成目标程序　　　　　　D. 便于进行数据处理

4. 虚拟存储器系统能够为用户程序提供一个容量很大的虚拟地址空间,其大小受到_____的限制。

    A. 内存实际容量大小   B. 外存容量及 CPU 地址表示范围

    C. 交换信息量大小   D. CPU 时钟频率

5. 根据国际标准化组织(ISO)的定义,信息技术领域中"信息"与"数据"的关系是_____。

    A. 信息包含数据   B. 信息是数据的载体

    C. 信息是指对人有用的数据   D. 信息仅指加工后的数值数据

6. 人们通常所说的 IT 领域的"IT"是指_____。

    A. 集成电路   B. 信息技术   C. 人机交互   D. 控制技术

7. 在某种进制的运算规则下,若 $5 \times 8 = 28$,则 $6 \times 7 =$ _____。

    A. 210   B. 2A   C. 2B   D. 52

8. 二进制数 01011010 扩大成 2 倍是_____。

    A. 10110100   B. 10101100   C. 10011100   D. 10011010

9. 逻辑与运算 11001010∧00001001 的运算结果是_____。

    A. 00001000   B. 00001001   C. 11000001   D. 11001011

10. 进制加法运算 10101110＋00100101 的结果是_____。

    A. 00100100   B. 10001011   C. 10101111   D. 11010011

11. 二进制"异或"逻辑运算的规则是:对应位相同为 0、相异为 1。若用密码 0011 对明文 1001 进行异或加密运算,则加密后的密文是_____。

    A. 0001   B. 0100   C. 1010   D. 1100

12. 已知 X 的补码为 10011000,则它的原码是_____。

    A. 01101000   B. 01100111   C. 10011000   D. 11101000

13. 多媒体信息不包括_____。

    A. 文本、图形   B. 音频、视频

    C. 图像、动画   D. 光盘、声卡

14. 下列字符中,其 ASCII 编码值最大的是_____。

    A. 9   B. D   C. A   D. 空格

15. 1KB 的内存空间中最多能存储采用 GB 2312 编码的汉字_____个。

    A. 128   B. 256   C. 512   D. 1024

16. 数码相机的 CCD 像素越多,所得的数字图像的清晰度越高,如果想拍摄 1600×1200 的相片,那么数码相机的像素数目至少应该有_____。

    A. 400 万   B. 300 万   C. 200 万   D. 100 万

17. 下列关于图像的说法错误的是_____。

    A. 图像的数字化过程大体可分为三步:取样、分色、量化

    B. 像素是构成图像的基本单位

    C. 尺寸大的彩色图像数字化后,其数据量必定大于尺寸小的图像的数据量

    D. 黑白图像或灰度图像只有一个位平面

三、填空题

1. 计算机软件指的是能指示计算机完成特定任务的、以电子格式存储的程序、_____

和相关的文档的集合。

2. _____软件是"买前免费试用"的具有版权的软件。

3. Windows 中的文件有 4 种属性:系统、存档、隐藏和_____。

4. 十进制数 215.25 的八进制表示是_____。

5. 假定一个数在机器中占用 8 位,则－11 的补码是_____。

6. 浮点数取值范围的大小由_____决定,而浮点数的精度由_____决定。

四、简答题

1. 什么是计算机软件? 软件与程序有什么关系?

2. 什么是共享软件、自由软件和免费软件?

3. 从功能角度出发,软件分为哪两类? 各举一些你用过的软件。

4. 操作系统由哪些部分组成? 操作系统内核和操作系统发行版有什么区别?

5. 操作系统的存储管理模块的主要任务是什么? 大多采用什么方案来解决?

6. 什么是文件和文件系统? 文件系统的功能有哪些?

7. 常用的操作系统有哪些?

8. 什么是信息? 信息与数据有什么关系?

9. 什么是信息技术? 它主要包括哪些方面?

10. 二进制、八进制、十进制、十六进制之间如何相互转换?

11. 二进制的算术、逻辑运算主要有哪些? 它们的运算规则是什么?

12. 什么是 ASCII 码? 请查一下 M、m 的 ASCII 码值及大小写字母的 ASCII 码值的关系。

13. GB 2312、GBK、GB18030 三种汉字编码标准有什么区别和联系?

14. 简述图像数字化的过程。

15. 图像的基本参数有哪些?

阅读材料:鸿蒙操作系统

操作系统(Operating System)是管理计算机硬件资源与软件资源的计算机程序,同时也是计算机系统的内核与基石,其重要性不言而喻。对于大多数用户来说,最常见的就是 PC 操作系统 Windows、MacOS,手机操作系统 Android、iOS。这些操作系统经过多年的发展完善,相对也比较成熟稳定。为什么我们还要自研操作系统呢?

自从 2012 年,一篇名为《任正非"2012 实验室"讲话全文曝光》的文章中讲到华为要做终端操作系统避免被牵制后,华为自研操作系统的传闻就一直在流传。尽管此时的华为公关回应"不评论",但余承东却在先前表示:"华为确实已经准备了一套自研的操作系统,但这套系统是 Plan B,是为了预防未来华为不能使用 Android 或 Windows 而做的。当然,华为还是更愿意与谷歌和微软的生态系统合作。"所以,华为自研操作系统,是为了避免因其他操作系统的限制而无法生存,选择的一条道路。

众所周知,全球智能手机的操作系统分为两大阵营,一边是 iOS,另一边则是谷歌的安卓生态。这两大手机操作系统可以说占据了 95% 的市场,留给其他操作系统的生存空间可谓是少之又少。所以,这对于中国手机厂商们来说,还是挺有威胁感的。中国智能手机都是用的安卓系统,虽然小米与华为推出了自己的手机系统,但那也都是基于谷歌的安卓生态下。2018

年 10 月,谷歌突然宣布了一个消息,在欧洲开启了专利收费,虽然这没影响亚洲地区,但总觉得这是一颗"定时炸弹",我们需要早做好准备。作为一家科技公司,必须要掌握一些核心的东西,比如之前中兴遭到美国制裁,华为在 3G 时代受到过高通威胁,这些都充分说明了一个问题,科技公司不仅要掌握核心技术,还要时刻保持危机感。

华为打造自主操作系统的计划由华为创始人任正非发起并推进,而且该公司从来没有停止过努力,并将其视为是为"最坏情况"做准备的战略投资。对于华为来说,拥有自己的芯片可能是相较于其他厂商的最大优势,再进一步去发展自研操作系统,能看出华为更长远的发展计划,抓住这两条关键产业,就能够拥有更多的主动权。

做操作系统很难,独创更难,安卓、苹果到现在还在不断修复升级。但无论怎么说,华为敢于去做,这值得国人骄傲!让我们一起来了解华为的鸿蒙操作系统。

2019 年 8 月 9 日,华为在东莞举行华为开发者大会,正式发布华为鸿蒙操作系统(HUAWEI HarmonyOS)。

华为鸿蒙操作系统是一款全新的面向全场景的分布式操作系统,创造一个超级虚拟终端互联的世界,将人、设备、场景有机地联系在一起,将消费者在全场景生活中接触的多种智能终端实现极速发现、极速连接、硬件互助、资源共享,用最合适的设备提供最佳的场景体验。

对于消费者而言,HarmonyOS 通过分布式技术,让 8+N 设备具备智慧交互的能力。在不同场景下,8+N 配合华为手机提供满足人们不同需求的解决方案。对于智能硬件开发者,HarmonyOS 可以实现硬件创新,并融入华为全场景的大生态。对于应用开发者,HarmonyOS 让他们不用面对硬件复杂性,通过使用封装好的分布式技术 APIs,以较小投入专注开发出各种全场景新体验。

1. 发展历程

2012 年,华为开始规划自有操作系统"鸿蒙"。

2019 年 5 月 24 日,国家知识产权局商标局网站显示,华为已申请"华为鸿蒙"商标,申请日期是 2018 年 8 月 24 日,注册公告日期是 2019 年 5 月 14 日,专用权限期是从 2019 年 5 月 14 日到 2029 年 5 月 13 日。

2019 年 5 月 17 日,华为操作系统团队开发了自主产权操作系统——鸿蒙。

2019 年 8 月 9 日,华为正式发布鸿蒙操作系统(HarmonyOS)。同时,余承东也表示,HarmonyOS 实行开源。

在中国信息化百人会 2020 年峰会上,华为消费者业务 CEO 余承东表示,HarmonyOS 目前已经应用到华为智慧屏、华为手表上,未来有信心应用到 1+8+N 全场景终端设备上。

2020 年 9 月 10 日,华为鸿蒙操作系统升级至华为鸿蒙操作系统 2.0 版本,即 HarmonyOS 2.0,并面向 128KB～128MB 终端设备开源。2020 年 12 月,余承东表示将面向开发者提供鸿蒙 2.0 的 Beta 版本。

2020 年 12 月 16 日,华为正式发布了 HarmonyOS 2.0 手机开发者 Beta 版本。华为消费者业务软件部总裁王成录表示,2020 年已有美的、九阳、老板电器、海雀科技搭载 HarmonyOS,2021 年的目标是覆盖 40+主流品牌 1 亿台以上设备。

2021 年 2 月 22 日晚,华为正式宣布 HarmonyOS 将于 4 月上线,华为 Mate X2 将首批升级。

2021 年 3 月,华为消费者业务软件部总裁、鸿蒙操作系统负责人王成录表示,今年搭载鸿蒙操作系统的物联网设备(如手机、平板电脑、手表、智慧屏、音箱等)有望达到 3 亿台,其中手机将超过 2 亿台,将力争让鸿蒙生态的市场份额达到 16%。

2021 年 6 月 2 日晚,华为正式发布 HarmonyOS 2 及多款搭载 HarmonyOS 2 的新产品。这也意味着"搭载 HarmonyOS 的手机"已经变成面向市场的正式产品。6 月 9 日,HarmonyOS Sans 公开上线,可以免费商用。

2. 应用产品

2019 年 8 月 10 日,荣耀系列正式发布荣耀智慧屏、荣耀智慧屏 Pro。

2019 年 11 月 25 日,华为发布华为智慧屏 V75。

2020 年 4 月 8 日,华为发布华为智慧屏 V55i、华为智慧屏 X65、华为路由 AX3 系列。

2020 年 9 月 10 日,发布搭载 HarmonyOS 2.0 操作系统的手表 Watch GT2 Pro 以及搭载 HarmonyOS 2.0 操作系统的 IOT 设备。

2020 年 11 月 5 日,发布华为智选智能摄像头 Pro,搭载 HarmonyOS 全新一代体验分布式技术的摄像头。

P84 2021 年 5 月 28 日,魅族智享生活官方微博发布海报宣布,魅族接入鸿蒙,Lipro 与全智能手表联手打造智享生活。

2021 年 6 月 2 日,华为正式发布 HarmonyOS 2.0 版本,并公布了首批升级鸿蒙系统的机型,包括:Mate40 系列、Mate30 系列、P40 系列、Mate X2 以及 MatePad Pro。

3. 历史版本

1) HarmonyOS 1.0

2019 年 8 月 9 日,华为在东莞举行华为开发者大会,正式发布鸿蒙操作系统。HarmonyOS 是一款全场景分布式 OS,可按需扩展,实现更广泛的系统安全,主要用于物联网,特点是低时延。HarmonyOS 实现模块化耦合,对应不同设备可弹性部署。其有三层架构,第一层是内核,第二层是基础服务,第三层是程序框架。2019 年 8 月 10 日,荣耀正式发布荣耀智慧屏、荣耀智慧屏 Pro,并搭载 HarmonyOS。它的诞生拉开了永久性改变操作系统全球格局的序幕。

2) HarmonyOS 2.0

2020 年 9 月 10 日,华为鸿蒙操作系统升级至华为 HarmonyOS 2.0 版本,在关键的分布式软总线、分布式数据管理、分布式安全等分布式能力上进行了全面升级,为开发者提供了完整的分布式设备与应用开发生态。目前,华为已与美的、九阳、老板电器等家电厂商达成合作,这些品牌将发布搭载鸿蒙操作系统的全新家电产品。

手机 HarmonyOS 2.0 在 2020 年 12 月 16 日开放 Beta 测试版本,并于 2021 年 1 月面向部分手机用户提供升级渠道。

2021 年 6 月 2 日晚,华为正式发布 HarmonyOS 2.0 版本。

4. 技术特性

HarmonyOS 具备分布式软总线、分布式数据管理和分布式安全三大核心能力。

1) 分布式软总线

分布式软总线让多设备融合为"一个设备",带来设备内和设备间高吞吐、低时延、高可靠的流畅连接体验。

2) 分布式数据管理

分布式数据管理让跨设备数据访问如同访问本地,大大提升跨设备数据远程读写和检索性能等。

3）分布式安全

分布式安全确保正确的人、用正确的设备、正确使用数据。当用户进行解锁、付款、登录等行为时系统会主动弹出认证请求，并通过分布式技术可信互联能力，协同身份认证确保正确的人；HarmonyOS 能够把手机的内核级安全能力扩展到其他终端，进而提升全场景设备的安全性，通过设备能力互助，共同抵御攻击，保障智能家居网络安全；HarmonyOS 通过定义数据和设备的安全级别，对数据和设备都进行了分类分级保护，确保数据流通安全可信。

5. 未来发展

2020 年，华为除了手机、平板电脑和计算机外，其他终端产品将全线搭载 HarmonyOS，并在海内外同步推进。

2021 年上半年，HarmonyOS 将面向内存 128MB～4GB 终端设备开源。

2021 年下半年，HarmonyOS 将面向 4GB 以上所有设备开源。

6. 支持

HarmonyOS 通过 SDK、源代码、开发板/模组和 HUAWEI DevEco 等装备共同构成了完备的开发平台与工具链，设备厂商可以选择不同的方式加入全场景智慧生态：通过使用分布式 SDK，获得畅连、HiCar 等 7 大能力快速接入；2020 年 9 月 10 日后，30＋品类的 128MB 以下 IoT 设备整机可以使用开源代码接入；对于 128MB 以上、4GB 以下的智能设备整机，HarmonyOS 已经通过申请定向代码开始招募伙伴加入。

1）智能硬件

HarmonyOS 为智能硬件开发者提供了模组、开发板和解决方案。同时，HUAWEI DevEco 将为 HarmonyOS 设备带来一站式开发环境，支持家电、安防、运动健康等品类的组件定制、驱动开发和分布式能力集成。在开发过程中，不论设备是有屏还是无屏，HUAWEI DevEco 都可提供一站式开发、编译、调试和烧录，组件可以按需定制，减少资源占用，开发环境内置安全检查能力，开发者在开发过程中也可以进行可视化调试。

2）开源

HarmonyOS 将源代码捐赠给开放原子开源基金会进行孵化，项目名称为 OpenHarmony。目前，面向 RAM 在 128KB～128MB 的 IoT 智能硬件源代码已经开放；计划在 2021 年上半年，RAM 在 128MB 到 4GB 间的终端设备，包括轻车机及带屏音箱等在内的设备均可以获得相关的开源代码；计划 2021 年下半年，HarmonyOS 源代码将会面向更多全场景终端设备开放。

3）应用开发

HarmonyOS 提供了一系列构建全场景应用的完整平台工具链与生态体系：分布式应用框架能够将复杂的设备间协同封装成简单接口，实现跨设备应用协同。开发者只需要关注业务逻辑，减少代码和复杂度；分布式应用框架 SDK/API 开发者 Beta 版本已经同步上线，分步骤提供 13 000 多个 API，支持开发大屏、手表、车机等应用。

HarmonyOS 采用了支持高性能多语言编译的方舟编译器 2.0，能够消除跨语言交互开销，统一运行时，统一多语言前端，让开发者能够自由选择 Java、JavaScript 及其他语言；通过组件解耦实现多设备弹性部署；操作系统、运行时和开发框架协同设计，能够完成联合优化，提高代码执行效率。

HarmonyOS 2.0 打造了全场景跨设备集成开发工具 HUAWEI DevEco 2.0。在编程时开发者可以实时预览 UI,实现编程所即所得;提供 API 智能补全,实现高效编码;面对多设备测试难题,DevEco Studio 提供了高性能模拟仿真和实时调测。

4)升级

HarmonyOS 2.0 在关键的分布式软总线、分布式数据管理、分布式安全等分布式能力上进行了全面升级,有安全、速度等质的变化和提升,也将从智慧屏扩展到更多的智能设备,包括智能穿戴设备和智能手机。

5)终端产品

2020 年 9 月 26 日华为消费者业务 IoT 产品线总裁支浩在华为智慧屏一周年直播爆料,华为智慧屏将作为第一批升级 HarmonyOS 2.0 系统的终端产品,很快和大家见面。

7. 意义

华为的鸿蒙操作系统宣告问世,在全球引起反响。人们普遍相信,这款中国电信巨头打造的操作系统在技术上是先进的,并且具有逐渐建立起自己生态的成长力。它的诞生拉开永久性改变操作系统全球格局的序幕。

过去的进步证明华为在自己聚焦的技术领域走到前排的能力。华为的技术和人才储备、中国的整体技术环境和市场支持力都比华为从落后跟着走一直冲到 5G 位置那个阶段强一大截。华为鸿蒙操作系统问世时,恰逢中国整个软件业亟需补足短板,"鸿蒙"给国产软件的全面崛起产生战略性带动和刺激。美国打压华为对"鸿蒙"问世起催生作用,它毫无疑问是被美国逼出来的,而美国倒逼中国高科技企业的压力已经成为战略态势。中国全社会已经下定决心要独立发展本国核心技术,"鸿蒙"是时代的产物,它代表中国高科技必须开展的一次战略突围,是中国解决诸多"卡脖子"问题的一个带动点。

"鸿蒙"肯定面临建立自己生态的早期阶段,但它很快在中国站稳阵脚并逐步走向全球的前景毋庸置疑。"鸿蒙"在技术上很先进,中国大市场虽然需要内部协调的大量工作,但这个市场总体上向这款操作系统提供根据地般的支撑,这不会是一个悬念。一旦形势促使"鸿蒙"在华为全线产品上安装,华为手机短时间内销量下降,但这样的临时损失将带来华为进一步崛起和中国操作系统及软件业全面繁荣的回报。这笔大账中国社会算得清,它的合理性也一定会转化成具体的市场方式推动"鸿蒙"的成功。中国的其他软件应用厂商和各种利益实体会在全社会的推力下支持开源的"鸿蒙",共同参与"鸿蒙"的生态建设。

世界很讨厌美国电信和 IT 巨头的垄断,"鸿蒙"的问世是打破美国垄断的一个现实方案,它对全球技术平衡具有积极意义。尽管苹果和安卓系统已经占领全球市场,但欢迎竞争是市场的天性,只要"鸿蒙"的技术确实领先,中国市场为它孵化、积累出有竞争力的生态系统,它逐渐走向全球市场就不会比之前的中国电信设备走向世界不可思议。

中国面临一些高科技领域决定性的补短板和再创业,全社会的这一共识已经非常坚定,国家的政策倾斜也已经形成。"鸿蒙"可以说朝着这个方向打一枪,它不可能是华为与美国博弈的虚晃一枪,华为和中国高科技产业都已经没有退路,坚定往前走,迈过短时间的困难期,历史不会给中国崛起提供另一种编程。

还要看到,华为的坚强抵抗为中国其他相关制造商提供喘息的时间,这尤其使华为的屹立不倒具有全局意义。中国的各家厂商彼此既是竞争者,又组成一个微妙但却真实的利益共同体。让"鸿蒙"的生态系统建立起来,这对华为生死攸关,也是中国所有相关制造商未来生存环境的一个决定性砝码。

第 **3** 章

计算机网络与信息安全

3.1 通信技术

3.1.1 通信系统

通信系统是用以完成信息传输过程的技术系统的总称。现代通信系统主要借助电磁波在自由空间的传播或在导引媒体中的传输机理来实现。

1. 通信系统的基本模型

通信的基本任务是传递信息,因此通信系统需要有 3 个基本要素:信源、信宿和信道。图3-1 是一个简单的通信系统模型。

图 3-1　通信系统模型

信源是信息的发送端,信宿是信息的接收端,而信道是传输信息的通道。信道可以有模拟信道和数字信道,模拟信号经模数转换后可以在数字信道上传输,数字信号则经调制后也可以在模拟信道上传输。

从概念上讲,信道和电路不同,信道一般都是用来表示向某个方向传送数据的媒体,一个信道可以看成是电路的逻辑部件,而一条电路至少包含一条发送信道或一条接收信道。

2. 通信系统常用技术指标

为了衡量一个通信系统的好坏,可从有效性和可靠性两方面来衡量。

对于模拟通信系统来说,有效性是用系统的带宽来衡量的,可靠性则是用信噪比来衡量的。由于计算机通信主要采用的是数字通信系统,因此这里主要谈论数字通信系统的性能指标。

1) 有效性

有效性反映了通信系统传输信息的速率,即快慢问题,主要由数据传输速率、信道带宽、信道容量来衡量。

(1) 数据传输速率。

数据传输速率是指信道每秒能传输的二进制比特数(bits per second),也称为比特率,记作 bps 或 b/s。常见的单位还有 kb/s、Mb/s、Gb/s 等。

与数据传输速率密切相关的是波特率。波特率是指信号每秒变化的次数,它与数据传输速率成正比,单位为波特(baud)。

比特率与波特率是在两种不同概念的基础上定义的速度单位。但是,在采用二元波形时,波特率与比特率在数值上相等。

(2) 带宽。

带宽是信道能传输的信号的频率宽度,是信号的最高频率和最低频率之差。带宽在一定程度上体现了信道的传输性能。

信道的最大传输速率与信道带宽存在明确的关系。一般来说,信道的带宽越大,其传输速率也越高。所以,人们经常用带宽来表示信道的传输速率,带宽和速率几乎成了同义词,但从技术角度来说,这是两个完全不同的概念。

(3) 信道容量。

信道容量是指信道传送信息的最大能力,用单位时间内最多可传送的比特数来表示。信道容量是信道的一个极限参数。

2) 可靠性

可靠性反映了通信系统传输信息的"质量",即好坏问题,主要由数据传输的误码率、延迟等来衡量。

(1) 误码率。

误码率是指二进制比特流在数据传输系统中被传错的概率,它是衡量通信系统可靠性的重要指标。误码率的计算公式为

$$误码率=接收时出错的比特数/发送的总比特数$$

数据在通信信道传输中因某种原因出现错误,这是正常且不可避免的,但误码率只要在一定的范围内都是允许的。在计算机网络中,一般要求误码率低于 10^{-6},即百万分之一。

(2) 延迟。

延迟是定量衡量网络特性的重要指标,它可以说明一个网络在计算机之间传送一位数据需要花费多少时间,通常有最大延迟和平均延迟,根据产生延迟的原因不同,延迟又可分为如下 4 种。

传播延迟:传播延迟是由于信号通过电缆或光纤传送时需要时间所致,通常与传播的距离成正比。

交换延迟:交换延迟是网络中电子设备(如集线器、网桥或包交换机)引入的一种延迟。

访问延迟:在大多数局域网中通信介质是共享的,此为计算机因等待通信介质空闲才能进行通信而产生的延迟。

排队延迟:排队延迟是在交换机的存储转发过程中,交换机将传来的数据包排成队列,如果队列中已有数据包,则新到的数据包需要等候,直到交换机发送完先到的数据包,在这种情况下产生的延迟。

需要说明的是,一个通信系统越高效可靠,性能显然就越好。但实际上有效性和可靠性是一对矛盾的指标,两者需要一定的折中。就好比汽车在公路上超速行驶,快是快了,但有很大的安全隐患。所以,不能撇开可靠性来单纯追求高速度;否则,就会欲速则不达。

3.1.2 网络传输介质

传输介质与信道是两个不同范畴的概念。传输介质是指传送信号的物理实体,而信道则着重体现介质的逻辑功能。一个传输介质可能同时提供多个信道,一个信道也可能由多个传输介质级联而成。

常用的传输介质分为有线传输介质和无线传输介质两大类。不同的传输介质,其特性也各不相同,它们不同的特性对网络中数据通信质量和通信速度有较大影响。

1. 双绞线

双绞线是一种综合布线工程中最常用的传输介质,由两根具有绝缘保护层的铜导线相互缠绕而成,"双绞线"的名字也是由此而来,如图 3-2 所示。实际使用时,双绞线是由多对双绞线一起包在一个绝缘电缆套管里。把两根绝缘的铜导线按一定密度互相绞在一起,每根导线在传输中辐射出来的电波会被另一根导线上发出的电波抵消,有效降低了信号干扰的程度。与其他传输介质相比,双绞线在传输距离、信道宽度和数据传输速度等方面均受到一定限制,但价格较为低廉。

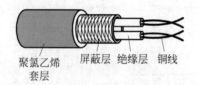

聚氯乙烯 屏蔽层 绝缘层 铜线
套层

图 3-2 双绞线

根据有无屏蔽层,双绞线分为屏蔽双绞线(Shielded Twisted Pair,STP)与非屏蔽双绞线(Unshielded Twisted Pair,UTP)。屏蔽双绞线在双绞线与外层绝缘封套之间有一个金属屏蔽层,可减少辐射,防止信息被窃听,也可阻止外部电磁干扰的进入,因此屏蔽双绞线比同类的非屏蔽双绞线具有更高的传输速率。但是,非屏蔽双绞线也有自己的优点,主要是直径小,重量轻,易弯曲,易安装,成本低。

双绞线常见的有 3 类线、5 类线和超 5 类线,以及最新的 6 类线,数字越大,线径越粗,版本越新,技术越先进,带宽也越宽,当然价格也越贵。

目前,5 类线是最常用的以太网电缆,传输速率为 100MHz,主要用于 100BASE-T 和 10BASE-T 网络。超 5 类线衰减小,串扰少,性能得到很大提高,主要用于千兆位以太网(1000Mb/s)。6 类线的传输频率为 1~250MHz,传输性能远远高于超 5 类标准,最适用传输速率高于 1Gb/s 的应用。

2. 同轴电缆

同轴电缆(Coaxial Cable)是指有两个同心导体,而导体和屏蔽层又共用同一轴心的电缆。同轴电缆由里到外分为四层,分别是中心铜线(单股的实心线或多股绞合线)、塑料绝缘体、网状导电层和电线外皮,如图 3-3 所示。中心铜线和网状导电层形成电流回路,因为中心铜线和网状导电层为同轴关系而得名。

绝缘保护套层 外导体屏蔽层 绝缘层
内导体

图 3-3 同轴电缆

同轴电缆传导交流电而非直流电,如果使用一般电线传输高频率电流,这种电线就会相当于一根向外发射无线电的天线,这种效应损耗了信号的功率,使得接收到的信号强度减小。同轴电缆的同轴设计是为了防止外部电磁波干扰异常信号的传递,让电磁场封闭在内外导体之间,故辐射损耗小,受外界干扰影响小。

同轴电缆的优点是可以在相对长的无中继器的线路上支持高带宽通信;其缺点是体积大,成本高,不能承受缠结、压力和严重的弯曲,因此在现在的局域网环境中,基本已被双绞线取代。但是,同轴电缆的抗干扰性能比双绞线强,当需要连接较多设备而且通信容量相当大时仍然可以选择同轴电缆。

3. 光纤

光纤(Fiber)是光导纤维的简写,是一种由玻璃或塑料制成的纤维,可作为光传导的工具。通常,光纤与光缆两个名词会被大家混淆。多数光纤在使用前必须由几层保护结构包覆,包覆后的缆线即被称为光缆。前香港中文大学校长高锟首先提出光纤可以用于通信传输的设想,因此获得 2009 年诺贝尔物理学奖。

光纤的传输原理是“光的全反射”,如图 3-4 所示。微细的光纤封装在塑料护套中,使得光纤能够弯曲而不至于断裂。通常,光纤一端的发射装置使用发光二极管或一束激光将光脉冲传送至光纤,光纤另一端的接收装置使用光敏元件检测光脉冲。由于光在光导纤维的传导损耗比电在电线传导的损耗低得多,一般用于长距离信息传输。

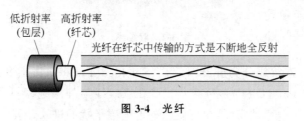

图 3-4　光纤

光纤作为宽带接入一种主流的方式,有着通信容量大、中继距离长、保密性能好、适应能力强、体积小、重量轻、原材料来源广且价格低廉等优点,未来在宽带互联网接入的应用会非常广泛。

4. 无线介质

无线通信利用电磁波来传输信息,不需要铺设电缆,非常适合在一些高山、岛屿或临时场地联网。无线介质是指信号通过空间传输,信号不被约束在一个物理导体之内,主要的无线介质包括无线电波、微波和红外线。

无线电波的传播特性与频率(或波长)有关。中波沿地面传播,绕射能力强,适用于广播和海上通信;短波趋于直线传播并受障碍物的影响,但在到达地球大气层的电离层后将被反射回地球表面,由于电离层不稳定,短波信道的通信质量较差。

微波(频率范围为 300MHz～300GHz)通信在数据通信中占有重要地位。由于微波在空间是直线传播的,且穿透电离层进入宇宙空间,它不像短波那样可以经电离层反射传播到地面上很远的地方。因此,微波通信主要有两种方式:地面微波接力通信和卫星通信。

1) 地面微波接力通信

由于微波是直线传输,而地球表面是曲面,因此其传输距离受到限制。为了实现远距离通信,必须每隔一段距离建立一个中继站。中继站把前一站送来的信号放大后再送到下一站,故称为"接力",如图 3-5 所示。

图 3-5 地面微波接力通信

微波接力通信可传输电话、电报、图像、数据等信息,传输质量较高,有较大的机动灵活性,抗自然灾害的能力也较强,因而可靠性较高,但隐蔽性和保密性较差。

2)卫星通信

卫星通信实际上也是一种微波通信,它以卫星作为中继站转发微波信号,在多个地面站之间通信,如图 3-6 所示。按照工作轨道区分,卫星通信系统一般分为三类:低轨道卫星通信系统(如铱星和全球星系统)、中轨道卫星通信系统(如国际海事卫星系统)和高轨道卫星通信系统。当高轨道卫星通信系统的轨道距离地面约 35 800km 时,该轨道为地球同步轨道。理论上用三颗高轨道卫星即可以实现全球覆盖。

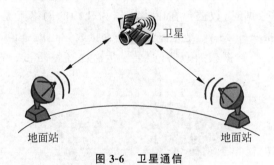

图 3-6 卫星通信

3.1.3 网络互联设备

网络互联是指应用合适的技术和设备,将不同地理位置的计算机网络连接起来,从而形成一个范围和规模更大的网络系统,实现更大范围内的资源共享和数据通信。常见的网络互联设备有以下 6 种。

1. 中继器

中继器(Repeater)是工作在物理层的最简单的网络互联设备,可以扩大局域网的传输距离,连接两个以上的网络段,通常用于同一幢楼里的局域网之间的互联,如图 3-7 所示。

由于传输线路噪声的影响,承载信息的数字信号或模拟信号只能传输有限的距离,中继器的功能是对接收信号进行再生和发送,从而增加信号传输的距离。因此,中继器的主要功能是将传输介质上衰减的电信号进行整形、放大和转发,本质上是一种数字信号放大器。例如,以太网标准规定单段信号传输电缆的最大长度为 500m,但利用中继器连接 4 段电缆后,以太网中信号传输电缆最长可达 2000m。

图 3-7　中继器(网络延长器)

2. 集线器

集线器的英文称为 Hub。Hub 是"中心"的意思,集线器的主要功能是对接收到的信号进行再生整形放大,以扩大网络的传输距离,同时把所有节点集中在以它为中心的节点上。因此,集线器可以说是一种特殊的中继器,又叫多端口中继器。它能使多个用户通过集线器端口用双绞线与网络连接,一个集线器通常有 8 个及以上的连接端口。图 3-8 所示是一个有 8 个连接端口的集线器。

集线器是一种物理层共享设备,其本身不能识别 MAC 地址和 IP 地址,当同一局域网内的 A 主机给 B 主机传输数据时,数据包在以集线器为架构的网络上是以广播方式传输的,由每台终端通过验证数据报头的 MAC 地址来确定是否接收。也就是说,在这种工作方式下,同一时刻网络上只能传输一组数据帧的通信,如果发生碰撞还得重试。这种方式就是共享网络带宽。

图 3-8　8 个连接端口的集线器

3. 网桥

网桥(Network Bridge),又称桥接器,工作在数据链路层,独立于高层协议,是用来连接两个具有相同操作系统的局域网络的设备。网桥的作用是扩展网络的距离,减轻网络的负载。在局域网中,每条通信线路的长度和连接的设备数都是有限的,如果超载就会降低网络的工作性能。对于较大的局域网可以采用网桥将负担过重的网络分成多个网络段,每个网络段的冲突不会被传播到相邻网络段,从而达到减轻网络负担的目的。由网桥隔开的网络段仍属于同一局域网。网桥的另一个作用是自动过滤数据包,根据包的目的地址决定是否转发该包到其他网络段,因此网桥是一种存储转发设备。

网桥可以是专门的硬件设备,也可以由计算机加装的网桥软件来实现。

4. 交换机

交换机(Switch)意为"开关",是一种用于电(光)信号转发的网络设备,如图 3-9 所示。它可以为接入交换机的任意两个网络节点提供独享的电信号通路。最常见的交换机是以太网交换机,其他常见的还有电话语音交换机、光纤交换机等。

图 3-9　交换机

在计算机网络系统中,交换概念的提出改进了共享工作模式。交换机工作于 OSI 参考模型的第二层,即数据链路层。交换机内部的 CPU 在每个端口成功连接时,通过将 MAC 地址和端口对应,形成一张 MAC 表。在今后的通信中,发往该 MAC 地址的数据包将仅送往其对应的端口,而不是所有的端口。因此,交换机可以在同一时刻进行多端口之间的数据传输,而且每个端口都可以视为各自独立的、相互通信的双方独自享有全部带宽,从而提高数据传输速率、通信效率和数据传输的安全性。

交换机相比于网桥也具有更好的性能,因此,也逐渐取代了网桥。目前,局域网内主要采用交换机来连接计算机。

5. 路由器

路由器(Router)用于连接多个逻辑上分开的网络,如图 3-10 所示。所谓逻辑网络,就是代表一个单独的网络或者一个子网。当数据从一个子网传输到另一个子网时,可通过路由器的路由功能来完成。因此,路由器的基本功能就是进行路径的选择,找到最佳的转发数据路径。路由器具有判断网络地址和选择 IP 路径的功能,它能在多网络互联环境中,建立灵活的连接,可用完全不同的数据分组和介质访问方法连接各种子网。路由器只接受源站或其他路由器的信息,是网络层的一种互联设备。

6. 网关

网关(Gateway)又称网间连接器、协议转换器,如图 3-11 所示。网关在网络层以上实现网络互联,是最复杂的网络互联设备,仅用于两个高层协议不同的网络互联,主要作用就是完成传输层及以上的协议转换。大多数网关运行在应用层,可用于广域网和广域网、局域网和广域网的互联。

图 3-10　路由器

图 3-11　网关

网关是一种充当转换重任的计算机系统或设备,使用在不同的通信协议、数据格式或语言,甚至体系结构完全不同的两种系统之间,网关就相当于一个翻译器。与网桥只是简单地传达信息不同,网关对收到的信息要重新打包,以适应目的系统的需求。

3.1.4　数据交换技术

"交换"(Switching)是指通信双方使用网络中通信资源的方式,早期主要采用电路交换,现在主要采用分组交换。

1. 电路交换

考虑有线电话机的连接情况：两部电话机只需要 1 对电话线就能够互相连接；5 部电话

图 3-12   电话交换机

机两两相连,则需要 10 对电话线。很容易推算出,n 部电话机两两相连,需要 $C_n^2 = n(n-1)/2$ 对电话线。当电话机数量很大时,这种连接方法需要电话线的数量与电话机数的平方成正比。因此,当电话机的数量增多时,需要使用交换机来完成全网的交换任务,可以大大减少电话线的数量,如图 3-12 所示。理论上,n 部电话机通过交换机连接,只需要 n 条电话线。

电话交换机接收到拨号请求后,会把双方的电话线接通,通话结束后,交换机再断开双方的电话线。这里,"交换"的含义就是转接,即把一条电话线转接到另一条电话线,使它们连通起来。因此,可以把电话交换机看作电话线路的中转站。从通信资源分配的角度看,"交换"就是按照某种方式动态分配电话线路资源。交换机决定了谁、什么时候可以使用电话线路。电路交换必定是面向连接的,也就是说必定有通信线路直接连接通信的双方。电路交换的 3 个阶段是建立连接、通信、释放连接。

大型电路交换网络示意图如图 3-13 所示。图 3-13 中,A 和 B 的通话经过了 4 个交换机,通话是在电话机 A 到电话机 B 的连接上进行的。电话机 C 和电话机 D 的通话只经过了一个本地交换机,通话是在电话机 C 到电话机 D 的连接上进行的。

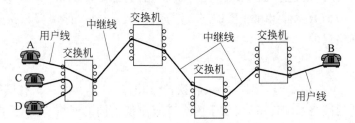

图 3-13   大型电路交换网络示意图

电路交换的缺点是：由于通信双方会临时独占连接上的所有通信线路,因此导致通信线路不能被其他主机共享。而一般来说,计算机数据具有突发性,如果计算机通信的双方也使用电路交换方式,必然会导致通信线路的利用率很低。

2. 分组交换

下面通过一个例子来介绍分组交换。假定发送端主机有一个要发送的报文,而这个报文较长不便于传输,则可以先把这个较长的报文划分成 3 个较短的、固定长度的数据段。为了便于控制,需要在每个数据段前面添加"首部",里面含有必不可少的控制信息,分别构成 3 个分组,如图 3-14 所示。

图 3-14   报文拆分为 3 个分组

分组交换方式以"分组"作为数据传输单元,发送端依次把各分组发送到接收端。每个分组的首部含有目的地址等控制信息。分组交换网中的节点交换机(一般是路由器)根据收到的分组首部中的目的地址等信息,把分组转发到下一个节点交换机。节点交换机使用这种存储—转发的方式进行接力转发,最后分组就能到达目的地。所谓"存储-转发",是指分组交换机把接收到的分组放进自己的存储器中排队等候,然后依次根据分组首部中的目的地址选择相应端口转发出去。

接收端主机收到 3 个分组后剥去首部恢复成原始数据段,并把这些数据段拼接为原始报文。这里假定分组在传输过程中没有出现差错,在转发时也没有被丢弃。

因特网(Internet)就是采用分组交换的方式传输数据的。因特网由许多网络和路由器组成,路由器负责这些网络连接起来,形成更大的网络,称为网络互联。路由器的用途是在不同的网络之间转发分组,即进行分组交换。源主机向网络发送分组,路由器对分组进行存储—转发,最后把分组交付目的主机。

在路由器中,输入端口和输出端口之间没有直接连线。路由器采用存储-转发方式处理分组的过程是:①先把从输入端口收到的分组放入存储器暂时存储;②根据分组首部的目的地址查找转发表,找出分组应从哪个输出端口转发;③把分组送到该端口并通过线路传输出去。如图 3-15 所示的分组交换网络示意图中,主机 H_1 的分组既可以通过路由器 A、路由器 B、路由器 E 到达主机 H_5,也可以通过路由器 A、路由器 C、路由器 E 到达主机 H_5。选择哪个端口通过哪条线路把分组转发出去,路由器视当时网络的流量和阻塞等情况来决定,是动态选择的。

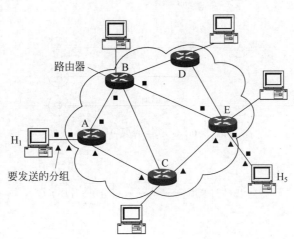

图 3-15 分组交换网络示意图

分组交换相对电路交换有如下优点。

(1)分组交换不需要为通信双方预先建立一条专用的物理通信线路,不存在连接的建立时延,用户随时可以发送分组。

(2)由于采用存储—转发方式,路由器具有路径选择,当某条传输线路故障时可选择其他传输线路,提高了传输的可靠性。

(3)通信双方的不同分组是在不同的时间分段占用物理连接,而不是在通信期间固定占用整条通信连接。在双方通信期间,也允许其他主机的分组通过,大大提高了通信线路的利用率。

（4）加速了数据在网络中的传输。分组交换是逐个传输的，可以使后一个分组的存储操作与前一个分组的转发操作并行，这种流水线方式减少了传输时间。

（5）分组长度固定，因此路由器缓冲区的大小也固定，简化了路由器中存储器的管理。

（6）分组较短，出错概率较小，即使出错重发的数据量也少，不仅提高了可靠性，也减少了时延。

分组交换相对电路交换的不足如下。

（1）由于数据进入交换节点要经历存储-转发过程，从而引起转发时延（包括接收分组、检验正确性、排队、发送分组等），实时性较差。

（2）分组必须携带首部，造成了一定的额外开销。

（3）可能出现分组失序，丢失或重复，分组到达目的主机时，需要按编号进行排序并连接为报文。

对于计算机使用的数据来看，总体性能上分组交换要优于电路交换。早期曾经主要采用的电路交换，然而现在以及以后将主要采用分组交换，包括因特网采用的也是分组交换。目前，采用电路交换方式的有线电话网，正逐渐被因特网所取代。

3.1.5　多路复用技术

一般情况下，通信信道的带宽远大于用户所需的带宽，使用多路复用技术可以让多个用户共用同一个信道，共享信道资源可以提高信道利用率，降低通信成本。如图 3-16 所示，A_1、B_1、C_1 分别与 A_2、B_2、C_2 通信，使用多路复用技术只需要一个信道，而不使用多路复用技术则需要 3 个信道。

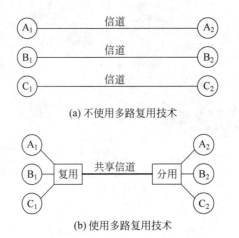

(a) 不使用多路复用技术

(b) 使用多路复用技术

图 3-16　三对用户同时通信时的信道分配情况

目前，信道复用技术主要有频分复用、时分复用、波分复用、码分复用、空分复用、统计复用、极化波复用等，下面介绍 3 种常用的复用技术。

1. 频分多路复用

频分多路复用（Frequency Division Multiplexing，FDM）是按频率分割多路信号的方法，即将信道的可用频带分成若干互不交叠的频段，每路信号占据其中一个频段。在接收端用适当的滤波器将多路信号分开，分别进行解调和终端处理。采用频分复用技术时，不同用户在同样的时间占用不同的带宽资源。

2. 时分多路复用

时分多路复用（Time Division Multiplexing，TDM）在信道使用时间上进行划分。时分多路复用技术按一定原则把连续的信道使用时间划分为一个一个很小的时间片，把各个时间片分配给不同的通信用户使用。相邻时间片之间没有重叠，一般也无须隔离，以提高信道的利用率。由于划分的时间片一般较小，可以想象成把整个物理信道划分成了多个逻辑信道交给各个不同的通信用户使用，相互之间没有任何影响。

3. 波分多路复用

波分多路复用（Wavelength Division Multiplexing，WDM）本质是光信号的频分复用。波分多路复用技术将两种或多种不同波长的光载波信号（携带各种信息），在发送端经复用器汇合在一起，耦合到同一根光纤中进行传输的技术；在接收端，经解复用器将各种波长的光载波分离，然后由光接收机做进一步处理以恢复原信号。这种在同一根光纤中同时传输两个或多个不同波长光信号的技术，称为波分复用。

3.2　计算机网络基础

3.2.1　计算机网络概述

1. 计算机网络的定义

计算机网络是指将地理位置不同的、具有独立功能的多台计算机（主机）及其外围设备，通过通信线路连接起来，在网络操作系统、网络管理软件及网络通信协议的管理和协调下，实现信息传递以及其他网络应用的计算机系统。

对于普通网络使用者来说，计算机网络提供的功能和应用非常多，如即时通信、电子商务、信息检索、网络娱乐等。但是，对于网络专业人士来说，网络的功能非常单一：网络中任意一台主机，都可以把数据传输给任意另外一台主机。实现任意两台主机之间的数据传输，是计算机网络要解决的根本问题。日常生活中，人们也经常使用 U 盘把数据从一台主机复制到另外一台主机上。本质上，网络所起的作用和优盘类似。读者可以想象神通广大的孙悟空拿着优盘在不同主机之间飞跑，实现数据的及时复制（传输）。那么，孙悟空加上 U 盘就可以完全取代现在的网络。

只要实现了任意两台主机之间的数据传输，人们就可以开发出各种具体的网络应用。例如，即时通信、资源共享、数据集中处理、均衡负载与相互协作、提高系统的可靠性和可用性、分布式处理、信息检索、办公自动化、电子商务与电子政务、企业信息化、远程教育、网络娱乐、军事指挥自动化等。只要开动脑筋并勇于实践，就可以在因特网提供的数据传输服务的基础上，开发出新的应用。像滴滴打车、美团外卖等，都是近些年才开发出来的新应用。目前，互联网已经比较成熟，网络创业者要做的是利用因特网提供的数据传输服务，设计出解决实际问题的新方案。从分层的角度来说，网络创业者处在网络和用户中间，是网络数据传输和用户之间的桥梁。

下面举 5 个例子，说明如何实现基于网络的具体应用，以解决实际问题。

（1）主机 A 通过网络把文件传输给主机 B、主机 C 和主机 D，实现了主机 A/B/C/D 对文件资源的共享。

（2）主机 A、主机 B、主机 C 和主机 D 通过网络把文件传输给主机 E（为一台打印机），主机 E 打印出接收到的任何文件，实现了主机 A/B/C/D 对打印机硬件资源的共享。

（3）通过网络在不同主机之间及时传输商品信息和订单信息，可以实现电子商务。

（4）主机 A 有一个计算任务，其可以分解为 3 个子任务，通过网络分别传输给主机 B、主机 C 和主机 D 同时处理以提高计算速度，这就是分布式并行处理。并且主机 A、主机 B、主机 C 和主机 D 在计算过程中，相互之间通过数据在网络中的及时传递，可以达成计算进度的协调。

（5）主机 A 有一个文件，分别传输到主机 B、主机 C 和主机 D 存储备份，这就是通过网络提高存储可靠性的例子。

以上列举的几个应用，都可以给用户带来实实在在的服务。由以上例子可见，任何网络的应用，都建立在任意两台主机可以进行数据传输的基础上；反过来，只要任意两台主机之间能进行数据传输，就可以开发出大量的网络应用，解决用户的实际问题。

2. 计算机网络的功能

1）数据通信

数据通信或数据传输是计算机网络的基本功能之一。

2）资源共享

计算机网络的主要目的是资源共享。

3）进行分布式处理

由于有了网络，许多大型信息处理问题可以借助分散在网络中的多台计算机协同完成，解决单机无法完成的信息处理任务。特别是分布式数据库管理系统，它使分散存储在网络中不同计算机系统的数据，在使用时好像集中管理一样方便。

4）提高系统的可靠性和可用性

提高系统的可靠性表现在网络中的计算机可以通过网络彼此互为后备，一旦某台计算机出现故障，它的任务可由网络中其他计算机代为完成，避免了单机情况下可能造成的系统瘫痪。

提高系统的可用性是指网络中的工作负荷均匀地分配给网络中的每台计算机。当某台计算机的负荷过重时，通过网络和一些应用程序的控制和管理，可以将任务交给网络中其他较空闲的计算机进行处理，从而均衡各台计算机的负载，提高每台计算机的可用性。

3. 计算机网络工作模式

计算机网络的工作模式主要有两种：客户/服务器（Client/Server，C/S）模式和对等（Peer to Peer，P2P）模式。

1）客户/服务器模式

客户/服务器模式（Client/Server Model，C/S 模式），它把客户端（Client）与服务器（Server）区分开来。每一个客户端软件的实例都可以向一个服务器或应用程序服务器发出请求。

客户/服务器模式通过不同的途径应用于很多不同类型的应用程序，最常见的就是目前在因特网上使用的网页。例如，当用户使用计算机访问苏州大学网站时，计算机和网页浏览器就被当作一个客户端；同时，存放苏州大学网站的计算机、数据库和应用程序就被当作服务器。当网页浏览器向苏州大学网站请求一个指定的网页时，苏州大学的服务器会从指定的地址找到网页或者生成一个网页,再发送回浏览器。

C/S模式是一个逻辑概念,而不是指计算机设备。在C/S模式中,请求一方为客户,响应请求一方称为服务器,如果一个服务器在响应客户请求时不能单独完成任务,还可能向其他服务器发出请求。这时,发出请求的服务器就成为另一个服务器的客户。从双方建立联系的方式来看,主动启动通信的应用叫客户,被动等待通信的应用叫服务器。

C/S模式的应用非常多,如Internet上提供的WWW、FTP、Email服务等都是采用客户机/服务器模式进行工作的。

2) 对等模式

对等模式(Peer to Peer Model,P2P),通常被称为对等网,网络中的各个节点被称为对等体。与传统的C/S模式中服务都由几台Server提供不同的是,在P2P网络中,每个节点的地位是对等的,具备客户端和服务器双重特性,可以同时作为服务使用者和服务提供者。P2P网络利用客户端的处理能力,实现了通信与服务端的无关性,改变了互联网以服务器为中心的状态,重返"非中心化"。P2P网络的本质思想实质上打破了互联网中传统的C/S结构,令各对等体具有自由、平等通信的能力,体现了互联网自由、平等的本质。

基于P2P网络的应用也非常多,如QQ聊天软件、Skype通信软件等。

3.2.2　计算机网络的组成

计算机网络是一个非常复杂的系统。不同的网络其组成也不尽相同,一般可以将计算机网络分为硬件和软件两个部分。硬件部分主要包括计算机设备、网络传输介质和网络互联设备。软件部分则主要包括网络通信协议、网络操作系统和网络应用软件等。

1. 计算机网络硬件系统

1) 计算机设备

网络中的计算机设备包括服务器、工作站、网卡和网络共享设备等。

(1) 服务器。

服务器通常是一台速度快、存储量大的专用或多用途计算机。它是网络的核心设备,负责网络资源管理和用户服务。在局域网中,服务器对工作站进行管理并提供服务,是局域网系统的核心;在因特网中,服务器之间互通信息,相互提供服务,每台服务器的地位都是同等的。通常服务器需要专门的技术人员对其进行管理和维护,以保证整个网络的正常运行。根据所承担的任务与服务的不同,服务器可分为文件服务器、远程访问服务器、数据库服务器和打印服务器等。

(2) 工作站。

工作站是一台具有独立处理能力的个人计算机,是用户向服务器申请服务的终端设备。用户可以在工作站上处理日常工作,并随时向服务器索取各种信息及数据,请求服务器提供各种服务,如传输文件、打印文件等。随着家用电器的智能化和网络化,越来越多的家用电器,如电子产品、电视机顶盒、监控报警设备等,都可以接入网络中,它们也是网络的硬件组成部分。

(3) 网卡。

计算机与外界局域网的连接是通过主机箱内插入一块网络接口板(或者是在笔记本电脑中插入一块PCMCIA卡)。网络接口板又称为通信适配器、网络适配器(Network Adapter)或网络接口卡(Network Interface Card,NIC),但是更多的人愿意使用更为简单的名称"网卡",如图3-17所示。

图 3-17　网卡

　　网卡上面装有处理器和存储器(包括 RAM 和 ROM)。网卡和局域网之间的通信是通过电缆或双绞线以串行传输方式进行的;而网卡和计算机之间的通信则是通过计算机主板上的 I/O 总线以并行传输方式进行。因此,网卡的一个重要功能就是要进行串行/并行转换。由于网络上的数据传输速率和计算机总线上的数据传输速率并不相同,因此在网卡中必须装有对数据进行缓存的存储芯片。

　　在安装网卡时必须将管理网卡的设备驱动程序安装在计算机的操作系统中。这个驱动程序以后就会告诉网卡,应当从存储器的什么位置上将局域网传送过来的数据块存储下来。网卡还能够实现以太网协议。

　　网卡并不是独立的自治单元,因为网卡本身不带电源而是必须使用所插入的计算机的电源,并受该计算机的控制。因此,网卡可看成一个半自治的单元。当网卡收到一个有差错的帧时,它就将这个帧丢弃而不必通知它所插入的计算机。当网卡收到一个正确的帧时,它就使用中断来通知该计算机,并交付给协议栈中的网络层。当计算机要发送一个 IP 数据包时,它就由协议栈向下交给网卡组装成帧后发送到局域网。

　　随着集成度的不断提高,网卡上的芯片个数不断减少。虽然各个厂家生产的网卡种类繁多,但其功能大同小异。

　　MAC(Media Access Control 或者 Medium Access Control)地址,翻译为媒体访问控制,或称为物理地址、硬件地址,用来定义网络设备的位置。MAC 地址是网卡决定的,是固定的,通常是由网卡生产厂家烧入网卡的 EPROM(一种闪存芯片,通常可以通过程序擦写),它存储的是传输数据时真正赖以标识发出数据的计算机和接收数据的主机的地址。

　　MAC 地址用来表示互联网上每个站点的标识符,采用十六进制数表示,共 6 字节(48 位)。其中,前 3 字节是由 IEEE 的注册管理机构 RA 负责给不同厂家分配的代码(高位 24 位),也称为"编制上唯一的标识符"(Organizationally Unique Identifier),后 3 字节(低位 24 位)由各厂家自行指派给生产的适配器接口,称为扩展标识符(唯一性)。一个地址块可以生成 224 个不同的地址。MAC 地址实际上就是适配器地址或适配器标识符。形象地说,MAC 地址就如同身份证上的身份证号码,具有全球唯一性。

　　网卡是工作在链路层的网络组件,是局域网中连接计算机和传输介质的接口,不仅能实现与局域网传输介质之间的物理连接和电信号匹配,还涉及帧的发送与接收、帧的封装与拆封、介质访问控制、数据的编码与解码以及数据缓存的功能等。

　　(4) 共享设备。

　　共享设备是指为众多用户共享的高速打印机、大容量磁盘等公用设备。

　　2) 网络传输介质

　　计算机网络通过通信线路和通信设备把计算机系统连接起来,在各计算机之间建立物理通道,以便传输数据。通信线路就是指传输介质及其连接部件,如3.1.2节介绍的同轴电缆、光纤、双绞线等,这里不再重复介绍。

3) 网络互联设备

网络互联设备,如3.1.3节介绍的集线器、中继器、交换机、网桥、路由器等,这里不再重复介绍。

2. 计算机网络软件系统

计算机网络软件系统是实现网络功能不可或缺的,根据软件的特性和用途,可以将网络软件分为四大类。

1) 网络协议软件

网络中的计算机要想实现正确的通信,通信双方必须共同遵守一些约定和通信规则,这就是通信协议。联入网络的计算机依靠网络协议实现互相通信,而网络协议是靠具体的网络协议软件的运行支持才能工作。凡是联入计算机网络的服务器和工作站都运行着相应的网络协议软件。网络协议软件是指用以实现网络协议功能的软件。网络协议软件的种类非常多,不同体系结构的网络系统都有支持自身系统的协议软件,体系结构中不同层次上又有不同的协议软件。对某一网络协议软件而言,到底把它划分到网络体系结构中的哪一层是由网络协议软件的功能决定的。所以,对同一网络协议软件,它在不同体系结构中所隶属的层不一定一样。目前,网络中常用的通信协议有NETBEUI、TCP/IP、IPX/SPX等。有关通信协议会在本书第3.2.4节有更多的介绍。

2) 网络操作系统

网络操作系统(Network Operation System,NOS)是在网络环境下,用户与网络资源之间的接口,是运行在网络硬件基础之上的,为网络用户提供共享资源管理服务、基本通信服务、网络系统安全服务及其他网络服务,实现对网络资源的管理和控制的软件系统。网络操作系统是网络的核心,其他应用软件系统需要网络操作系统的支持才能运行。对网络操作系统来说,特别是局域网,所有网络功能几乎都是通过网络操作系统来体现的,网络操作系统代表整个网络的水平。

目前,网络操作系统主要有Windows类、UNIX和Linux。随着计算机网络的不断发展,特别是计算机网络互联,以及异质网络的互联技术和应用的发展,网络操作系统开始朝着能支持多种通信协议、多种网络传输协议、多种网络适配器和工作站的方向发展。

3) 网络管理软件

网络管理软件对网络中的大多数参数进行测量与控制,以保证用户安全、可靠、正常的得到网络服务,使网络性能得到优化。

4) 网络应用软件

网络应用软件是指为某一应用目的开发的网络软件,如即时通信软件、浏览器、电子邮件程序、网页制作工具软件等。

3.2.3 计算机网络的分类

计算机网络的分类方法很多,具体如下。

按传输介质可分为有线网和无线网。

按数据交换方式可分为直接交换网、存储转发交换网和混合交换网。

按通信传播方式可分为点对点式网和广播式网。

按通信速率可分为低速网、中速网和高速网。

按使用范围可分为公用网和专用网。

按网络覆盖范围可分为广域网、局域网和城域网。

按拓扑结构可分为总线型结构、环状结构、星状结构、树状结构、网状结构以及混合型结构等。

本书重点介绍两种最常用的分类方式,即按网络覆盖范围和按拓扑结构分类。

1. 按网络覆盖范围划分

计算机网络按网络的地理覆盖范围可分为广域网、局域网和城域网。

1) 广域网

广域网(Wide Area Network,WAN)又称远程网,是在广阔的地理区域内进行数据传输的计算机网络。作用范围通常为几十到几千公里,可以覆盖一座城市、一个国家,甚至全球,形成国际性的计算机网络。

广域网常借用公用电信网络进行通信,数据传输的带宽有限。

广域网的主要特点有:地理覆盖范围大、传输速率低、传输误码率高、网络结构复杂。

2) 局域网

局域网(Local Area Network,LAN)是将较小地理范围内的计算机或外围设备通过高速通信线路连接在一起的通信网络。局域网是最常见、应用最广泛的网络。作用范围通常为几十米到几千米之间,常用于组建一个办公室、一幢大楼、一个校园、一家工厂或一个企业的计算机网络。

目前,常见的局域网主要有以太网和无线局域网两种。

局域网的主要特点有:地理范围比较小、传输速率高、延迟和误码率较小。

3) 城域网

城域网(Metropolitan Area Network,MAN)也称市域网,地理覆盖范围介于 WAN 与 LAN 之间,一般为几千米至几万米。所采用的技术基本上与 LAN 相似,是一种大型的局域网。

城域网主要是在一座城市范围内建立计算机通信网。

城域网技术对通信设备和网络设备的要求比局域网高,在实际应用中被广域网技术取代,没有能够推广使用。

2. 按拓扑结构划分

计算机网络按拓扑结构可分为总线型结构、环状结构、星状结构、树状结构、网状结构以及混合型结构等。

1) 总线型结构

总线型拓扑结构采用单根数据传输线作为通信介质,所有的站点都通过相应的硬件接口直接连接到通信介质上,而且能被其他所有站点接受,所有节点工作站都通过总线进行信息传输,如图 3-18 所示。

总线型结构的网络采用广播方式传输数据,因此,连接到总线上的设备越多,网络发送和接收数据就越慢。

总线型结构的特点如下。

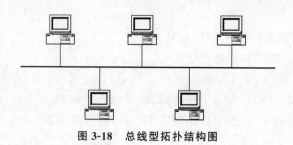

图 3-18　总线型拓扑结构图

优点：

（1）网络结构简单，节点的插入、删除比较方便，易于网络扩展。

（2）设备少，造价低，安装和使用方便。

（3）具有较高的可靠性，单个节点的故障不会涉及整个网络。

缺点：

（1）故障诊断困难。

（2）故障隔离困难，一旦总线出现故障，将影响整个网络。

（3）所有的数据传输均使用一条总线，实时性不强。

2）环状结构

环状结构是网络中各节点通过一条首尾相连的通信链路连接起来的闭合环路。

每个节点只能与它相邻的一个或两个节点设备直接通信，如果与其他节点通信，数据需依次经过两个节点之间的每个设备，如图 3-19 所示。

环状结构有两种类型：单环结构和双环结构，双环结构的可靠性高于单环结构。

环状结构网络的特点如下。

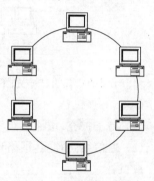

图 3-19　环状拓扑结构图

优点：

（1）各节点不分主从，结构简单。

（2）两个节点之间只有一条通路，使得路径选择的控制大大简化。

缺点：

（1）环路是封闭的，可扩展性较差。

（2）可靠性差，任何节点或链路出现故障，将危及全网，并且故障检测困难。

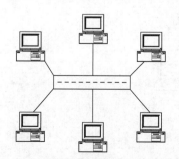

图 3-20　星状拓扑结构图

3）星状结构

星状结构的每个节点都由一条点对点链路与中心节点（公用中心交换设备，如交换机、集线器等）相连，如图 3-20 所示。

星状结构网络中信息的传输是通过中心节点的存储转发技术实现的。一个节点要发送数据，首先需要将数据发送到中心节点，然后由中心节点将数据转发至目的节点。

星状结构网络的特点如下。

优点：

(1) 结构简单，增删节点容易，便于控制和管理。

(2) 采用专用通信线路，传输速度快。

缺点：

(1) 可靠性较低，一旦中心节点出现故障，将导致全网瘫痪。

(2) 网络共享资源能力差，通信线路利用率不高，且线路成本高。

4) 树状结构

树状结构也称星形总线拓扑结构，是从总线和星状结构演变来的。网络中的每个节点都连接到一个中央设备如集线器上，但并不是所有的节点都直接连接到中央集线器上，大多数的节点先连接到一个次集线器，次集线器再与中央集线器连接，如图 3-21 所示。

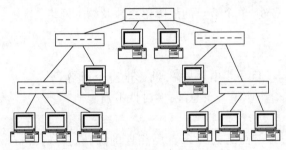

图 3-21　树状拓扑结构图

树状结构网络的特点如下。

优点：

(1) 易于扩充，增删节点容易。

(2) 通信线路较短，网络成本低。

缺点：

(1) 可靠性差，除了叶子节点之外的任意一个工作站或链路发生故障都会影响整个网络的正常运行。

(2) 各个节点对根的依赖性太大，如果根发生故障，则全网不能正常工作。

5) 网状结构

网状结构是将各节点与通信链路连成不规则的形状，每个节点至少与其他两个节点相连，如图 3-22 所示。

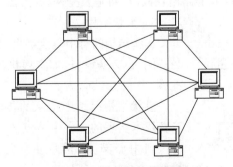

图 3-22　网状拓扑结构图

大型互联网一般都采用网状结构，如因特网的主干网。

网状结构网络的特点如下。

优点：

（1）可靠性好。

（2）数据传输有多条路径，所以可以选择最佳路径以减少时延，改善流量分配，提高网络性能。

缺点：

（1）结构复杂，不易管理和维护。

（2）线路成本高，路径选择比较复杂。

6）混合型结构

混合型结构是由几种拓扑结构混合而成的。实际应用中的网络，拓扑结构常常不是单一的，而是混合结构，如图 3-23 所示。

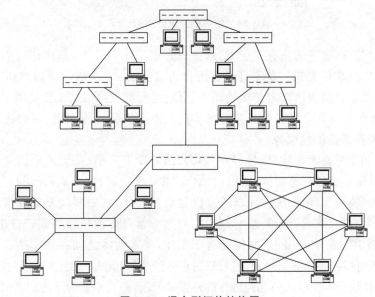

图 3-23　混合型拓扑结构图

3.2.4　计算机网络体系结构

计算机网络的体系结构是网络各层及其协议的集合，网络协议依据功能一般采用分层的方式来实现。其好处是：结构上各层之间是独立的，灵活性好，易于实现和维护，能促进标准化工作。至于层数多少要适当，层数太少会使每层的协议太过复杂，层数太多又会在描述和综合各层功能的系统工程任务时遇到较多困难。

1. 通信协议介绍

相互通信的两个计算机系统必须高度协调才能进行通信工作，它们之间的数据交换必须遵守事先约定好的规则，这些规则明确规定了所交换数据的格式以及有关的同步问题。

网络协议就是为进行网络中的数据交换而建立的规则、标准或约定，一般包含以下组成要素。

语法：数据与控制信息的结构或格式。

语义：需要发出何种控制信息，完成何种动作，以及做出何种响应。

同步：事件实现顺序的详细说明。

这种协调是相当复杂的。"分层"可将庞大而复杂的问题转化为若干较小的局部问题,而这些较小的局部问题比较易于研究和处理。下面举一个生活中协议分层的例子。

张总和李总是好朋友,他们约定,每周互相分享一本图书给对方。每周张总负责挑选好图书,而把图书发送的任务交给他的秘书张秘。张秘把图书分解为书页,通过传真的方式,一页一页传真给李总的秘书李秘,最后由李秘装订成册交给李总。反过来,李总也是如此,如图 3-24 所示。

图 3-24　生活中协议分层的例子

发送和接收信息(这里的信息是图书)的任务分成了 3 个层次,分别是张总、张秘、张传真机,以及李总、李秘、李传真机。这个任务是通过分层的方式完成的,上层使用下层提供的服务。例如,张总和李总负责挑选有价值的图书,而发送和接收图书的工作使用了张秘和李秘提供的服务;张秘和李秘负责把图书分解为书页以及把书页装订成图书,而扫描和打印书页的工作则使用了传真机提供的服务。

这里,张总和李总是对等实体,他们在"图书"的粒度上通信(交流),他们有每周分享图书的"协议";张秘和李秘是对等实体,他们在"书页"的粒度上通信(交流),他们有书页分解以及图书装订方式的"协议";张传真机和李传真机是对等实体,它们每次发送或接收的都是一个一个电信号,它们在"电信号"的粒度上通信,它们有非常具体的链路协议。这里协议分三层,上层使用下层提供的服务;相同层之间是对等实体,对等实体之间有通信协议。这里只有最底层的传真机之间存在实际的物理通道,可以进行电信号的通信。而上面两层的对等实体之间,并没有实际的物理通道,可以认为他们进行的是虚拟通信,但又不能否认他们之间通信的存在。

同理,在计算机通信时,如果主机 1 的进程 A 向主机 2 的进程 B 通过网络发送文件,如图 3-25 所示,可以将工作进行如下的划分。

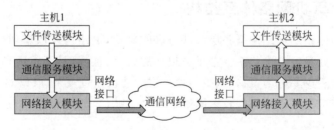

图 3-25　协议分层举例

第一层文件传送模块,与双方进程直接相关。如进程 A 确信进程 B 已做好接收和存储文件的准备,进程 A 与进程 B 协调好一致的文件格式。

第二层通信服务模块,负责文件的发送和接收工作,为上层文件传送模块提供具体的文件传输服务。主机 1 的通信服务模块接收进程 A 的文件,并负责文件发送工作。主机 2 的通信服务模块负责文件接收工作,并把接收到的文件提交给进程 B。

第三层网络接入模块,负责做与网络接口有关的细节工作。如规定帧的传输格式,帧的最大长度,通信过程中同步方式等,为上层通信服务模块提供网络接口服务。

2. TCP/IP 体系结构

计算机网络体系结构就是计算机网络及其部件应完成功能的精确定义。体系结构是抽象的,而实现则是具体的,是真正可以运行的计算机硬件和软件。具体说,实现就是在遵循体系结构的前提下,用硬件或软件完成这些功能。

在网络发展初期,各个公司都有自己的网络体系结构。但是随着社会的发展,不同网络体系结构的用户迫切要求能互相交换信息。为了使不同体系结构的计算机网络都能互联,国际标准化组织(ISO)于 1978 年提出了"异种机联网标准"的框架结构,这就是著名的开放系统互联基本参考模型(Open Systems Interconnection Reference Model,OSI/RM),简称为 OSI。

OSI 得到了国际上的承认,成为其他各种计算机网络体系结构依照的标准,大大推动了计算机网络的发展。

OSI 定义了网络互联的七层框架,自下而上依次是物理层、数据链路层、网络层、传输层、会话层、表示层和应用层,详细规定了每层的功能,以实现开放系统环境中的互联性、互操作性和应用的可移植性。只要遵循 OSI 标准,一个系统就可以和位于世界上任何地方的也遵循同一标准的其他任何系统进行通信。

但是在市场化方面,OSI 却失败了。大概有以下几个原因:国际标准化组织的专家们在完成 OSI 标准时没有商业驱动力;OSI 协议的实现过于复杂,且运行效率低;OSI 标准的制定周期太长,按 OSI 标准生产的设备无法及时进入市场;OSI 的层次划分不太合理,有些功能在多个层次中重复出现。法律上的国际标准 OSI 并没有得到市场认可,但是非国际标准的 TCP/IP 获得了最广泛的应用,成为了事实上的国际标准。

TCP/IP 是四层体系结构,自上而下依次是应用层、传输层、网络层和网络接口层,但最下面的网络接口层并没有具体内容。因此,往往采取折中的办法,即综合 OSI 和 TCP/IP 的优点,采用一种有五层协议的体系结构,自上而下依次是应用层、传输层、网络层、数据链路层、物理层。其中,应用层在传输层提供的可靠网络数据传输服务的基础上,实现具体的网络应用,如即时通信、电子商务、资源共享等;传输层在网络层提供的任意两台主机都可以传输数据的基础上,增强了端到端数据传输的可靠性;网络层在数据链路层提供的点到点数据传输的基础上,实现了跨节点甚至跨网络的端到端的数据传输,即实现了任意两台主机都可以传输数据;数据链路层在物理层提供的点到点的物理连接基础上,实现了点到点数据传输功能。TCP/IP 协议栈的分层结构如图 3-26 所示。

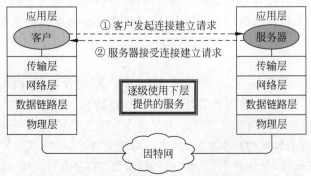

图 3-26　TCP/IP 协议栈分层结构

以下是一些有助于读者理解上面内容的名词的说明。

点到点通信：如果两台主机之间由通信线路直接相连,则这两者之间的通信称为点到点的通信。

端到端：如果两台主机之间的通信要经过其他站点,则这两者之间的通信称为端到端的通信。

实体：表示任何可发送或接收信息的硬件或软件进程。

协议：控制两个对等实体进行通信的规则的集合。协议是"水平的",即协议是控制对等实体之间通信的规则。要实现本层协议,还需要使用下层提供的服务。本层协议只能看见下层服务而无法看见下层协议。协议很复杂,协议必须把所有不利的条件事先都估计到,而不能假定一切都是正常的和非常理想的。看一个计算机网络协议是否正确,不能只看在正常情况下是否正确,还必须非常仔细地检查这个协议能否应付各种异常情况。

服务：在协议的控制下,两个对等实体间的通信使得本层能够向上一层提供服务。服务是"垂直的",即服务是由下层向上层通过层间接口提供的。

服务访问点：服务访问点也称接口,是同一系统相邻两层的协议进行交互的地方,下层协议通过服务访问点向上层协议提供服务;或者说,上层协议通过服务访问点使用下层协议提供的服务。

下面是对图 3-26 中各层功能的总结。

物理层：负责用硬件线路和硬件设备连接各主机。

数据链路层：在物理连接的基础上,实现相邻两个主机之间的通信,即实现点到点的数据传输。

网络层：在相邻主机之间能够传输数据的基础上,实现跨站点的通信,即实现端到端的数据传输。一般是靠中间站点转发数据分组来实现的。

传输层：传输层在网络层的基础上,进一步提高端到端数据传输的可靠性。

应用层：在任意两台主机都能可靠传输数据的基础上,开发各种具体应用,解决生产以及生活中的实际问题。

3. TCP/IP 协议

TCP/IP(Transmission Control Protocol/Internet Protocol,传输控制协议/因特网互联协议),又名网络通信协议,是 Internet 最基本的协议、Internet 国际互联网络的基础。通常所说的 TCP/IP 协议是指由 100 多个协议组成的协议系列,其中最重要的是网络层的 IP 协议和传输层的 TCP 协议。TCP/IP 定义了电子设备如何连入因特网,以及数据如何在它们之间传输的标准。通俗而言：TCP 协议负责发现传输的问题,一有问题就发出信号,要求重新传输,直到所有数据安全正确地传输到目的地。而 IP 协议负责分组与重组数据及给因特网的每台联网设备规定一个地址。

1) IP 协议

IP 协议又称网络互联协议,是为网络与网络之间互联而设计的数据包协议,运行于网络层。规定了计算机在因特网上进行通信时应当遵守的规则。任何厂家生产的计算机系统,只要遵守 IP 协议就可以与因特网互联互通。由于各个厂家生产的网络系统和设备相互之间不能互通,主要原因是传送数据的基本单元(技术上称之为"帧")的格式不同。IP 协议是一套由软件程序组成的协议软件,把各种不同"帧"统一转换成"IP 数据报"(IP datagram)格式。这种转换是因特网的一个最重要的特点,使所有各种计算机都能在因特网上实现互通,即具有"开放性"的特点。

在 TCP/IP 协议中,使用 IP 协议传输数据的"包"(packet)被称为 IP 数据包,每个数据包都包含 IP 协议规定的内容。IP 协议规定的这些内容被称 IP 数据报文或 IP 数据报。

数据包是分组交换的一种形式,IP 协议把所传送的数据分段打成"包"再传送出去。但是,与传统的"连接型"分组交换不同,它属于"无连接型",是把每个"包"都作为一个独立的报文传送出去,所以叫作"数据包"。IP 协议在通信开始之前不需要先连接好一条传输路径,各个数据包不一定都通过同一条路径传输,所以叫作"无连接型"。这一特点非常重要,它大大提高了网络的可靠性和安全性。每个数据包都有报头和报文两个部分。报头中的目的地址使不同的数据包不必经过相同的路径也能到达目的主机,并在目的主机重新组合还原成原始数据。这就要求 IP 协议具有分组打包和集合组装的功能。

IP 协议中还有一个非常重要的内容,就是给因特网上的每台计算机和其他设备都规定了一个唯一的地址,叫作"IP 地址"。正是这种唯一的地址,保证了用户在联网的计算机上操作时,能够高效而且方便地从千万台计算机中选出自己所需的计算机。

IP 协议实现的网络层向上提供简单灵活的、无连接的、尽最大努力交付的数据报服务。也就是网络层不提供服务质量的保证。网络在发送数据包时不需要预先建立连接,每个数据包独立发送与其前后数据包无关。所传输的数据包可能出错丢失和失序重复等,也不保证交付的时限。这种设计的好处是:网络造价大大降低,运行方式灵活方便,能够适应各种应用。而数据传输的可靠性需求可以放在其他层来实现。具体来说,IP 协议为高层用户提供如下3 种服务。

(1)不可靠的数据投递服务。数据包的投递没有任何品质保证,数据包可能被正确投递,也可能被丢弃。

(2)面向无连接的传输服务。这种方式不管数据包的传输经过哪些节点,甚至可以不管数据包的起始和终止计算机。数据包的传输可能经过不同的路径,传输过程中有可能丢失,也可能正确传输到目的主机。

(3)尽最大努力的投递服务。IP 协议不会随意丢包,除非系统的资源耗尽、接收出现错误或者网络出现故障的情况下才不得不丢弃报文。

IP 数据报的格式如图 3-27 所示。

图 3-27 IP 数据报格式

版本:占 4 位,指明 IP 协议的版本,目前的 IP 协议版本号为 4(即 IPv4)。

首部长度:占 4 位,能表示的最大数值是 15 个单位(1 个单位为 4 字节),因此 IP 数据包首部长度的最大值是 60 字节。

区分服务:占 8 位,用来获得更好的服务。在旧标准中叫作服务类型,但实际上一直未使用过。1998 年,这个字段改名为区分服务(DiffServ)。只有在使用区分服务时,这个字段才起作用。一般的情况下都不使用这个字段。

总长度:占 16 位,指首部和数据之和的长度,单位为字节,因此数据包的最大长度为 $2^{16}=65\,536$ 字节。总长度必须不超过最大传送单元 MTU。

标识:占 16 位,是一个计数器,用来生成数据包的标识。

标志:占 3 位,目前只有后两位有意义。最低位是 MF(More Fragment),MF=1 表示后面"还有分片";MF=0 表示最后一个分片。中间位是 DF(Don't Fragment),只有当 DF=0 时才允许分片。

片偏移:12 位,指明较长的分组在分片后某片在原分组中的相对位置。片偏移以 8 字节为偏移单位。

生存时间:8 位,记为 TTL(Time to Live),表示数据包在网络中可以通过的路由器数量的最大值,超过此数值的数据包将被路由器丢弃。这也是 IP 协议提供的数据包投递服务不可靠的原因之一,为的是尽可能提高数据包投递的效率。

协议:8 位,指明此数据包携带的数据使用何种上层协议,如 TCP、UDP 等,以便目的主机 IP 层将数据包的数据部分上交给对应处理进程。

首部检验和:16 位,用数学方法检验数据包的首部是否正确,不检验数据部分。这里不采用 CRC 检验码而采用简单的计算方法。

源地址和目的地址:指明此数据包的发送方和接收方的 IP 地址。

IP 首部的可变部分就是一个选项字段,用来支持排错、测量以及安全等措施,内容很丰富。选项字段的长度可变,从 1 字节到 40 字节不等,取决于所选择的项目。增加首部的可变部分是为了增加 IP 数据报的功能,但这也使得 IP 数据报的首部长度成为可变的,增加了每个路由器处理数据包的开销,而实际上很少使用这些选项。

IP 协议实质上是一种不需要预先建立连接,直接依赖 IP 数据包报头信息决定数据包转发路径的协议。

2) TCP 协议

不同主机的应用层之间经常需要可靠的、像管道一样的连接,但是 IP 层不提供这样的机制,IP 层提供的是不可靠的数据报传递。IP 协议这样做的一个重要原因是尽量提高 IP 数据包的投递效率,但是有些实际应用需要可靠的数据传输服务。

因此,传输层 TCP 协议面临的重要任务是,在下层 IP 协议提供的不可靠的端到端数据传输服务的基础上,为上层应用程序提供可靠的端到端的数据传输服务。TCP 层位于 IP 层之上,应用层之下。

(1) TCP 报文段。

TCP 提供的是一种可靠的数据流服务,采用"带重传的肯定确认"技术来实现传输的可靠性。TCP 还采用一种称为"滑动窗口"的方式进行流量控制,所谓窗口实际表示接收能力,用于限制发送方的发送速度。TCP 协议对来自应用层的数据添加一些字段后封装成 TCP 报文段(TCP Segment),添加的字段信息要能实现上述功能。TCP 协议把 TCP 报文段交给 IP 协议,由 IP 协议发送到目的主机。

TCP 报文段与 IP 数据报的关系如图 3-28 所示,TCP 层将 TCP 包的数据部分送到更高层的应用程序,如即时通信系统的服务程序或客户程序。应用程序将信息送回 TCP 层,TCP 层将应用程序的数据打包后,向下传送到 IP 层、设备驱动程序和物理介质,最后到达接收方。

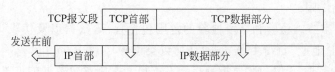

图 3-28　TCP 报文段与 IP 数据报的关系

TCP 报文段首部格式如图 3-29 所示。

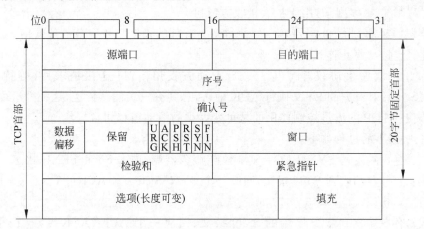

图 3-29　TCP 报文段首部格式

源端口和目的端口字段:各占 2 字节。用于标识发送方和接收方的应用进程,称为端口号。IP 地址只能标识不同的主机,但是在同一个主机内部,有多个应用进程在运行,端口号用于区分同一主机中的不同应用进程。

序号字段:占 4 字节。TCP 连接中传送的数据流中的每字节都编上一个序号。序号字段的值则指本报文段所发送的数据的第一字节的序号。

确认号字段:占 4 字节,是期望收到对方的下一个报文段的数据的第一字节的序号。

数据偏移:占 4 位,它指出 TCP 报文段的数据起始处距离 TCP 报文段的起始处有多远。

保留字段:占 6 位,保留为今后使用,目前应置为 0。

紧急比特 URG:当 URG＝1 时,表明紧急指针字段有效。告诉系统此报文段中有紧急数据,应尽快传送(相当于高优先级的数据)。

确认比特 ACK:只有当 ACK＝1 时确认号字段才有效。当 ACK＝0 时,确认号无效。

推送比特 PSH:接收端 TCP 收到推送比特为 1 的报文段,会尽快把报文段交付给接收应用进程,而不是等到整个接收缓冲区填满之后再向上交付。

复位比特 RST:当 RST＝1 时,表明 TCP 连接中出现严重差错(如由于主机崩溃或其他原因),必须释放连接,并通知对方。

同步比特 SYN:收到同步比特 SYN 为 1 的报文段,表明这是一个连接请求报文或是连接已经接收的报文。

终止比特 FIN:用来释放一个连接。当 FIN＝1 时,表明此报文段的发送端的数据已发送完毕,并要求释放 TCP 连接。

窗口字段：占 2 字节。窗口字段用来控制对方发送的数据量,单位为字节。TCP 连接的接收端根据当前接收缓冲存储器的大小设置接收窗口的大小,并把此数值发送给对方,以便对方设置发送窗口的上限。

检验和：占 2 字节。检验和字段检验的范围包括首部、数据以及伪段头(计算校验和时,计算的内容包括 IP 地址、TCP 数据段长度、协议类型等)。

紧急指针字段：占 16 位。紧急指针指出在本报文段中紧急数据的位置。

选项字段：长度可变。TCP 规定了两种选项：最大报文段长度(Maximum Segment Size,MSS),MSS 告诉对端 TCP 协议"我的缓存能接收的报文段的数据字段的最大长度是 MSS 字节。";窗口扩大因子,用于扩大接收方窗口。

填充字段：这是为了加入一些数据,使得整个首部的长度是 4 字节的整数倍。

(2) 建立连接与终止连接。

TCP 使用三次握手协议建立连接。当主动方发出 SYN 连接请求后,等待对方回答 SYN+ACK,然后对对方的 SYN 执行 ACK 确认,总共有三次信息传送,这种方法可以防止产生错误的连接。TCP 的流量控制使用的是可变大小的滑动窗口协议。

TCP 三次握手的过程如下。

第一次：客户端发送 SYN(SEQ=x)报文给服务器端,进入 SYN_SEND 状态。

第二次：服务器端收到 SYN 报文,回应一个 SYN(SEQ=y)ACK(ACK=x+1)报文,进入 SYN_RECV 状态。

第三次：客户端收到服务器端的 SYN 报文,回应一个 ACK(ACK=y+1)报文,进入 Established 状态。

三次握手完成,TCP 客户端和服务器端的连接成功建立,可以开始传输数据了,如图 3-30 所示。

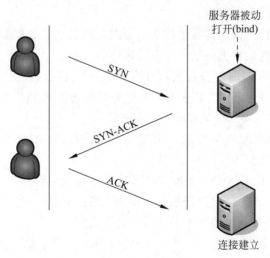

图 3-30　TCP 的三次握手

在主动端发送 SYN 后,如果被动端一直不回应 SYN+ACK 报文,主动端会不断地重传 SYN 报文,直到超过一定的重传次数或达到超时时间。在主动端发送 SYN 后,被动端回应 SYN+ACK 报文,如果主动端不再回复 ACK,被动端也会一直重传直到超过一定的重传次数或达到超时时间。

MSS 是最大传输段大小的缩写,指一个 TCP 报文数据载荷的最大长度,不包括 TCP 选项。在 TCP 建立连接的三次握手中,有一种很重要的工作就是进行 MSS 协商。连接双方都在 SYN 报文中增加 MSS 选项,其选项值表示本端最大能接收的段大小,即对端最大能发送的段的大小。连接的双方取本端发送的 MSS 值和接收对端的 MSS 值的较小者作为本连接最大传输的段的大小。

建立一个连接需要三次握手,而终止一个连接要经过四次挥手,这是由 TCP 的半关闭造成的。具体过程如图 3-31 所示。

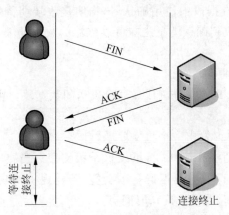

图 3-31　TCP 的四次挥手

第一次:端的应用进程首先执行"主动关闭",该端的 TCP 协议发送一个 FIN 分节给对端,表示数据发送完毕。

第二次:收到这个 FIN 的接收端执行"被动关闭",这个 FIN 由接收端的 TCP 协议确认。FIN 的接收意味着接收端应用进程在相应连接上再无额外数据可接收。

第三次:一段时间后,接收端的应用进程关闭它的套接字,这导致它的 TCP 协议也发送一个 FIN。

第四次:接收这个最终 FIN 的发送端 TCP(即执行主动关闭的那一端)确认这个 FIN。

既然每个方向都需要一个 FIN 和一个 ACK,因此通常需要 4 个分节。

注意:

① "通常"是指某些情况下,第一次握手的 FIN 随数据一起发送。另外,第二次握手和第三次握手发送的分节都出自执行被动关闭那一端,有可能被合并成一个分节。

② 在第二次握手与第三次握手之间,从执行被动关闭一端到执行主动关闭一端的数据流动是可能的,这称为"半关闭"。

③ 无论是客户端还是服务器端,任何一端都可以执行主动关闭。通常情况是客户端执行主动关闭,但是某些协议如 HTTP/1.0 却由服务器端执行主动关闭。

为什么连接的时候是三次握手,而关闭的时候却是四次挥手? 因为当服务器端收到客户端的 SYN 连接请求报文后,可以直接发送 SYN＋ACK 报文。其中,ACK 报文是用来应答的,SYN 报文是用来同步的。但是关闭连接时,当服务器端收到 FIN 报文时,很可能并不会立即关闭 SOCKET,所以只能先回复一个 ACK 报文,告诉客户端,"你发的 FIN 报文我收到了"。只有等到服务器端所有的报文都发送完了,才能发送 FIN 报文,因此不能一起发送。故需要四次挥手。

（3）数据传输可靠性的实现。

TCP 提供一种面向连接的、可靠的字节流服务。面向连接意味着两个使用 TCP 的应用程序在彼此交换报文段之前必须先建立一个 TCP 连接。这一过程与打电话很相似,先拨号振铃,等待对方摘机说"喂",然后才说明是谁。在一个 TCP 连接中,仅有两方进行彼此通信。广播和多播不能用于 TCP。TCP 协议的重要功能之一是确保每个报文段都能到达目的地。位于目的主机的 TCP 协议对接收到的数据进行确认,并向发送端的 TCP 协议发送确认信息。使用报文段首部的序列号以及确认号来确认已收到包含在报文段中的数据字节。接收端的 TCP 协议在发回发送端的数据段中使用确认号,指明接收端期待接收的下一字节,这个过程称为期待确认。发送端在收到确认消息之前可以传输的数据的大小称为窗口大小,用于管理丢失数据并进行流量控制。

TCP 使用下列方式提供可靠性。

① 应用层的数据被 TCP 协议分割成最适合发送的数据块。由 TCP 传递给 IP 的信息单位称为报文段。

② 当发送端的 TCP 协议发出一个报文段后,启动一个定时器,等待目的端确认收到这个报文段。如果不能及时收到一个确认,将重发这个报文段。当接收端的 TCP 协议收到报文段,将发送一个确认信息。TCP 有延迟确认的功能,若延迟确认功能没有打开,则立即确认。延迟确认功能打开,则由定时器触发确认时间点。

③ TCP 保持报文首部和数据的检验和。这是一个端到端的检验和,目的是检测数据在传输过程中的任何变化。如果接收端的检验和有差错,则丢弃这个报文段并且不确认收到此报文段(希望发送端超时重发)。

④ 既然 TCP 报文段作为 IP 数据包来传输,而 IP 数据包的到达可能会失序,因此 TCP 报文段的到达也可能会失序。如果有必要,TCP 协议对收到的报文段进行重新排序,以正确的顺序交给应用层。

⑤ 既然 IP 数据包会发生重复,接收端 TCP 协议必须丢弃重复的报文段。

⑥ TCP 协议还能进行流量控制。因为 TCP 连接的每一方都有固定大小的缓冲存储器,因此接收端只允许对方发送自己缓冲区能够接纳的数据。这能防止发送速度较快的主机导致较慢主机的缓冲区溢出。

两个应用程序通过 TCP 连接传送字节构成的字节流,TCP 协议并不会在字节流中插入标识符,称为字节流服务。如果一方的应用程序先传 10 字节,又传 20 字节,再传 50 字节,连接的另一方并不知道发送方每次发送了多少字节。只要接收方的缓冲区没有塞满,接收方将有多少就收多少。一端将字节流放到 TCP 连接上,同样的字节流将出现在 TCP 连接的另一端。

另外,TCP 对字节流的内容不做任何解释。TCP 不知道传输的字节流是二进制数据,还是 ASCII 字符、EBCDIC 字符或者其他类型数据。对字节流的解释由 TCP 连接双方的应用层解释。这种对字节流的处理方式与 UNIX 操作系统对文件的处理方式很相似,UNIX 内核对一个应用程序读或写的内容不做任何解释,而是交给应用程序处理。

接收方的 TCP 缓冲区用来缓存从对端接收到的数据,这些数据后续会被应用程序读取。一般情况下,TCP 报文的窗口值反映接收缓冲区的空闲空间大小。对于有大批量数据的连接,增大接收缓冲区的大小可以显著提高 TCP 的传输性能。发送端的 TCP 缓冲区用来缓存应用程序的数据,发送缓冲区的每字节都有序列号,被接收端应答确认的序列号对应的数据会从发送缓冲区删除掉。增大发送缓冲区可以提高 TCP 跟应用程序的交互能力,因此也会提高性能。但是,增大接收缓冲区和发送缓冲区会导致 TCP 连接占用比较多的内存。

TCP 协议用于控制数据段是否需要重传的依据是设立的重发定时器。在发送一个数据段的同时启动一个重发定时器,如果在超时前收到确认,则关闭该重发定时器;如果超时前没有收到确认,则重传该数据段。在选择重发时间的过程中,TCP 必须具有自适应性。它需要根据互联网当时的通信情况,给出合适的重发时间。

这种重传策略的关键是对定时器初值的设定。通常利用一些统计学的原理和算法,得到 TCP 重发之前需要等待的时间值。采用较多的算法是 Jacobson 于 1988 年提出的一种不断调整超时时间间隔的动态算法。其工作原理是:对每条连接,TCP 都保持一个变量 RTT(Round Trip Time),用于存放当前连接往返目的端所需时间的估计值。发送一个报文段的同时启动该连接的定时器,如果在定时器超时前对端的确认信息到达,则记录所需要的时间(M),并修正 RTT 的值;如果定时器超时前没有收到确认,则将 RTT 的值增加 1 倍。通过测量一系列的 RTT(往返时间)值,TCP 协议可以估算报文段重发前需要等待的时间。

3) UDP 协议

用户数据报协议(User Datagram Protocol,UDP)在网络层 IP 数据报的服务之上只增加了很少一点功能,即端口功能和差错检测功能,这点可以从图 3-32 中 UDP 首部 8 字节的内容看出来。发送方 UDP 对应用程序交下来的报文,在添加首部后就向下交付给 IP 层。UDP 对应用层交下来的报文,既不合并,也不拆分,而是保留这些报文的边界。应用层交给 UDP 多长的报文,UDP 就照样发送,即一次发送一个报文。接收方 UDP 对 IP 层交上来的 UDP 用户数据报,去除首部后就原封不动地交付上层的应用进程,一次交付一个完整的报文,即 UDP 是面向报文的。虽然 UDP 用户数据报只能提供不可靠的交付,但在某些方面有其特殊的优点。UDP 是无连接的,即发送数据之前不需要建立连接。UDP 尽最大努力交付,即不保证可靠交付。UDP 没有拥塞控制,很适合多媒体通信的要求。UDP 支持一对一、一对多、多对一和多对多的交互通信。UDP 的首部开销小,只有 8 字节。UDP 协议与应用层以及与 IP 层的关系如图 3-33 所示。

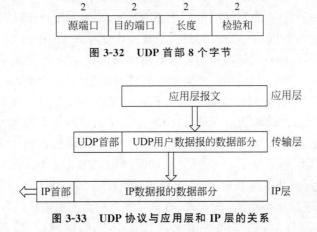

2	2	2	2
源端口	目的端口	长度	检验和

图 3-32　UDP 首部 8 个字节

图 3-33　UDP 协议与应用层和 IP 层的关系

TCP 是面向连接的,虽然说网络的不安全不稳定特性决定了多少次握手都不能保证连接的可靠性,但 TCP 的三次握手在最低限度上(实际上也在很大程度上)保证了连接的可靠性。而 UDP 不是面向连接的,UDP 传送数据前并不与对方建立连接,对接收到的数据也不发送确认信号。发送端不知道数据是否会正确接收,当然也不用重发,所以说 UDP 是无连接的、不可靠的一种数据传输协议。也正是因为这个特点,使得 UDP 的开销更小,数据传输速率更高。因为不必进行收发数据的确认,所以 UDP 的实时性更好。由此就不难理解为何采用 TCP 传输协议的 MSN 比采用 UDP 传输协议的 QQ 传输文件慢了。但并不能说 QQ 的通信是不安全的,因为 QQ 程序员可以在程序中对 UDP 数据的收发进行验证。例如,发送方 QQ 对每个数据包进行编号,然后由接收方 QQ 进行验证,等等。即使是这样,UDP 因为在底层协议的封装上没有采用类似 TCP 的"三次握手"而实现了 TCP 无法达到的传输效率。

3.3　局域网

3.3.1　局域网简介

在较小地理范围内,利用通信线路把若干主机连接起来,实现彼此之间数据传输和资源共享的系统称为局域网。

局域网的主要特点如下。

(1) 网络覆盖的地理范围比较小,通常不超过十公里。

(2) 信息的传输速率高。

(3) 延迟和误码率较小,误码率一般为 $10^{-8} \sim 10^{-10}$。

局域网由服务器、工作站、网卡、传输介质、网络互联设备及共享外围设备等组成。

3.3.2　以太网

局域网有很多类型。

按照使用的传输介质,可分为有线网和无线网。

按照网络中各种设备互连的拓扑结构,可分为总线型、环形、星形、混合型等。

按照传输介质所使用的访问控制方法,可以分为以太网(Ethernet)、FDDI 网和令牌网等。

不同类型的局域网采用不同的 MAC 地址格式和数据帧格式,使用不同的网卡和协议。

以太网是最早的局域网,也是使用最广泛的局域网,本书主要介绍以太网和无线局域网。

以太网指的是由美国施乐(Xerox)公司,创建并由 Xerox、Intel 和 DEC 公司联合开发的基带局域网规范,是当今现有局域网采用的最通用的通信协议标准,也是世界上应用最广泛、最为常见的网络技术。以太网络使用 CSMA/CD(载波监听多路访问及冲突检测)技术,并以 10Mb/s 的速率运行在多种类型的电缆上。当不涉及网络协议的具体细节时,很多人将符合 IEEE 802.3 标准的局域网简称为以太网。IEEE 802.3 局域网是一种基带总线局域网,以无源的电缆作为总线传送数据帧,并以历史上曾经认为传播电磁波的以太来命名。严格来说,"以太网"是指符合 DIX Ethernet V2 标准的局域网,但 IEEE 802.3 标准与 DIX Ethernet V2 标准只有很小的差别,也可以将 IEEE 802.3 局域网简称为"以太网"。

IEEE 802.3 规定了包括物理层的连线、电信号和介质访问层协议的内容。以太网是当前应用最普遍的局域网技术,它很大程度上取代了其他局域网标准,如令牌环、FDDI 和 ARCNET。历经 100Mb/s 以太网在 20 世纪末的飞速发展后,千兆以太网甚至 10Gb/s 以太网正在国际组织和领导企业的推动下不断拓展应用范围。

1. 以太网数据帧格式

局域网内任何两台主机都是有传输介质直接相连的,或者说这些主机之间都是点到点连接的。在点到点物理连接的基础上,实现点到点数据传输的协议叫作数据链路层协议。

数据链路层的基本功能是在物理层提供的物理连接的基础上,实现相邻主机之间的可靠通信,并为网络层提供有效的服务。数据链路层向下与物理层相接,向上与网络层相接。设立数据链路层的目的是将一条原始的、有差错的物理线路变为对网络层无差错的数据链路。为了实现这个目的,数据链路层必须执行链路管理、帧传输、流量控制和差错控制等任务。

实现以太网中两个主机通信的数据链路层协议为 IEEE 802.3 协议。以太网的数据链路层采用分组交换的方式传输数据,一个分组称为一个"数据帧"或简称"帧",一个帧的格式如图 3-34 所示。

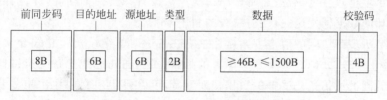

图 3-34　以太网数据帧的结构

前同步码:8 字节,分两个字段。其中,第一个字段 7 字节,是前导码,用来迅速实现 MAC 帧的比特同步;第二个字段是帧开始定界符,表示后面的信息就是数据帧。一般前同步码不计算为数据帧的一部分,因为这是发送前临时插入的,所有数据帧的前同步码都一样。

目的地址:48 位,是目的主机的硬件地址。

源地址:48 位,是源(发送)主机的硬件地址。

类型:用来标志上一层使用的是什么协议,以便把收到的数据帧中的数据上交给该协议。一般情况下,上层协议是 IP 协议。

数据:长度在 46～1500 字节,数据字段的正式名称是客户数据字段。如果上层使用的是 IP 协议,则该字段就是 IP 数据包。当数据字段的长度小于 46 字节时,应在数据字段的后面加入整数字节的填充字段,以保证以太网的数据帧的总长度不小于 64 字节。

校验码:4 字节,接收方使用校验码可以验证接收到的数据是否正确。

2. 载波监听多路访问/冲突检测技术

在总线型拓扑结构中,每个主机都能独立决定数据帧的发送,对总线介质的访问是随机的,即各主机都可能在任何时刻访问总线。同时,一台主机发送的数据帧,连接在总线上的所有主机都能接收到。因此,以太网是以广播方式发送数据的。若两个或多个主机同时发送数据帧,则会产生冲突,导致所有发送的数据帧都出错。因此,一台主机能否成功发送数据帧,很大程度上取决于判断总线是否空闲的算法,以及两台或多台主机同时发送的数据帧发生冲突后所采取的对策。总线争用技术主要采用具有冲突检测的载波监听多路访问协议(Carrier Sense Multiple Access/Collision Detect,CSMA/CD)。

载波监听指连接到总线的任何主机在发送数据帧之前,必须对总线介质进行监听,确认其空闲时才可以发送。多路访问,指多个主机可以同时访问介质,一个主机发送的数据帧也可以被多个主机接收。载波监听多路访问技术,要求发送数据帧的主机先对总线介质进行监听,以确定是否有别的主机在使用总线传输数据。如果总线空闲,则该主机可以发送数据;否则,该主机避让一段时间后再次尝试。

这种控制方式对任何主机都没有预约发送时间,各主机的发送是随机的,必须在网络上争用总线介质,故称之为争用技术。若同一时刻有多个主机向总线介质发送数据帧,则这些数据帧会因在总线上互相混淆而遭破坏,称为"冲突"。为尽量避免由于竞争引起的冲突,每个主机在发送数据帧之前,都要监听传输线上是否有数据帧在发送。

一个数据帧要发送成功,必须在发送时刻之前和发送完成之后各有一段时间 T 内总线上没有其他数据帧的发送,否则必然会产生冲突而导致失败。因此,一个帧发送成功的条件是,该帧与该帧前后两个帧到达的时间间隔都大于 T。

在载波监听多路访问中,由于总线的传播延迟,当两台主机都没有监听到总线上信号而同时发送数据帧时,仍会发生冲突(其中一台主机的数据帧已经发送,正行走在总线上还没有到达监听的另一台主机)。由于载波监听多路访问算法没有冲突检测功能,即使冲突已发生,仍然要将已经破坏的数据帧发送完,使得总线的利用率降低。

一种载波监听多路访问的改进方案是让主机在传输时间继续监听总线介质,一旦检测到冲突,就立即停止发送,并向总线上发一串短的阻塞报文,通知总线上各主机冲突已发生。这样总线容量不致因继续传送已受损的数据帧而浪费,可以提高总线的利用率,这称作载波监听多路访问/冲突检测协议。这种协议已广泛应用于以太网和 IEEE 802.3 标准中。

此时,浪费掉的带宽就减少为检测冲突所花费的时间。对于基带总线而言,用于检测一个冲突的时间等于任意两个站之间最大传播延迟的两倍。因此,对于具有冲突检测的载波监听多路访问的基带总线,要求数据帧的长度至少是传播延迟的两倍;否则在检测出冲突之前传输已经完成,但实际上数据帧已经被冲突破坏。

CSMA/CD 可以形象地比喻成"边听边说"。

(1) 冲突是怎样发生的?

由于信号在信道上以有限的速度传输,采用载波监听并不能完全消除冲突。例如,局域网上的两个站 A 和 B,相距 1km,传播速度为 $200m/\mu s$,因此 1km 电缆需要 $t=5\mu s$ 的传播时延。A 向 B 发出的数据帧,$5\mu s$ 后才能传送到 B。B 若在 A 发送的数据帧到达之前发送自己的数据帧,因为这时载波监听检测不到 A 所发送的数据帧,则两个数据帧产生冲突。冲突的结果是两个帧都变得无用。A 可以检测到自己发送的帧已经和其他主机发送的帧产生了冲突。

(2) 如何检测到冲突?

CSMA/CD 采用曼彻斯特编码(每比特中间有跳变,先高后低代表"1",先低后高代表"0")。可以使用 3 种方法检测冲突:①比较接收到的信号电压(因为距离会造成信号衰减,因此使用不多);②检测电压的过零点,因为电压的过零点是在每比特的正中央,当发生冲突时,叠加的过零点将改变位置;③发送帧时也同时进行接收,对两者做比较。

(3) 检测到冲突后怎么办?

若在侦听中发现线路忙,则等待一个时延后再次侦听;若仍然忙,则继续延迟等待,一直到可以发送为止。若发送过程中检测到冲突,则立即停止发送,并继续发送若干比特的人为干扰信号强化冲突。然后再进行侦听工作,以待下次重新发送。

(4) 争用期如何选择重发的时间?

当总线上信号出现冲突时,如果冲突的各主机都采用同样的退避时延,则很容易产生二次碰撞、三次碰撞。因此,要求各个主机的退避时延具有差异性。这需要退避算法来实现,一般采用截断二进制指数类型的退避算法,来决定重传数据帧所需的时延。

CSMA/CD 控制方式的特点是：原理比较简单，技术上容易实现，网络中各主机处于平等地位，不需要集中控制，不提供优先级控制。但在网络负载增大时，处理冲突的时间增加，发送效率急剧下降。

3.3.3　无线局域网

在无线局域网 WLAN 发明之前，人们要想通过网络进行联络和通信，必须先用物理线缆—铜绞线组建一个电子运行的通路，为了提高效率和速度，后来又发明了光纤。当网络发展到一定规模后，人们又发现，这种有线网络无论组建、拆装还是在原有基础上进行重新布局和改建，都非常困难，且成本和代价也非常高，于是 WLAN 的组网方式应运而生。

无线局域网络（Wireless Local Area Networks，WLAN），是相当便利的数据传输系统，它利用射频（Radio Frequency，RF）的技术，使用电磁波，取代旧式碍手碍脚的双绞铜线（Coaxial）构成局域网络，在空中进行通信连接，使得无线局域网络能利用简单的存取架构让用户透过它，达到"信息随身化、便利走天下"的理想境界。

主流应用的无线网络分为手机无线网络上网和无线局域网两种方式。手机上网方式，是一种借助移动电话网络接入 Internet 的无线上网方式，因此只要你所在城市开通了 4G、5G 等上网业务，你在任何一个角落都可以通过手机来上网。无线局域网是以太网与无线通信技术相结合的产物，能提供有线局域网的所有功能，其工作原理也与有线以太网基本相同。但是，无线局域网只是有线网络的扩展和补充，还不能完全脱离有线网络。

无线局域网所采用的协议主要有 IEEE 802.11 和蓝牙（Bluetooth）等。

无线局域网常见的接入设备有无线网卡、无线访问接入点和无线路由器。

1. 无线网卡

无线网卡的作用、功能跟普通计算机网卡一样，是用来连接局域网的。它只是一个信号收发的设备，只有在找到上互联网的出口时才能实现与互联网的连接，所有无线网卡只能局限在已布有无线局域网的范围内。无线网卡就是不通过有线连接，采用无线信号进行连接的网卡。

无线网卡根据接口不同，主要有 PCMCIA 无线网卡、PCI 无线网卡、MiniPCI 无线网卡、USB 无线网卡、CF/SD 无线网卡几类产品。

2. 无线访问接入点

无线访问接入点（Access Point，AP）是使无线设备（手机等移动设备及笔记本电脑等无线设备）用户进入有线网络的接入点，主要用于宽带家庭、大楼内部、校园内部、园区内部以及仓库、工厂等需要无线监控的地方，典型距离覆盖几十米至上百米，也有可以用于远距离传送，主要技术为 IEEE 802.11 系列。大多数无线 AP 还带有接入点客户端模式（AP Client），可以和其他 AP 进行无线连接，延展网络的覆盖范围。

3. 无线路由器

无线路由器（Wireless Router）好比将单纯性无线 AP 和宽带路由器合二为一的扩展型产品，它不仅具备单纯性无线 AP 所有功能，如支持 DHCP 客户端、支持 VPN、防火墙、支持 WEP 加密等，还包括网络地址转换（NAT）功能，可支持局域网用户的网络连接共享。可实现家庭无线网络中的 Internet 连接共享，实现 ADSL、Cable Modem 和小区宽带的无线共享接入。

3.4　Internet

3.4.1　Internet 简介

1. Internet 的概念

Internet,中文正式译名为因特网,又叫作国际互联网。它并非一个具有独立形态的网络,而是将分布在世界各地的、类型各异的、规模大小不一的、数量众多的计算机网络互联在一起而形成的网络集合体,成为当今最大的和最流行的国际性网络。

Internet 采用 TCP/IP 作为共同的通信协议,将世界范围内,许多计算机网络连接在一起,用户只要与 Internet 相连,就能主动利用这些网络资源,还能以各种方式和其他 Internet 用户交流信息。但 Internet 又远远超出一个提供丰富信息服务机构的范畴。它更像一个面对公众的自由社会团体,一方面有许多人通过 Internet 进行信息交流和资源共享,另一方面又有许多人和机构资源将时间和精力投入 Internet 中进行开发、运用和服务。Internet 正逐步深入社会的各个角落,成为人们生活中不可缺少的部分。网民对 Internet 的正面作用评价很高,认为 Internet 对工作、学习有很大帮助的网民占 93.1%,尤其是娱乐方面,认为 Internet 丰富了网民娱乐生活的比例高达 94.2%。前 7 类网络应用的使用率按高低排序依次是:网络音乐、即时通信、网络影视、网络新闻、搜索引擎、网络游戏、电子邮件。Internet 除了上述 7 种用途外,还常用于电子政务、网络购物、网上支付、网上银行、网上求职、在线教育等。

2. Internet 的起源与发展

Internet 是在美国早期的军用计算机网 ARPANET(阿帕网)的基础上经过不断发展变化而形成的。Internet 的起源主要可分为以下 3 个阶段。

1) Internet 的雏形阶段

1969 年,美国国防部高级研究计划局(Advance Research Projects Agency,ARPA)开始建立一个命名为 ARPANET 的网络。当时建立这个网络的目的是出于军事需要,计划建立一个计算机网络,当网络中的一部分被破坏时,其余网络部分会很快建立起新的联系。人们普遍认为这就是 Internet 的雏形。

2) Internet 的发展阶段

美国国家科学基金会(National Science Foundation,NSF)在 1985 开始建立计算机网络 NSFNET。NSF 规划建立了 15 个超级计算机中心及国家教育科研网,用于支持科研和教育的全国性规模的 NSFNET,并以此作为基础,实现同其他网络的连接。NSFNET 成为 Internet 上主要用于科研和教育的主干部分,代替了 ARPANET 的骨干地位。1989 年,MILNET(由 ARPANET 分离出来)实现和 NSFNET 连接后,就开始采用 Internet 这个名称。自此以后,其他部门的计算机网络相继并入 Internet,ARPANET 宣告解散。

3) Internet 的商业化阶段

20 世纪 90 年代初,美国政府逐渐将网络的经营权交给私人公司,商业机构开始进入 Internet,使 Internet 开始了商业化的新进程。从 1993 年开始,由美国政府资助的 NSFNET 逐渐被若干商用的因特网主干网(即服务提供者网络)替代。用户通过因特网服务提供商(ISP)上网,而 ISP 对用户进行收费。1994 年,美国的 4 个电信公司开始创建了 4 个网络接入点 NAP(Network Access Point)。1994 年起,因特网逐渐演变成多层次 ISP 结构的网络。

1996 年,主干网速率为 155Mb/s(OC-3)。1998 年,主干网速率为 2.5Gb/s(OC-48)。1995年,NSFNET 停止运作,Internet 已彻底商业化了。将经营权交由 ISP 也成为了后来各个国家 Internet 的商业化模式。

3. Internet 在我国的发展

Internet 在我国的发展,大致可以分为以下两个阶段。

第一个阶段是 1987—1993 年,一些科研机构通过 X.25 实现了与 Internet 的电子邮件转发的连接。

第二阶段是从 1994 年开始的。这一年,中国科学技术网(CSTNET)首次实现和 Internet直接连接,同时建立了我国最高域名服务器,这标志着我国正式接入 Internet。接着,又相继建立了中国教育科研网(CERNET)、中国公用计算机互联网(CHINANET)和中国金桥网(GBNET)。从此,中国的网络建设进入了大规模发展阶段。

据中国互联网络信息中心(China Internet Networks Information Center,CNNIC)2021年 2 月 3 日发布的第 47 次《中国互联网络发展状况统计报告》显示:至 2020 年 12 月,中国网民数量达到 9.89 亿,互联网普及率达到 70.4%。而在 2000 年,我国上网人数只有 1690 万。

3.4.2 IP 地址

1. IPv4 概述

由于不同物理网络在地址编址的方式上不统一给寻址带来极大的不便,因此在进行网络互联时首先要解决的问题是物理网络地址的统一问题。因特网是在网络层进行互联的,因此要在网络层(IP 层)完成地址的统一工作,将不同物理网络的地址统一到具有全球唯一性的 IP地址上。IP 地址是 IP 协议提供的统一地址格式,为互联网上的每个网络和每台主机分配一个逻辑地址,以此来屏蔽物理地址的差异。为了保证寻址的正确性,必须确保网络中主机地址的唯一性。

因特网采用一种全局通用的 IP 地址格式,由"网络号+主机号"构成。因特网由网络互联而成,网络由主机互联而成,这种地址格式体现了网络的层次结构,便于转发数据包时进行寻址,快速准确地找到目的主机。

目前,全球因特网所采用的协议簇是 TCP/IP 协议簇。IP 是 TCP/IP 协议簇中网络层的协议,是 TCP/IP 协议簇的核心协议。目前 IP 协议的版本号是 4(现在已扩展的还有 IPv6,将在后面做详细的介绍),简称 IPv4,平时一般简称 IP 地址,发展至今已经使用了 30 多年。IP地址是一个 32 位的二进制数,通常被分割为 4 组,每组是一个 8 位二进制数。IP 地址通常用"点分十进制"表示成(a.b.c.d)的形式。其中,a、b、c、d 都是 0~255 的十进制整数。例如,点分十进制 IP 地址 100.4.152.61,实际上是 32 位二进制数(01100100.00000100.10011000.00111101)分 4 段后的十进制写法。

IP 地址编址方案将 IP 地址空间划分为 A、B、C、D、E 五类,其中,A、B、C 是基本类;D、E类作为多播和保留使用,如图 3-35 所示。

A 类、B 类、C 类是主类地址,即基本地址;D 类和 E 类是次类地址。D 类称为组播地址,E 类尚未使用。由"0"开头的是 A 类 IP 地址,第 2 位到第 8 位为网络编号,第 9 位到第 32 位为主机编号,用于拥有大量主机的超大型网络。全球只有 126(即 2^8-2,去除网络号全为 0 和全为 1 的特殊地址)个网络,可以获得 A 类 IP 地址,每个网络中最多可以有 16 777 214(即

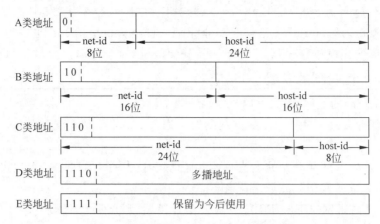

图 3-35　IPv4 地址中的网络号和主机号

$2^{24}-2$,去除主机号全为 0 和全为 1 的特殊地址);由"10"开头的是 B 类 IP 地址,第 3 位到第 16 位为网络编号,第 17 位到第 32 位为主机编号,适用于规模适中的网络。由"110"开头的是 C 类 IP 地址,第 4 位到第 24 位为网络编号,第 25 位到第 32 位为主机编号,适用于主机数量不超过 254 台的小型网络。

所有的 IP 地址都由国际组织 InterNIC(负责美国及其他地区)、ENIC(负责欧洲地区)、APNIC(负责亚太地区)按级别负责统一分配,目的是保证网络地址的全球唯一性,机构用户在申请入网时可以获取相应的 IP 地址。我国申请 IP 地址要通过 APNIC,APNIC 的总部设在日本东京大学。申请时要考虑申请哪一类的 IP 地址,然后向国内的代理机构提出。主机地址由各个网络的管理员统一分配。因此,网络地址的唯一性与网络内主机地址的唯一性确保了 IP 地址的全球唯一性。全球 IPv4 地址数已于 2011 年 2 月分配完毕,自 2011 年开始我国 IPv4 地址总数基本维持不变。截至 2020 年 12 月,我国共计有约 3.89 亿个 IPv4 地址。

IP 地址的一些特点如下。

(1)IP 地址分等级,由网络号和主机号两个等级组成。好处是 IP 地址管理机构在分配 IP 地址时只分配网络号,剩下主机号各单位自行分配。路由器仅根据目的主机所连接的网络号来转发分组,减少了路由表占用的存储空间以及路由器查询路由表的时间。

(2)如果一个主机连接到两个不同的网络,则必须有两个相应的 IP 地址,这叫多宿主机。一个路由器至少连接到两个网络,因此一个路由器至少有两个不同的 IP 地址。

(3)一个网络是指具有相同网络号的一群主机的集合。因此,用转发器或者网桥连接起来的若干局域网仍然为一个网络。具有不同网络号的局域网必须使用路由器互联。

(4)在 IP 地址中,所有分配到网络号的网络都是平等的。

IPv4 的不足之处体现如下。

(1)有限的地址空间:IPv4 协议中每个网络接口由长度为 32 位的 IP 地址标识,这决定了 IPv4 的地址空间为 232,大约理论上可以容纳 4 294 967 296 个主机,这一地址空间难以满足未来移动设备和消费类电子设备对 IP 地址的巨大需求量,且全球 IPv4 地址数已于 2011 年 2 月分配完毕。

(2)路由选择效率不高:IPv4 的地址由网络和主机地址两部分构成,以支持层次型的路由结构。子网和 CIDR 的引入提高了路由层次结构的灵活性。但由于历史的原因,IPv4 地址的层次结构缺乏统一的分配和管理,并且多数 IP 地址空间的拓扑结构只有两层或者三层,这导致主干路由器中存在大量的路由表项。庞大的路由表项增加了路由查找和存储的开销,成为目前影响提高互联网效率的一个瓶颈。同时,IPv4 数据包的报头长度不固定,因此难以利用硬件提取、分析路由信息,这对进一步提高路由器的数据吞吐率也是不利的。

(3) 缺乏服务质量保证:IPv4 遵循尽力而为的原则,这一方面是一个优点,因为它使 IPv4 简单高效;另一方面它对互联网上涌现的新型业务类型缺乏有效支持,如实时应用和多媒体应用,这些应用要求提供一定的服务质量保证,如带宽、延迟和抖动。研究人员提出了新的协议在 IPv4 网络中支持以上应用,如执行资源预留的 RSVP 协议和支持实时传输的 RTP/RTCP 协议。这些协议同样提高了规划、构造 IP 网络的成本和复杂性。

(4) 地址分配不便:IPv4 采用手工配置的方法来给用户分配地址,这不仅增加了管理和规划的复杂程度,而且不利于为那些需要 IP 移动性的用户提供更好的服务。

2. 静态 IP 地址和动态 IP 地址

静态 IP 地址又称为固定 IP 地址。静态 IP 地址是长期固定分配给一台计算机使用的 IP 地址,也就是说机器的 IP 地址保持不变。一般是特殊的服务器才拥有静态 IP 地址。现在获得静态 IP 地址的方式比较昂贵,可以通过主机托管、申请专线等方式来获得静态 IP 地址。

动态 IP 地址和静态 IP 地址是相对的。对于大多数上网的用户,由于其上网时间和空间的离散性,为每个用户分配一个固定的 IP 地址(静态 IP 地址)是非常不可取的,这将造成 IP 地址资源的极大浪费。因此,为了节省 IP 资源,通过电话拨号、ADSL 虚拟拨号等方式上网的机器是不分配固定 IP 地址的,而是自动获得一个由 ISP 动态分配的临时 IP 地址,该地址当然不是任意的,而是该 ISP 申请的网络 ID 和主机 ID 的合法区间中的某个地址。用户任意两次连接时的 IP 地址很可能不同,但是在每次连接时间内 IP 地址不变。尽管这不影响您访问互联网,但是您的朋友、商业伙伴(他们可能这时也在互联网上)却不能直接访问您的机器。因为,他们不知道您的计算机的 IP 地地址。这就像每个人都有一部电话,但电话号码每天都在改变。

3. 下一代 Internet(IPv6)

由于互联网的蓬勃发展,过去几十年网络规模呈几何级增长,IP 地址的需求量越来越大,地址空间的不足已经妨碍了互联网的进一步发展。当初设计 IP 地址时,IPv4 只有 43 亿个地址,没有考虑到因特网能发展如此迅速,IPv4 势必枯竭,不能应对,给 Internet 发展提出了新的挑战。以国内为例,据中国互联网络信息中心(CNNIC)发布的《第 47 次中国互联网络发展状况统计报告》显示:截至 2020 年 12 月底,中国网民 9.89 亿,而我国分配到的 IPv4 地址只有 3.89 亿。虽然动态 IP 地址分配机制最大化利用 IP 地址空间,但是供需的矛盾无法满足持续增长的网民需求。为了扩大地址范围,拟通过新版本的 IP 协议,即 IPv6,重新定义地址空间,IPv6 采用 128 位地址长度。截至 2020 年 12 月,我国 IPv6 地址数量为 57 634 块/32,已经分配 IPv6 地址用户数超过 14.42 亿,IPv6 活跃用户数已超 3.62 亿,国内用户量排名前 100 位的商业网站及应用已全部支持 IPv6 访问。在 IPv6 的设计过程中除了一劳永逸地解决了地址短缺问题以外,还考虑了在 IPv4 中没有解决好的其他问题。

20 世纪 90 年代初,IETF(Internet 工程任务组)认识到解决 IPv4 问题的唯一办法就是设计一个新版本来取代 IPv4,于是成立了名为 IPng(IP next generation)的工作组,主要的工作是定义过渡的协议确保当前 IP 版本和新的 IP 版本长期的兼容性,并支持当前使用的和正在出现的基于 IP 的应用程序。

IPng 工作组的工作开始于 1991 年,先后研究了几个草案,最后提出了 RFC(Request for Comments,请求说明)所描述的 IPv6。从 1995 年 12 月,IPng 工作组开始进入了 Internet 标准化进程;1998 年,IPng 工作组正式公布 RFC2460 标准。IPv6 继承了 IPv4 的端到端和尽力而为的基本思想,其设计目标就是要解决 IPv4 存在的问题,并取代 IPv4 成为下一代互联网的主导协议。为实现这一目标,IPv6 具有以下特征。

(1) 128 位地址空间:IPv6 的地址长度由 IPv4 的 32 位扩展到 128 位,128 位地址空间包含的准确地址数是 2^{128} 个。IPv6 地址的无限充足意味着在人类世界,每件物品都能分到一个独立的 IP 地址。也正是因此,IPv6 技术的运用将会让信息时代从人机对话进入机器与机器互联的时代,让物联网成为现实,所有的家具、电视、相机、手机、计算机、汽车等全部都可以纳入成为互联网的一部分。另一个值得考虑的因素是地址分配。IPv4 时代互联网地址分配的教训使人们意识到即使有 128 位的地址空间,一个良好的分配方案仍然非常关键。因此,有理由相信在 IPv6 时代 IP 地址可能会得到更充分的利用。

(2) 改进的路由结构:IPv6 采用类似 CIDR 的地址聚类机制层次的地址结构。为支持更多的地址层次,网络前缀可以分成多个层次的网络,其中包括 13 比特的 TLA-ID(顶级聚类标识)、24 比特的 NLA-ID(次级聚类标识)和 16 比特的 SLA-ID(网点级聚类标识)。一般来说,IPv6 的管理机构对 TLA 的分配进行严格管理,只将其分配给大型骨干网的 ISP,然后骨干网 ISP 再可以灵活地为各个地区中小 ISP 分配 NLA,而用户从中小 ISP 获得地址。这样不仅可以定义非常灵活的地址层次结构,同时,同一层次上的多个网络在上层路由器中表示一个统一的网络前缀,这样可以显著减少路由器必须维护的路由表项。按照 13 比特的 TLA 计算,理想情况下,一个核心主干网路由器只需维护不超过 8192 个表项。这大大降低了路由器的寻路和存储开销。

同时,IPv6 采用固定长度的基本报头,简化了路由器的操作,降低了路由器处理分组的开销。在基本报头之后还可以附加不同类型的扩展报头,为定义可选项以及新功能提供了灵活性。

(3) 实现 IP 层网络安全:IPv6 要求强制实施因特网安全协议(Internet Protocol Security,IPSec),并已将其标准化。IPSec 在 IP 层可实现数据源验证、数据完整性验证、数据加密、抗重播保护等功能;支持验证头协议(Authentication Header,AH)、封装安全性载荷协议(Encapsulating Security Payload,ESP)和互联网密钥交换(Internet Key Exchange,IKE)协议,这 3 种协议将是未来 Internet 的安全标准。另外,病毒和蠕虫是最让人头疼的网络攻击。但这种传播方式在 IPv6 的网络中就不再适用了,因为 IPv6 的地址空间实在是太大了,如果这些病毒或者蠕虫还想通过扫描地址段的方式来找到有可乘之机的其他主机,犹如大海捞针。在 IPv6 的世界中,按照 IP 地址段进行网络侦查是不可能了。

(4) 无状态自动配置:IPv6 通过邻居发现机制能为主机自动配置接口地址和默认路由器信息,使得从互联网到最终用户之间的连接不经过用户干预就能够快速建立起来。

(5) IPv6 高效的互联网引擎引人注目的是,IPv6 增加了许多新的特性,其中包括服务质量保证、自动配置、支持移动性、多点寻址、安全性。另外,IPv6 在移动 IP 等方面也有明显改进。

基于以上改进和新的特征,IPv6 为互联网换上一个简捷、高效的引擎,不仅可以解决 IPv4 目前的地址短缺难题,还可以使国际互联网摆脱日益复杂、难以管理和控制的局面,变得更加稳定、可靠、高效和安全。

IPv6 协议的以上特性同时为移动网络提供了广阔的前景。目前,移动通信正在试图从基于电路交换提供语音服务向基于 IP 提供数据、语音、视频等多种服务转变,IPv4 很难对此提供有效的支持:移动设备入网需要大量的 IP 地址,移动设备的全球漫游问题也必须由附加的移动 IPv4 协议加以支持。IPv6 的地址空间、移动性的支持、服务质量保证机制、安全性和其他灵活性很好地满足了移动网络的需求。

IPv6 的另一个重要应用就是网络实名制下的互联网身份证。目前,基于 IPv4 的网络之所以难以实现网络实名制,一个重要原因就是因为 IP 资源的共用,所以不同的人在不同的时间段共用一个 IP,IP 和上网用户无法实现一一对应。但 IPv6 可以直接给该用户分配一个固定 IP 地址,这样就实现了实名制。

3.5　信息安全

3.5.1　信息安全概述

Internet 是信息社会的一个重要方面,其强调了开放性和共享性,但它所采用的 TCP/IP 等技术的安全性是很脆弱的,本身并不提供高度的安全保护,所以需要另外采取措施对信息进行保护。

计算机网络上的通信有可能面临以下 4 种威胁。

(1) 截获:从网络上窃听他人的通信内容。

(2) 中断:有意中断他人在网络上的通信。

(3) 篡改:故意篡改网络上传送的报文。

(4) 伪造:伪造信息在网络上传送。

截获信息的攻击称为被动攻击,而篡改和伪造信息以及中断用户通信的攻击称为主动攻击。网络通信面临的 4 种威胁如图 3-36 所示。

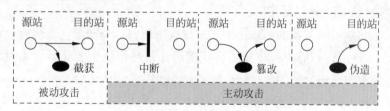

图 3-36　网络通信面临的 4 种威胁

在被动攻击中,攻击者只是观察和分析某个协议数据单元而不干扰信息流。主动攻击是指攻击者对某个连接中通过的协议数据单元进行各种处理,如更改报文流、拒绝报文服务、伪造连接初始化等。一般计算机网络通信安全有以下 5 个目标:①防止析出报文内容;②防止通信量分析;③检测更改报文流;④检测拒绝报文服务;⑤检测伪造初始化连接。

3.5.2　数据加密技术

数据加密技术,是计算机通信和数据存储中对数据采取的一种安全措施,即使数据被别有用心的人获得,也无法了解其真实意思。数据加密的技术核心是密码学。对一段数据进行加密是通过加密算法用密钥对数据进行处理的。算法可以是公开的知识,但密钥是保密的,或者至少有一部分是保密的。使用者可以简单地修改密钥,就达到改变加密过程和加密结果的目的。

1. 对称密码体制

密码编码学是密码体制的设计学,而密码分析学则是在未知密钥的情况下从密文推演出明文或密钥的技术。密码编码学与密码分析学合起来即为密码学。如果不论截取者获得了多少密文,在密文中都没有足够的信息来唯一确定出对应的明文,则这一密码体制称为无条件安全的,或称为理论上是不可破的。如果密码体制中的密码不能被可使用的计算资源破译,则这一密码体制称为在计算上是安全的。

常规密钥密码体制是指加密密钥与解密密钥相同的密码体制。这种加密系统又称为对称密钥系统。数据加密标准(Data Encryption Standard,DES)属于常规密钥和密码体制,是一种分组密码。DES 在加密前,先对整个明文进行分组,每个组的长度为 64 位;然后对每个 64 位二进制数据进行加密处理,产生一组 64 位密文数据;最后将各组密文串接起来,即得出整个的密文。使用的密钥也是 64 位(实际密钥长度为 56 位,有 8 位用于奇偶校验)。DES 的保密性仅取决于对密钥的保密,而算法是公开的。尽管人们在破译 DES 方面取得了许多进展,但至今仍未能找到比穷举搜索密钥更有效的方法。DES 是世界上第一个公认的实用密码算法标准,曾对密码学的发展做出了重大贡献。

目前,较为严重的问题是 DES 的密钥太短,已经能被现代计算机暴力破解。另外一个问题是加密、解密使用同样的密钥,由发送者和接收者保存,分别在加密和解密时使用。采用这种方法的主要问题是密钥的生成、注入、存储、管理、分发等很复杂,特别是随着用户的增加,密钥的需求量成倍增加。在网络通信中,大量密钥的分配是一个难以解决的问题。例如,若系统中有 n 个用户,其中每两个用户之间需要建立密码通信,则系统中每个用户须掌握 $(n-1)$ 个密钥,系统中所需的密钥总数为 $n \times (n-1)/2$ 个。一个系统中如果有较多的用户,庞大数量的密钥生成、管理、分发是一个难处理的问题。

2. 非对称(公钥)密码体制

公钥密码体制使用互不相同的加密密钥与解密密钥,是一种"由已知加密密钥推导出解密密钥在计算上是不可行的"的密码体制。公钥密码体制的产生主要是两方面原因:一是由于常规密钥密码体制的密钥分配问题;二是数字签名的需求。

现有最著名的公钥密码体制是 RSA 体制。RSA 基于数论中大数分解问题的体制,由美国三位科学家 Rivest、Shamir 和 Adleman 于 1976 年被提出,并在 1978 年正式发表。R、S、A 分别是三人姓氏的首字母。

在公钥密码体制中,加密密钥(即公钥)PK 是公开信息,而解密密钥(即私钥或密钥)SK 是需要保密的。加密算法 E 和解密算法 D 也都是公开的。虽然密钥 SK 是由公钥 PK 决定的,却不能根据 PK 计算出 SK。任何加密方法的安全性取决于密钥的长度,以及攻破密文所需的计算量。在这方面,公钥密码体制并不比传统加密体制更加优越。

目前,由于公钥加密算法的计算开销较大,在可见的将来还看不出要放弃传统的加密方法。公钥还需要密钥分配协议,具体的分配过程并不比采用传统加密方法更简单。

公钥密码体制的运算过程如下。

发送者 A 用接收者 B 的公钥 PK_B 对明文 X 加密(E 运算)生成密文 Y 后,接收者 B 用自己的私钥 SK_B 解密(D 运算),即可恢复出明文:

$$D_{SK_B}(Y) = D_{SK_B}(E_{PK_B}(X)) = X$$

解密密钥是接收者专用的密钥,对其他人都保密。

加密密钥是公开的,但不能用它来解密,即

$$D_{PK_B}(E_{PK_B}(X)) \neq X$$

加密和解密的运算可以对调,即

$$E_{PK_B}(D_{SK_B}(X)) = D_{SK_B}(E_{PK_B}(X)) = X$$

在计算机上很容易地生成成对的 PK 和 SK,但从已知的 PK 却不可能推导出 SK,即从 PK 到 SK 是"计算上不可能的"。

RSA 算法使用了两个非常大的素数来产生公钥和私钥,要破解 2048 位的 RSA 密钥,以目前计算机的运算能力,几乎是不可能的。但是,RSA 加密算法的运算速度很慢。因此,对于量大的数据一般不用 RSA 算法加密。通常是用 RSA 对一些数据量小但保密性要求又很高的数据加密,如密码等。在实际应用中,通常将对称和非对称加密算法结合起来使用,对数据量大的文件内容使用对称加密算法,而对密钥则使用非对称加密算法,这样能充分利用两种加密算法的优点。

3.5.3　身份鉴别技术

身份鉴别也称为身份认证。身份认证技术是在计算机网络中确认操作者身份的过程而产生的有效解决方法。计算机网络世界中一切信息包括用户的身份信息都是用一组特定的数据来表示的,计算机只能识别用户的数字身份,所有对用户的授权也是针对用户数字身份的授权。如何保证以数字身份进行操作的操作者就是这个数字身份合法拥有者,也就是说保证操作者的物理身份与数字身份相对应,身份认证技术就是为了解决这个问题,作为防护网络资产的第一道关口,身份认证有着举足轻重的作用。

在真实世界,对用户的身份认证基本方法可以分为以下 3 种。

(1) 基于信息秘密的身份认证:根据你所知道的信息来证明你的身份。

(2) 基于信任物体的身份认证:根据你所拥有的东西来证明你的身份。

(3) 基于生物特征的身份认证:直接根据独一无二的身体特征来证明你的身份,如指纹、面貌等。

网络世界中的手段与真实世界中是一致的,为了达到更高的身份认证安全性,某些场景会将上面 3 种认证方式挑选两种混合使用,即所谓的双因素认证。

下面介绍 3 种常见的身份认证技术。

1. 基于口令的身份认证技术

用户的密码是由用户自己设定的。在网络登录时输入正确的密码,计算机就认为操作者是合法用户。实际上,由于许多用户为了防止忘记密码,经常采用诸如生日、电话号码等容易被猜测的字符串作为密码,或者把密码抄在纸上放在一个自认为安全的地方,这样很容易造成密码泄露。如果密码是静态的数据,在验证过程中可能会被木马程序或网络中截获。因此,静态密码机制无论是使用还是部署都非常简单,但从安全性上讲,用户名/密码方式是一种不安全的身份认证方式。

目前,智能手机的功能越来越强大,里面包含了很多私人信息。我们在使用手机时,为了保护信息安全,通常会为手机设置密码,由于密码是存储在手机内部,因此称为本地密码认证。

与之相对的是远程密码认证,如我们在登录电子邮箱时,电子邮箱的密码存储在邮箱服务器中,在本地输入的密码需要发送给远端的邮箱服务器,只有和服务器中的密码一致,才被允许登录电子邮箱。为了防止攻击者采用离线字典攻击的方式破解密码,通常会设置在登录尝试失败达到一定次数后锁定账号,在一段时间内阻止攻击者继续尝试登录。另外,还可以通过动态口令的方式,每个动态口令只能使用一次,以手机短信的方式发送动态口令,以加强安全性。目前,动态口令在网银、网游、电子政务等应用领域被广泛运用。

2. 数字签名

数字签名又称电子加密,可以区分真实数据与伪造、被篡改过的数据。这对于网络数据传输,特别是电子商务是极其重要的。一般要采用一种称为摘要的技术,摘要技术主要是采用HASH 函数(HASH(哈希)函数提供了这样一种计算过程:输入一个长度不固定的字符串,返回一串固定长度的字符串,又称 HASH 值)将一段长的报文通过函数变换,转换为一段固定长度的报文,即摘要。身份识别是指用户向系统出示自己身份证明的过程,主要使用约定口令、智能卡和用户指纹、视网膜和声音等生理特征。数字证明机制提供利用公开密钥进行验证的方法。

现在已有多种实现数字签名的方法,其中采用公钥的算法最容易实现。例如,A 要发送一个报文 X 给 B,A 只要用自己的私钥对报文 X 加密成 X',即实现了对报文 X 的数字签名。B 收到加密后的 X'后,用 A 的公钥对 X'解密,即可恢复出报文 X,如图 3-37 所示。

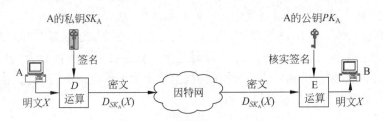

图 3-37 数字签名的实现

若 A 要抵赖曾发送报文给 B,B 可将明文 X 和对应的密文 X'出示给公立机构,公立机构很容易用 A 的公钥去证实 X 确实由 A 发送给 B,因为只有 A 的私钥才能把 X 加密成 X',而只有 A 才拥有自己的私钥——A 不可否认。

因为除 A 外其他人都没有 A 的私钥,所以除 A 外其他人都不能生成密文 X'。因此,B 相信报文 X 是 A 而不是别人发送的——B 能进行报文鉴别。

如果密文 X'在传输过程中被人篡改(包括被 B 篡改),则 B 无法用 A 的公钥对密文进行解密——确认报文的完整性。

3. 生物识别

生物识别是通过可测量的身体或行为等生物特征进行身份认证的一种技术。生物特征是指唯一的可以测量或可自动识别和验证的生理特征或行为方式。使用传感器或扫描仪来读取生物的特征信息,将读取的信息和用户在数据库中的特征信息比对,如果一致则通过认证。

生物特征分为身体特征和行为特征两类。身体特征包括声纹(d-ear)、指纹、掌型、视网膜、虹膜、人体气味、脸型、手的血管和 DNA 等;行为特征包括签名、语音、行走步态等。目前,部分学者将视网膜识别、虹膜识别和指纹识别等归为高级生物识别技术;将掌型识别、脸型识别、语音识别和签名识别等归为次级生物识别技术;将血管纹理识别、人体气味识别、DNA

识别等归为"深奥的"生物识别技术。

目前,我们接触最多的是指纹识别技术,应用的领域有门禁系统、电子支付等。人们日常使用的部分手机和笔记本电脑已具有指纹识别功能,在使用这些设备前,无须输入密码,只要将手指在扫描器上轻轻一按就能进入设备的操作界面,非常方便,而且别人很难复制。

生物特征识别的安全隐患在于一旦生物特征信息在数据库存储或网络传输中被盗取,攻击者就可以执行某种身份欺骗攻击,并且攻击对象会涉及所有使用生物特征信息的设备。

3.5.4　防火墙

防火墙是由软件、硬件构成的系统,是一种特殊编程的路由器,用来在两个网络之间实施接入控制策略。接入控制策略是由使用防火墙的单位自行制定的,以最适合本单位的需要。防火墙内的网络称为"可信赖的网络",而将外部的因特网称为"不可信赖的网络"。防火墙可用来解决内联网和外联网的安全问题。防火墙在互联网络中的位置如图 3-38 所示。

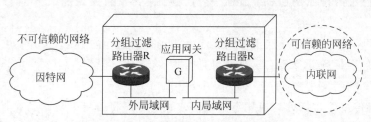

图 3-38　防火墙在互联网络中的位置

防火墙的功能有两个:阻止和允许。"阻止"就是阻止某种类型的通信量通过防火墙(从外部网络到内部网络,或反过来);"允许"的功能与"阻止"恰好相反。防火墙必须能够识别通信量的各种类型,不过在大多数情况下防火墙的主要功能是"阻止"。

防火墙技术一般分为两类:网络级防火墙和应用级防火墙。

(1)网络级防火墙。网络级防火墙用来防止整个网络出现外来非法的入侵,属于这类的有分组过滤和授权服务器。分组过滤检查所有流入本网络的信息,然后拒绝不符合事先制定好的一套准则的数据;授权服务器则是检查用户的登录是否合法,合法用户的信息流都是允许的。

(2)应用级防火墙。应用级防火墙从应用程序层级进行接入控制。通常使用应用网关或代理服务器来区分各种应用。例如,防火墙只允许访问万维网的应用通过,而阻止 FTP 应用的通过。

3.5.5　计算机病毒及其防治

1. 计算机病毒的基本概念

提起计算机病毒,相信大家都不会陌生。使用过计算机的人们(甚至是没有接触过计算机的人们)都听说过,大部分用户甚至对计算机病毒有切肤之痛。

计算机病毒的概念在 1983 年由 Fred Cohen 首次提出,他认为"计算机病毒是一个能感染其他程序的程序,它靠篡改其他程序,并把自身的复制嵌入其他程序而实现病毒的感染。"

Ed Skoudis 则认为:"计算机病毒是一种能自我复制的代码,通过将自身嵌入其他程序进行感染,而感染过程需要人工干预才能完成。"

《中华人民共和国计算机信息系统安全保护条例》中明确定义,病毒指"编制者在计算机程序中插入的破坏计算机功能或者破坏数据,影响计算机使用并且能够自我复制的一组计算机指令或者程序代码"。

计算机病毒与医学上的"病毒"不同,计算机病毒不是天然存在的,是人利用计算机软件和硬件所固有的脆弱性编制的一组指令集或程序代码。它能潜伏在计算机的存储介质(或程序)里,条件满足时即被激活,通过修改其他程序的方法将自己的精确拷贝或者可能演化的形式放入其他程序中。从而感染其他程序,对计算机资源进行破坏。所谓的病毒就是人为造成的,对其他用户的危害性很大。

2. 计算机病毒的特征

1)繁殖性

计算机病毒可以像生物病毒一样进行繁殖,当正常程序运行时,它也进行运行自身复制,是否具有繁殖、感染的特征是判断某段程序为计算机病毒的首要条件。

2)破坏性

计算机中病毒后,可能会导致正常的程序无法运行,把计算机内的文件删除或受到不同程度的损坏,即破坏引导扇区及 BIOS,破坏硬件环境。

3)传染性

计算机病毒传染性是指计算机病毒通过修改别的程序将自身的复制品或其变体传染到其他无病毒的对象上,这些对象可以是一个程序也可以是系统中的某个部件。

4)潜伏性

计算机病毒的潜伏性是指计算机病毒可以依附于其他媒体寄生的能力,侵入后的病毒潜伏到条件成熟才发作,会使计算机变慢。

5)隐蔽性

计算机病毒具有很强的隐蔽性,可以通过病毒软件检查出来少数。隐蔽性计算机病毒时隐时现、变化无常,这类病毒处理起来非常困难。

6)可触发性

编制计算机病毒的人,一般都为病毒程序设定了一些触发条件。例如,系统时钟的某个时间或日期、系统运行了某些程序等。一旦条件满足,计算机病毒就会"发作",使系统遭到破坏。

3. 计算机病毒的防范

1)病毒征兆

(1)屏幕上出现不应有的特殊字符或图像、字符无规则变化或脱落、静止、滚动、雪花、跳动、小球亮点、莫名其妙的信息等。

(2)发出尖叫、蜂鸣音或非正常奏乐等。

(3)经常无故死机,随机地发生重新启动或无法正常启动、运行速度明显下降、内存空间变小、磁盘驱动器以及其他设备无缘无故地变成无效设备等现象。

(4)磁盘标号被自动改写、出现异常文件、出现固定的坏扇区、可用磁盘空间变小、文件无故变大、失踪或被改乱、可执行文件(exe)变得无法运行等。

(5)打印异常、打印速度明显降低、不能打印、不能打印汉字与图形等或打印时出现乱码。

(6)收到来历不明的电子邮件、自动链接到陌生的网站、自动发送电子邮件等。

(7)有特殊文件自动生成。

（8）程序或数据神秘地消失了,文件名不能被辨认等。

2）计算机病毒的预防

（1）安装杀毒软件并及时更新病毒数据库。

（2）注意对系统文件、可执行文件和数据写保护。

（3）不使用来历不明的程序或数据。

（4）不轻易打开来历不明的电子邮件。

（5）使用新的计算机系统或软件时,先进行杀毒操作后使用。

（6）及时修补操作系统及其捆绑软件的漏洞。

（7）备份系统和参数,建立系统的应急计划等。

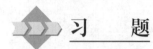 习　　题

一、判断题

1. 每块以太网卡都有一个全球唯一的 MAC 地址,MAC 地址由 6 字节组成。

2. 在广域网中,连接在网络中的主机发生故障不会影响整个网络通信,但若一台节点交换机发生故障,那么整个网络将陷入瘫痪。

3. Internet 中各个网站的 IP 地址不能相同,但域名可以相同。

4. IE 浏览器在支持 FTP 的功能方面,只能进入匿名式的 FTP,无法上传。

5. 防火墙是一种维护网络安全的软件或硬件设备,位于它维护的子网（内网）和它所连接的网络（外网）之间,能防止来自外网的攻击。

6. 通信系统的基本任务是传递信息,至少需由信源、信宿和信息 3 个要素组成。

7. 常见的数据交换方式有电路交换、报文交换及分组交换等,因特网采用的交换方式是电路交换方式。

8. 日常生活中经常用“10M 的宽带”描述上网速度,这里所说的 10M 是指 $1.25 \times 2^{20} B/s$。

二、选择题

1. 数据通信系统的数据传输速率指单位时间内传输的二进位数据的数目,下面＿＿＿＿一般不用作它的计量单位。

　　A. KB/s　　　　　　B. Kb/s　　　　　　C. Mb/s　　　　　　D. Gb/s

2. 计算机网络的最突出优点是＿＿＿＿。

　　A. 精度高　　　　　B. 共享资源　　　　C. 运算速度快　　　D. 内存容量大

3. 下列关于网卡的叙述,错误的是＿＿＿＿。

　　A. 网络中的每台计算机都安装有网卡,每块网卡都有一个全球唯一的 IP 地址

　　B. 网卡的任务是发送和接收数据

　　C. 网卡分为有线网卡和无线网卡

　　D. 网卡可直接集成在芯片组中

4. 下列关于光纤通信特点的叙述,错误的是＿＿＿＿。

　　A. 适合远距离通信　　　　　　　　　B. 无中继通信

　　C. 传输损耗小、通信容量大　　　　　D. 保密性强

5. 目前,计算机网络通信普遍采用的交换方式是_____。
   A. 电路交换　　　　　B. 线路交换　　　　　C. 报文交换　　　　　D. 分组交换

6. 下列关于多路复用技术的叙述,正确的是_____。
   A. 将多路信号沿同一信道传输,以提高利用率
   B. 将多路信号沿多条线路传输,以减少干扰
   C. 将同一信号多次传输,以提高传输正确性
   D. 将同一信号沿多条线路传输,以提高可靠性

7. 路由器用于连接异构网络时,它收到一个 IP 数据后要进行许多操作,这些操作不包含_____。
   A. 地址变换　　　　　　　　　　　B. 路由选择
   C. 帧格式转换　　　　　　　　　　D. IP 数据报的转发

8. 在 Internet 的 IPv4 网络地址分类中,B 类 IP 地址的每个网络可容纳_____台主机。
   A. 254　　　　　B. 65 534　　　　　C. 65 万　　　　　D. 1678 万

9. 计算机系统安全是当前计算机界的热门话题,实现计算机系统安全的核心是_____。
   A. 硬件系统的安全性　　　　　　　B. 操作系统的安全性
   C. 语言处理系统的安全性　　　　　D. 应用软件的安全性

10. 计算机网络的拓扑结构主要取决于它的_____。
    A. 资源子网　　　　　B. FDDI 网　　　　　C. 通信子网　　　　　D. 城域网

11. 在以太网(Ethernet)局域网中,每个节点把要传输的数据封装成"数据帧"。这样来自多个节点的不同的数据帧就可以时分多路复用的方式共享传输介质,这些被传输的"数据帧"能正确被目的主机所接受,其中一个重要原因是"数据帧"的帧头部封装了目的主机的_____。
    A. IP 地址　　　　　B. MAC 地址　　　　　C. 计算机名　　　　　D. 域名地址

12. 为了确保跨越网络的计算机能正确地交换数据,它们必须遵循一组共同的规则和约定,这些规则和约定称为_____。
    A. 网络操作系统　　　B. 网络通信软件　　　C. OSI 参考模型　　　D. 通信协议

13. 将一个部门中的多台计算机组建成局域网可以实现资源共享。下列有关局域网的叙述,错误的是_____。
    A. 局域网必须采用 TCP/IP 协议进行通信
    B. 局域网一般采用专用的通信线路
    C. 局域网可以采用的工作模式主要有对等模式和客户机/服务器模式
    D. 构建以太网局域网时,需要使用集线器或交换机等网络设备,一般不需要路由器

14. 下列关于无线局域网的叙述,正确的是_____。
    A. 由于不使用有线通信,无线局域网绝对安全
    B. 无线局域网的传播介质是高压电
    C. 无线局域网的安装和使用的便捷性吸引了很多用户
    D. 无线局域网在空气中传输数据,速度不限

15．下列关于 Internet 中主机、IP 地址和域名的叙述,错误的是_____。

A．一台主机只能有一个 IP 地址,与 IP 地址对应的域名也只能有一个

B．除美国以外,其他国家(地区)一般采用国家代码作为第 1 级(最高)域名

C．域名必须以字母或数字开头和结尾,整个域名长度不得超过 255 个字符

D．主机从一个网络移动到另一个网络时,其 IP 地址必须更换,但域名可以不变

三、填空题

1．现代通信技术的主要特征以数字技术为基础,以_____为核心。

2．通信中使用的传输介质分为有线介质和无线介质,有线介质有电话线、_____、同轴电缆和光纤等,无线介质有无线电波、微波、红外线和激光等。

3．数据传输过程中出错比特数占被传输比特总数的比率称为_____,它是衡量数据通信系统性能的一项重要指标。

4．Internet 主机上的域名和 IP 地址之间的一对一映射关系是通过_____服务器来实现的。

5．国际标准化组织(ISO)定义的开放系统互连(OSI)参考模型含有_____层。

6．IP 地址分为 A、B、C、D、E 五类。某 IP 地址二进制表示的最高 3 位为"110",则此 IP 地址为_____类地址。

7．TCP/IP 协议中的 IP 相当于 OSI/RM 中的_____层。

8．计算机网络中,互联的各种数据终端设备是按_____相互通信的。

9．网络互联的实质是把相同或异构的局域网与局域网、局域网与广域网、广域网与广域网连接起来,实现这种连接起关键作用的设备是_____。

四、简答题

1．通信系统的基本模型有哪 3 个要素?

2．传输介质与信道有什么区别与联系?常用的传输介质有哪些?

3．有哪些常用的交换技术?目前,计算机通信主要采用的是哪一种?

4．什么是多路复用技术?通信系统中为什么要使用多路复用技术?

5．为什么要将计算机连成网络?

6．计算机网络提供了哪些功能?你在网络上主要干些什么事情?

7．网络体系结构为什么要分层?

8．OSI/RM 和 TCP/IP 有什么区别和联系?Internet 采用的是什么体系结构?

9．传统以太网采用的是什么拓扑结构?

10．以太网的 MAC 地址是什么?网卡有哪些类型和功能?

11．交换机和集线器的区别是什么?

12．网络互联层采用的主要是什么协议?

13．IP 协议主要规定了哪些任务?

14．IPv4 的地址格式是怎样的?

15．路由器的主要功能是什么?

16．传输层主要负责什么任务?

17．传输层的协议主要有哪些?它们的主要区别是什么?

18．域名和 IP 地址有什么关系?DNS 是如何进行域名解析的?

19. 什么是网站和网页？什么是 URL？什么是 HTTP 协议？
20. 电子邮件由哪几部分组成？它是如何工作的？采用了哪些协议？
21. FTP 采用的是什么工作模式？
22. 下一代因特网有什么特点？
23. IPv4 和 IPv6 有什么区别？
24. 什么是移动互联网？
25. 什么是数据加密？主要有哪些加密体制？它们的主要区别是什么？
26. 什么是数字签名？你在哪些应用中用过数字签名？
27. 防火墙的主要作用是什么？

阅读材料：雪人计划

1958 年,美国高级研究计划局(ARPA)成立,其目的在于让美国在计算机科学研究方面保持全球领先的优势。1969 年,ARPA 创建了一个只有 4 台计算机的网络,这个网络就是 ARPANET,也就是我们今天互联网的前身。到 1977 年,该网络内的计算机达到了 111 台。1983 年,ARPANET 中和军事有关的部分被剥离并单独成立了 MILNET,最终成为了美国国防数据网络(DDN)的一部分,而非军用部分则逐渐演化发展成为今天的互联网。

中国于 1994 年正式获准接入国际互联网。计算机联网之后,需要给每台计算机分配一个唯一的地址,这就是"IP 地址"。IPv4 的地址采用 32 位长度,为了方便记忆,就给 IP 地址分配一个好记的名字——域名,使用 DNS(Domain Name System,域名系统)将域名自动"翻译"成相应的 IP 地址。可以说,DNS 一直在默默地承担互联网世界中"地图"的功能。换句话说,没有 DNS 的话整个互联网世界将会陷入一片"黑暗"的瘫痪状态中。

由于历史原因,美国对互联网中的域名和 DNS 拥有极大的控制权,并且美国政府也在过去的很多年里试图单方面对互联网进行管理。随着互联网越来越国际化,美国政府的这些企图遭到了其他国家和组织的反对,迫于舆论压力以及"棱镜门"事件的影响,近年来美国对互联网的直接管控在减弱,但依然还是通过各种方法控制和影响互联网的底层运行逻辑。

美国通过 DNS 中"根服务器"的数量限制拥有了互联网的主导权。"根服务器"负责互联网顶级的域名解析,被称为互联网的"中枢神经",也是互联网的基础设施。通俗地讲,哪个域名对应哪个 IP 地址,域名所有权等一系列互联网最核心的资源分配问题,在"根服务器上"有着"最终解释权"。在目前的 IPv4 的体系下,全世界只有 13 台根服务器(名字分别为"A"至"M")。其中,美国拥有 1 台主根服务器,在其余的 12 台辅根服务器中,其中 9 台部署在美国,2 台在欧洲(英国和瑞典),1 台在亚洲(日本)。由于技术限制,IPv4 中 DNS 协议使用的 UDP 数据包限制了最多只能有 13 台根服务器,使得中国从加入互联网的那一天起就处于被动的局面。从根服务器的分配不难看出,互联网的主导权本质上还是牢牢掌握在美国手里。

根服务器被国外许多计算机科学家称为"真理"。毫不夸张地说,根服务器就是互联网的命脉。如果这 13 台根服务器中的某一台或几台出现故障,或遭到黑客攻击而停止服务,则可能影响域名解析,并进而导致互联网的瘫痪。

没有根服务器对一个国家来说是一个巨大的安全风险。目前,美国掌握着全球互联网 13 台域名根服务器中的 10 台。理论上,只要在根服务器上屏蔽某个国家域名,就能让这个国家的国家顶级域名网站在网络上瞬间"消失"。

例如,2003 年的伊拉克、2004 年的利比亚战争期间,这些国家在互联网上消失了(利比亚消失了 3 天),人们无法访问伊拉克、利比亚境内的网站。而中国也就是在这个敏感时间,镜像(即复制)了一份根服务器上的数据,以保证国内互联网安全。虽然中国做出了诸多的努力,但这些措施还是只能保证"互联网中国部分"的安全,域名解析的结果最终还是有可能会汇总到根服务器上。也就是说,对中国互联网在中国以外的世界范围内的"断网"和"网络监控"风险依然无法完全排除。

之前提到的 13 台根服务器的限制,其实是基于一个前提,就是互联网运行在 IPv4 协议框架下。IPv4 是目前全球互联网最广泛使用的核心协议,IPv4 的地址采用 32 位长度,包含了大约 43 亿个 IP 地址。随着网络的普及,43 亿个 IP 地址是不够分的,而美国占据了 50% 以上的 IP 地址,而中国能获得的 IP 地址数量非常有限,目前只能使用"动态 IP""内网 IP"等方法进行技术上的妥协。

随着 IPv4 地址资源的耗尽,它的升级版本 IPv6 受到越来越多人的关注。IPv6 地址采用 128 位长度,地址容量达 2 的 128 次方,实际 IPv6 地址的数量接近于无限。与此同时,升级到 IPv6 协议以后,根服务器的数量终于可以突破 13 个的限制。中国必须抓住 IPv6 时代的机遇,将网络安全掌握在自己手中。

中国发起,多方参与的"雪人计划"。

在全球从 IPv4 向 IPv6 过渡的关键时间点上,由中国下一代互联网工程中心于 2015 年 6 月 23 日发起,联合日本 WIDE 机构(M 根运营者)、国际互联网名人堂入选者 Paul Vixiez(保罗·维克西)博士、互联网域名系统国家工程中心(ZDNS)等全球组织和个人共同创立和发起了"雪人计划"。

"雪人计划"(Yeti DNS Project)是基于全新技术架构的全球下一代互联网(IPv6)根服务器测试和运营实验项目,旨在打破现有的根服务器困局,为下一代互联网提供更多的根服务器解决方案。

2014 年,美国政府宣布,2015 年 9 月 30 日后,其商务部下属的国家通信与信息管理局(NTIA)与国际互联网名称与数字地址分配机构(ICANN)将不再续签外包合作协议,这意味着美国将移交对 ICANN 的管理权。"美国政府并不会真正放弃已在全球互联网事务中确立的优势地位。"

"雪人计划"由中国下一代互联网工程中心领衔发起,联合 WIDE 机构(现国际互联网 M 根运营者)等共同创立。2015 年 6 月底前,将面向全球招募 25 个根服务器运营志愿单位,共同对 IPv6 根服务器运营、域名系统安全扩展密钥签名和密钥轮转等方面进行测试验证。

"'雪人计划'是合适的也是可行的。"要真正实现全球互联网的多边共治还有很多工作要做。通过联合全球机构来做测试和试运营,扫清技术上的障碍,不仅可以争取更多支持者,还能推动在 IETF(国际互联网工程任务组)内相应的标准化进展。

截至 2017 年 8 月,25 台 IPv6 根服务器在全球范围内已累计收到 2391 个递归服务器的查询,主要分布在欧洲、北美和亚太地区,一定程度上反映出全球 IPv6 网络部署和用户发展情况。从流量看,IPv6 根服务器每日收到查询近 1.2 亿次。

2017 年 11 月 28 日,由下一代互联网国家工程中心牵头发起的"雪人计划"已在全球完成 25 台 IPv6(互联网协议第 6 版)根服务器架设,中国部署了其中的 4 台,由 1 台主根服务器和 3 台辅根服务器组成,打破了中国过去没有根服务器的困境。

在与现有 IPv4 根服务器体系架构充分兼容基础上,"雪人计划"于 2016 年在美国、日本、印度、俄罗斯、德国、法国等全球 16 个国家完成 25 台 IPv6 根服务器架设,事实上形成了 13 台原有根服务器加 25 台 IPv6 根服务器的新格局,为建立多边、民主、透明的国际互联网治理体系打下坚实基础。

"雪人计划"的主要目的是在 IPv6 的时代突破 13 台根服务器的限制,改变当前互联网"单边治理"的格局,引入更多根服务器运营者进行"多方共治",实现"同一个世界,同一个互联网"的愿景。

"雪人计划"其实是一个在测试环境中的"实验室"项目,它是一个暂时的、允许失败的前期技术测试项目。严格地来说,"雪人计划"甚至不能算作是"技术原型",更不是在生产环境中的"官方"根服务器部署。事实上,我国正在努力推进 IPv6 根服务器在中国的落地。"雪人计划"新增的 25 台 IPv6 根服务器的地位事实上要低于之前的 13 台 IPv4 根服务器。中国工程院院士邬贺铨表示,尚不明确 IPv6 主根服务器最终能否以及有多少可以建在国内。邬贺铨指出:"IPv4 的根服务器对 IPv6 的根服务器依然拥有解释权,所以即便未来中国有了 IPv6 的根服务器,也不意味着中国就能起到主导作用。"雪人计划"本身而言,并没有完全动摇美国在互联网中地位的根基。

虽然"雪人计划"只是一个测试计划,但是它具有重大意义。

(1) 通过联合全球机构来做测试和试运营,实际验证在 IPv6 协议下根服务器可以突破 13 台的限制,并且获得了第一手的运营、故障排查和维护的经验,扫清了技术上的障碍;截至 2017 年 8 月,"雪人计划"的根服务器流量在两年中增长了 20 倍,全球用户根服务器访问量达到 1.2 亿次每日。

(2) 在全世界范围内获得了一大批支持者,愿意一起在 IPv6 时代共同治理互联网,形成了打破互联网单边治理的"共识机制"。同时,这也是中国争取根服务器管理权行动的有意义的切入点。

(3) 当"雪人计划"结束,IPv6 时代真正来临时,如果美国依然想控制根服务器的话,中国已经完全有技术能力和影响力来召集众多"盟友"与之抗衡。事实上,美国已经意识到互联网单边管治的时代已经结束,很早就作为一分子参与了"雪人计划"的测试。

可以这么说,"雪人计划"是中国对下一代互联网战略基础设施的谋篇布局之作。

计算机新技术

 4.1　云计算

4.1.1　云计算概述

1. 云计算的产生

Google 公司首席执行官埃里克·施密特在 1993 年就预言道,"当网络的速度与微处理器一样快时,计算机就会虚拟化并通过网络传播"。在 20 世纪 90 年代,Sun 公司也提出了"网络就是计算机"的营销口号。当时提出这个预言式口号时,埃里克·施密特用了一个不同的术语来称呼万维计算机,称它是"云中的计算机"。可见,Google 公司在 2006 年提出"云计算"这个概念并不是偶然,"云"的思想早已存在。

当高高在上的大型计算机时代过去,个人计算机时代产生,再然后随着万维网和 Web 2.0 的产生使人类进入了前所未有的信息爆炸时代。面对这样的一个时代,摩尔定律也束手无策,无论是技术上还是经济上都没办法依靠硬件解决信息无限增长的趋势,面对如何低成本地、高效快速地解决无限增长的信息的存储和计算这一问题,云计算也就应运而生。云计算这个概念的直接起源来自 DELL 公司的数据中心解决方案、亚马逊 EC2 产品和 Google-IBM 分布式计算项目。DELL 公司从企业层次提出云计算。Amazon 公司 2006 年 3 月推出的 EC2 产品是现在公认的最早的云计算产品,当时被命名为 Elastic Computing Cloud,即弹性计算云。但是,Amazon 公司由于自身影响力有限,难以使云计算这个概念普及起来,云计算真正普及则是 2006 年 8 月 9 日,Google 公司首席执行官埃里克·施密特在搜索引擎大会上提出"云计算"(Cloud Computing)的概念。2007 年 10 月,Google 公司与 IBM 公司开始在美国大学校园内推行关于云计算的计划,通过该计划期望能减少分布式计算在学术探索所用各项资源的百分比,参与的高校有卡内基-梅隆大学、斯坦福大学等。

2. 云计算的概念

云计算是整合了集群计算、网格计算、虚拟化、并行处理和分布式计算的新一代信息技术,它是基于互联网的相关服务的增加、使用和交付模式,通常涉及通过互联网来提供动态易扩展且经常是虚拟化的资源。对云计算的定义有多种说法,常用的如下。

美国国家标准与技术研究院(NIST)定义:云计算是一种按使用量付费的模式,这种模式提供可用的、便捷的、按需的网络访问,进入可配置的计算资源共享池(资源包括网络、服务器、存储、应用软件、服务等),这些资源能够被快速提供,只需投入很少的管理工作,或与服务供应商进行很少的交互。

IBM 在其技术白皮书中指出:云计算一词描述了一个系统平台或一类应用程序,该平台可以根据用户的需求动态部署、配置等;云计算是一种可以通过互联网进行访问的可以扩展的应用程序。

进入云计算时代,就好比是从古老的单台发电机模式转向了电厂集中供电模式,计算资源可以像普通的水、电和煤气一样作为一种商品流通,随用随取,按需付费。唯一不同于传统资源的是,云计算是通过互联网进行传输的。

云计算不仅能使企业用户受益,同时也能使个人用户受益。首先,在用户体验方面,对个人用户来说,在云计算时代会出现越来越多的基于互联网的服务,这些服务丰富多样、功能强大、随时随地接入,无须购买、下载和安装任何客户端,只需要使用浏览器就能轻松访问,也无须为软件的升级和病毒的感染操心;对企业用户而言,则可以利用云计算技术优化其现有的IT 服务,使现有的IT 服务更可靠、更自动化,更可以将企业的IT 服务整体迁移到云上,使企业卸下维护IT 服务的重担,从而更专注其主营业务。此外,云计算更是可以帮助用户节省成本,个人利用云计算可以免去购买昂贵的硬件设施或者是不断升级计算机配置;而企业用户则是可以省去一大笔IT 基础设施的购买成本和维护成本。

3. 云计算的特点

云计算具有如下特点。

(1)超大规模。云计算通常需要数量众多的服务器等设备作为基础设施。例如,Google拥有100 多万台服务器,Amazon、IBM 和 Microsoft 等公司的云计算也都有数十万台服务器。

(2)虚拟化。虚拟化是云计算的底层技术之一,用户所请求的资源都来自云端,而非某些固定的有形实体。

(3)高可靠性。云计算中心在软硬件层面采用了诸如数据多副本容错、心跳检测和计算节点同构可互换等措施来保障服务的高可靠性,使用云计算比使用本地计算更加可靠。

(4)伸缩性。云计算的设计架构可以使得计算机节点在无须停止服务的情况下随时加入或退出整个集群,从而实现伸缩性。

(5)按需服务。"云"相当于一个庞大的资源池,用户根据自己的需要使用资源,并像水、电一样按照使用量计费。

(6)多租户。云计算采用多租户技术,使得大量租户能够共享同一堆栈的软硬件资源,每个租户按需使用资源并且不影响其他用户。

(7)规模化经济。由于云计算通常拥有较大规模,云计算服务提供商可使用多种资源调度技术来提高系统资源利用率,从而能够降低使用成本,实现规模化经济。

4. 云计算基本原理

云计算的基本原理是把计算任务部署在"超大规模"的数据中心,而不是本地计算机或远程服务器上。用户根据需求访问数据中心,云计算自动将资源分配到所需的应用上。云计算的常用的服务方式是:用户利用多种终端设备(如PC、笔记本电脑、智能手机或者其他智能终端)连接到网络,通过客户端界面连接到"云";"云"端接受请求后对数据中心的资源进行优化及调度,通过网络为"端"提供服务。"端"即客户端,指的是用户接入"云"的终端设备,可以是笔记本电脑、智能手机或其他能够完成信息交互的设备；"云"指的是在云计算基地把大量的计算机和服务器连在一起形成的基础设施中心、平台和应用服务器等。云计算的服务类型包括软件和硬件基础设施、平台运行环境和应用。

4.1.2 云计算的分类

关于云计算的分类，主要有两种分法：按服务模式和按部署模式。

1. 按服务模式分类

从云计算的服务模式看，云计算架构自底向上主要分为基础设施即服务（Infrastructure as a Service，IaaS）、平台即服务（Platform as a Service，PaaS）和软件即服务（Software as a Service，SaaS）3 种，如图 4-1 所示，它们分别为客户提供构建云计算的基础设施、云计算操作系统、云计算环境下的软件和应用服务。

图 4-1 云计算架构图

（1）IaaS：IaaS 将硬件设备等基础资源封装成服务供用户使用。在 IaaS 环境中，用户相当于在使用裸机和磁盘，既可以让它运行 Windows，也可以让它运行 Linux。IaaS 最大的优势在于它允许用户动态申请或释放节点，按使用量计费。而 IaaS 是由公众共享的，因而具有更高的资源使用效率。

（2）PaaS：PaaS 提供用户应用程序的运行环境，典型的如 Google App Engine。PaaS 自身负责资源的动态扩展和容错管理，用户应用程序不必过多考虑节点间的配合问题。但与此同时，用户的自主权降低，必须使用特定的编程环境并遵照特定的编程模型，只适用于解决某些特定的计算问题。

（3）SaaS：SaaS 针对性更强，它将某些特定应用软件功能封装成服务。SaaS 既不像 PaaS 一样提供计算或存储资源类型的服务，也不像 IaaS 一样提供运行用户自定义应用程序的环境，它只提供某些专门用途的服务供应用调用。

2. 按部署模式分类

云计算在很大程度上是从作为内部解决方案的私有云发展而来的。数据中心最早探索的应用，包括虚拟、动态、实时分享等特点的技术，是以满足内部的应用需求为目的，随着技术发展和商业需求才逐步考虑对外租售计算能力形成公共云。因此，从部署模式来看，云计算主要分为私有云、公共云、混合云和行业云 4 种形态。

1) 公有云

公有云也称外部云。这种模式的特点是,由外部或者第三方提供商采用细粒度(细粒度直观地说就是划分出很多对象)、自服务的方式在 Internet 上通过网络应用程序或者 Web 服务动态提供资源,而这些外部或者第三方提供商基于细粒度和效用计算方式分享资源和费用。

2) 私有云

私有云的云基础设施由一个单一的组织部署和独占使用,适用于多个用户(如事业部)。私有云对数据、安全性和服务质量的控制较为有效,相应地,企业必须购买、建造以及管理自己的云计算环境。在私有云内部,企业或组织成员拥有相关权限可以访问并共享该云计算环境所提供的资源,而外部用户则不具有相关权限而无法访问该服务。

3) 混合云

顾名思义,混合云就是将公有云和私有云结合到一起,用户可以在私有云的私密性和公有云的灵活性和价格高低之间自己做出一定的权衡。在混合云中,每种云仍然保持独立,但是用标准的或专有的技术将它们组合起来,可以让它们具有数据和应用程序的可移植性。

4) 行业云

行业云主要指的是专门为某个行业的业务设计的云,并且开放给多个同属这个行业的企业。行业云可以由某个行业的领导企业自主创建一个行业云,并与其他同行业的公司分享,也可以由多个同类型的企业联合创建和共享一个云计算中心。

4.1.3　云计算的关键技术及存在的问题

1. 云计算的关键技术

云计算是以数据为中心的一种数据密集型的超级计算,其关键技术有编程模式、虚拟化技术、海量数据存储和管理技术、云计算平台管理技术。

1) 编程模式

为了高效利用云计算的资源,使用户能更轻松地享受云计算带来的服务,云计算的编程模型必须保证后台复杂的并行执行和任务调度向用户和编程人员透明,云计算中的编程模式也应该尽量方便简单。Google 公司开发的 MapReduce 的编程模式是如今最流行的云计算编程模式,MapReduce 的思想是:通过 Map 映射将任务进行分解并分配,通过 Reduce 映射将结果归约汇总输出,后来的 Hadoop 是 MapReduce 的开源实现,目前已经得到 Yahoo!、Facebook 和 IBM 等公司的支持。

2) 虚拟化技术

虚拟化是实现云计算重要的技术设施。虚拟化是一种调配计算资源的方法,它将系统的不同层面,如硬件、软件、数据、网络、存储等一一隔离开,从而打破了数据中心、服务器存储、网络、数据和应用中的物理设备之间的划分,实现了架构动态化,并达到集中管理和动态使用物理资源及虚拟资源,以提高系统结构的弹性和灵活性,降低成本,改进服务,减少管理风险等目的。

3) 海量数据存储和管理技术

云计算的一大优势就是能够快速、高效地处理海量数据。在数据爆炸的当今时代,这点至关重要。为了保证数据的可靠性,云计算通常会采用分布式数据存储技术,将数据存储在不同的物理设备中。目前,云计算的数据存储技术主要有 Google 的非开源 GFS(Google File

System)和 Hadoop 团队开发的开源 HDFS(Hadoop Distributed File System)。

云计算系统需要对大数据集进行处理、分析,向用户提供高效的服务,因此数据管理技术也必须能够对大量数据进行高效的管理。现在的数据管理技术中,Google 的 BigTable 数据管理技术和 Hadoop 团队开发的开源数据管理模块 HBase 是业界比较典型的大规模数据管理技术。BigTable 是非关系数据库,是一个分布式的、持久化存储的多维度排序 Map。HBase 不同于一般的关系数据库,它是一个适合非结构化数据存储的数据库;另一个不同的是 HBase 是基于列的而不是基于行的模式。作为高可靠性分布式存储系统,HBase 在性能和可伸缩方面都有比较好的表现。利用 HBase 技术可在廉价 PC Server 上搭建起大规模结构化存储集群。

4) 云计算平台管理技术

采用了分布式存储技术存储数据,云计算自然也要引入分布式资源管理技本。在多点并发执行环境中,分布式资源管理系统是保证系统状态正确性的关键技术。系统状态需要在多个节点之间同步,并且在单个节点出现故障时,系统需要有效的机制保证其他节点不受影响。而分布式资源管理系统恰恰是这样的技术,它是保证系统状态的关键。Google 公司的 Chubby 是最著名的分布式资源管理系统。

2. 云计算存在的问题

1) 数据隐私问题

如何保证存放在云服务提供商的数据隐私不被非法利用,不仅需要技术的改进,也需要法律的进一步完善。

2) 数据安全性

有些数据是企业的商业机密,数据的安全性关系到企业的生存和发展。云计算数据的安全性问题解决不了会影响云计算在企业中的应用。

3) 用户的使用习惯

如何改变用户的使用习惯,使用户适应网络化的软硬件应用是长期而且艰巨的挑战。

4) 网络传输问题

云计算服务依赖网络,网速低且不稳定,使云应用的性能不高。云计算的普及依赖网络技术的发展。

5) 缺乏统一的技术标准

云计算的美好前景让传统 IT 厂商纷纷向云计算方向转型。但是,由于缺乏统一的技术标准,尤其是接口标准,各厂商在开发各自产品和服务的过程中各自为政,这为将来不同服务之间的互联互通带来严峻挑战。

6) 能耗问题

如今,成千上万的云数据中心遍布全球。云数据中心有成千上万个服务器,这些服务器可以说是每周 7 天、每天 24 小时不停运转,维持这些巨大的服务器的运转以及为其降温都将耗费大量的能源。据统计,如果将全球的数据中心整体看成一个"国家"的话,那么它的总耗电量将在世界国家中排名第 15 位。在云计算的发展中,如何缓解能耗问题,使云计算朝"绿色云"的方向发展,是急需解决的一个问题。

4.2　人工智能

4.2.1　什么是人工智能

人工智能(Artificial Intelligence,AI)是计算机学科的一个分支,近三十年来获得了迅速的发展,在很多学科领域都有广泛的应用,并取得了丰硕的成果。人工智能的定义可以分为两部分,即"人工"和"智能"。"人工"比较好理解,争议不大。关于什么是"智能",就问题多多了。人唯一了解的智能是人本身的智能,但是人们对自身智能的理解非常有限,所以很难定义什么是"人工"制造的"智能"。

目前,人工智能领域分"强人工智能"和"弱人工智能"两个流派。强人工智能观点认为有可能制造出真正能推理(Reasoning)和解决问题(Problem Solving)的智能机器,并且这样的机器是有知觉的,有自我意识的。而弱人工智能观点则认为不可能制造出能真正推理和解决问题的智能机器,这些机器只不过看起来像是智能的,但是并不真正拥有智能,也不会有自主意识。主流科研集中在弱人工智能,并且这一研究领域已经取得了可观的成就。而强人工智能的研究则处于停滞不前的状态。

关于什么是人工智能,一个比较流行的定义是由约翰·麦卡锡(John McCarthy)提出的:"人工智能就是要让机器的行为看起来就像是人所表现出来的智能行为一样。"

尼尔逊教授则对人工智能下了这样一个定义:"人工智能是关于知识的学科——怎样表示知识以及怎样获得知识并使用知识的科学。"

而美国麻省理工学院的温斯顿教授认为:"人工智能就是研究如何使计算机去做过去只有人才能做的智能工作。"

这些说法反映了人工智能学科的基本思想和基本内容,即人工智能是研究人类智能活动的规律,构造具有一定智能的人工系统,研究如何让计算机去完成以往需要人的智力才能胜任的工作,也就是研究如何应用计算机的软硬件来模拟人类某些智能行为的基本理论、方法和技术。

4.2.2　人工智能的研究途径

由于对人工智能本质的理解不同,形成了人工智能多种不同的研究途径,没有统一的原理或范式指导人工智能研究。在许多问题上,研究者都存在争论。人工智能就其本质而言,是对人的思维模拟。对人的思维模拟有两条道路:一是结构模拟,即仿照人脑的结构机制,制造出"类人脑"的机器;二是功能模拟,即暂时撇开人脑的内部结构,而从功能上进行模拟。

1. 大脑模拟

20 世纪 40 年代到 20 世纪 50 年代,许多研究者探索神经病学、信息理论及控制论之间的联系,甚至有些还造出了使用电子网络构造的初步智能。但是到了 20 世纪 60 年代,大部分人都已经放弃了这个方法,尽管在 20 世纪 80 年代又有人再次提出这些原理。

2. 符号处理

20 世纪 50 年代,数字计算机研制成功,研究者开始探索人类智能是否能简化成符号来进行处理。20 世纪 60 年代～20 世纪 70 年代的研究者相信符号方法最终可以成功创造强人工智能的机器。

认知模拟经济学家赫伯特·西蒙和艾伦·纽厄尔研究人类问题的解决能力,并尝试将其形式化,为人工智能的基本原理打下了基础。他们使用心理学实验的结果开发模拟人类解决问题方法的程序。这种方法一直在卡内基-梅隆大学沿袭下来,并在20世纪80年代发展到高峰。

而约翰·麦卡锡认为机器不需要模拟人类的思想,应尝试找到抽象推理和解决问题的本质。他在斯坦福大学的实验室致力于使用形式化逻辑解决多种问题,包括知识表示、智能规划和机器学习。

斯坦福大学的研究者主张不存在简单和通用的原理能够达到所有的智能行为。因为他们发现要解决计算机视觉和自然语言处理的困难问题,需要专门的方案,几乎每次都要编写一个复杂的程序。

在20世纪70年代出现了大容量内存计算机,研究者开始把知识构造成应用软件。这场"知识革命"促成了专家系统的开发与实现,这是第一个成功的人工智能软件形式。人们意识到原来许多简单的人工智能软件可能需要大量的知识。

3. 子符号法

20世纪80年代,符号人工智能停滞不前,很多人认为符号系统永远不可能模仿人类所有的认知过程,特别是感知、机器人、机器学习和模式识别。研究者开始关注子符号方法解决特定的人工智能问题。他们专注于机器人移动和求生等基本的工程问题,提出在人工智能中使用控制理论。20世纪80年代,David Rumelhart等再次提出神经网络和联接主义。其他的子符号方法,如模糊控制和进化计算,都属于计算智能学科研究范畴。

4. 统计学法

20世纪90年代,人工智能研究发展出使用复杂的数学工具来解决特定的分支问题。这些工具是真正的科学方法,结果是可测量和可验证的。不过有人批评这些技术太专注于特定的问题,没有考虑长远的强人工智能目标。

5. 集成方法

研究人工智能时人们常用到的一个术语 Agent,是指能感知环境并做出行动以达到目标的系统。最简单的智能 Agent 是那些可以解决特定问题的程序。一个解决特定问题的 Agent 可以使用任何可行的方法,有些 Agent 用符号方法和逻辑方法,有些则是子符号神经网络或其他新的方法。Agent 体系结构和认知体系结构研究者设计了一些系统来处理多 Agent 系统中智能 Agent 之间的相互作用。包含符号和子符号部分的系统被称为混合智能系统,对这种系统的研究就是人工智能系统的集成。

4.2.3 人工智能的研究目标

人工智能的研究目标可分为近期目标和远期目标两个阶段。

人工智能近期目标的中心任务是研究如何使计算机去做那些过去只有靠人的智力才能完成的工作。根据这个近期目标,人工智能主要研究如何依赖现有计算机去模拟人类某些智力行为的基本理论、基本技术和基本方法。

探讨智能的基本机理,研究如何利用自动机去模拟人的某些思维过程和智能行为,最终造出智能机器,这可以作为人工智能的远期目标。

这里所说的自动机并非常规的冯·诺依曼机,因为它的出现并非为人工智能而设计。常规计算机处理的是数据世界中的问题,而人工智能面对的是事实世界和知识世界。人工智能研究的远期目标的实体是智能机器,这种机器能够在现实世界中模拟人类的思维行为,高效率地解决问题。

从研究的内容出发,李艾特和费根鲍姆提出了人工智能的 9 个终极目标。

(1) 理解人类的认识。研究人如何进行思维,而不是研究机器如何工作。应尽量深入了解人的记忆、问题求解能力、学习能力和一般的决策等过程。

(2) 有效的自动化。在需要智能的各种任务上可以用机器取代人,建立执行起来和人一样好的程序。

(3) 有效的智能拓展。有助于使人们的思维更富有成效、更快、更深刻、更清晰。

(4) 超人的智力。建立超过人性能的程序。越过了这一知识阈值,就可以导致制造业的革新、理论上的突破、超人的教师和非凡的研究人员等。

(5) 通用问题求解。目标是可以使程序能够解决或至少能够尝试其范围之外的一系列问题,包括过去从未听说过的领域。

(6) 连贯性交谈。类似于图灵测试,可以令人满意地与人交谈,交谈使用完整的句子,句子使用的是人类的语言。

(7) 自治。要求能主动在现实世界中完成任务。现实世界永远比模型复杂得多,因此它是测试智能程序的唯一公正手段。

(8) 学习。要求能将经验进行概括,成为有用的观念、方法、启发性知识,并能以类似方式进行推理。

(9) 存储信息。要求有一个类似百科全书式的知识库,存储大量的知识。

总之,无论是人工智能研究的近期目标,还是远期目标,摆在我们面前的任务十分艰巨,还有很长一段道路要走。

4.2.4　人工智能的研究领域

在人工智能学科中,按照所研究的课题、研究的途径和采用的技术考虑,它所包括的研究领域有模式识别、问题求解、自然语言理解、自动定理证明、机器视觉、自动程序设计、专家系统、机器学习、机器人等。本节将介绍这些领域所涉及的一些基本概念和基本原理。

1. 模式识别

模式识别(Pattern Recognition)是人工智能最早研究的领域之一。它是利用计算机对物体、图像、语音、字符等信息模式进行自动识别的科学。

1) 模式识别的过程

模式识别的过程一般包括对待识别事物进行样本采集、信息的数字化、数据特征的提取、特征空间的压缩以及提供识别准则等,如图 4-2 所示。

图 4-2 中,虚线下方是学习训练过程,上方是识别过程。在学习训练过程中,首先将已知的模式样本数值化后送入计算机,然后对这些数据进行分析,去掉对分类无效或可能引起混淆的特征数据,尽量保留对分类判别有效的数值特征,这个过程称为特征选择。有时,还得采用某种变换技术,得到数量比原来少的综合性特征,这一过程称为特征空间压缩,或者特征提取。接着按设定分类判别的数学模型进行分类,并将分类结果与已知类别的输入模式进行对比,不断修改,制定错误率最小的识别准则。

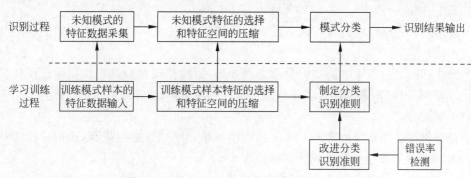

图 4-2　模式识别的过程

2）模式识别的分类

模式识别常用的方法有统计决策法与句法方法、监督分类法与无监督分类法、参数法与非参数法等。

（1）统计决策法与句法方法。

统计决策法是利用概率统计的方法进行模式识别。它首先对已知样本模式进行学习，通过样本特征建立判别函数。当给定某一待分类模式特征后，根据落在特征超平面上判别函数的哪一侧来判断它属于哪个类型。

句法方法也称为结构法。它把模式分解为若干简单元素，然后用特殊文法规则描述这些元素之间的结构关系。不同的模式对应着不同的结构。句法方法适合结构明显、噪声较少的模式识别，如文字、染色体、指纹等的识别。

（2）监督分类法与非监督分类法。

所谓的分类问题就是把特征空间分割成对应不同类别的互不相容的区域，每个区域对应一个特定的模式类，不同类别间的界面用判别函数来描述。

监督分类和无监督分类的主要差别在于：各实验样本所属的类别是否预先已知。一般说来，监督分类往往需要提供大量已知类别的样本，但在实际问题中，这是存在一定困难的，因此研究无监督分类就显得十分必要。

无监督分类又叫聚类分析。聚类是将数据分类到不同的类或者簇中，同一个簇中的对象有很大的相似性，而不同簇间的对象有很大的相异性。聚类分析是一种探索性的分析，在分类过程中，人们不必事先给出一个分类标准，聚类分析能够从样本数据出发，自动进行分类。因此，聚类分析所使用方法的不同，常常会得到不同的结论。

（3）参数法与非参数法。

参数法又称参数估计法。当模式样本的类概率密度函数的形式已知，或者从提供的作为设计分类器用的训练样本能估计出类概率密度函数的近似表达式的情况下，使用的一种模式识别方法。参数估计法中最常用的方法是最大贝叶斯估计和最大似然估计。

如果样本的数目太少，难以估计出概率密度函数，这时就要使用非参数估计法。非参数估计方法常用的有 k-最近邻判定规则。其基本思想是直接按 k 个最近邻样本的不同类别分布，将未知类别的特征向量分类。

2. 问题求解

问题求解（Problem Solving）是指通过搜索的方法寻找问题求解操作的一个合适序列，以满足问题的要求。问题求解的基本方法有状态空间法和问题归纳法。一般情况下，问题求解程序由三部分组成。

（1）数据库。数据库中包含与具体任务有关的信息,这些信息描述了问题的状态和约束条件。

（2）操作规则。数据库中的知识是叙述性知识,而操作规则是过程性知识。操作规则由条件和动作两部分组成,条件给定了操作适应性的先决条件,动作描述了由于操作而引起的状态中某些分量的变化。

（3）控制策略。控制策略确定了求解过程中应采用哪一条适用规则,适用规则指从规则集合中选择出的最有希望导致目标状态的操作。

问题求解的状态空间法通常是一种搜索技术。常见的搜索策略有：深度优先法、广度优先法、爬山法、回溯策略、图搜索策略、启发式搜索策略、与或图搜索和博弈树搜索等。

3. 自然语言处理

自然语言处理(Natural Language Processing)俗称人机对话,是计算机科学领域与人工智能领域中的一个重要方向。研究用电子计算机模拟人的语言交际过程,使计算机能理解和运用人类社会的自然语言,如汉语、英语等,实现人机之间的自然语言通信,以代替人的部分脑力劳动,包括查询资料、解答问题、摘录文献、汇编资料,以及一切有关自然语言信息的加工处理。

语言是人类区别其他动物的本质特性。人类的逻辑思维以语言为形式,人类的绝大部分知识也是以语言文字的形式记载和流传下来的。因而,它也是人工智能的一个重要部分。自然语言处理大体包括了自然语言理解和自然语言生成两个部分。历史上对自然语言理解研究得较多,而对自然语言生成研究得较少。但这种状况近年来已有所改变。

无论实现自然语言理解,还是自然语言生成,都远不如人们原来想象的那么简单,而是十分困难的。造成困难的根本原因是自然语言文本和对话的各个层次上,广泛存在的各种各样的歧义性或多义性。消除歧义需要大量的知识和推理,这给基于语言学的方法、基于知识的方法带来了巨大的困难。

目前,自然语言理解已经取得了一定的成果,分为语音理解和书面理解两方面。

（1）语音理解。用口语语音输入,使计算机"听懂"语音信号,用文字或语音合成输出应答。方法是先在计算机里存储某些单词的声学模式,用它来匹配输入的语音信号,称为语音识别。这只是一个初步的基础,还不能达到语音理解的目的。20 世纪 70 年代中期以后有所突破,建立了一些实验系统,能够理解连续语音的内容,但是仅限于少数简单的语句。

（2）书面理解。用文字输入,使计算机"看懂"文字符号,也用文字输出应答。这方面的进展较快,目前已能在一定的词汇、句型和主题范围内查询资料、解答问题、阅读故事、解释语句等,有的系统已付诸应用。书面理解的基本方法是：在计算机里存储一定的词汇、句法规则、语义规则、推理规则和主题知识。语句输入后,计算机从左到右逐词扫描,根据词典辨认每个单词的词义和用法；根据句法规则确定短语和句子的组合；根据语义规则和推理规则获取输入句的含义；查询知识库,根据主题知识和语句生成规则组织应答输出。目前已建成的书面理解系统应用了各种不同的语法理论和分析方法,如生成语法、系统语法、格语法、语义语法等,都取得了一定的成效。

4. 自动定理证明

自动定理证明(Automatic Theorem Proving)是人工智能研究领域中的一个非常重要的课题,其任务是对数学中提出的定理或猜想寻找一种证明或反证的方法。许多非数学领域的问题,如医疗诊断、信息检索、规划制定和难题求解等,都可以像定理证明问题那样进行形式化,从而转化为一个定理证明问题。

自动定理证明的方法通常有自动演绎法、决策过程法和定理证明器。

1)自动演绎法

自动演绎法是自动定理证明最早使用的一种方法。纽厄尔(Newell)、肖(Shaw)和西蒙(Simon)使用一个称为"逻辑机器"的程序,证明了罗素、怀德海所著《数学原理》一书中的许多定理。该程序采用"正向链"推理方法,其基本思想是依据推理规则,从前提出发向后推理,可得出多个定理,如果待证明的定理在其中,则定理得证。

吉勒洛特(Gelernter)等提出了一个称为"几何机器"的程序,能够做一些中学的几何题,速度与学生相当。该程序采用"反向链"推理方法,其基本思想是从目标出发向前推理,依靠公式产生新的子目标,这些子目标逻辑蕴含了最终目标。

2)决策过程法

决策过程是指判断一个理论中某个公式的有效性。依沃(Eevvo)等提出了使用集合理论的决策过程;尼尔逊等提出了带有不解释函数符号的等式理论决策过程;我国著名的数学家、计算机科学家吴文俊教授提出了关于平面几何和微分几何定理的机器证明方法。

吴文俊方法的基本思想是:首先将几何问题代数化,通过引入坐标,把有关的假设和求证部分用代数关系式表述;然后处理表示代数关系的多项式,把判定多项式中的坐标逐个消去,如果消去后结果为零,那么定理得证,否则再进一步检查。这个算法已在计算机上证明了不少难度相当高的几何问题,被认为是当时定理证明和决策中最好的一种方法。

3)定理证明器

定理证明器是研究一切可判定问题的证明方法。它的基础是鲁滨逊(Robinson)提出的归结原理。用归结原理形式化的逻辑里,没有公理,只有一条使用合一替换的推导规则,这样一个简洁的逻辑系统是谓词演算的一个完备系统。也就是说,任意一个恒真的一阶公式,在鲁滨逊的逻辑系统中都是可证的。

归结原理的成功吸引了许多研究者投入对归结原理的改进中。每种改进都有自己的优点,出现了如超归结、换名归结、锁归结、线性归结等各种改进方法。

5. 机器视觉

机器视觉(Machine Vision)是人工智能正在快速发展的一个分支。机器视觉系统最基本的特点就是提高生产的灵活性和自动化程度。在一些不适于人工作业的危险工作环境或者人工视觉难以满足要求的场合,常用机器视觉来替代人工视觉。同时,在大批量重复性工业生产过程中,用机器视觉检测方法可以大大提高生产的效率和自动化程度。

机器视觉的研究是从20世纪60年代中期关于理解多面体组成的积木世界研究开始的。当时运用的预处理、边缘检测、轮廓线构成、对象建模、匹配等技术,后来一直在机器视觉领域中被应用。用边缘检测技术来确定轮廓线,用区域分析技术将图像划分为由灰度相近的像素组成的区域,这些技术统称为图像分割。其目的在于用轮廓线和区域对所分析的图像进行描述,以便同机内存储的模型进行比较匹配。

20世纪70年代,机器视觉形成了几个重要的研究分支:①目标制导的图像处理;②图像处理和分析的并行算法;③从二维图像提取三维信息;④序列图像分析和运动参量求值;⑤视觉知识的表示;⑥视觉系统的知识库等。

由于机器视觉系统可以快速获取大量信息,而且易于自动处理,也易于同设计信息以及加工控制信息集成,因此,在现代自动化生产过程中,人们将机器视觉系统广泛用于工况监视、成品检验和质量控制等领域。

例如,汽车车身检测系统是机器视觉系统用于工业检测中的一个较为典型的例子。英国ROVER汽车公司应用检测系统以每40秒检测一个车身的速度,检测3种类型的车身关键部分的尺寸,如车身整体外形、门、玻璃窗口等,测量精度为±0.1mm。实践证明,该系统是成功的。

再如,智能交通管理系统通过在交通要道放置摄像头,当有违章车辆(如闯红灯)时,摄像头将车辆的牌照拍摄下来,传输给中央管理系统,系统利用图像处理技术,对拍摄的图片进行分析,提取出车牌号,存储在数据库中,供管理人员进行检索。

此外,还有自动光学检查、人脸识别、无人驾驶汽车、产品质量等级分类、印刷品质量自动化检测、文字识别、纹理识别、追踪定位等机器视觉图像识别的应用。可以预期的是,随着机器视觉技术自身的成熟和发展,它将在现代和未来制造企业中得到越来越广泛的应用。

6. 自动程序设计

自动程序(Automatic Programming)设计是采用自动化手段进行程序设计的技术和过程,其目的是提高软件生产率和软件产品质量。由于编制和调试程序是一件费时费力的烦琐工作,为了摆脱这种状况,就要从软件开发技术方面寻找出路。可以说,人工智能是解决自动程序设计方面问题的一个良好方案。

从技术方面来看,自动程序设计的实现途径可归结为演绎综合、程序转换、实例推广以及过程实现4种。

(1)演绎综合。演绎综合的理论基础是数学定理的构造式证明可等价于程序推导。对要生成的程序,用户给出它的输入输出数据必须满足的条件,条件以某种形式语言(如谓词演算)陈述。对于所有这些满足条件的输入,要求定理证明程序证明存在一个满足输出条件的输出,从该证明中析取出欲生成的程序。这一途径的优点是理论基础坚实,但迄今只析取出一些较小的样例,较难用于较大规模的程序。

(2)程序转换。将一个规格说明或程序转换成另一功能等价的规格说明或程序。从抽象级别的异同来看,可分为纵向转换和横向转换。纵向转换是由抽象级别较高的规格说明或程序转换成与之功能等价的抽象级别较低的规格说明或程序;横向转换是在相同抽象级别上的规格说明或程序间的功能等价转换。

(3)实例推广。借助反映程序行为的实例来构造程序,一般有两种方法。一种是输入输出对法:借助给出的一组输入输出对,逐步导出适用一类问题的程序。另一种是部分程序轨迹法:通过所给实例的运行轨迹,逐步导出程序。这一途径的思想比较诱人,为用户所称道,但欲归纳出一定规模的程序,难度颇大。

(4)过程实现。在对应规格说明中的各个成分,其转换目标的相应成分明确,而且在相应的转换映射也明确的前提下,该映射可借助过程来实现。这一途径的实现效率较高,困难点在于从非算法性成分到算法性成分的转换。因此,采用这一途径的系统一般自动化程度不高,很难实现从功能规格说明到可执行程序代码的自动转换。

自动程序设计所涉及的基本问题与定理证明和机器人学有关,它是软件工程和人工智能相结合的产物。

7. 专家系统

专家系统(Expert System)是一个具有大量专门知识与经验的程序系统,它应用人工智能技术和计算机技术,根据某领域一个或多个专家提供的知识和经验,进行推理和判断,模拟人类专家的决策过程,以便解决需要人类专家处理的复杂问题。简而言之,专家系统是一种模拟人类专家解决领域问题的计算机程序系统。

专家系统通常由知识库、推理机、人机交互界面、综合数据库、解释器、知识获取 6 个部分构成,其结构如图 4-3 所示。

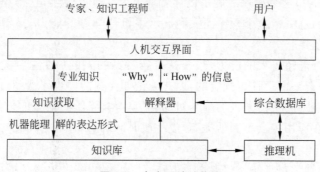

图 4-3　专家系统结构图

(1) 知识库。知识库用于存放专家提供的知识,是专家系统质量是否优越的关键所在。知识库中知识的质量和数量决定着专家系统的质量水平。一般来说,专家系统中的知识库与专家系统程序是相互独立的,用户可以通过改变、完善知识库中的知识内容来提高专家系统的性能。

(2) 推理机。推理机针对当前问题的条件或已知信息,反复匹配知识库中的规则,获得新的结论,以得到问题求解结果。推理机就如同专家解决问题的思维方式,知识库是通过推理机来实现其价值的。

(3) 人机交互界面。人机交互界面是系统与用户进行交流时的界面。通过该界面,用户输入基本信息、回答系统提出的相关问题,并输出推理结果及相关的解释等。

(4) 综合数据库。综合数据库专门用于存储推理过程中所需的原始数据、中间结果和最终结论,往往是作为暂时的存储区。

(5) 解释器。解释器能够根据用户的提问,对结论、求解过程做出说明,因而使专家系统更具有人情味。

(6) 知识获取。知识获取是专家系统知识库是否优越的关键,也是专家系统设计的"瓶颈"问题。通过知识获取,可以扩充和修改知识库中的内容,也可以实现自动学习功能。

下面介绍 3 个著名的专家系统。

Dendral 系统根据质谱仪所产生的数据,不仅可以推断出确定的分子结构,还可以说明未知分子的谱分析。据说该系统已经达到化学博士的水平。

Mycin 是第一个功能较全的医疗诊断专家系统。该系统可以在不知道原始病原体的情况下,判断如何用抗生素来处理败血病患者。只要输入患者的症状、病史和化验结果,系统就可以根据专家知识和输入的资料判断是什么病菌引起的感染,并提出治疗方案。

Siri 是一个通过辨识语音作业的专家系统,由 Apple 公司收购并且推广到自家产品内作为个人秘书功能。

8. 机器学习

机器学习(Machine Learning)专门研究计算机怎样模拟或实现人类的学习行为,以获取新的知识或技能,重新组织已有的知识结构使之不断改善自身的性能。它是人工智能的核心,是使计算机具有智能的根本途径,其应用遍及人工智能的各个领域。对机器学习的讨论和机器学习研究的进展,将促使人工智能和整个科学技术的进一步发展。

这里所说的"机器",指的是计算机。机器能否像人类一样具有学习能力? 1959 年,美国的塞缪尔(Samuel)设计了一个下棋程序,这个程序具有学习能力,它可以在不断的对弈中改善自己的棋艺。4 年后,这个程序战胜了设计者本人。又过了 3 年,这个程序战胜了美国一个保持 8 年常胜不败的冠军。这个程序向人们展示了机器学习的能力,提出了许多令人深思的社会问题与哲学问题。

机器的能力是否能超过人的能力,很多持否定意见的人的一个主要论据是:机器是人造的,其性能和动作完全是由设计者规定的,因此无论如何其能力也不会超过设计者本人。这种意见对不具备学习能力的机器来说的确是对的,可是对具备学习能力的机器就值得考虑了,因为这种机器的能力在应用中会不断地提高,过一段时间之后,设计者本人也不知它的能力会到何种水平。

目前,常用的机器学习方法主要有以下方法。

(1) 决策树学习。根据数据属性,采用树状结构建立决策模型。常用来解决分类和回归问题。

(2) 关联规则学习。关联规则学习是一种用来在大型数据库中发现变量之间的有趣联系的方法。

(3) 人工神经网络。人工神经网络简称神经网络,计算结构是由联结的人工神经元所构成的,通过联结的方法来传递信息和计算。它们在输入和输出之间模拟复杂关系,找到数据中的关系,或者在观测变量中从不知道的节点捕获统计学结构。

(4) 深度学习。深度学习由人工神经网络中的多个隐藏层组成。这种方法试图去模拟人脑的过程,该方法成功的应用主要在计算机视觉和语言识别领域。

(5) 支持向量机。支持向量机是关于监督学习在分类和回归上的应用。给出训练样本的数据集,可以用来预测一个新的样本是否进入一个类别或者是另一个类别。

(6) 贝叶斯网络。贝叶斯网络通过有向无环图代表了一系列的随机变量和它们的条件独立性。例如,一个贝叶斯网络代表疾病和症状可能的关系。给出症状,网络就可以计算疾病出现的可能性。

(7) 强化学习。强化学习关心 Agent 如何在一个环境中采取行动,从而最大化长期回报。强化学习算法尝试寻找一些策略,映射 Agent 在当前状态中应该采取的行动。

(8) 相似度量学习。学习机被给予了很多对相似或者不相似的例子,因此它需要去学习一个相似的函数,以预测一个新的对象是否相似。

(9) 遗传算法。遗传算法是一种启发式搜索算法,它模仿自然选择的过程,使用一些遗传和变异来生成新的基因,以找到好的情况解决问题。

(10) 基于规则的机器学习。学习器的定义特征是一组关系规则的标识和利用,这些规则集合了系统所捕获的知识。这与其他机器学习器形成鲜明对比,它们通常会识别出一种特殊的模型,这种模型可以普遍应用于任何实例,以便做出预测。

9. 机器人

机器人(Robot)是整合了控制论、机械电子、计算机、材料和仿生学的产物,在工业、医学、农业、建筑业甚至军事等领域中均有重要用途。中国科学家对机器人的定义是:"机器人是一种自动化的机器,这种机器具备一些与人或生物相似的智能能力,如感知能力、规划能力、动作能力和协同能力,是一种具有高度灵活性的自动化机器"。

机器人一般由执行机构、驱动装置、检测装置、控制系统和复杂机械等组成。

(1) 执行机构。即机器人本体,包括基座、腰部、臂部、腕部、手部和行走部等。

(2) 驱动装置。驱动装置是驱使执行机构运动的机构,主要是电力驱动装置,如步进电机、伺服电机等。它按照控制系统发出的指令信号,借助动力元件使机器人进行动作。

(3) 检测装置。检测装置实时检测机器人的运动及工作情况,根据需要反馈给控制系统,与设定信息进行比较后,对执行机构进行调整,以保证机器人的动作符合预定的要求。

(4) 控制系统。根据控制方式可以分为两种类型。一种是集中式控制,即机器人的全部控制由一台微型计算机完成。另一种是分散式控制,即采用多台微机来分担机器人的控制,主机常用于负责系统的管理、通信、运动学和动力学计算,并向下级微机发送指令信息;下级从机在各关节分别对应一个CPU,进行插补运算和伺服控制处理,实现给定的运动,并向主机反馈信息。

从应用环境出发,机器人分为工业机器人和特种机器人两大类。工业机器人是面向工业领域的多关节机械手或多自由度机器人,占到了机器人应用的95%。而特种机器人则是除工业机器人之外的、用于非制造业并服务人类的各种先进机器人,包括服务机器人、水下机器人、娱乐机器人、军用机器人、农业机器人、机器人化机器等,可以帮助人们做手术、采摘水果、剪枝、巷道掘进、侦察、排雷等。

只要人能想得到的,就可以利用机器人去实现。并且,随着人们对机器人技术智能化本质认识的加深,机器人的功能和智能程度大大增强。目前,机器人已从外观上脱离了最初的仿人型机器人和工业机器人所具有的形状,更加符合各种不同应用领域的特殊要求,为机器人技术开辟出更加广阔的发展空间。

4.2.5　人工智能的进展

2017年是人工智能技术多点突破、全面开花的一年,我们几乎每天都能听到关于"人工智能"的最新消息。从"互联网+"走向"人工智能+",风口之上的人工智能正在创造新的神话。在巨头涌入、政策助推等多方因素的影响下,人工智能在2017年释放出了巨大的能量。

人形机器人除了在外形上更像人类,它们的动作也更加灵活了,甚至连身体机能都在向人类靠近。美国机器人公司波士顿动力的机器人Atlas拥有立体视觉、距离感应等能力,不仅能规避障碍物,跌倒了能自己爬起来,还在2017年11月学会了后空翻。东京大学的人形机器人Kengoro和Kenshire完全按照人类肌肉骨骼系统搭建,通过水循环系统还能表现运动后"流汗"的反应。

2017年10月,机器人索菲娅作为小组成员参加了联合国会议,还被授予了沙特阿拉伯公民身份,成为史上首个获得公民身份的机器人。索菲娅外形使用硅胶打造仿生皮肤,质感与人类皮肤非常相似,她可以模仿人的面部表情和情绪,通过语音和人脸识别技术,她能理解语言并与人类进行对话,如图4-4所示。在2016年,索菲娅尝试融入人类社会,有了自己的推特账号,作客脱口秀节目,登上时尚杂志的

图4-4　机器人索菲娅

封面。

AI 在棋牌、医疗、推理能力等方面也超越人类,还学会了驾驶无人机、帮助科学家进行量子力学实验设计等。2017 年 1 月 30 日,宾夕法尼亚州匹兹堡 Rivers 赌场,耗时 20 天的得州扑克人机大战尘埃落定。卡耐基-梅隆大学开发的 AI 程序 Libratus 击败人类顶级职业玩家,赢取了 20 万美元的奖金。尽管之前 Google DeepMind 的 AlphaGo 在与李世石的 5 番棋围棋大战以及在网络上跟顶级围棋选手的 60 番棋大战中出尽了风头,但相对而言得州扑克对于 AI 是更大的挑战,因为 AI 只能看到游戏的部分信息,游戏并不存在单一的最优下法。

在围棋方面,在 2017 年 5 月,AlphaGo 以 3∶0 击败柯洁后,Google 的 DeepMind 并没有停下脚步;同年 10 月,AlphaGo Zero 用更低的处理能力发现了此前人类和机器从来没有想到的战术,而且在三天之后就击败了它的"前辈";同年 12 月,AlphaGo Zero 再进化,通用棋类算法 AI Alpha Zero 问世。

2017 年 5 月,"谷歌大脑"(Google Brain)的研究人员宣布创建了 AutoML,该 AI 系统能够创造自己的"子 AI"系统。这个新生成的"孩子"名为 NASNet,可以实时地在视频中识别目标,正确率达到 82.7%,比之前公布的同类 AI 产品的正确率高出 1.2%,系统效率高出 4%。

无人驾驶也已成为世界性的前沿科技,Google、百度、Tesla 等科技巨头新贵纷纷布局于此。在 2016 年 11 月 16 日,18 辆百度无人车在乌镇运营体验,是百度首次在开放城市道路情况下,实现全程无人工干预的 L4 级无人驾驶技术。人工智能使用大量的服务器和数据拟合人类的驾驶能力,这个系统比人类驾驶员的水平都更高。安全性之外,智能化的无人车可以实时将交通状况、行驶情况回传,交通指挥中心将根据大数据进行交通调度,可以更好地解决拥堵问题。

2017 年 1 月,斯坦福大学的研究人员开发出了基于深度学习算法的皮肤癌诊断系统,使得识别皮肤癌的准确率与专业的人类医生相当。该成果论文被 *Nature* 杂志采用刊登。这一成果是采用深度卷积神经网络,通过大量训练发展出模式识别的 AI,使计算机学会分析图片并诊断疾病。使用这一技术,有望制造出家用便携皮肤癌扫描仪,造福广大患者。

人工智能技术快速发展,也和其他强大的技术一样,是一柄双刃剑。AI 既能造福人类,也能被罪犯利用。恶意使用人工智能,不仅会威胁人们的财产和隐私,还可能带来生命威胁。

人工智能还会导致工人大量失业,当机器配上人工智能,人类被代替的趋势就会愈演愈烈。Tesla 自动化工厂被曝光,整个工厂只有 150 个机器人,从原材料加工到成品组装,所有的生产流程都由 150 台机器人完成,在车间内根本看不到人的身影。不仅是 Tesla,很多传统意义上需要大量人力的行业,已经开始逐步引入机器人,不仅成本大大降低,而且效率也大幅提高了。

麦肯锡全球研究院发布报告称,到 2030 年,机器人将抢走 4 亿~8 亿人的工作岗位,相当于当前全球劳动力总量的 1/5,风险最大的行业是建筑和采矿、工厂产品生产、办公室助理和销售人员。智能化、无人化是大势所趋,无论是谁,都会面临被机器人抢"饭碗"的境地,但这并不代表我们就会被饿死。因为有了新的科技,就会有新的工作,同样需要人去完成。但关键在于,我们是否有毅力、有意愿改变自己,跟上这个时代潮流的步伐。这个世界从来不会辜负努力的人!

4.3 物联网

4.3.1 物联网概述

1. 物联网的概念

随着信息领域及相关学科的发展,相关领域的科研工作者分别从不同方面对物联网进行了较为深入的研究,物联网的概念也随之有了深刻的改变,但是至今仍没有提出一个权威、完整和精确的物联网定义。

物联网是新一代信息技术的重要组成部分,也是信息化时代的重要发展阶段。其英文名称是 Internet of Things(IoT)。物联网的概念最初是由美国麻省理工学院在 1999 年提出的,即通过射频识别(RFID)、红外感应器、全球定位系统、激光扫描器、气体感应器等信息传感设备,按约定的协议,把任何物品与互联网连接起来,进行信息交换和通信,以实现智能化识别、定位、跟踪、监控和管理的一种网络。

中国物联网校企联盟将物联网定义为:当下几乎所有技术与计算机、互联网技术的结合,实现物体与物体之间、环境以及状态信息实时的共享以及智能化的收集、传递、处理、执行。广义上说,当下涉及信息技术的应用,都可以纳入物联网的范畴。

国际电信联盟(ITU)发布的《ITU 互联网报告 2005:物联网》,对物联网做了如下定义:通过二维码识读设备、射频识别(RFID)装置、红外感应器、全球定位系统和激光扫描器等信息传感设备,按约定的协议,把任何物品与互联网相连接,进行信息交换和通信,以实现智能化识别、定位、跟踪、监控和管理的一种网络。

简单地说,物联网就是物物相连的互联网,包含如下三层意思。

其一,物联网的核心和基础仍然是互联网,是在互联网基础上延伸和扩展的网络。

其二,其用户端延伸和扩展到了任何物品与物品之间,进行信息交换和通信,也就是物物相息。

其三,物联网具有智能属性,可进行智能控制、自动监测与自动操作。

根据国际电信联盟的定义,物联网主要解决人与物品(Human to Thing,H2T)、人与人(Human to Human,H2H)、物品与物品(Thing to Thing,T2T)之间的连接,但是与传统互联网不同的是,H2T 是指人利用通用装置与物品之间的连接,从而使得物品连接更加简化,而H2H 是指人之间不依赖于 PC 而进行的互联。因为互联网并没有考虑对于任何物品连接的问题,故使用物联网来解决这个传统意义上的问题。物联网,顾名思义就是连接物品的网络,许多学者讨论物联网经常会引入一个 M2M 的概念,可以解释为人到人(Man to Man)、人到机器(Man to Machine)、机器到机器(Machine to Machine)。就本质而言,人与机器、机器与机器的交互大部分是为了实现人与人之间的信息交互。

2. 物联网的基本特征

和传统的互联网相比,物联网有其鲜明的特征。

(1) 物联网是各种感知技术的广泛应用。

物联网部署了海量的多种类型传感器,每个传感器都是一个信息源,不同类别的传感器捕获的信息内容和信息格式不同。传感器获得的数据具有实时性,按一定的频率周期性地采集环境信息,不断更新数据。

(2) 物联网是一种建立在互联网上的泛型网络。

物联网技术的重要基础和核心仍是互联网,通过各种有线和无线网络融合,将物体的信息实时准确地传递出去。在物联网上的传感器定时采集的信息传输需要网络,由于信息量巨大,形成了海量的信息,在传输过程中,为了保障数据的正确性和及时性,必须适应各种异构网络协议。

(3) 智能处理。

物联网不仅提供了传感器的连接,其本身还具有智能处理的能力,能够对物体实施智能控制。物联网将传感器和智能处理相结合,利用云计算、模式识别等各种智能技术,扩充其应用领域。从传感器获得的海量信息中分析、加工和处理出有意义的数据,以适应不同用户的不同需求,发现新的应用领域和应用模式。

4.3.2 物联网的关键技术

《ITU 互联网报告 2005:物联网》中重点描述了物联网的 4 个关键性应用技术:标签事物的 RFID 技术、感知事物的传感器技术、思考事物的智能技术、微缩事物的纳米技术。目前,国内物联网技术的关注热点主要集中在传感器、RFID、嵌入式系统技术等领域。物联网技术涉及多个领域,这些技术在不同的行业往往具有不同的应用需求和技术形态。物联网的技术构成主要包括感知与标识技术、网络与通信技术、嵌入式系统技术等。

1. 感知与标识技术

感知和标识技术是物联网的基础,负责采集物理世界中发生的物理事件和数据,实现外部世界信息的感知和识别,包括多种发展成熟度差异性很大的技术,如传感器、RFID、二维码等。感知技术利用传感器和多跳自组织传感器网络,协作感知、采集网络覆盖区域中被感知对象的信息。传感器技术依附敏感机理、敏感材料、工艺设备和计测技术,对基础技术和综合技术要求非常高。目前,传感器在被检测量类型和精度、稳定性、可靠性、低成本、低功耗方面还没有达到规模应用水平,是物联网产业化发展的重要瓶颈之一。标识技术涵盖物体识别、位置识别和地理识别,对物理世界的识别是实现全面感知的基础。物联网标识技术是以二维码、RFID标识为基础的,对象标识体系是物联网的一个重要技术点。从应用需求的角度,识别技术首先要解决的是对象的全局标识问题,需要研究物联网的标准化物体标识体系,进一步融合及适当兼容现有各种传感器和标识方法,并支持现有的和未来的识别方案。

2. 网络与通信技术

网络是物联网信息传递和服务支撑的基础设施,通过泛在的互联功能,实现感知信息高可靠性、高安全性传送。物联网的网络技术涵盖泛在接入和骨干传输等多个层面的内容。以互联网协议版本 6(IPv6)为核心的下一代网络,为物联网的发展创造了良好的基础网条件。以传感器网络为代表的末梢网络在规模化应用后,面临与骨干网络的接入问题,并且其网络技术需要与骨干网络进行充分协同,这些都将面临新的挑战,需要研究固定、无线和移动网及ad hoc 网技术、自治计算与联网技术等。物联网需要综合各种有线和无线通信技术,其中近距离无线通信技术将是物联网的研究重点。由于物联网终端一般使用工业科学医疗(ISM)频段进行通信(免许可证的 2.4GHz ISM 频段全世界都可通用),频段内包括大量的物联网设备以及现有的无线保真(WiFi)、超宽带(UWB)、ZigBee、蓝牙等设备,频谱空间将极其拥挤,制约物联网的实际大规模应用。为提升频谱资源的利用率,让更多物联网业务能实现空间并存,需切实提高物联网规模化应用的频谱保障能力,保证异种物联网的共存,并实现其互联互通互操作。

3. 嵌入式系统技术

嵌入式系统技术是综合了计算机软硬件、传感器技术、集成电路技术、电子应用技术为一体的复杂技术。经过几十年的演变,以嵌入式系统为特征的智能终端产品随处可见,小到人们身边的 MP3,大到航天航空的卫星系统。嵌入式系统正在改变人们的生活,推动工业生产以及国防工业的发展。

如果把物联网用人体做一个简单比喻,传感器相当于人的眼睛、鼻子、皮肤等感官,网络就是神经系统用来传递信息,嵌入式系统则是人的大脑,在接收到信息后要进行分类处理。这个例子很形象地描述了传感器、嵌入式系统在物联网中的位置与作用。

4.3.3 物联网的应用

物联网用途广泛,遍及智能交通、环境保护、政府工作、公共安全、平安家居、智能消防、工业监测、环境监测、路灯照明管控、水系监测、食品溯源、敌情侦察和情报搜集等多个领域。

(1) 物联网传感器产品已率先在上海浦东国际机场防入侵系统中得到应用。

该系统铺设了 3 万多个传感器节点,覆盖了地面、栅栏和低空探测,可以防止人员的翻越、偷渡、恐怖袭击等攻击性入侵。上海世博会也与中国科学院无锡高新微纳传感网工程技术研发中心签下订单,购买防入侵微纳传感网中 1500 万元的产品。

(2) 首家手机物联网落户广州。

将移动终端与电子商务相结合的模式,让消费者可以与商家进行便捷的互动交流,随时随地体验品牌品质,传播分享信息,实现互联网向物联网的从容过渡,缔造出一种全新的零接触、高透明、无风险的市场模式。手机物联网购物其实就是闪购。广州闪购通过手机扫描条形码、二维码等方式,可以进行购物、比价、鉴别产品等功能。

这种智能手机和电子商务的结合,是"手机物联网"的其中一项重要功能,手机物联网应用正伴随着电子商务大规模兴起。

(3) 与门禁系统的结合。

一个完整的门禁系统由读卡器、控制器、电锁、出门开关、门磁、电源、处理中心 7 个模块组成,无线物联网门禁将门点的设备简化到了极致:一把电池供电的锁具。除了门上面要开孔装锁外,门的四周不需要任何辅助设备。整个系统简洁明了,大幅缩短施工工期,也能降低后期维护的相关费用。无线物联网门禁系统的安全与可靠首要体现在以下两方面:无线数据通信的安全性和传输数据的安稳性。

(4) 与云计算的结合。

物联网的智能处理依靠先进的信息处理技术,如云计算、模式识别等技术。云计算可以从两方面促进物联网和智慧地球的实现:首先,云计算是实现物联网的核心;其次,云计算促进物联网和互联网的智能融合。

(5) 与移动互联结合。

物联网的应用在与移动互联相结合后,发挥了巨大的作用。智能家居使得物联网的应用更加生活化,具有网络远程控制、遥控器控制、触摸开关控制、自动报警和自动定时等功能,普通电工即可安装,变更扩展和维护非常容易,开关面板颜色多样,图案个性,给每个家庭带来不一样的生活体验。

（6）与指挥中心的结合。

物联网在指挥中心已得到很好的应用，物联网智能控制系统可以指挥中心的大屏幕、窗帘、灯光、摄像头、DVD、电视机、电视机顶盒、电视电话会议；也可以调度马路上的摄像头图像到指挥中心；同时也可以控制摄像头的转动。物联网智能控制系统还可以通过无线网络进行控制，可以多个指挥中心分级控制，也可以联网控制，还可以显示机房温度和湿度，可以远程控制需要控制的各种设备开关电源。

（7）物联网助力食品溯源，肉类源头追溯系统。

从 2003 年开始，中国已开始将先进的 RFID 技术运用于现代化的动物养殖加工企业，开发出了 RFID 实时生产监控管理系统。该系统能够实时监控生产的全过程，自动、实时、准确地采集主要生产工序与卫生检验、检疫等关键环节的有关数据，较好地满足质量监管要求，对于过去市场上常出现的肉质问题得到了妥善的解决。此外，政府监管部门可以通过该系统有效监控产品质量安全，及时追踪、追溯问题产品的源头及流向，规范肉食品企业的生产操作过程，从而有效提高肉食品的质量安全。

 # 4.4　虚拟现实技术与增强现实技术

4.4.1　虚拟现实技术概述

1. 虚拟现实技术概念

虚拟现实（Virtual Reality，VR）技术也被称为灵境技术，是一种可以创建和体验虚拟世界的计算机仿真系统，它利用计算机生成一种模拟环境，是一种多源信息融合的、交互式的三维动态视景和实体行为的系统仿真，使用户沉浸到该环境中。

虚拟现实技术是仿真技术的一个重要方向，是仿真技术与计算机图形学、人机接口技术、多媒体技术、传感技术、网络技术等多种技术的集合，是一门富有挑战性的交叉技术前沿学科和研究领域。虚拟现实技术主要包括模拟环境、感知、自然技能和传感设备等方面。模拟环境是由计算机生成的、实时动态的三维立体逼真图像。感知是指理想的 VR 应该具有一切人所具有的感知。除计算机图形技术所生成的视觉感知外，还有听觉、触觉、力觉、运动等感知，甚至还包括嗅觉和味觉等，也称为多感知。自然技能是指人的头部转动，眼睛、手势或其他人体行为动作，由计算机来处理与参与者的动作相适应的数据，并对用户的输入做出实时响应，并分别反馈到用户的五官。传感设备是指三维交互设备。

2. 虚拟现实发展过程

虚拟现实技术的发展，经历了军事、企业界以及学术实验室长时间的研制开发后才进入了公众领域。早在 20 世纪 50 年代中期就有人提出了虚拟现实这一构想，但是受到当时技术条件的限制，直到 20 世纪 80 年代末，虚拟现实技术随着计算机技术的高速发展和互联网技术的普及才得以广泛应用。

虚拟现实技术的发展可以大致分成 3 个阶段。

1）虚拟现实技术的探索阶段（20 世纪 70 年代前）

1929 年，Edwin A. Link 发明了一种飞行模拟器，使乘坐者实现了对飞行的一种感觉体验。可以说这是人类模拟仿真物理现实的初次尝试，其后随着控制技术的不断发展，各种仿真模拟器陆续问世。

1956 年,Morton Heileg 开发了一个摩托车仿真器 Sensorama,具有三维显示及立体声效果,并能产生振动感觉。1960 年,Morton Heileg 获得了单人使用立体电视设备的美国专利,该专利蕴含了虚拟现实技术的思想。

1965 年,计算机图形学的重要奠基人 Ivan Sutherland 博士发表了一篇短文"The Ultimate Display"(终极显示),设想在这种显示技术支持下,观察者可以直接沉浸在计算机控制的虚拟环境之中,就如同日常生活在真实世界一样。同时,观察者还能以自然的方式与虚拟环境中的对象进行交互,如触摸感知和控制虚拟对象等。Sutherland 博士的文章从计算机显示和人机交互的角度提出了模拟现实世界的思想,推动了计算机图形图像技术的发展,并启发了头盔显示器、数据手套等新型人机交互设备的研究。

1966 年,Ivan Sutherland 等开始研制头盔显示器(Head Mounted Display,HMD),随后又将模拟力和触觉的反馈装置加入系统中。

1973 年,Myron Krueger 提出了 Artificial Reality 一词,这是早期出现的 VR 词语。由于受计算机技术本身发展的限制,总体上说 20 世纪 60 年代到 20 世纪 70 年代这一方向的技术发展不是很快,处于思想、概念和技术的酝酿形成阶段。

2) 虚拟现实技术的系统化实现阶段(20 世纪 80 年代)

进入 20 世纪 80 年代,随着计算机技术,特别是个人计算机和计算机网络的发展,VR 技术发展加快,这一时期出现了几个典型的虚拟现实系统。

1983 年,美国陆军和美国国防部高级研究计划局(Defense Advanced Research Project Agency,DARPA)为坦克编队作战训练开发了一个实用的虚拟战场系统 SIMNET,以减少训练费用,提高安全性,另外也可以减轻对环境的影响。SIMNET 开创了分布交互仿真技术的研究和应用。

1984 年,NASA Ames 研究中心虚拟行星探索实验室 M. Mcgreevy 和 J. Humphries 开发了用于火星探测的虚拟环境视觉显示器,将火星探测器发回地面的数据输入计算机构造了三维虚拟火星表面环境。

1986 年,Furness 提出了一个"虚拟工作台"(Virtual Crew Station)的革命性概念;Robinett 与多位合作者发表了早期的虚拟现实系统方面的论文"The Virtual Environment Display System"。

1987 年,James D. Foley 在具有影响力的《科学美国人》(*Scientific American Magazine*)上发表了"Interfaces for Advanced Computing"(先进的计算界面)一文。该杂志还发表了数据手套的文章,引起了人们的关注。

1989 年,美国 VPL 公司的创立者 Jaron Lanier 正式提出 Virtual Reality 一词。

3) 虚拟现实技术的全面发展阶段(20 世纪 90 年代至今)

20 世纪 90 年代以后,随着计算机技术与高性能计算、人机交互技术与设备、计算机网络与通信等科学技术领域的突破和高速发展,以及军事演练、航空航天、复杂设备研制等重要应用领域的巨大需求,虚拟现实技术进入了快速发展时期。

1990 年,在美国达拉斯(Dallas)召开的 SIGGRAPH(Special Interest Group for Computer GRAPHICS,计算机图形图像特别兴趣小组)会议上,对虚拟现实技术进行了讨论,提出虚拟现实技术研究的主要内容是实时三维图形生成技术、多传感器交互技术,以及高分辨率显示技术等。

1992 年,Sense8 公司开发了 WTK 开发包,为虚拟现实技术提供了更高层次上的应用,极大缩短了虚拟现实系统的开发周期。

1994 年 3 月,在日内瓦召开的第一届 WWW 大会上,首次正式提出了 VRML(Virtual Reality Modeling Language,虚拟现实建模语言)的概念。

1994 年,G. Burdea 和 P. Coiffet 出版了《虚拟现实技术》(*Virtual Reality Technology*)一书,在书中他们用 3I(Immersion, Interaction, Imagination)概括了虚拟现实的基本特征。

1996 年 12 月,世界上第一个虚拟现实环球网在英国投入运行。用户可以在一个由虚拟现实世界组成的网络中遨游,身临其境地欣赏各地风光、参观博览会等。

3. 虚拟现实技术的特征

1) 多感知性

除一般计算机所具有的视觉感知外,还有听觉感知、触觉感知、运动感知,甚至还包括味觉、嗅觉、感知等,使用户感觉像是被虚拟世界包围。理想的虚拟现实应该具有一切人所具有的感知功能。目前,相对成熟的虚拟现实技术主要是视觉沉浸技术、听觉沉浸技术、触觉沉浸技术,而有关味觉和嗅觉的感知技术正在研究之中,目前还不成熟。

2) 存在感

存在感指用户感到作为主角存在于模拟环境中的真实程度。理想的模拟环境应该达到使用户难辨真假的程度。

3) 交互性

交互性指交互的自然性和实时性,用来表示参与者通过专门的输入设备和输出设备(如数据手套、力反馈装置等),用人类的自然技能实现对模拟环境的考察与操作的程度。

4) 自主性

自主性指虚拟环境中的物体依据现实世界物理运动定律动作的程度。

4.4.2　虚拟现实技术基础及硬件设备

1. 虚拟现实技术基础

虚拟现实是多种技术的综合,包括实时三维计算机图形技术,广角(宽视野)立体显示技术,对观察者头、眼和手的跟踪技术,以及触觉/力觉反馈、立体声、网络传输、语音输入输出技术等。下面对这些技术分别加以说明。

1) 实时三维计算机图形

相比较而言,利用计算机模型产生图形图像并不是太难的事情。如果有足够准确的模型,又有足够的时间,就可以生成不同光照条件下各种物体的精确图像,但是这里的关键是实时。例如,在飞行模拟系统中,图像的刷新相当重要,同时对图像质量的要求也很高,再加上虚拟环境非常复杂,问题就变得相当困难。

2) 立体显示

人看周围的世界时,由于两只眼睛的位置不同,得到的图像略有不同,这些图像在大脑中融合起来,就形成了一个关于周围世界的整体景象,这个景象中包括了距离远近的信息。当然,距离信息也可以通过其他方法获得,如眼睛焦距的远近、物体大小的比较等。

在 VR 系统中,双目立体视觉起了很大作用。用户的两只眼睛看到的不同图像是分别产生的,显示在不同的显示器上。有的系统采用单个显示器,但用户带上特殊的眼镜后,一只眼睛只能看到奇数帧图像,另一只眼睛只能看到偶数帧图像,奇偶帧之间的不同也就是视差,从而产生了立体感。

用户(头、眼)的跟踪:在人造环境中,每个物体相对于系统的坐标系都有一个位置与姿态,而用户也是如此。用户看到的景象是由用户的位置和头(眼)的方向来确定的。

跟踪头部运动的虚拟现实头套:在传统的计算机图形技术中,视场的改变是通过鼠标或键盘来实现的,用户的视觉系统和运动感知系统是分离的,而利用头部跟踪来改变图像的视角,用户的视觉系统和运动感知系统之间就可以联系起来,使得感觉更逼真。另外,用户不仅可以通过双目立体视觉去认识环境,还可以通过头部的运动去观察环境。

在用户与计算机的交互中,键盘和鼠标是目前最常用的工具,但对于三维空间来说,它们都不太适合。在三维空间中,因为有 6 个自由度,所以很难找出比较直观的办法把鼠标的平面运动映射成三维空间的任意运动。现在,已经有一些设备可以提供 6 个自由度,如 3Space 数字化仪和 Space Ball 力矩球等。另外一些性能比较优异的设备是数据手套和数据衣。

3) 声音

人能够很好地判定声源的方向。在水平方向上,人们通过声音的相位差及强度的差别来确定声音的方向,因为声音到达两只耳朵的时间或距离有所不同。常见的立体声效果就是通过左右耳听到在不同位置录制的不同声音来实现的,所以会有一种方向感。现实生活中,当头部转动时,听到声音的方向就会改变。但是,目前在 VR 系统中,声音的方向与用户头部的运动无关。

4) 感觉反馈

在一个 VR 系统中,用户可以看到一个虚拟的杯子。你可以设法去抓住它,但是你的手没有真正接触杯子的感觉,并有可能穿过虚拟杯子的"表面",而这在现实生活中是不可能的。解决这一问题的常用装置是在手套内层安装一些可以振动的触点来模拟触觉。

5) 语音

在 VR 系统中,语音的输入输出也很重要。这就要求虚拟环境能听懂人的语言,并能与人实时交互。而让计算机识别人的语音是相当困难的,因为语音信号和自然语言信号有其"多边性"和复杂性。例如,连续语音中词与词之间没有明显的停顿,同一词、同一字的发音受前后词、字的影响,不仅不同人说同一词会有所不同,就是同一人发音也会受到心理、生理和环境的影响而有所不同。

使用人的自然语言作为计算机的输入目前有两个问题:首先是效率问题,为便于计算机理解,输入的语音可能会相当啰唆;其次是正确性问题,计算机理解语音的方法是对比匹配,而没有人的智能。

2. 虚拟现实技术硬件设备

1) 数据手套

数据手套(Data Glove)是美国 VPL 公司推出的一种传感手套,已成为一种被广泛使用的输入传感设备,是一种穿戴在用户手上,作为一只虚拟的手用于虚拟现实系统进行交互,可以在虚拟世界中进行物体抓取、移动、装配、操作、控制,并把手指和手掌伸屈时的各种姿势转换成数字信号传送给计算机,如图 4-5 所示。

图 4-5　数据手套

2）三维控制器

三维控制器包括三维鼠标(3D Mouse)和力矩球(Space Ball)。和普通鼠标相比,普通鼠标只能感受在平面的运动,而三维鼠标可以让用户感受到在三维空间中的运动,其工作原理是在鼠标内部装有超声波或电磁发射器,利用配套的接收设备可检测到鼠标在空间中的位置与方向。力矩球通常被安装在固定平台上,用户可以通过手的扭动、挤压、来回摇摆等操作,来实现相应的操作。力矩球采用发光二极管和光接收器,通过安装在球中心的几个张力器来测量手施加的力,力矩球既简单又耐用,而且可以操纵物体。图 4-6 所示为三维鼠标。

图 4-6　三维鼠标

3）人体运动捕捉设备

人体运动捕捉的目的是把真实的人体动作完全附加到虚拟场景中的一个虚拟角色上,让虚拟角色表现出真实人物的动作效果。从应用角度来看,运动捕捉设备主要有表情捕捉和肢体捕捉两类;从实时性来看,运动捕捉设备可以分为实时捕捉和非实时捕捉。

图 4-7　人体运动捕捉设备

人体运动捕捉设备,如图 4-7 所示,一般由传感器、信号捕捉设备、数据传输设备和数据处理设备 4 部分组成,根据传感器信号类型的不同,可以将运动捕捉设备分为机械式、声学式、电磁式和光学式 4 种类型。

4）头盔显示器

头盔显示器(HMD),即头显,是虚拟现实应用中的 3DVR图形显示与观察设备,可单独与主机相连以接收来自主机的3DVR 图形信号,如图 4-8 所示。头盔显示器的使用方式为头戴式,辅以 3 个自由度的空间跟踪定位器可进行 VR 输出效果观察,同时观察者可做空间上的自由移动,如自由行走、旋转等;沉浸感较强,在 VR 效果的观察设备中,头盔显示器的沉浸感优于显示器的虚拟现实观察效果,在投影式虚拟现实系统中,头盔显示器作为系统功能和设备的一种补充和辅助。

图 4-8　头盔显示器

5）触觉、力觉反馈设备

在虚拟现实中，接触感的作用一般包括两方面：一方面，用户在探索虚拟环境时，利用接触感来识别所探索的对象及其位置和方向；另一方面，用户需要利用接触感去操纵和移动虚拟物体以完成某种任务。按照信息的不同来源，接触感可以分为触觉反馈和力觉反馈两类，而触觉反馈是力觉反馈的基础和前提。

目前，常见的触觉反馈设备主要有充气式、震动式、温度式；常见的力觉反馈设备包括力反馈鼠标、力反馈手柄、力反馈手臂、力反馈手套等。如图4-9所示的是触觉力觉反馈设备。

6）其他辅助设备

在虚拟现实技术的硬件设备中，常见的还有三维扫描仪和三维打印机等。三维扫描仪是一种快速获取真实物体的立体信息，并将其转化为虚拟模型的仪器。它一般通过点扫描方式获取真实物体表面上的一系列点集，通过对这些点集的插补即可形成物体的表面外形。三维打印机则是根据三维虚拟模型自动制作真实物体的仪器，其基本原理就是让软件程序将三维模型分解成若干横断面，硬件设备使用树脂或石膏粉等材料将这些横断面一层一层地沉淀、堆积，最终形成真实物体。如图4-10所示的是三维扫描仪。

图4-9　触觉、力觉反馈设备

图4-10　三维扫描仪

4.4.3　增强现实技术概述

1. 增强现实的概念

增强现实（Augmented Reality，AR）技术是在虚拟现实技术的基础上发展起来的新兴研究领域，其综合了计算机图形学、光电成像、融合显示、多传感器、图像处理、计算机视觉等多门学科，是一种利用计算机产生的附加信息对真实世界景象的增强或扩张的技术。

增强现实技术将真实世界信息和虚拟世界信息"无缝"集成，把原本在现实世界的一定时间、空间范围内很难体验到的实体信息（如视觉信息、声音、味道、触觉等），通过计算机科学技术，模拟仿真后再叠加，将虚拟的信息应用到真实世界，并被人类感官所感知，从而达到超越现实的感官体验。

增强现实技术不仅展现了真实世界的信息，还将虚拟的信息同时显示出来，两种信息相互补充、叠加。在视觉化的增强现实中，用户利用头盔显示器，把真实世界与计算机图形多重合成在一起，便可以看到真实的世界围绕着它。

增强现实技术包含了多媒体、三维建模、实时视频显示及控制、多传感器融合、实时跟踪及注册、场景融合等新技术与新手段。

增强现实系统也是虚拟现实系统的一种，也被称作增强式虚拟现实系统。虚拟现实致力于打造完全沉浸式的虚拟环境，而增强现实则是将虚拟资讯融入真实世界。

2. 增强现实技术的特点

增强现实技术具有如下 3 个突出的特点。

(1) 增强现实技术是真实世界和虚拟信息的集成。

增强现实技术不同于虚拟现实技术,它没有完全取代现实环境,相反,它比较依赖现实世界,它的存在就是为现实服务的。增强现实技术将虚拟信息应用到真实世界中,二者叠加成一个画面,不仅展现了真实世界的信息,而且将虚拟的信息同时显示出来,两种信息相互补充、叠加。

(2) 增强现实技术具有实时交互性。

实时交互是指用户能够通过现实世界的信息比较及时地得到相应的反馈信息。因为增强现实技术需要迅速识别现实世界的事物,在设备中进行迅速合成,并通过传感技术将混合信息传送给用户,这样才能实现所见即能所知的效果。

(3) 增强现实技术是在三维尺度空间中增添定位虚拟物体。

增强现实系统中需要通过实时跟踪摄像机姿态,实时计算出摄像机影像位置及角度,定位出虚拟图像在真实场景中的注册位置,以实现虚拟世界与真实世界更自然的融合。增强现实必须经过三维注册才能识别,它不是对任何一个物体都能实现增强的。

4.4.4　虚拟现实和增强现实技术的应用

1. 虚拟现实技术的应用

除了大家熟悉的看电影和玩游戏之外,虚拟现实还能被运用于生活中的各行各业,下面列举一些虚拟现实的典型应用。

1) 医疗

VR 在医学方面的应用具有十分重要的现实意义。在虚拟环境中,建立虚拟的人体模型,借助跟踪球、HMD、感觉手套,可以学习了解人体内部各器官结构,对虚拟的人体模型进行手术等操作。

VR 技术在医学中的应用是非常有前景的,学员在进行手术学学习之前,可以通过 VR 制作的模拟手术系统进行预习,这样,在进行实际操作时,就能做到有的放矢,教学效果相比预习文字描述的步骤要深刻得多,将大大减少失误造成的实验动物和标本的浪费。

图 4-11　虚拟现实技术在医学领域的应用

例如,在学习诊断学时,心脏的心音听诊是个难点,这时可以让学员通过 VR 系统,在虚拟的病人身上直接看到心脏内部的结构,将心音的录音与心脏实际的工作过程相关联,使学员可以以三维的方式,从各个角度,观看心瓣膜工作状态与心音产生的关系(见图 4-11)。这种学习的直观程度,即使在真实病人的身上,配合彩色超声也很难达到。

临床上,因为 80% 的手术失误是人为因素引起的,所以手术训练极其重要。医生可在虚拟手术系统上观察专家手术过程,也可重复练习。虚拟手术使得手术培训的时间大为缩短,同时减少了对昂贵实验对象的需求。由于虚拟手术系统可为操作者提供一个极具真实感和沉浸感的训练环境,力反馈绘制算法能够制造很好的临场感,因此训练过程与真实情况几乎一致,尤其是能够获得在实际手术中的手感。计算机还能够给出一次手术练习的评价。在虚拟环境中进行手术,不会发生严重的意外,能够提高医生的协作能力。外科医生在真正动手术之前,通过虚拟现实技术的帮助,能在显示器上重复地模拟手术,移动人体内的器官,寻找最佳手术方案并提高熟练度。另外,在远距离遥控外科手术、复杂手术的计划安排、手术过程的信息指导、手术后果预测及改善残疾人生活状况,乃至新药研制等方面,虚拟现实技术都能发挥十分重要的作用。

2) 游戏/艺术/教育

游戏:丰富的感觉能力与 3D 显示环境使得 VR 成为理想的视频游戏工具,VR 在该方面发展最为迅猛,如图 4-12 所示。对于游戏的开发,角色扮演类、动作类、冒险解谜类、竞速赛车类的游戏,其先进的图像引擎丝毫不亚于目前主流游戏引擎的图像表现效果,而且整合配套的动力学和 AI 系统更给游戏的开发提供了便利。目前,已投入市场商业运营,显示出了很好的前景。

图 4-12　虚拟现实技术在游戏中的应用

艺术领域:VR 所具有的临场参与感与交互能力可以将静态的艺术(如油画、雕刻等)转换为动态的,可以使观赏者更好地欣赏作者的思想艺术。另外,VR 提高了艺术表现能力。同时,各种大型的文艺演出效果,也能通过 VR 技术进行效果模拟。

教育领域:VR 主要用于发挥其互动性和生动的表现效果,用于立体几何、物理化学等相关课件的模拟制作,解释一些复杂的系统抽象的概念,如量子物理等。在相关专业的培训机构,虚拟现实技术能够为学员提供更多的辅助,如虚拟驾驶、交通规则模拟、装备模拟、特种器械模拟操作等。

3) 应急推演

对于具有一定危险性的行业(如消防、电力、石油、矿产等)来说,定期执行应急推演是传统并有效的防患方式,但投入成本高,使其不可能进行频繁的执行。在军事与航天工业中,模拟训练一直是一个重要课题。这些应用都为 VR 提供了广阔的应用前景。VR 为应急演练或模拟训练提供了一种全新的模式,将事故现场模拟到虚拟场景中,人为制造各种事故情况,组织参演人员做出正确响应。这样的推演大大降低了投入成本,提高了推演实训时间,从而保证了人们面对事故灾难时的应对技能,并且可以打破空间的限制,方便组织各地人员进行推演。图 4-13 所示为虚拟现实技术在军事演练中的应用。

4) 城市规划/地理交通

VR 技术对政府在城市规划中起到了举足轻重的作用。用 VR 技术不仅能十分直观地表现虚拟的城市环境,而且能很好地模拟飓风、火灾、水灾、地震等自然灾害的突发情况,排水系统、供电系统、道路交通、沟渠湖泊等也都一目了然,如图 4-14 所示。

图 4-13　虚拟现实技术在军事演练中的应用

图 4-14　虚拟现实技术在城市规划中的应用

除以上提到的 4 个典型应用外,VR 技术还有着其他广泛的应用,几乎涉及各行各业。例如,在娱乐、室内设计、房产开发、工业仿真、文物古迹、Web 3D、道路桥梁、地理、船舶制造、汽车仿真、轨道交通、数字地球、康复训练、能源等领域都有着丰富的应用。

2. 增强现实技术的应用

AR 技术不仅在与 VR 技术相似的应用领域,如尖端武器和飞行器的研制与开发、数据模型的可视化、虚拟训练、娱乐与艺术等领域具有广泛的应用,而且由于其具有能够对真实环境进行增强显示输出的特性,在医疗研究与解剖训练、精密仪器制造和维修、军用飞机导航、工程设计和远程机器人控制等领域,具有比 VR 技术更加明显的优势。下面介绍 3 个典型的 AR 应用。

1) 医疗辅助

在最新的 AR 技术应用下,医生可以准确断定手术的位置,降低手术的风险,可以更好地提高手术的成功率。尤其是一些对手术刀操作有精确需求的外科手术,更需要这样的辅助型设备了。

图 4-15　HoloLens 全息眼镜

微软 HoloLens 全息眼镜,如图 4-15 所示。医学研究人员可通过 HoloLens 查看人体器官、肌肉组织、人体骨骼的结构。例如,一个脊柱外科手术,AR 技术的应用可以让一个螺钉更容易、更快、更安全地插入脊椎。

2) 电视电影节目

在电视制作领域所说的增强现实制作技术,主要还是视觉化的增强现实技术,是基于实时跟踪摄像机所拍摄影像的位置,并通过计算机系统实时叠加上相应的视频、音频、图文信息等,这种技术可以在电视屏幕上把虚拟信息叠加到现实世界上。通过普通电视屏幕不仅展现了真实世界的信息,而且将虚拟的信息同时显示出来,两种信息相互补充、叠加,甚至通过精心的节目创意设计,可以实现真实世界同虚拟世界的良好互动效果,让观众在电视屏幕面前难辨虚拟世界和真实世界。

以虚拟植入为主体的 AR 制作可以完成多种多样的节目需求,无论是在艺术效果上还是在功能结构上,且在很大程度上弥补了画面中实景内容的不充分,能够丰富有效画面。在大量的节目需求和技术投入之下,虚拟植入已经被广泛地使用在了录播或直播节目当中,甚至和 LED 大屏幕一样成为了大小晚会和专题节目的标准配置。如图 4-16 所示为2017 年"央视春晚"的《清风》节目中应用了大量虚拟植入技术。

图 4-16　AR 技术在电视节目中的应用

3) 广告营销

AR 技术在广告营销中的应用非常多,而且创新了广告表现手法,在视觉效果和艺术上的提升能够吸引客户,从而获得更高的广告效益。例如,消费者可以通过 AR 技术将想要选购的商品先叠加在真实的环境中进行试看,再决定是否购买。真实看到一件家具摆放在自己家里或者办公室里的样子。其中,较有代表性的有宜家推出的 App——家居指南,如果用户有纸质版的家居指南,可以直接扫描对应的家具;如果没有的话,也可以先进入选择某款家具,选中后摄像头会自动打开,呈现出现实画面,而被选择的家具也会被叠加到现实画面中,以供用户购买时进行参考,如图 4-17 所示。

图 4-17　家居指南 App 增强现实效果图

 ## 4.5　区块链技术

4.5.1　区块链技术概述

区块链(Blockchain)是一个信息技术领域的术语。从本质上讲,它是一个共享数据库,存储于其中的数据或信息,具有"不可伪造""全程留痕""可以追溯""公开透明""集体维护"等特征。基于这些特征,区块链技术奠定了坚实的"信任"基础,创造了可靠的"合作"机制,具有广阔的运用前景。目前,"区块链"已走进大众视野,成为社会的关注焦点。

4.5.2　区块链的概念

什么是区块链?从科技层面来看,区块链涉及数学、密码学、互联网和计算机编程等很多科学技术问题。从应用视角来看,简单地说,区块链是一个分布式的共享账本和数据库,具有去中心化、不可篡改、全程留痕、可以追溯、集体维护、公开透明等特点。这些特点保证了区块链的"诚实"与"透明",为区块链创造信任奠定基础。而区块链丰富的应用场景,基本上都基于区块链能够解决信息不对称问题,实现多个主体之间的协作信任与一致行动。

区块链是分布式数据存储、点对点传输、共识机制、加密算法等计算机技术的新型应用模式。区块链是比特币(Bitcoin)的一个重要概念,它本质上是一个去中心化的数据库,同时作为比特币的底层技术,是一串使用密码学方法相关联产生的数据块,每个数据块中包含了一批次比特币网络交易的信息,用于验证其信息的有效性(防伪)和生成下一个区块。

4.5.3　区块链的类型

1. 公有区块链

公有区块链(Public Block Chains)是指:世界上任何个体或者团体都可以发送交易,且交易能够获得该区块链的有效确认,任何人都可以参与其共识过程。公有区块链是最早的区块链,也是应用最广泛的区块链,各大比特币系列的虚拟数字货币均基于公有区块链。世界上有且仅有一条该币种对应的区块链。

2. 联合(行业)区块链

行业区块链(Consortium Block Chains):由某个群体内部指定多个预选的节点为记账

人,每个块的生成由所有的预选节点共同决定(预选节点参与共识过程),其他接入节点可以参与交易,但不过问记账过程(本质上还是托管记账,只是变成分布式记账,且预选节点的多少,如何决定每个块的记账者成为该区块链的主要风险点),其他任何人可以通过该区块链开放的API进行限定查询。

3. 私有区块链

私有区块链(Private Block Chains):仅使用区块链的总账技术进行记账,可以是一个公司,也可以是个人,独享该区块链的写入权限,本链与其他的分布式存储方案没有太大区别。传统金融都是想实验尝试私有区块链,而公链的应用如比特币已经工业化,私链的应用产品还在摸索当中。

4.5.4　区块链的特征

1. 去中心化

区块链技术不依赖额外的第三方管理机构或硬件设施,没有中心管制,除了自成一体的区块链本身,通过分布式核算和存储,各个节点实现了信息自我验证、传递和管理。去中心化是区块链最突出、最本质的特征。

2. 开放性

区块链技术基础是开源的,除了交易各方的私有信息被加密外,区块链的数据对所有人开放,任何人都可以通过公开的接口查询区块链数据和开发相关应用,因此整个系统信息高度透明。

3. 独立性

基于协商一致的规范和协议(类似比特币采用的哈希算法等各种数学算法),整个区块链系统不依赖其他第三方,所有节点能够在系统内自动安全地验证、交换数据,不需要任何人为干预。

4. 安全性

只要不能掌控全部数据节点的51%,就无法肆意操控修改网络数据,这使区块链本身变得相对安全,避免了主观人为的数据变更。

5. 匿名性

除非有法律规范要求,单从技术上来讲,各区块节点的身份信息不需要公开或验证,信息传递可以匿名进行。

4.5.5　区块链的架构模型

一般说来,区块链系统由数据层、网络层、共识层、激励层、合约层和应用层组成,如图4-18所示。其中,数据层封装了底层数据区块以及相关的数据加密和时间戳等基础数据和基本算法;网络层则包括分布式组网机制、数据传播机制和数据验证机制等;共识层主要封装网络节点的各类共识算法;激励层将经济因素集成到区块链技术体系中来,主要包括经济激励的发行机制和分配机制等;合约层主要封装各类脚本、算法和智能合约,是区块链可编程特性的基础;应用层则封装了区块链的各种应用场景和案例。该模型中,基于时间戳的链式区块结构、分布式节点的共识机制、基于共识算力的经济激励和灵活可编程的智能合约是区块链技术最具代表性的创新点。

图 4-18　区块链基础架构模型

4.5.6　区块链的核心技术

1．分布式账本

分布式账本指的是交易记账由分布在不同地方的多个节点共同完成,而且每个节点记录的是完整的账目,因此它们都可以参与监督交易的合法性,同时也可以共同为其作证。

跟传统的分布式存储有所不同,区块链分布式存储的独特性主要体现在两方面:一是区块链的每个节点都按照块链式结构存储完整的数据,传统分布式存储一般是将数据按照一定的规则分成多份进行存储;二是区块链每个节点存储都是独立的、地位等同的,依靠共识机制保证存储的一致性,而传统分布式存储一般是通过中心节点往其他备份节点同步数据的。没有任何一个节点可以单独记录账本数据,从而避免了单一记账人被控制或者被贿赂而记假账的可能性。由于记账节点足够多,理论上讲除非所有的节点被破坏,否则账目就不会丢失,从而保证了账目数据的安全性。

2．非对称加密

存储在区块链上的交易信息是公开的,但是账户身份信息是高度加密的,只有在数据拥有者授权的情况下才能被访问到,从而保证了数据的安全性和个人的隐私性。

3．共识机制

共识机制就是所有记账节点之间怎么达成共识,去认定一个记录的有效性,这既是认定的手段,也是防止被篡改的手段。区块链提出了 4 种不同的共识机制,适用于不同的应用场景,在效率和安全性之间取得平衡。

区块链的共识机制具备"少数服从多数"以及"人人平等"的特点。其中,"少数服从多数"并不完全指节点个数,也可以是计算能力、股权数或者其他的计算机可以比较的特征量;"人人平等"是当节点满足条件时,所有节点都有权优先提出共识结果,直接被其他节点认同后,最后有可能成为最终共识结果。以比特币为例,采用的是工作量证明,只有在控制了全网超过51%的记账节点的情况下,才有可能伪造出一条不存在的记录。当加入区块链的节点足够多时,控制全网超过51%的记账节点的情况基本上不可能,从而杜绝了造假的可能。

4. 智能合约

智能合约是基于这些可信的、不可篡改的数据,可以自动化地执行一些预先定义好的规则和条款。以保险为例,如果说每个人的信息(包括医疗信息和风险发生的信息)都是真实可信的,那就很容易在一些标准化的保险产品中,去进行自动化理赔。在保险公司的日常业务中,虽然交易不像银行和证券行业那样频繁,但是对可信数据的依赖有增无减。因此,笔者认为利用区块链技术,从数据管理的角度切入,能够有效地帮助保险公司提高风险管理能力。具体来讲主要分投保人风险管理和保险公司的风险监督。

4.5.7　区块链的应用

1. 金融领域

区块链在国际汇兑、信用证、股权登记和证券交易所等金融领域有着潜在的巨大应用价值。将区块链技术应用在金融行业中,能够省去第三方中介环节,实现点对点的直接对接,从而在大大降低成本的同时,快速完成交易支付。

例如,Visa 推出基于区块链技术的 Visa B2B Connect,它能为机构提供一种费用更低、更快速和安全的跨境支付方式来处理全球范围的企业对企业的交易。传统的跨境支付需要等3~5 天,并为此支付 1%~3%的交易费用。Visa 还联合 Coinbase 推出了首张比特币借记卡,花旗银行则在区块链上测试运行加密货币"花旗币"。

2. 物联网和物流领域

区块链在物联网和物流领域也可以天然结合。通过区块链可以降低物流成本,追溯物品的生产和运送过程,并且提高供应链管理的效率。该领域被认为是区块链一个很有前景的应用方向。

区块链通过节点连接的散状网络分层结构,能够在整个网络中实现信息的全面传递,并能够检验信息的准确程度。这种特性一定程度上提高了物联网交易的便利性和智能化。区块链＋大数据的解决方案利用了大数据的自动筛选过滤模式,在区块链中建立信用资源,可双重提高交易的安全性,并提高物联网交易的便利程度,为智能物流模式应用节约时间成本。区块链节点具有十分自由的进出能力,可独立参与或离开区块链体系,不对整个区块链体系有任何干扰。区块链＋大数据解决方案利用了大数据的整合能力,促使物联网基础用户拓展更具有方向性,便于在智能物流的分散用户之间实现用户拓展。

3. 公共服务领域

区块链在公共管理、能源、交通等领域都与民众的生产生活息息相关,但是这些领域的中心化特质也带来了一些问题,可以用区块链来改造。区块链提供的去中心化的完全分布式

DNS 服务,通过网络中各个节点之间的点对点数据传输服务,就能实现域名的查询和解析,可用于确保某个重要基础设施的操作系统和固件没有被篡改,可以监控软件的状态和完整性,发现不良的篡改,并确保使用了物联网技术的系统所传输的数据没用经过篡改。

4. 数字版权领域

通过区块链技术,可以对作品进行鉴权,证明文字、视频、音频等作品的存在,保证权属的真实性和唯一性。作品在区块链上被确权后,后续交易都会进行实时记录,实现数字版权全生命周期的管理,也可作为司法取证中的技术性保障。例如,美国纽约一家创业公司 Mine Labs 开发了一个基于区块链的元数据协议,这个名为 Mediachain 的系统利用星际文件系统(Inter Planetary File System,IPFS),实现数字作品版权保护,主要是面向数字图片的版权保护应用。

5. 保险领域

在保险理赔方面,保险机构负责资金归集、投资、理赔,管理和运营成本较高。通过智能合约的应用,既无须投保人申请,也无须保险公司批准,只要触发理赔条件,即可实现保单自动理赔。一个典型的应用案例就是 LenderBot。该案例是 2016 年由区块链企业 Stratumn、德勤与支付服务商 Lemonway 合作推出的,它允许人们通过 Facebook Messenger 的聊天功能,注册定制化的微保险产品,为个人之间交换的高价值物品进行投保,而区块链在贷款合同中代替了第三方角色。

6. 公益领域

区块链上存储的数据具有高可靠性且不可被篡改,天然适合用在社会公益场景中。公益流程中的相关信息,如捐赠项目、募集明细、资金流向、受助人反馈等,均可以存放在区块链上,并且有条件地进行透明公开公示,方便社会监督。

4.6　数字人民币

4.6.1　数字人民币的概念

数字人民币(Digital RMB)是由中国人民银行发行的数字形式的法定货币,由指定运营机构参与运营并向公众兑换,以广义账户体系为基础,支持银行账户的松耦合功能,与纸钞、硬币等价,具有价值特征和法偿性,支持可控匿名。

数字人民币的概念有两个重点:一个是数字人民币是数字形式的法定货币;另外一个是和纸钞、硬币等价,数字人民币主要定位于 M0,也就是流通中的纸钞和硬币。

2019 年年底,数字人民币相继在深圳、苏州、"雄安新区"、成都及未来的冬奥场景试点测试;到 2020 年 10 月,又增加了上海、海南、长沙、西安、青岛、大连 6 个试点测试区。

4.6.2　数字人民币发展历史

2014 年,中国人民银行成立专门团队,开始对数字货币发行框架、关键技术、发行流通环境及相关国际经验等问题进行专项研究。

2017 年末,中国人民银行组织部分商业银行和有关机构共同开展数字人民币体系(DC/EP)的研发。DC/EP 在坚持双层运营、现金(M0)替代、可控匿名的前提下,基本完成了顶层设计、标准制定、功能研发、联调测试等工作。

2020年4月19日,中国人民银行数字货币研究所相关负责人表示,数字人民币研发工作正在稳妥推进,先行在中国深圳、苏州、"雄安新区"、成都及未来的冬奥场景进行内部封闭试点测试,以不断优化和完善功能。

2020年5月,中国人民银行行长易纲表示,数字人民币目前的试点测试,还只是研发过程中的常规性工作,并不意味着数字人民币正式落地发行,何时正式推出尚没有时间表。

2020年8月14日,商务部印发《全面深化服务贸易创新发展试点总体方案》(以下简称《方案》),在"全面深化服务贸易创新发展试点任务、具体举措及责任分工"部分提出:在京津冀、长三角、粤港澳大湾区及中西部具备条件的试点地区开展数字人民币试点。中国人民银行制定政策保障措施;先由深圳、成都、苏州、"雄安新区"等地及未来冬奥场景相关部门协助推进,后续视情况扩大到其他地区。《方案》公布后,数字人民币的进展再次引发市场关注,也有网络传闻数字人民币将在28地试点,记者了解到,"28地试点"的说法属误读,数字人民币试点地区仍是"4+1",即深圳、苏州、"雄安新区"、成都及未来的冬奥场景。

2020年10月,广东省深圳市互联网信息办公室发布消息称,为推进粤港澳大湾区建设,结合本地促消费政策,深圳市人民政府近期联合人民银行开展了数字人民币红包试点。该红包采取"摇号抽签"形式发放,抽签报名通道于2020年10月9日正式开启。5万名中签者中,共47 573名中签个人成功领取红包,使用红包交易62 788笔,交易金额为876.4万元。部分中签个人还对本人数字钱包进行充值,充值消费金额为90.1万元。参加本次活动的罗湖区商户达3000余家。数字人民币钱包基本以App的形式出现,用户在受邀后方能下载App。支付方式包括上滑付款和下滑收款,且收付款都可选择扫码与被扫。

2020年12月,中国香港金融管理局(以下简称金管局)总裁余伟文发表一篇题为《金融科技新趋势——跨境支付》文章指出,金管局目前正在与中国人民银行数字货币研究所研究使用数字人民币进行跨境支付的技术测试,并作相应的技术准备。据21财经报道,此次试点由中国银行(香港)和部分银行员工(约200名)以及商户参与测试。

2020年12月5日,据江苏省苏州市人民政府新闻办公室官方微信号"苏州发布"消息,苏州市人民政府联合中国人民银行开展的数字人民币红包试点工作当日正式启动预约。中签市民已领取红包人数96 614人,占总中签人数比例的96.61%,参与"双离线"支付体验人数536人。已消费红包金额1896.82万元,占发放红包总金额比例的94.84%。支持使用的线下商户超过1万家,线上消费(京东商城)红包金额847.82万元,占比44.70%。

部分市民还参与体验了离线钱包功能。所谓离线支付体验,即在无网络或弱网络条件下,用户也可进行交易或者转款。在离线支付过程中,无须连接后台系统,只需在数字人民币钱包App中验证用户身份、确认交易信息即可进行支付。

在数字人民币钱包App中,用户还可选择是否向商户推送数字钱包子钱包,打开后用户可在商户选择免密便捷支付。在苏州试点中,京东、善融商务(建设银行旗下B2C购物平台)、哔哩哔哩、美团单车和滴滴出行都在可选择接入商户的列表内。子钱包的优势在于方便快捷、安全保障,以及对个人隐私的保护。一方面,在数字人民币App里面可以调整子钱包的付款金额,同时也可以关闭子钱包,加强了用户可以实时管理自己钱袋子的入口和方式;另一方面,子钱包推送的方式对于像京东这样的App来说是无法获得个人敏感信息的,可以保证用户的隐私不会被泄露。

2020年12月29日,北京市首个中国人民银行数字货币应用场景在丰台丽泽落地,当天上午,丽泽桥西的金唐大厦,一家名为漫猫咖啡的咖啡店内启动了数字人民币应用场景测试,获得授权的消费者已经可以用数字人民币钱包支付购买各类商品了。

数字人民币北京冬奥试点应用在北京地铁大兴机场线启动,当日,花样滑冰世界冠军申雪等受邀在中国银行大兴航站楼支行开通了数字人民币钱包并充值购买了地铁票,与此同时,申雪体验了使用数字人民币可穿戴设备钱包——滑雪手套"碰一碰"通过地铁闸机进站。《北京日报》报道称,活动中展示了多种形态的数字人民币钱包,包括超薄卡钱包、可视卡钱包和徽章、手表、手环等可穿戴设备钱包等。申雪表示,滑雪手套等数字人民币可穿戴设备钱包充分考虑到运动员出行需求,未来冬奥会期间全面应用,相信可以为国内外运动员、教练员和观众提供更多出行及支付便利,是北京智慧城市建设中数字金融赋能科技奥运的重要体现。

2021 年 1 月 5 日,位于上海长宁区的上海交通大学医学院附属同仁医院员工食堂里,医生们正通过数字人民币"硬钱包",实现点餐、消费、支付一站式体验。不同于此前使用手机支付数字人民币,此次脱离手机的可视卡式硬钱包首次亮相。现场图片显示,硬钱包卡片是一种可视卡,在右上角的水墨屏窗口中,可以看到消费金额、卡内余额、支付次数。数字人民币硬钱包可匿名也可实名。按照匿名或实名程度的不同,对相关钱包金额上限有不同要求。该硬钱包可在银行或相应机具及手机等设备上完成充值,技术类似 NFC 圈存。

4.6.3　数字人民币的基本理念

1. 法定货币

数字人民币由中国人民银行发行,是有国家信用背书、有法偿能力的法定货币。

与比特币等虚拟币相比,数字人民币是法币,与法定货币等值,其效力和安全性是最高的,而比特币是一种虚拟资产,没有任何价值基础,也不享受任何主权信用担保,无法保证价值稳定。这是中国人民银行数字货币与比特币等加密资产的最根本区别。

2. 双层运营体系

数字人民币采取了双层运营体系,即中国人民银行不直接对公众发行和兑换中国人民银行数字人民币,而是先把数字人民币兑换给指定的运营机构,如商业银行或者其他商业机构,再由这些机构兑换给公众。运营机构需要向中国人民银行缴纳 100% 准备金,这就是 1∶1 的兑换过程。这种双层运营体系和纸钞发行基本一样,因此不会对现有金融体系产生大的影响,也不会对实体经济或者金融稳定产生大的影响。

DC/EP 投放采用双层运营模式,不对商业银行的传统经营模式构成竞争,同时能充分发挥商业银行和其他机构在技术创新方面的积极性;数字货币投放系统保证 DC/EP 不超发,当货币生成请求符合校验规则时才发送相对应的额度凭证。

3. 以广义账户体系为基础

在现行数字货币体系下,任何能够形成个人身份唯一标识的东西都可以成为账户。例如,车牌号就可以成为数字人民币的一个子钱包,通过高速公路或者停车时进行支付。这就是广义账户体系的概念。

银行账户体系是非常严格的体系,一般需要提交很多文件和个人信息才能开立银行账户。

4. 支持银行账户松耦合

支持银行账户松耦合是指不需要银行账户就可以开立数字人民币钱包。

对于一些农村地区或者边远山区群众,来华境外旅游者等,不能或者不便持有银行账户的,也可以通过数字钱包享受相应的金融服务,有助于实现普惠金融。

5．其他个性设计

（1）双离线支付。像纸钞一样实现满足飞机、邮轮、地下停车场等网络信号不佳场所的电子支付需求。

（2）安全性更高。如果真的发生了盗用等行为，对于实名钱包，数字人民币可提供挂失功能。

（3）多终端选择。不愿意用或者没有能力用智能手机的人群，可以选择 IC 卡、功能机或者其他的硬件设备。

（4）多信息强度。根据掌握客户信息的强度不同，把数字人民币钱包分成几个等级。例如，大额支付或转账必须通过信息强度高的实名钱包。

（5）点对点交付。通过数字货币智能合约的方式，可以实现定点到人交付。民生资金，可以发放到群众的数字钱包上，从而杜绝虚报冒领、截留挪用的可能性。

（6）高可追溯性。在有权机关严格依照程序出具相应法律文书的情况下，进行相应的数据验证和交叉比对，为打击违法犯罪提供信息支持。即使腐败分子通过化整为零等手段，也难以逃避监管。

4.6.4　数字人民币的期待作用及价值意义

1．期待作用

（1）避免纸钞和硬币的缺点：印制发行成本高、携带不便，容易匿名、伪造，存在被用于洗钱、恐怖融资的风险。

（2）满足人们的一些正常匿名支付需求，如小额支付。

（3）极大节约造币所需各项成本。

（4）"新冠肺炎疫情"之下，减少货币交易中的病毒传播机会。

（5）支付宝支付、微信支付等电子支付方式已经成为一种公共产品或服务，一旦出现服务中断等极端情况，会对社会经济活动和群众生活产生非常大的影响。这就要求中国人民银行作为一个公共部门，要提供类似功能的工具和产品，作为相应公共产品的备份。

2．价值意义

法定数字货币的研发和应用，有利于高效地满足公众在数字经济条件下对法定货币的需求，提高零售支付的便捷性、安全性和防伪水平，助推中国数字经济加快发展。

习　题

一、判断题

1．"云"计算就是一种计算平台或者应用模式。

2．云计算是由于资源的闲置而产生的。

3．"云"计算服务可信性依赖于计算平台的安全性。

4．人工智能就是要让机器的行为看起来就像是人所表现出来的智能行为。

5．物联网与互联网不同，不需要考虑网络数据安全。

6．物联网的核心是"物物互联、协同感知"。

二、选择题

1. SaaS 是_____的简称。

　　A. 软件即服务　　　　　　　　　　　B. 平台即服务

　　C. 基础设施即服务　　　　　　　　　D. 硬件即服务

2. 云计算面临的一个很大的问题就是_____。

　　A. 服务器　　　　　B. 存储　　　　　C. 计算　　　　　D. 节能

3. 首次提出"人工智能"是在_____年。

　　A. 1946　　　　　B. 1960　　　　　C. 1916　　　　　D. 1956

4. 人工智能应用研究的两个最重要最广泛的领域是_____。

　　A. 专家系统、自动规划　　　　　　　B. 专家系统、机器学习

　　C. 机器学习、智能控制　　　　　　　D. 机器学习、自然语言理解

5. 1997 年 5 月,著名的"人机大战",最终计算机以 3.5 比 2.5 的总比分将世界国际象棋棋王卡斯帕罗夫击败,这台计算机被称为_____。

　　A. 深蓝　　　　　B. IBM　　　　　C. 深思　　　　　D. 蓝天

6. 在物联网的发展过程中,我国与国外发达国家相比,最需要突破的是_____方面。

　　A. 传感器技术　　　B. 通信协议　　　C. 集成电路技术　　D. 控制理论

7. 射频识别卡与其他识别卡最大的区别在于_____。

　　A. 功耗　　　　　B. 非接触性　　　C. 抗干扰性　　　D. 保密性

8. 下列选项中,不是区块链技术特征的是_____。

　　A. 去中心化　　　B. 开放性　　　　C. 封闭性　　　　D. 安全性

三、填空题

1. 从部署模式来看,云计算主要分为_____、_____、_____和_____ 4 种形态。

2. 目前,人工智能主要分为_____和_____两个流派。

3. 虚拟现实的本质特征：Immersion(沉浸)、Interaction(交互)和 Imagination(想象),其中_____是最弱的,是虚拟现实最重要的技术特征。

4. 区块链的类型有_____、_____和_____ 3 种。

5. 数字人民币的概念有两个重点：一个是数字人民币是数字形式的_____货币；另外一个是和纸钞、硬币_____,数字人民币主要定位于 M0,也就是流通中的现钞和硬币。

四、简答题

1. 什么是云计算？

2. 物联网的定义是什么？有什么特征？它主要应用在哪些方面？

3. 人工智能的应用有哪些？

4. 什么是虚拟现实技术？什么是增强现实技术？二者有什么联系和区别？

5. 区块链的核心技术有哪些？

6. 简述数字人民币的基本理念。

阅读材料 1：北斗卫星导航系统

卫星导航作为军民双重属性的重大基础设施，对国家经济安全、国防军事以及国际地位等重大战略利益具有重大而广泛的影响，一旦出现紧急情况或重大利益冲突，无论国防军事还是经济社会安全都将受到掣肘，甚至胁迫。

1991 年海湾战争时期，美国轰炸伊拉克水电站，至少需要数百吨常规弹药，并且轰炸机面临巨大的防空火力威胁。而基于 GPS 和图像精确制导的导弹，只需两颗导弹———一颗炸出缺口，另外一颗沿着缺口飞进去，在百公里外发射便可自动飞向目标。第二次海湾战争期间，甚至出现了导弹顺着新闻大楼通风口一直钻下去的高精度袭击场景。

1993 年 7 月 23 日，美国无中生有地指控中国"银河号"货轮将制造化学武器的原料运往伊朗。当时，"银河"号正在印度洋上正常航行，突然船停了下来。事后大家才知道，这是因为当时美国局部关闭了该船所在海区的 GPS 导航服务，使得船不知道该向哪个方向行驶。

1999 年，印巴卡吉尔(Kargil)战争期间，美国觉得不能让印度太嚣张，就直接关闭了印巴战区的所有 GPS 服务，导致印度的武器和士兵瞬间"失明"，遭受了巨大的损失。

在美国 GPS 一家独大之时，美国军方在所有民用信号上放了干扰。后来，俄罗斯格洛纳斯(GLONASS)系统出现，美国为了应对竞争才取消了这个干扰(2000 年 5 月 2 日)。美国取消干扰后，民用信号的定位精度直接从百米级提高到了今天的米级。

无数的历史教训告诉我们，大国重器，必须靠自己！

"银河号"事件发生后，孙家栋院士与国防科学技术工业委员会副主任沈荣骏联名"上书"，建议启动中国的卫星导航工程。1994 年 12 月，北斗导航实验卫星系统工程获得国家批准。

1. 概述

中国北斗卫星导航系统(BeiDou Navigation Satellite System,BDS)是中国着眼国家安全和经济社会发展需要，自行研制的全球卫星导航系统，是国家重要时空基础设施，也是继 GPS、GLONASS 之后第三个成熟的卫星导航系统。中国北斗卫星导航系统(BDS)和美国 GPS、俄罗斯 GLONASS、欧盟 GALILEO，是联合国卫星导航委员会已认定的供应商。

北斗卫星导航系统由空间段、地面段和用户段三部分组成，可在全球范围内全天候、全天时为各类用户提供高精度、高可靠定位、导航、授时服务，并且具备短报文通信能力，已经初步具备区域导航、定位和授时能力，定位精度为分米(dm)、厘米(cm)级别，测速精度 0.2 米每秒(m/s)，授时精度 10 纳秒(ns)。

2020 年 7 月 31 日上午，北斗三号全球卫星导航系统正式开通。

北斗卫星导航系统提供服务以来，已在交通运输、农林渔业、水文监测、气象测报、通信授时、电力调度、救灾减灾、公共安全等领域得到广泛应用，服务国家重要基础设施，产生了显著的经济效益和社会效益。基于北斗卫星导航系统的导航服务已被电子商务、移动智能终端制造、位置服务等厂商采用，广泛进入中国大众消费、共享经济和民生领域。应用的新模式、新业态、新经济不断涌现，深刻改变着人们的生产生活方式。中国将持续推进北斗卫星导航系统的应用与产业化发展，服务国家现代化建设和百姓日常生活，为全球科技、经济和社会发展做出贡献。

北斗卫星导航系统秉承"中国的北斗、世界的北斗、一流的北斗"发展理念，愿与世界各国共享北斗卫星导航系统建设的发展成果，促进全球卫星导航事业蓬勃发展，为服务全球、造福人类贡献中国智慧和力量。北斗卫星导航系统为经济社会发展提供重要时空信息保障,是中国实施改革开放 40 余年来取得的重要成就之一,是新中国成立 70 多年来重大科技成就之一,是中国贡献给世界的全球公共服务产品。中国将一如既往地积极推动国际交流与合作,实现与世界其他卫星导航系统的兼容与互操作,为全球用户提供更高性能、更加可靠和更加丰富的服务。

2. 发展历程

20 世纪后期,中国开始探索适合我国国情的卫星导航系统发展道路,逐步形成了三步走发展战略,第一步是覆盖国内(建设北斗一号系统),第二步是覆盖亚太(建设北斗二号系统),第三步再覆盖全球(建设北斗三号系统)。

第一步,建设北斗一号系统。1994 年,启动北斗一号系统工程建设;2000 年,发射两颗地球静止轨道卫星,建成系统并投入使用,采用有源定位体制,为中国用户提供定位、授时、广域差分和短报文通信服务;2003 年发射第 3 颗地球静止轨道卫星,进一步增强系统性能。

第二步,建设北斗二号系统。2004 年,启动北斗二号系统工程建设;2012 年年底,完成 14 颗卫星(5 颗地球静止轨道卫星、5 颗倾斜地球同步轨道卫星和 4 颗中圆地球轨道卫星)发射组网。北斗二号系统在兼容北斗一号系统的技术体制基础上,增加无源定位体制,为亚太地区用户提供定位、测速、授时和短报文通信服务。

第三步,建设北斗三号系统。2009 年,启动北斗三号系统建设;从 2017 年底开始,北斗三号系统建设进入了超高密度发射;2018 年年底,完成 19 颗卫星发射组网,完成基本系统建设,向全球提供服务;截至 2019 年 9 月,北斗卫星导航系统在轨卫星已达 39 颗。

2020 年 6 月 23 日,北斗三号系统的最后一颗全球组网卫星在西昌卫星发射中心点火升空。6 月 23 日 9 时 43 分,我国在西昌卫星发射中心用长征三号乙运载火箭,成功发射北斗系统第 55 颗导航卫星,暨北斗三号最后一颗全球组网卫星,至此北斗三号全球卫星导航系统星座部署比原计划提前半年全面完成。

2020 年 7 月 31 日上午 10 时 30 分,北斗三号全球卫星导航系统建成暨开通仪式在人民大会堂举行,中共中央总书记、国家主席、中央军委主席习近平宣布北斗三号全球卫星导航系统正式开通。

北斗三号系统继承北斗有源服务和无源服务两种技术体制,能够为全球用户提供基本导航(定位、测速、授时)、全球短报文通信、国际搜救服务,中国及周边地区用户还可享有区域短报文通信、星基增强、精密单点定位等服务。

3. 发展目标

北导卫星导航系统的发展目标:建设世界一流的卫星导航系统,满足国家安全与经济社会发展需求,为全球用户提供连续、稳定、可靠的服务;发展北斗产业,服务经济社会发展和民生改善;深化国际合作,共享卫星导航发展成果,提高全球卫星导航系统的综合应用效益。

4. 建设原则

中国坚持"自主、开放、兼容、渐进"的原则建设和发展北斗卫星导航系统。

自主:坚持自主建设、发展和运行北斗卫星导航系统,具备向全球用户独立提供卫星导航服务的能力。

开放:免费提供公开的卫星导航服务,鼓励开展全方位、多层次、高水平的国际合作与交流。

兼容：提倡与其他卫星导航系统开展兼容与互操作，鼓励国际合作与交流，致力于为用户提供更好的服务。

渐进：分步骤推进北斗卫星导航系统的建设发展，持续提升其服务性能，不断推动卫星导航产业全面、协调和可持续发展。

5. 远景目标

2035 年前，还将建设完善更加泛在、更加融合、更加智能的综合时空体系，进一步提升时空信息服务能力，为人类走得更深更远做出中国贡献。

6. 基本组成

北斗卫星导航系统由空间段、地面段和用户段三部分组成。

空间段：北斗卫星导航系统空间段由若干地球静止轨道卫星、倾斜地球同步轨道卫星和中圆地球轨道卫星等组成。

地面段：北斗卫星导航系统地面段包括主控站、时间同步/注入站和监测站等若干地面站，以及星间链路运行管理设施。

用户段：北斗卫星导航系统用户段包括北斗兼容其他卫星导航系统的芯片、模块、天线等基础产品，以及终端产品、应用系统与应用服务等。

7. 发展特色

北斗卫星导航系统的建设实践，走出了在区域快速形成服务能力、逐步扩展为全球服务的中国特色发展路径，丰富了世界卫星导航事业的发展模式。

北斗卫星导航系统具有以下特点：一是北斗卫星导航系统空间段采用三种轨道卫星组成的混合星座，与其他卫星导航系统相比高轨卫星更多，抗遮挡能力强，尤其低纬度地区性能优势更为明显；二是北斗卫星导航系统提供多个频点的导航信号，能够通过多频信号组合使用等方式提高服务精度；三是北斗卫星导航系统创新融合了导航与通信能力，具备定位导航授时、星基增强、地基增强、精密单点定位、短报文通信和国际搜救等多种服务能力。

北斗卫星导航系统真正实现了独立自主，核心技术来源于中国专家的刻苦钻研。从无到有，从有到精，面对大国技术的垄断，中国科学家们凭着一股不服输的韧性，一次一次地进行突破，攻克了一道又一道的技术难题，功夫不负有心人，如今的中国彻底摆脱了对 GPS 的依赖，中国这头苏醒的雄狮，一次次地让世界各国刮目相看。

阅读材料 2：人工智能的应用——AlphaGo

AlphaGo(阿尔法围棋)是第一个击败人类职业围棋选手、第一个战胜围棋世界冠军的人工智能程序，由谷歌(Google)旗下 DeepMind 公司戴密斯·哈萨比斯领衔的团队开发。其主要工作原理是深度学习。

2016 年 3 月，AlphaGo 与围棋世界冠军、职业九段棋手李世石进行围棋人机大战，以 4 比 1 的总比分获胜；2016 年末 2017 年初，该程序在中国棋类网站上以"大师"(Master)为注册账号与中日韩数十位围棋高手进行快棋对决，连续 60 局无一败绩；2017 年 5 月，在中国乌镇围棋峰会上，它与排名世界第一的世界围棋冠军柯洁对战，以 3 比 0 的总比分获胜。围棋界公认 AlphaGo 的棋力已经超过人类职业围棋顶尖水平，在 GoRatings 网站公布的世界职业围棋排名中，其等级分曾超过排名人类第一的棋手柯洁。

2017年5月27日,在柯洁与AlphaGo的人机大战之后,AlphaGo团队宣布AlphaGo将不再参加围棋比赛。

2017年10月18日,DeepMind公司公布了最强版AlphaGo,代号AlphaGo Zero。同年12月,AlphaGo Zero再进化,通用棋类算法AI Alpha Zero问世。

1. 旧版原理

1) 深度学习

AlphaGo是一款围棋人工智能程序,其主要工作原理是深度学习。深度学习是指多层的人工神经网络和训练它的方法。一层神经网络会把大量矩阵数字作为输入,通过非线性激活方法取权重,再产生另一个数据集合作为输出。这就像生物神经大脑的工作机理一样,通过合适的矩阵数量,多层组织链接一起,形成神经网络"大脑"进行精准复杂的处理,就像人们识别物体标注图片一样。

AlphaGo用到了很多新技术,如神经网络、深度学习、蒙特卡洛树搜索法等,使其实力有了实质性飞跃。美国脸书(Facebook)公司"黑暗森林"围棋软件的开发者田渊栋在网上发表分析文章说,AlphaGo系统主要由四部分组成:一是策略网络(Policy Network),给定当前局面,预测并采样下一步的走棋;二是快速走子(Fast Rollout),目标和策略网络一样,但在适当牺牲走棋质量的条件下,速度要比策略网络快1000倍;三是价值网络(Value Network),给定当前局面,估计是白棋胜概率大还是黑棋胜概率大;四是蒙特卡洛树搜索(Monte Carlo Tree Search),把以上这三部分连起来,形成一个完整的系统。

2) 两个大脑

AlphaGo是通过两个不同神经网络"大脑"合作来改进下棋。这些"大脑"是多层神经网络,跟那些Google图片搜索引擎识别图片在结构上是相似的。它们从多层启发式二维过滤器开始,去处理围棋棋盘的定位,就像图片分类器网络处理图片一样。经过过滤,13个完全连接的神经网络层产生对它们看到的局面判断。这些层能够做分类和逻辑推理。

第一大脑:落子选择器

AlphaGo的第一个神经网络大脑是监督学习的策略网络(Policy Network),观察棋盘布局企图找到最佳的下一步。事实上,它预测每个合法下一步的最佳概率,那么最前面猜测的就是那个概率最高的。这可以理解成落子选择器(Move Picker)。

第二大脑:棋局评估器

AlphaGo的第二个大脑相对于落子选择器是回答另一个问题,它不是去猜测具体下一步,而是在给定棋子位置情况下,预测每个棋手赢棋的概率。棋局评估器(Position Evaluator)就是价值网络(Value Network),通过整体棋局判断来辅助落子选择器。这个判断仅是大概的,但对于阅读速度提高很有帮助。通过分析归类潜在的未来棋局的"好"与"坏",AlphaGo能够决定是否通过特殊变种去深入阅读。如果棋局评估器说这个特殊变种不行,那么AI就跳过阅读。

这些网络通过反复训练来检查结果,再校对调整参数,从而让下次执行得更好。这个处理器有大量的随机性元素,所以人们是不可能精确知道网络是如何"思考"的,但更多的训练后能让它进化到更好。

3) 操作过程

AlphaGo为了应对围棋的复杂性,结合了监督学习和强化学习的优势。它通过训练形成一个策略网络(Policy Network),将棋盘上的局势作为输入信息,并对所有可行的落子位置生成一个概率分布。然后,训练出一个价值网络对自我对弈进行预测,以−1(对手的绝对胜利)到1(AlphaGo 的绝对胜利)的标准,预测所有可行落子位置的结果。这两个网络自身都十分强大,而 AlphaGo 将这两种网络整合进基于概率的蒙特卡罗树搜索(MCTS)中,实现了它真正的优势。新版的 AlphaGo 产生大量自我对弈棋局,为下一代版本提供了训练数据,此过程循环往复。

在获取棋局信息后,AlphaGo 会根据策略网络探索哪个位置同时具备高潜在价值和高可能性,进而决定最佳落子位置。当分配的搜索时间结束时,模拟过程中被系统最频繁考察的位置将成为 AlphaGo 的最终选择。在经过先期的全盘探索和过程中对最佳落子的不断揣摩后,AlphaGo 的搜索算法就能在其计算能力之上加入近似人类的直觉判断。

2017 年 1 月,谷歌 Deep Mind 公司 CEO 哈萨比斯在德国慕尼黑 DLD(数字、生活、设计)创新大会上宣布推出真正 2.0 版本的 AlphaGo,其特点是摈弃了人类棋谱,只靠深度学习的方式成长起来挑战围棋的极限。

2. 新版原理

1) 自学成才

AlphaGo 此前的版本,结合了数百万人类围棋专家的棋谱,以及强化学习的监督学习进行了自我训练。AlphaGo Zero 的能力则在这个基础上有了质的提升。最大的区别是,它不再需要人类数据。也就是说,它一开始就没有接触过人类棋谱。研发团队只是让它自由随意地在棋盘上下棋,然后进行自我博弈。

"这些技术细节强于此前版本的原因是,我们不再受到人类知识的限制,它可以向围棋领域里最高的选手——AlphaGo 自身学习。"AlphaGo 团队负责人大卫·席尔瓦(Dave Sliver)说。

据大卫·席尔瓦介绍,AlphaGo Zero 使用新的强化学习方法,让自己变成了老师。系统一开始甚至并不知道什么是围棋,只是从单一神经网络开始,通过神经网络强大的搜索算法,进行了自我博弈。

随着自我博弈的增加,神经网络逐渐调整,提升预测下一步的能力,最终赢得比赛。更为厉害的是,随着训练的深入,DeepMind 公司发现,AlphaGo Zero 还独立发现了游戏规则,并走出了新策略,为围棋这项古老游戏带来了新的见解。

2) 一个大脑

AlphaGo Zero 仅用了单一的神经网络。在此前的版本中,AlphaGo 用到了策略网络来选择下一步棋的走法,以及使用价值网络来预测每步棋后的赢家。而在新的版本中,这两个神经网络合二为一,从而让它能得到更高效的训练和评估。

3) 神经网络

AlphaGo Zero 并不使用快速、随机的走子方法。在此前的版本中,AlphaGo 用的是快速走子方法,来预测哪个玩家会在当前的棋局中赢得比赛。相反,新版本依靠的是其高质量的神经网络算法来评估下棋的局势。

3. 旧版战绩

1) 对战机器

研究者让 AlphaGo 和其他的围棋人工智能机器人进行了较量,在总计 495 局中只输了一局,胜率是 99.8%。它甚至尝试了让其 4 子对阵 CrazyStone、Zen 和 Pachi 三个先进的人工智能机器人,胜率分别是 77%、86% 和 99%。

2017 年 5 月 26 日,中国乌镇围棋峰会举行人机配对赛。对战双方为古力/阿尔法围棋组合和连笑/阿尔法围棋组合。最终连笑/阿尔法围棋组合逆转获得胜利。

2) 对战人类

2016 年 1 月 27 日,国际顶尖期刊《自然》封面文章报道,谷歌研究者开发的名为 AlphaGo 的人工智能机器人,在没有任何让子的情况下,以 5:0 完胜欧洲围棋冠军、职业二段选手樊麾。在围棋人工智能领域,实现了一次史无前例的突破。计算机程序能在不让子的情况下,在完整的围棋竞技中击败专业选手,这是第一次。

2016 年 3 月 9 日到 15 日,AlphaGo 程序挑战世界围棋冠军李世石的围棋人机大战五番棋在韩国首尔举行。比赛采用中国围棋规则,最终阿尔法围棋以 4:1 的总比分取得了胜利。

2016 年 12 月 29 日晚起到 2017 年 1 月 4 日晚,AlphaGo 在弈城围棋网和野狐围棋网以 Master 为注册名,依次对战数十位人类顶尖围棋高手,取得 60 胜 0 负的辉煌战绩。

2017 年 5 月 23 日到 27 日,在中国乌镇围棋峰会上,AlphaGo 以 3:0 的总比分战胜排名世界第一的世界围棋冠军柯洁。在这次围棋峰会期间的 2017 年 5 月 26 日,AlphaGo 还战胜了由陈耀烨、唐韦星、周睿羊、时越、芈昱廷五位世界冠军组成的围棋团队。

4. 新版战绩

经过短短 3 天的自我训练,AlphaGo Zero 就强势打败了此前战胜李世石的旧版 AlphaGo,其战绩是 100:0。经过 40 天的自我训练,AlphaGo Zero 又打败了 AlphaGo Master 版本。AlphaGo Master 曾击败过世界顶尖的围棋选手,甚至包括世界排名第一的柯洁。

5. 版本介绍

据公布的题为《在没有人类知识条件下掌握围棋游戏》的论文介绍,开发公司将 AlphaGo 的发展分为 4 个阶段,也就是 4 个版本。第一个版本即战胜樊麾时的人工智能,第二个版本是 2016 年战胜李世石的“狗”,第三个版本是在围棋对弈平台名为 Master(大师)的版本,其在与人类顶尖棋手的较量中取得 60 胜 0 负的骄人战绩,而最新版的人工智能开始学习围棋 3 天后便以 100:0 横扫了第二版本的“旧狗”,学习 40 天后又战胜了在人类高手看来不可企及的第三个版本“大师”。

6. 设计团队

戴密斯·哈萨比斯(Demis Hassabis),人工智能企业家,DeepMind Technologies 公司创始人,人称“阿尔法围棋之父”。戴密斯·哈萨比斯 4 岁开始下国际象棋,8 岁自学编程,13 岁获得国际象棋大师称号,17 岁进入剑桥大学攻读计算机科学专业。在大学里,他开始学习围棋。2005 年进入伦敦大学学院攻读神经科学博士,选择大脑中的海马体作为研究对象。两年后,他证明了 5 位因为海马体受伤而患上健忘症的病人,在畅想未来时也会面临障碍,并凭这项研究入选《科学》杂志的“年度突破奖”。2011 年创办 DeepMind Technologies 公司,以“解决智能”为公司的终极目标。

大卫·席尔瓦(David Silver),剑桥大学计算机科学学士、硕士,加拿大阿尔伯塔大学计算机科学博士,伦敦大学学院讲师,Google DeepMind 研究员,AlphaGo 主要设计者之一。

除上述人员之外,阿尔法围棋设计团队核心人员还有黄士杰(Aja Huang)、施恩·莱格(Shane Legg)和穆斯塔法·苏莱曼(Mustafa Suleyman)等。

2017 年 10 月 18 日,DeepMind 团队在世界顶级科学杂志——《自然》发表论文,公布了最强版 AlphaGo，代号 AlphaGo Zero。它的独门秘籍，是"自学成才"。而且，是从一张白纸开始，零基础学习，在短短 3 天内，成为顶级高手。

7. 发展方向

AlphaGo 能否代表智能计算发展方向还有争议，但比较一致的观点是，它象征着计算机技术已进入人工智能的新信息技术时代(新 IT 时代)，其特征就是大数据、大计算、大决策，三位一体。它的智慧正在接近人类。

谷歌 DeepMind 首席执行官(CEO)戴密斯·哈萨比斯宣布"要将 AlphaGo 和医疗、机器人等进行结合"。因为它是人工智能，会自己学习，只要给它资料就可以移植。

据韩国《朝鲜日报》报道，为实现该计划，哈萨比斯 2016 年初在英国的初创公司"巴比伦"投资了 2500 万美元。巴比伦正在开发医生或患者说出症状后，在互联网上搜索医疗信息、寻找诊断和处方的人工智能 App(应用程序)。如果 AlphaGo 和"巴比伦"结合，诊断的准确度将得到划时代性提高。

在柯洁与 AlphaGo 的围棋人机大战三番棋结束后，AlphaGo 团队宣布 AlphaGo 将不再参加围棋比赛。AlphaGo 将进一步探索医疗领域，利用人工智能技术攻克现实现代医学中存在的种种难题。在医疗资源的现状下，人工智能的深度学习已经展现出了潜力，可以为医生提供辅助工具。

谷歌公司研发 AlphaGo，只是为了对付人类棋手吗？实际上，这从来不是 AlphaGo 的目的，只是通过围棋来试探它的功力，而研发这一人工智能的最终目的是推动社会变革、改变人类命运。

AlphaGo 之父哈萨比斯表示："如果我们通过人工智能可以在蛋白质折叠或设计新材料等问题上取得进展，那么它就有潜力推动人们理解生命，并以积极的方式影响我们的生活。"据悉，目前他们正积极与英国医疗机构和电力能源部门合作，以此提高看病效率和能源效率。

第 2 部分

大数据应用技术篇

第 章

大数据应用技术

近年来,大数据技术迅猛发展,在各个领域都得到了广泛关注,推动了新一轮技术的发展浪潮。大数据技术的发展,已被列为国家重大发展战略。随着大数据技术的发展,大数据处理及其行业应用价值有目共睹。本章将从大数据的发展背景、大数据的基本概念和特点、大数据存储、大数据处理与分析等方面简要介绍大数据应用技术的基础知识。

5.1 大数据概述

"大数据"一词已经无处不在,然而,其概念仍然存在混淆。大数据已被用于承载所有类型的概念,包括巨量的数据、社交媒体分析、下一代数据管理能力、实时数据等。无论是任何种类,人们都已经开始理解并且探索如何以新的方式处理并分析大量的信息。

5.1.1 大数据的发展背景

近年来,大数据迅速发展成为科技界和企业界甚至世界各国政府关注的热点。人们对于大数据的挖掘和运用,预示着新一波生产力增长和消费浪潮的到来。美国政府认为大数据是"未来的钻石矿和新石油",一个国家拥有数据的规模和运用数据的能力将成为综合国力的重要体现,对数据的占有和控制将成为国家间和企业间新的争夺焦点。全球著名管理咨询公司麦肯锡(McKinsey&Company)首先提出了"大数据时代"的到来并声称:"数据已经渗透到当今各行各业的职能领域,成为重要的生产因素。"

随着计算机和信息技术的迅猛发展和普及应用,行业应用系统的规模迅速扩大,行业应用所产生的数据呈爆炸性增长。互联网(社交、搜索、电商)、移动互联网(微博、微信)、物联网(传感器、智慧地球)、车联网、GPS、医学影像、安全监控、金融(银行、股市、保险)、电信(通话、短信)都在疯狂地产生数据。例如,互联网领域中,谷歌搜索引擎的每秒使用用户量达到 200 万;科研领域中,仅某大型强子对撞机在一年内积累的新数据量就达到 15 拍字节(PB)左右;电子商务领域中,eBay 的分析平台每天处理的数据量高达 10PB,超过了纳斯达克交易所每天的数据处理量;"双十一"大型商业活动中,淘宝商城屡创神话,销售额由 2010 年的 9 亿元一路攀升到 2020 年的 3328 亿元,订单峰值更是达到平均每秒成功交易 58.3 万笔,交易覆盖二百多个国家和地区;航空航天领域中,仅一架双引擎波音 737 飞机在横贯大陆飞行的过程中,传感器网络便会产生近 240 太字节(TB)的数据。综合各个领域,目前积累的数据量已经从 TB 量级上升至拍字节(PB)、艾字节(EB)甚至已经达到泽字节(ZB)量级,其数据规模已经远远超出了现有通用计算机所能够处理的量级。

根据全球著名咨询机构互联网数据中心(Internet Data Center,IDC)做出的估测,人类社会产生的数据一直都在以每年50%的速度增长。也就是说,每两年数据量就会增加一倍,即已形成了"大数据摩尔定律",这意味着人类在最近两年产生的数据量相当于之前产生的全部数据量之和。根据国际权威机构 Statista 的统计和预测,2020 年全球数据产生量预计达到47ZB,到 2035 年,这一数字将达到 2142ZB。目前,全球的数据量正以每 18 个月至 24 个月翻一番的速度呈膨胀式增长,数据量的飞速增长同时也带来了大数据技术和服务市场的繁荣发展。

5.1.2 大数据的基本概念

"大数据"一词由英文 Big Data 翻译而来,是近几年兴起的概念。往前追溯却发现由来已久,早在 1980 年就已由美国著名未来学家阿尔文·托夫勒在《第三次浪潮》一书中,将大数据赞颂为"第三次浪潮的华彩乐章"。

1. 大数据的定义

"大数据"并不等同于"大规模数据",那么何谓"大数据"呢?迄今并没有公认的定义,由于大数据是相对概念,因此,目前的定义都是对大数据的定性描述,并未明确定量指标。

维基(Wiki)百科给出的大数据概念是:在信息技术中,"大数据"是指一些使用目前现有数据库管理工具或者传统数据处理应用很难处理的大型而复杂的数据集,其挑战包括采集、管理、存储、搜索、共享、分析和可视化。

麦肯锡公司将数据规模超出传统数据库管理软件的获取存储管理,以及分析能力的数据集称为大数据。

高德纳(Gartner)咨询公司则将大数据归纳为需要新处理模式才能增强决策力、洞察发现力和流程优化能力的海量高增长率和多样化的信息资产。

徐宗本院士在第 462 次香山科学会议上的报告中,将大数据定义为不能够集中存储并且难以在可接受时间内分析处理,其中个体或部分数据呈现低价值性而数据整体呈现高价值的海量复杂数据集。

复旦大学朱扬勇教授提出,大数据本质上是数据交叉、方法交叉、知识交叉、领域交叉、学科交叉,从而产生新的科学研究方法、新的管理决策方法、新的经济增长方式、新的社会发展方式等。

虽说这些关于大数据定义的定义方式角度及侧重点不同,但是所传递的信息基本一致,即大数据归根结底是一种数据集,其特性是通过与传统的数据管理及处理技术对比来凸显的,并且在不同需求下,其要求的时间处理范围具有差异性,最重要的一点是大数据的价值并非来自数据本身,而是来自大数据所反映的"大决策""大知识""大问题"等。

从宏观世界角度来看,大数据则是融合物理世界、信息空间和人类社会上三元世界的纽带,因为物理世界通过互联网、物联网等技术有了在信息空间中的大数据反映,而人类社会则借助人机界面、脑机界面、移动互联等手段在信息空间中产生自己的大数据映像。从信息产业角度来讲,大数据还是新一代信息技术产业的强劲推动力。所谓新一代信息技术产业,本质上是构建在第三代平台上的信息产业,主要是指云计算、大数据、物联网、移动互联网(社交网络)等。

2. 大数据产生的原因

"大数据"并不是一个凭空出现的概念,它的出现对应了数据产生方式的变革,生产力决定生产关系的道理对于技术领域仍然是有效的,正是由于技术发展到了一定的阶段才导致海量数据被源源不断地生产出来,并使当前的技术面临重大挑战。归纳起来大数据出现的原因有以下5点。

1) 数据生产方式变得自动化

数据的生产方式经历了从结绳计数到现在的完全自动化,人类的数据生产能力已不可同日而语。物联网技术、智慧城市、工业控制技术的广泛应用使数据的生产完全实现了自动化,自动数据生产必然会产生大量的数据,甚至当前人们所使用的绝大多数数字设备都可以被认为是一个自动化的数据生产设备。我们的手机会不断与数据中心进行联系,通话记录、位置记录、费用记录都会被服务器记录下来;我们用计算机访问网页时访问历史、访问习惯也会被服务器记录并分析;我们生活的城市、小区遍布的传感器、摄像头会不断产生数据并保证我们的安全;天上的卫星、地面的雷达、空中的飞机也都在不断地自动产生着数据。

2) 数据生产融入每个人的日常生活

在计算机出现的早期,数据的生产往往只是由专业人员来完成的,能够有机会使用计算机的人员通常都是因为工作的需要,物理学家、数学家是最早一批使用计算机的人员。随着计算机技术的高速发展,计算机得到迅速普及,特别是手机和移动互联网的出现使数据的生产和每个人的日常生活结合起来,每个人都成为数据的生产者:当你发出一条微博时,你在生产数据;当你拍出一张照片时,你在生产数据;当你使用手中的市民卡和银行卡时,你在生产数据;当你在用微信发朋友圈或聊天时,你在生产数据;当你在玩游戏时,你在生产数据。数据的生产已完全融入人们的生活:在地铁上,你在生产数据;在工作单位,你在生产数据;在家里,你也在生产数据。个人数据的生产呈现出随时、随地、移动化的趋势,我们的生活已经是数字化的生活。

3) 图像和音频视频数据所占比例越来越大

人类在过去几千年主要靠文字记录信息,而随着技术的发展,人类越来越多地采用视频、图像和音频这类占用空间更大、更形象的手段来记录和传播信息。从前聊天我们用文字,现在用微信和视频,人们越来越习惯利用多媒体的方式进行交流,城市中的摄像头每天都会产生大量视频数据,而且由于技术的进步,图像和视频的分辨率变得越来越高,数据变得越来越大。

4) 网络技术的发展为数据的生产提供了极大的方便

前面说到的几个大数据产生原因中还缺乏一个重要的引子:网络。网络技术的高速发展是大数据出现的重要催化剂:没有网络的发展就没有移动互联网,我们就不能随时随地实现数据生产;没有网络的发展就不可能实现大数据视频数据的传输和存储;没有网络的发展就不会有现在大量数据的自动化生产和传输。网络的发展催生了云计算等网络化应用的出现,使数据的生产触角延伸到网络的各个终端,使任何终端所产生的数据都能快速有效地被传输并存储。很难想象在一个网络条件很差的环境下能出现大数据,所以,可以这么认为:大数据的出现依赖于集成电路技术和网络技术的发展,集成电路为大数据的生产和处理提供了计算能力的基础,网络技术为大数据的传输提供了可能。

5) 云计算概念的出现进一步促进了大数据的发展

云计算这一概念是在 2008 年左右进入我国的,而最早可以追溯到 1960 年人工智能之父麦卡锡所预言的"今后计算机将会作为公共设施提供给公众"。2012 年 3 月,在国务院《政府工作报告》中云计算被作为附注给出了一个政府官方的解释,表达了政府对云计算产业的重视,在政府工作报告中云计算的定义是这样的:"云计算:是基于互联网的服务的增加、使用和交付模式,通常涉及通过互联网来提供动态易扩展且经常是虚拟化的资源。是传统计算机和网络技术发展融合的产物,它意味着计算能力也可作为一种商品通过互联网进行流通。"云计算的出现使计算和服务都可以通过网络向用户交付,而用户的数据也可以方便地利用网络传输,云计算这一模式网络的作用被进一步凸显出来,数据的生产、处理和传输可以利用网络快速地进行,改变传统的数据生产模式,这一变化大大加快了数据的产生速度,对大数据的出现起到了至关重要的作用。

3. 大数据的特征

大数据的"大"是一个动态的概念,以前 10GB 的数据是个天文数字。而现在,在地球、物理、基因、空间科学等领域,TB 级的数据集已经很普遍。大数据具备以下 5 个维度的特征,如图 5-1 所示。

图 5-1　大数据的特征

（1）大体量(Volume)。需要采集、处理、传输的数据容量大,数据量可从数百 TB 到数百 PB 甚至 EB 的规模。

（2）多样化(Variety)。大数据所处理的数据类型早已不是单一的文本数据或者结构化的数据库中的表,而是包括各种格式和形态的数据,数据结构种类多,复杂性高。

（3）时效性(Velocity)。很多大数据需要在一定时间限度下得到及时处理,处理数据的效率决定企业的生命。

（4）准确性(Veracity)。大数据处理的结果要保证一定的准确性。

（5）大价值(Value)。大数据包含很多深度的价值,通过强大的机器学习和高级分析对数据进行"提纯",能够带来巨大商业价值。

5.1.3　大数据应用经典案例

1. 从谷歌流感趋势看大数据的应用价值

谷歌有一个名为"谷歌流感趋势"的工具,它通过跟踪搜索词相关数据来判断全美地区的流感情况(例如,患者会搜索"流感"两个字)。2013 年,这个工具发出警告,全美的流感已经进入"紧张"级别。它对于健康服务产业和流行病专家来说是非常有用的,因为它的时效性极强,能够很好地帮助到疾病暴发的跟踪和处理。事实也证明,通过海量搜索词的跟踪获得的趋势报告是很有说服力的,仅波士顿地区,就有 700 例流感得到确认,该地区 2013 年已宣布进入公共健康紧急状态。

这个工具的工作原理大致是:设计人员置入了一些关键词(如温度计、流感症状、肌肉疼痛、胸闷等),只要用户输入这些关键词,系统就会展开跟踪分析,创建地区流感图表和流感地图。谷歌多次把测试结果(深色线)与美国疾病控制和预防中心的报告(浅色线)做比对,从图 5-2 可知,两者结论存在很大相关性。

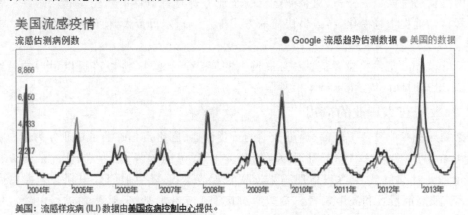

图 5-2　谷歌把测试结果(深色线)与美国疾病控制和预防中心的报告(浅色线)做比对

谷歌流感趋势工具比线下收集的报告强在"时效性"上,因为患者只要自觉有流感症状,在搜索和去医院就诊这两件事上,前者通常是他首先会去做的。就医很麻烦而且价格不菲,如果能自己通过搜索来寻找到一些自我救助的方案,人们就会第一时间使用搜索引擎。因而,还存在一种可能是,医院或官方收集到的病例只能说明一小部分重病患者,轻度患者是不会去医院而成为它们的样本的。

2. 大数据在医疗行业的应用

Seton Healthcare 是采用 IBM 最新沃森技术医疗保健内容分析预测的首个客户。该技术允许企业找到大量病人相关的临床医疗信息,通过大数据处理,更好地分析病人的信息。在加拿大多伦多的一家医院,针对早产婴儿,每秒钟有超过 3000 次的数据读取。通过这些数据分析,医院能够提前知道哪些早产儿出现问题并且可以有针对性地采取措施,避免早产婴儿夭折。

大数据让更多的创业者更方便地开发产品。例如,通过社交网络来收集数据的健康类App。也许未来数年后,它们搜集的数据能让医生给病人的诊断变得更为精确。例如,不是通用的成人每日三次,一次一片,而是检测到病人的血液中药剂已经代谢完成会自动提醒病人再次服药。

3. 大数据在能源行业的应用

智能电网现在在欧洲已经做到了终端,也就是所谓的智能电表。通过智能电网每隔五分钟或十分钟收集一次数据,收集来的这些数据可以用来预测客户的用电习惯等,从而推断出在未来 2~3 个月时间里,整个电网大概需要多少电。有了这个预测后,就可以向发电或者供电企业购买一定数量的电。因为电有点像期货一样,如果提前买就会比较便宜,买现货就比较贵。通过这个预测,可以降低采购成本。

4. 大数据在通信行业的应用

XO Communications 通过使用 IBM SPSS 预测分析软件,减少了将近一半的客户流失率。XO 现在可以预测客户的行为,发现行为趋势,并找出存在缺陷的环节,从而帮助公司及时采取措施,保留客户。此外,IBM 新的 Netezza 网络分析加速器,将通过提供单个端到端网络、服务、客户分析视图的可扩展平台,帮助通信企业制定更科学、合理的决策。

中国移动通过大数据分析,对企业运营的全业务进行针对性的监控、预警、跟踪。系统在第一时间自动捕捉市场变化,再以最快捷的方式推送给指定负责人,使他在最短时间内获知市场行情。

NTT docomo 把手机位置信息和互联网上的信息结合起来,为顾客提供附近的餐饮店信息,接近末班车时间时,提供末班车信息服务。

5. 大数据在零售业的应用

一家领先的专业时装零售商,通过当地的百货商店、网络及其邮购目录业务为客户提供服务。公司希望向客户提供差异化服务,如何定位公司的差异化,他们通过从 Twitter 和 Facebook 收集社交信息,更深入地理解化妆品的营销模式,随后他们认识到必须保留两类有价值的客户:高消费者和高影响者。希望通过接受免费化妆服务,让用户进行口碑宣传。这是交易数据与交互数据的完美结合,为业务挑战提供了解决方案。Informatica 的技术帮助这家零售商用社交平台上的数据充实了客户主数据,使他的业务服务更具有目标性。

零售企业也监控客户的店内走动情况以及与商品的互动。它们将这些数据与交易记录相结合来展开分析,从而在销售哪些商品、如何摆放货品以及何时调整售价上给出意见。此类方法已经帮助某领先零售企业减少了 17% 的存货,同时在保持市场份额的前提下,增加了高利润率自有品牌商品的比例。

5.1.4　大数据处理的基本流程

当人们谈到大数据时,往往并非仅指数据本身,而是数据和大数据技术这二者的结合,所谓大数据技术是指伴随着大数据的采集、存储、处理、分析和呈现的相关技术,是一系列使用非传统的工具来对大量的结构化、半结构化和非结构化数据进行处理,从而获得分析和预测结果的一系列数据处理和分析技术。

讨论大数据技术时,需要首先了解大数据的基本处理流程,主要包括数据采集、存储、计算、分析和结果呈现等环节。数据无处不在,网站、政务系统、零售系统、办公系统、自动化生产系统、监控摄像头、传感器等,这些系统和设备每时每刻都在产生数据。这些分散在各处的数据,需要采用相应的设备或软件进行采集。采集到的数据通常无法直接用于后续的数据处理和分析,因为对于来源众多、类型多样的数据而言,数据缺失和语义模糊等问题是不可避免的,所以必须采取相应措施有效解决这些问题。这就需要一个被称为"数据预处理"的过程,通过数据预处理把数据变成一个可用的状态。数据经过预处理后,首先会被存放到文件系统或数据库系统中进行存储与管理,然后采用数据挖掘工具对数据进行处理分析,最后采用可视化工具为用户呈现结果。

因此,从数据分析全流程的角度看,大数据技术主要包括数据采集与预处理、数据存储和管理、数据处理与分析、数据呈现等层面的内容,具体如图 5-3 所示。

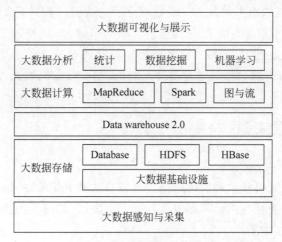

图 5-3 大数据处理的基本流程图

1）数据采集与预处理

利用 ETL（Extract-Transform-Load）工具将分布的、异构数据源中的数据，如关系数据、平面数据文件等，抽取数据采集与预处理到临时中间层后进行清洗、转换、集成，最后加载到数据仓库或数据集市中，成为联机分析处理、数据挖掘的基础；也可以利用日志采集工具（如Flume、Kafka 等）把实时采集的数据作为流计算系统的输入，进行实时处理分析。

2）数据存储与管理

利用分布式文件系统、数据仓库、关系数据库、NoSQL 数据库、云数据库等，实现对结构化、半结构化和非结构化海量数据的存储和管理。

3）数据处理与分析

利用分布式并行编程模型和计算框架，结合机器学习和数据挖掘算法，实现对海量数据的处理和分析，数据分析可以用于决策支持、商业智能、推荐系统、预测系统等。

4）数据呈现

对分析结果进行可视化呈现，可帮助人们更好地理解数据、分析数据。使用可视化技术，可以将处理的结果通过图形的方式直观呈现给用户，标签云（Tag Cloud）、历史流（History Flow）、空间信息流（Spatial Information Flow）等是常用的可视化技术，用户可以根据自己的需求灵活使用这些可视化技术；人机交互技术可以引导用户对数据进行逐步分析，使用户参与到数据分析的过程中，从而使用户可以深刻地理解数据分析结果。

需要注意的是，大数据技术是许多技术的一个集合体，这些技术也并非全部都是新生事物，如关系数据库、数据仓库、数据采集、ETL、OLAP（Online Transaction Processing）、数据挖掘、数据可视化等技术是已经发展多年的技术，在大数据时代得到不断补充、完善、提高后又有了新的升华，也可以视为大数据技术的一个组成部分。另外，大数据技术还处于不断发展过程中，各种新技术、新软件日新月异，更新很快。目前，主流的大数据处理基本都是建立在Hadoop 大数据处理架构之上的。

 5.2 大数据的获取

研究大数据、分析大数据的首要前提是拥有大数据。而拥有大数据的方式，要么是自己采集和汇聚数据,要么是获取别人采集、汇聚、整理之后的数据。数据汇聚的方式多种多样,有些数据是通过业务系统或互联网端的服务器自动汇聚起来的,如业务数据、点击流数据、用户行为数据等;有些数据是通过卫星、摄像机和传感器等硬件设备自动汇聚的,如感知数据、交通数据、人流数据等;还有一些数据是通过整理汇聚的,如商业景气数据、人口普查数据、政府统计数据等。

5.2.1 大数据来源

1. 大数据的产生

大数据的产生是计算机技术和网络通信技术普及的必然结果,特别是近年来互联网、云计算、移动互联网、物联网及社交网络等新型信息技术的发展,使得数据产生来源更加丰富。

1) 企业内部及企业外延

企业原有内部系统(如 ERP、OA 等应用系统)所产生的存储在数据库中的数据,属于结构化数据,可直接进行处理使用,为公司决策提供依据。另外,企业内部也存在大量非结构化的内部交易数据,并且随着移动互联网、社交网络等的应用越来越广泛,信息化环境的变化促使企业越来越多的业务需要在互联网、移动互联网、社交网络等平台开展,使得企业外部数据迅速扩展。

2) 互联网及移动互联网

随着社交网络的发展,互联网进入新的时代,用户角色也发生了巨大的变化,从传统的数据使用者转变为随时随地的数据生产者,数据规模迅猛扩展。另外,移动互联网更进一步促进更多用户成为数据生产者。

3) 物联网

物联网技术的发展,使得视频、音频、RFID、M2M、物联网和传感器等产生大量数据,其数据规模更巨大。

2. 数据类型

大数据除了数据量巨大外,另一个特点就是数据类型多。在海量数据中,仅有 20% 属于结构化数据,其余均为非结构化数据。

按照数据结构划分,数据可以分为结构化数据、半结构化数据和非结构化数据。结构化数据使用关系数据库来表示和存储,如 MySQL、Oracle、SQL Server 等,表现二维表形式的数据。半结构化数据通常是以日志文件、XML 文档、JSON 文档、Email 等来存储。非结构化数据就是没有固定结构的数据,包含全部格式的办公文档、文本、图片、各类报表、图像和音频/视频信息等,一般直接整体进行存储,而且一般存储为二进制的数据格式。

按照生产主体,数据可以分为企业应用产生的少量数据、用户产生的大量数据(社交、电子商务等)、机器产生的巨量数据(应用服务器日志、传感器数据、图像和视频、RFID 等)。

按照数据作用的方式,数据可以分为交易数据和交互数据。海量交易数据指企业内部的经营交易信息,主要包括联机交易数据和联机分析数据,是结构化的、可以通过关系数据库进行管理和访问的静态历史数据。海量交互数据源于 Facebook、Twitter、微博及其他来源的社交媒体数据构成,包括呼叫详细记录(CDR)、设备和传感信息、GPS 和地理位置映射数据、通过管理文件传输协议传送的海量图像文件、Web 文本和点击流数据、科学信息、电子邮件等。两类数据的有效融合将是大势所趋,大数据应用要有效集成两类数据,并实现数据的处理和分析。

5.2.2 大数据采集

大数据的价值不在于存储数据本身,而在于如何挖掘数据,只有具备足够的数据源才可以挖掘出数据背后的价值,因此,获取大数据是非常重要的基础。就数据获取而言,大型互联网企业由于自身用户规模庞大,可以把自身用户产生的交易、社交、搜索等数据充分挖掘,从而拥有稳定安全的数据资源。对于其他大数据公司和大数据研究机构而言,目前获取大数据的方法有如下4种。

1. 系统日志采集

可以使用海量数据采集工具,用于系统日志采集,如 Hadoop 的 Chukwa、Cloudera 的 Flume、Facebook 的 Scribe 等,这些工具均采用分布式架构,能满足大数据的日志数据采集和传输需求。

2. 互联网数据采集

通过网络爬虫或网站公开 API 等方式从网站上获取数据信息,该方法可以把数据从网页中抽取出来,将其存储为统一的本地数据文件。它支持图片、音频、视频等文件或附件的采集,附件与正文可以自动关联。除了网站中包含的内容之外,还可以使用 DPI 或 DFI 等带宽管理技术实现对网络流量的采集。

3. 移动端数据采集

App 是获取用户移动端数据的一种有效方法,App 中的 SDK 插件可以将用户使用 App 的信息汇总给指定服务器,即便用户在没有访问时,也能获知用户终端的相关信息,包括安装应用的数量和类型等。单个 App 用户规模有限,数据量有限;但数十万 App 用户,获取的用户终端数据和部分行为数据也会达到数亿的量级。

4. 与数据服务机构进行合作

数据服务机构通常具备规范的数据共享和交易渠道,人们可以在平台上快速、明确地获取自己所需要的数据。而对于企业生产经营数据或学科研究数据等保密性要求较高的数据,也可以通过与企业或研究机构合作,使用特定系统接口等相关方式采集数据。

5.2.3 互联网数据抓取

随着网络的迅速发展,Internet 成为当今世界最大的信息载体,每天都有不可计数的新数据涌入 Internet 中。如今,人们面临的一个巨大的挑战就是如何从海量数据中提取有效信息并加以利用。"要处理数据,就要先得到数据",从 Internet 上获取数据,是进行数据处理的第一步,互联网信息自动抓取,最常见且有效的方式是使用网络爬虫(Web Crawler、Web Spider)。

1. 什么是网络爬虫

网络爬虫有很多名字,如"网络蜘蛛"(Web Spider)、"蚂蚁"(Ant)、"自动检索工具"(Automatic Indexer)。网络爬虫是一种"机器人程序",其作用是自动采集所有它们可以到达的网页,并记录下这些网页的内容,以便其他程序进行后续处理。例如,搜索引擎可以对已爬取的网页进行分拣、归类,使用户可以更快地进行检索。

互联网世界的每个网页,都可以经过有限个超链接相互到达。爬虫的爬行是从一些被称为"种子"的网页开始进行的,这些"种子"是一个包含很多超链接的列表,爬虫依次访问每个超链接,得到网页内容,将网页内容存储到数据库中供其他程序进行后续处理。同时,提取该网页内的所有超链接,并循环执行"访问网页→记录信息→提取并记录超链接"这一过程。爬虫的初始种子是非常重要的,为了保证抓取尽可能多的网页,初始种子越完备越好。一个对应的解决方案是通过 DNS 服务器所在机构获取所有注册的域名。爬虫爬取过的网页也有可能发生变化(例如,网页内容被删除或修改了),为了保证这些变化能够被及时获取,爬虫需要根据一定的策略对这些网页重新爬取。

爬虫程序使用的技术很多,在超链接访问顺序策略中,最常用的是"广度优先搜索"和"深度优先搜索"。在重新爬取策略中,需要根据网站更新记录得到更新规律,确定重新抓取间隔。爬虫可以收集"原始"的网页,但这些网页由于信息混杂,不便被检索。这时,就需要对原始网页进行分析和组织,如文本分词、数据抽取、文本聚类和建立索引等。

2. 网络爬虫类别

网络爬虫可以分为两类。

一类叫作"通用爬虫",搜索引擎背后的数据采集工作大多是由通用爬虫来做的。这种爬虫追求大的爬行覆盖范围,对于在网页中提取到的超链接会"照单全收",能够爬取到尽可能多的网站,获取到各式各样的信息。对于"通用爬虫"来说,目前成熟的网络爬虫有很多,其中不乏 Googlebot、百度蜘蛛这样的广分布式多服务器多线程的商业爬虫和 Apache Nutch 这样的灵活方便的开源爬虫。

另一类叫作"聚焦爬虫",与通用爬虫不同的是,它会对提取到的超链接进行过滤,只对特定网站或者特定领域的网站进行爬取。这类爬虫的应用也很广泛,例如,可以在招聘网站上收集所有公司的信息,分析公司所在地分布状况和公司规模分布状况。对于"聚焦爬虫",也有很多网络爬虫工具,如 Hawk、Web Scraper、GooSeeker、神箭手、八爪鱼等。当然,如果有编程基础的话,也可以通过编写程序来开发符合自己要求的网络爬虫,本书将在第 5.4.2 节介绍 Python 编程基础,读者学习以后就可以自己编写更加灵活的网络爬虫。

5.2.4 数据预处理

数据预处理(Data Preprocessing)是指在对数据进行挖掘以前,需要先对原始数据进行清理、集成与变换等一系列处理工作,以达到挖掘算法进行知识获取研究所要求的最低规范和标准。在当今的大数据时代,存在含噪声的、值丢失的和不一致的数据是现实世界大型数据库的共同特点。通过数据预处理工作,可以使残缺的数据完整,并将错误的数据纠正、多余的数据去除,进而将所需的数据挑选出来,并且进行数据集成。数据预处理的常见方法有数据清洗、数据集成与数据变换。

数据清洗(Data Cleaning)是进行数据预处理的首要方法。其过程一般包括填补存在遗漏的数据值、平滑有噪声的数据、识别或除去异常值,并且解决数据不一致等问题。

数据集成(Data Integration)是指将多个不同数据源的数据合并在一起,形成一致的数据存储。例如,将不同数据库中的数据集成到一个数据库中进行存储。

数据变换(Data Transformation)是指将数据转换或统一成适合挖掘的形式,通常包括平滑处理、聚集处理、数据泛化处理、规格化、属性构造等方式。

Python 中的 Pandas 库功能强大,可以进行数据清洗、数据集成及数据变换等数据预处理操作,将在本书第 5.4.3 节介绍。

5.3 大数据存储

大数据无处不在,可以使用关系数据库、非关系数据库、元数据库、分布式文件系统、分布式数据库等技术,实现对结构化、半结构化和非结构化海量数据的存储和管理。

5.3.1 数据库基础

在人工方式管理的企业中,业务人员根据业务工作的需要,设计各种形式的票据,账簿和报表,如企业的合同、发票、入库单、出库单等,它们是企业存储、传输数据的载体,也是人工系统组织、管理企业数据的途径。建立信息系统后,企业的各类数据存放在计算机中,并通过专门的软件进行存取。在企业数据的输入、存储和按一定要求加工输出的这一企业数据处理过程中,必须解决如何按用户要求组织数据的逻辑存储结构,如何将逻辑存储结构转换成计算机物理存储结构,以及如何根据需要准确、迅速地存取数据等,这些问题都是数据库技术研究的主要内容。

1. 数据库

简单来说,数据库(Database,DB)是存放数据的仓库,这个仓库按照一定的数据结构来组织、存储,可以通过数据库提供的多种方法来管理数据库里的数据。数据库是目前数据组织的最高形式,也是应用最广泛的数据组织的管理方式与技术。数据库中的数据按一定的数据模型组织描述和存储,具有较小的冗余度、较高的数据独立性和易扩展性,并可为各种用户共享。图 5-4 是某学校采用数据库方式的信息系统示意图。

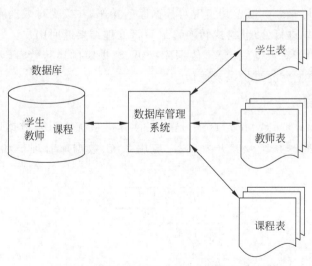

图 5-4 某学校数据库方式的信息系统

数据库产生于 60 多年前,随着信息技术和市场的发展,特别是 20 世纪 90 年代以后,数据管理不再仅是存储和管理数据,而转变为用户所需要的各种数据管理的方式。

数据库有很多种类型,从最简单的存储有各种数据的表格到能够进行海量数据存储的大型数据库系统都在各方面得到了广泛的应用。

数据库具有以下特点。

1) 数据结构化

数据结构化是数据库的主要特征之一。通过数据的结构化,可以大大降低系统数据的冗余度。这样,不但节省了存储空间,而且减少了存取时间。另外,结构化后的数据是面向整个管理系统的,而不是面向基本项应用的,它有利于系统功能的扩充。

2) 数据共享性

数据共享性是大量数据集成的结果。同一组数据可以服务于不同的应用要求,满足不同管理部门的处理业务。另外,多个用户可以在相同的时间内使用同一个数据库,每个用户可以使用自己所关心的那一部分数据,允许其访问的数据相互交叉和重叠。

3) 数据独立性

在数据库系统中,数据独立性是指数据的结构与应用程序间相互独立,它包括逻辑独立性和物理独立性两方面。不论是数据的存储结构还是总体逻辑结构发生变化都不必修改应用程序。

以上是数据库的主要优点,按照不同的理解,数据库还有数据的完整性、一致性和安全性等优点。数据库的这些优点将弥补文件方式的不足。

2. 数据库系统管理系统

数据库管理系统(DataBase Management System,DBMS)是位于用户与操作系统之间的一层数据管理软件。数据库在建立、运用和维护时由数据库管理系统统一管理、统一控制。数据库管理系统使用户能够方便地定义数据和操纵数据,并能够保证数据的安全性、完整性、多用户对数据的并发使用及发生故障后的系统恢复。

DBMS 接受应用程序的数据请求和处理请求,然后将用户的数据请求(高级指令)转换成复杂的机器代码(低层指令),通过其实现对数据库的操作,并接受对数据库操作而得到的查询结果,同时对查询结果进行处理(格式转换),最后将处理结果返回用户。

DBMS 的主要功能有数据库定义,数据库操纵,数据库的运行管理,数据组织、存储与管理,数据库的保护,数据库的维护以及通信。

3. 数据库系统

数据库系统(DataBase System,DBS)是指在计算机系统中引入数据库后的系统构成,一般由数据库、数据库管理系统及其开发工具、应用系统、数据库管理员和用户构成,如图 5-5 所示。

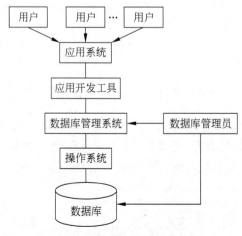

图 5-5　数据库系统结构图

一个完整的数据库系统由以下几方面构成。

1) 硬件

数据库系统的硬件部分包括 CPU、内存、磁盘、磁带以及其他外围设备。随着数据库中数据量的加大,以及 DBMS 规模的扩大,除了要求 CPU 运算速度足够快之外,数据库系统对硬件部分要求有足够大的内存、大容量的直接存取设备和高性能的数据通道传输能力。

2) 软件

数据库系统的软件部分包括操作系统(OS)、数据库管理系统(DBMS)、应用于开发应用程序的具有数据库接口的高级语言及其编译系统、以 DBMS 为核心的应用开发工具、为某应用环境开发的数据库应用系统。

3) 人员

管理、使用和开发数据库的人员主要有数据库管理员(Data Base Administrator,DBA)、系统分析员和数据库设计人员、应用程序员和最终用户。他们不但熟悉操作系统、程序设计语言和 DBMS 等,而且对于应用系统的业务处理工作也很了解。其具体工作任务如下。

(1) DBA。DBA 是专门监督和管理数据库系统的一个或一组人员,负责数据库的全面管理和控制。其主要职责包括:定义数据库的结构和内容;决定数据库的存储结构和存储策略;定义数据的安全性要求和完整性约束条件;监控数据库的运行和使用;负责数据库的改进和重组重构;规划和实现数据库信息的备份和恢复等。

(2) 系统分析员。系统分析员负责应用系统的需求分析和规范说明,与 DBA 和用户一起确定系统的硬件配置和软件配置,并参与数据库系统的概念设计。

(3) 数据库设计人员。数据库设计人员一般由 DBA 兼任,负责数据库中数据的确定,数据库的存储结构、全局和局部逻辑结构的设计。

(4) 应用程序员。应用程序员负责设计、编写、调试和安装应用系统程序模块。

(5) 最终用户。最终用户通过应用程序的用户接口,如浏览器、菜单、表格、图形或报表等直观的数据表示方式使用数据库。

4. 数据模型

1) 信息描述

数据库系统是面向计算机的,而应用是面向现实世界的,两个世界存在很大差异。要直接将现实世界中的语义映射到计算机世界是十分困难的,因此要引入信息世界和数据世界作为现实世界通向计算机世界的桥梁。一方面,信息世界是经过人脑对这些事物的认识、选择、描述之后对现实世界的抽象,从纷繁的现实世界中抽取出能反映现实本质的概念和基本关系;另一方面,信息世界中的概念和关系,要以一定的数据方式转换到计算机世界中去,最终在计算机系统上实现数据存储。因此,从客观事物的物理状态到计算机内的数据,要经历现实世界、信息世界、数据世界和计算机世界 4 种状态的转换。

(1) 现实世界。现实世界是指存在人们头脑之外的客观世界、事物及其相互间联系就处在这个世界之中。这里的事物可以是人、物或者某种事件,也可以是客观事物之间存在的联系。它们具有一定的表现形式或特征。

(2) 信息世界。信息是现实世界中的客观事物在人的大脑中的反映。人的大脑对于这些事物经过认识、选择、描述之后进入信息世界。客观事物在信息世界中称为实体,反映事物间联系的是实体模型或概念模型。概念模型的表示方法很多,其中最为常用的是 P. P. S. Chen 于 1976 年提出的实体-联系(Entity-Relationship,E-R)方法。该方法用 E-R 图来描述现实世界的概念模型。E-R 图是一个过渡的数据模型,随后需要再转换为 DBMS 接受的数据模型。

E-R 模型有 3 个基本元素,即实体、实体之间的联系和属性,它们分别用矩形框、菱形框和椭圆形框来表示,并且将对应的名字填入框内以作标识,用无向边把实体与其属性连接起来,将参与联系的实体用线段连接,并标上联系的数量,如图 5-6 所示为学生选修课程的 E-R 图。

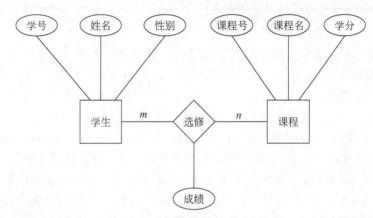

图 5-6　学生选修课的 E-R 图

其中,实体间的联系有如下 3 种类型。

① 一对一联系。

如果 A 中的每个实体至多和 B 中的一个实体有联系,反之亦然,那么 A 和 B 的联系称为一对一联系,记为 1∶1。

② 一对多联系。

如果 A 中的每个实体与 B 中的任意个(零个或多个)实体有联系,而 B 中的每个实体至多与 A 中的一个实体有联系,则称 A 与 B 是一对多联系,记为 1∶n。

③ 多对多联系。

如果 A 中的每个实体与 B 中的任意个(零个或多个)实体有联系,反之亦然,那么称 A 与 B 的联系是多对多联系,记为 m∶n。

(3) 数据世界。数据世界中研究的对象是数据,数据是对信息的符号化表示。它与信息世界之间存在对应关系。信息世界中的一个实体对应数据世界里的一条记录。对应属性的数据为数据项或字段;对应实体集的数据称为文件;描述数据和数据之间关系的模型称为数据模型,它与信息世界中的实体-联系模型相对应。

(4) 计算机世界。数据世界中的数据经过编码、加工后就进入计算机世界。在计算机世界中,数据用二进制编码表示。程序的任务之一就是在计算机所承认的二进制数与人们所习惯的数据表示法之间进行转换。因此,建立数据库系统的过程,实际上就是将现实世界与计算机世界紧密结合的过程。

数据库中的数据是面向整体组织的结构化数据,它既要反映"事物"之间的联系,又要反映"事物"内部的联系。因此,在系统调查的基础上,通过对信息结构做细致分析来构造出实体-联系模型。然后将实体-联系模型转换为 DBMS 可接受的数据模型,再经过模式描述、数据输入等,这样一个过程就是数据库设计,人们所做的信息描述就是为了说明这个过程。

2) 数据模型

数据模型是对客观事物及其联系的数据化描述。在现实世界中,事物并不是孤立存在的,不仅事物内部属性之间有联系,而且彼此关联。显然,描述实体的数据也是相互联系的。这种联系也有两种:一是数据记录内部,即数据项之间的联系;二是数据记录之间的联系。前者对应实体属性之间的联系,后者对应实体之间的联系。

数据模型就是反映这种联系的结构,它是数据库系统的一个重要特征。在数据库系统中,基本的数据模型有 4 种:层次模型、网络模型、关系模型和面向对象模型。其中,层次模型和网状模型统称为非关系模型。目前,使用最多的是关系数据模型。因此,这里只介绍关系数据模型。

关系数据模型或称关系模型,是目前最重要的一种数据模型。关系数据库就是采用关系模型作为数据的组织方式。关系数据库管理系统(Relational Database Management System, RDBMS)就是管理关系数据库的系统。本书主要介绍的是关系数据库,后面使用到的 MySQL 数据库就是关系数据库产品之一。

(1) 关系模型的数据结构。

关系数据模型源于数学,它把数据看成是二维表中的元素,而这个二维表就是关系。例如,管理学生基本信息的关系模型的形式如表 5-1 所示。

表 5-1 学生表

学　　号	姓　　名	班　　级	性　　别
1442402034	高潇雨	轨 14 智能控制	女
1442402035	朱涛	轨 14 智能控制	男
1442404002	严垚	轨 14 车辆	男

用关系(表格数据)表示实体和实体之间联系的模型称为关系数据模型。

关系模型的优点是:简单,表达概念直观,用户易理解;具有非过程化的数据请求,数据请求可以不指明路径;数据独立性强,用户只需提出"做什么",无须说明"怎么做"。

关系模型把数据看成是二维表中的元素,一张表就是一个关系(Relation)。

表中的每行称为一个元组(Tuple),它相当于一个记录值。

表中的每列是一个属性(Attribute)值集,属性的取值范围称为域(Domain),属性相当于数据项或字段,如表 5-1 中有 4 个属性(学号,姓名,班级,性别)。

关系表中的某个属性或者某几个属性,可以唯一确定一个元组,称为主码(Primary Key),也称为主键或主关键字。例如,表 5-1 所示的例子中,学号就是此学生表的主码,因为它可以唯一地确定一个学生。而表 5-2 所示的关系的主码就是(学号,课程号),因为一个学生可以修多门课程,而一门课程也可以有多个学生学,因此,只有(学号,课程号)一起才能共同确定一条记录。由多个列共同组成的主码称为复合主码。

表 5-2 选课表

学　　号	课　程　号	成　　绩
1442402034	c01	78
1442402034	c02	84
1442402035	c01	98
1442402035	c02	68
1442404002	c03	92

元组中的一个属性值称为分量。

如果表格有 n 列,则称该关系为 n 元关系或 n 元关系模式,关系模式实际对应关系表的表头。关系模式一般表示为:关系名(属性 1,属性 2,…,属性 n)。例如,表 5-1 所示的学生表的关系模式为:学生(学号,姓名,班级,性别)。

关系具有如下性质。

① 关系中的每列属性都是不能再分的。

② 一个关系中的各列都被指定一个相异的名字。

③ 各行相异,不允许重复。

④ 行、列的次序均无关。

⑤ 每个关系都有一个唯一标识各元组的主关键字,它可以是一个属性或属性组合。

(2) 关系模型的数据操作。

关系数据模型的数据操作主要包括查询、插入、删除和修改数据。这些操作必须要满足关系的完整性约束条件。一方面,关系模型中的数据操作是基于集合的操作,操作对象和操作结果都是集合(或关系);另一方面,关系模型把存储路径向用户隐藏起来,用户只需指出"干什么"或"需要什么",而不必详细说明"怎样干",从而极大地提高了数据的独立性。

(3) 关系模型的数据完整性约束。

数据完整性是指数据库中存储的数据是有意义的或正确的。关系模型中的数据完整性规则是对关系的某种约束条件。它的数据完整性约束主要包括三大类:实体完整性、参照完整性和用户定义完整性。

① 实体完整性。

实体完整性约束规定基本关系的所有主关键字对应的主属性都不能取空值,且取值唯一,通过主关键字可以区别不同的记录(行)。例如,表 5-2 学生表的关系:选课(学号,课程号,成绩)中,学号和课程号共同组成主关键字,则学号和课程号两个属性都不能为空且取值唯一,那么一旦确定了学号和课程号,就可以唯一确定选课表中的一条记录。

② 参照完整性。

参照完整性也称为引用完整性。现实世界中的实体之间往往存在某种联系,在关系模型中,实体以及实体之间的联系都是用关系来表示的,这样就自然存在关系与关系之间的引用。参照完整性就是描述实体之间联系的。

参照完整性一般是指多个表之间的关联关系。如表 5-2 中,选课表所描述的学生必须受限于学生表中已有的学生,不能在选课表中描述一个根本就不存在的学生。这种限制一个表中某列的取值受另一个表某列的取值范围约束的特点就称为参照完整性。在关系数据库中用外码来实现参照完整性。例如,只要将选课表中的"学号"定义为引用学生表的"学号"的外码,就可以保证选课表中的"学号"的取值在学生表的已有"学号"范围内。外码(Foreign Key)又称为外键或外部关键字,它是取自本表属性之一的外表主码。外码一般在联系实体中,用于表示两个或多个实体之间的关联关系。

③ 用户自定义完整性。

用户自定义完整性也称为域的完整性或应用语义完整性。任何关系数据库系统都应该支持实体完整性和参照完整。除此之外,不同的关系数据库系统根据其应用环境的不同,往往还需要一些特殊的约束条件。用户定义的完整性就是针对某一具体应用定义的数据库约束条件,它反映某一具体应用所涉及的数据必须满足应用语义的要求。

用户定义的完整性实际上就是指明关系中属性的域,即限制关系中属性的取值类型及取值范围,防止属性的值与应用语义矛盾。例如,学生的考试成绩的取值范围为0～100,或取{优、良、中、及格、不及格}。又如,学生的入学日期早于毕业日期、最低工资小于最高工资等。

5. 结构化查询语言(SQL)

1) SQL概述

人与人交互必须使用某种人类的自然语言,如英语、汉语和日语等。人与数据库交互就不能使用人类的自然语言了,而需要使用结构化查询语言(Structured Query Language,SQL)。人们使用SQL语言可以告诉具体的数据库系统要干什么工作,让其返回什么数据等。

(1) SQL的历史。

SQL语言是20世纪70年代由Boyce和Chamberlin提出的。1979年,IBM公司第一个开发出SQL语言,并将其作为IBM关系数据库原型System R的关系语言,实现了关系数据库中的信息检索。20世纪80年代初,美国国家标准局(ANSI)开始着手制定SQL标准,并在1986年10月公布了最早的SQL标准。SQL标准的出台使SQL作为标准的关系数据库语言的地位得到加强。扩展的标准版本是1989年发表的SQL-89,之后还有1992年制定的版本SQL-92和1999年ISO发布的版本SQL-99。

SQL标准几经修改和完善,其功能更加强大,但目前很多数据库系统只支持SQL-99的部分特征,而大部分数据库系统都能支持1992年制定的SQL-92。

(2) SQL的特点。

目前,SQL语言已经成为几乎所有主流数据库管理系统的标准语言,所以其魅力是可想而知的。SQL语言不仅功能强大,而且容易掌握。下面是其最主要的5个特点。

① 具有综合统一性。

SQL语言格式统一,能够独立完成数据库系统使用过程中的数据录入、关系模式的定义、数据库的建立,以及数据查询、插入、删除、更新、数据库重构与数据库安全性控制等一系列操作的要求,为用户提供了开发数据库应用系统的良好环境。用户在数据库投入运行后,还可根据需要随时修改数据模式,而不影响数据库的运行,使系统具有良好的可扩展性。

② 非过程化语言。

SQL语言与C、COBOL、Basic等语言不同,它不是一种完全的语言。SQL语言并不能编写通用的程序,因为它没有普通过程化语言中的IF和FOR等语句,只是一种操作数据库的语言,属于非过程化语言。

③ 语言简洁,用户容易接受。

SQL语言十分简洁,完成主要功能只需使用9个动词。虽然SQL只使用9个动词,但其功能强大、设计精巧、语言语句简洁,使用户非常容易接受。

④ 以一种语法结构提供两种使用方式。

SQL语言既是自含式语言,又是嵌入式语言,且在两种不同的使用方式下,SQL语言的语法结构基本上是一致的。作为自含式语言,能够独立地用于联机交互的使用方式,用户可以在终端键盘上直接输入SQL命令对数据库进行操作。作为嵌入式语言,SQL语句能够嵌入高级语言中,为程序员的程序设计提供了方便。

⑤ 面向集合的操作方式。

非关系数据模型采用的是面向记录的操作方式,任何一个操作其对象都是一条记录。SQL语言采用集合操作方式,不仅查找结果可以是元组的集合,而且一次插入、删除、更新操作的对象也可以是元组的集合。

2）SQL 语言的组成

SQL 语言集数据定义语言(Data Definition Language,DDL)、数据查询语言(Data Query Language,DQL)、数据操纵语言(Data Manipulation Language,DML)和数据控制语言(Data Control Language,DCL)的功能于一体,可以完成数据库系统的所有操作。

(1) 数据定义语言。

数据定义语言(DDL)用于创建、删除和管理数据库、数据表以及视图与索引。DDL 语句通常包括对每个对象的创建(CREATE)、修改(ALTER)以及删除(DROP)等命令。

(2) 数据查询语言。

数据查询语言(DQL)用于查询检索数据库中的数据。该语言使用 SELECT 语句达到查询数据的目的。使用 SELECT 语句除了可以简单查询数据外,还可以排序数据、链接多个数据表、统计汇总数据等。SELECT 语句由一系列必选或可选的子句组成,如 FROM 子句、WHERE 子句、ORDER BY 子句、GROUP BY 子句和 HAVING 子句等。

(3) 数据操纵语言。

数据操纵语言(DML)用于插入数据、修改数据和删除数据。该语言由 3 种不同的语句组成,分别是 INSERT、UPDATE 和 DELETE 语句。其中,INSERT 语句用于向表插入数据；UPDATE 语句用于修改表中的数据；DELETE 语句用于删除表中的数据。

(4) 数据控制语言。

数据控制语言(DCL)是用来设置或者更改数据库用户或角色权限的语句,这些语句包括 GRANT、DENY 和 REVOKE 等语句。其中,GRANT 语句用于授予用户访问权限；DENY 语句用于拒绝用户访问；REVOKE 语句用于解除用户访问权限。

3）SQL 的执行环境

SQL 语言提供了两种不同的执行方式：一种是联机交互式执行,就是用户在某数据库系统的 SQL 执行工具中把 SQL 作为独立语言交互式执行,例如,在 SQL Server 的查询分析器中、Oracle 的 SQL * Plus 中等；另一种执行方式是将 SQL 语言融入某中高级语言(如 VB、VC、Java、PHP 等)中使用,这样便可利用高级语言的过程结构弥补 SQL 语言在实现复杂应用方面的不足。由于 SQL 语言的强大功能及其通用性,当前流行的所有数据库系统、大部分高级编程语言都支持 SQL 语言。

4）SQL 语言的内容

为了介绍 SQL 语言的基本用法,这里使用"教学管理系统"数据库中的三张基本表作为例子来讲解 SQL 语言的基本使用方法。该例子涉及的表如下。

Student(sid,sname,class,sex,birthday)　学生表(学号,姓名,所在班级,性别,出生日期)

Course(cid,cname,credit)　课程表(课程号,课程名,学分)

Grade(sid,cid,score)　成绩表(学号,课程号,成绩)

其中,带下画线的字段为该表中的主键。各个表中的示例数据如图 5-7 所示。

(1) 表的创建。

SQL 语言中创建表将用 CREATE TABLE 语句来实现。CREATE TABLE 语句可以定义各种表的结构、约束以及继承等内容。

执行 CREATE TABLE 语句将在当前数据库创建一个新的、初始为空的数据表,该表将

sid	sname	class	sex	birthday
1429401024	张亚	机14机械类1	女	1996-12-24
1442402034	高潇雨	轨14智能控制	女	1996-07-25
1442402035	朱涛	轨14智能控制	男	1995-11-21
1442402036	林旻昊	轨14智能控制	男	1996-02-09
1442402037	陆晓宇	轨14智能控制	男	1994-07-07
1442402038	袁铭辰	轨14智能控制	男	1996-05-03
1442402057	李典	轨14智能控制	男	1996-12-19
1442404002	严垚	轨14车辆	男	1995-04-27
1442404003	韩锋	轨14车辆	男	1996-12-02
1442404006	陈玲	轨14车辆	女	1996-03-04
1442404008	张志朋	轨14车辆	男	1995-12-07
1442404010	余奇峰	轨14车辆	男	1995-01-03
1442404016	孙逊	轨14车辆	男	1995-06-30
1442404017	汪后云	轨14车辆	女	1997-01-01

cid	cname	credit
c01	计算机应用基础	2
c02	c语言程序设计	4
c03	大学英语1	4
c04	高等数学1	4
c05	数据库技术	3

sid	cid	score
1429401024	c01	79
1442402034	c01	78
1442402034	c02	84
1442402034	c03	90
1442402034	c04	48
1442402035	c01	98
1442402035	c02	68

图 5-7　"教学管理系统"数据库中的三张基本表

由发出此命令的用户所有。下面是 CREATE TABLE 语句的基本语法格式。

```
CREATE TABLE <表名> (
<列名 1> <数据类型> [NOT NULL] [DEFAULT <默认值>],
<列名 2> <数据类型>[NOT NULL] [DEFAULT <默认值>], …
<列名 n> <数据类型>…
);
```

具体说明如下。

- 表名：给出要创建的基本表的名称。
- 列名：给出列名或字段名。
- NOT NULL：为可选项，如果在某列名或字段名后加上该项，则向表中添加数据时，必须给该列输入内容，即不能为空。
- DEFAULT <默认值>：为可选项，如果在某列名或字段名后加上该项，则向表中添加数据时，如果不向该列添加数据，则系统就会自动用默认值填充该列。

假设在 MySQL 数据库中已经创建了名字为 ems 的数据库，下面通过两个例题来介绍 CREATE TABLE 语句的使用方法。

【例 5.1】　在 ems 数据库中创建一个 Student 表，设置字段为学号（sid）、姓名（sname）、班级（clas）和性别（sex），4 个字段都不能为空，学号（sid）为主键。

SQL 语句如下：

```
CREATE TABLE Student(
     sid CHAR (10) NOT NULL PRIMARY KEY,
     snameVARCHAR (30) NOT NULL,
     classVARCHAR (30) NOT NULL,
```

```
    sex CHAR (2) NOT NULL
) ENGINE = INNODB;
```

在 MySQL 数据库中执行上面的语句后，就可以在 ems 数据库中创建一个学生信息表了。

注意：本书中的所有 SQL 语句运行环境为 MySQL5.5 数据库，部分语句不一定能在其他数据库中运行。关于 MySQL 数据库的详细介绍、如何安装和使用 MySQL 见本书配套的案例教程。

使用同样方法在 ems 数据库中创建 Course 表，SQL 语句如下：

```
CREATE TABLE Course(
    cid CHAR (10) NOT NULL PRIMARY KEY,
    cname VARCHAR (30) NOT NULL,
    credit SMALLINT NOT NULL
)ENGINE = INNODB;
```

【例 5.2】　在 ems 数据库中创建 Grade 表，并设置学号(sid)和课号(cid)两个字段为联合主键，分别为 Student 和 Course 表的外键。

SQL 语句如下：

```
CREATE TABLE Grade(
    sid CHAR (10) NOT NULL,
    cid CHAR (10) NOT NULL,
    score SMALLINT NOT NULL,
    CONSTRAINT pk_sid_cid PRIMARY KEY (sid, cid),
    CONSTRAINT fk_StudentGrade FOREIGN KEY (sid) REFERENCES Student (sid),
    CONSTRAINT fk_CourseGrade FOREIGN KEY (cid) REFERENCES Course (cid)
)ENGINE = INNODB;
```

（2）表结构的修改。

在数据库操作时，如果需要更改表结构，则使用 ALTER TABLE 语句可以修改字段的类型和长度，也可以添加新字段，还可以删除不需要的字段等。下面分别介绍使用 ALTER TABLE 修改字段、添加字段和删除字段的语法格式。

```
ALTER TABLE <表名>
[ADD <新字段名> 数据类型 [完整性约束]]
[DROP[完整性约束]]
[ALTER COLUMN <列名><数据类型>;
```

其中，<表名>是要修改的基本表；ADD 子句用于增加新列和新的完整性约束条件；DROP 子句用于删除指定的完整性约束条件；ALTER CDLUMN 子句用于修改原有的列定义。

【例 5.3】　在 Student 表中，增加新字段"出生日期"，该字段的类型为日期型，其 SQL 语句如下。

```
ALTER TABLE Student ADD
birthday DATE;
```

（3）表的删除。

当不再需要数据库中的某表时，就应当删除该表，释放该表所占有的资源。在 SQL 语言中，删除数据表使用 DROP TABLE 语句。例如，下面的 SQL 语句用于删除 Student 表。

```
DROP TABLE Student;
```

说明：在使用 DROP TABLE 语句删除数据表时可能会出现删除失败的情况，导致删除失败的绝大多数原因是该表可能与数据库中的其他表存在联系。此时，应当先解除表之间的联系，然后再使用 DROP TABLE 语句删除表。

例如，使用下面 SQL 语句就可以删除例 5.2 中 Grade 表和 Student 表之间的联系。

```
ALTER TABLE grade DROP FOREIGN KEY fk_StudentGrade;
```

（4）表的查询。

一条 SELECT 语句可以很简单，也可以很复杂。一个较复杂的查询操作可以使用多种方法完成，即 SELECT 语句的编写方法也是灵活多样的，就像一道数学题有多种解法一样，所以 SELECT 语句没有绝对的固定格式。

① 最基本的语法格式。

SQL 语言中的 SELECT 查询语句用来从数据表中查询数据，其完整的语法格式由一系列的可选子句组成。下面首先介绍 SELECT 语句最基本的语法格式。

```
SELECT *
FROM <表名>
```

具体说明如下。
- SELECT 关键字后的"*"，代表查询数据表中的所有（字段）内容。在这个位置也可以指定要查询的字段名列表。
- FROM 关键字后的<表名>，指明要从哪个表查询数据，可以是一个表，也可以是多个表，多个表用逗号隔开。
- 所有 SELECT 语句必须有 SELECT 子句和 FROM 子句，书写时可以将两个子句写在同一行。

在做查询之前，请先建立数据库（如 suda），然后导入 suda.sql 文件中的数据，建立数据库及导入 sql 文件方法请参照本书配套案例教程中的应用案例 11。如果已有数据库及同名数据表，建议先删除所有数据表，然后再通过 sql 文件导入数据。

【例 5.4】 查询 Student 数据表中的所有内容。

```
SELECT *
FROM  Student
```

【例 5.5】 查询 Student 数据表中的学号、姓名、性别字段。

```
SELECT   sid,sname,sex
FROM  Student
```

② 带有主要子句的语法格式。

前面介绍了 SELECT 语句最基本的语法格式，实际上 SELECT 语句的完整语法格式要比其复杂得多。下面将经常用到的 SELECT 主要子句的语法格式归纳如下：

```
SELECT [DISTINCT|ALL]<目标列表达式>[,<目标列表达式>]…
FROM <表名>
[WHERE <条件表达式>]
[GROUP BY <列名>][HAVING <条件表达式>]
```

```
[ORDER BY <列名> [ASC ∣ DESC ]]
```

具体说明如下。

- SELECT 子句:必选子句。可选关键字 DISTINCT 用于去除查询结果集中重复值所在的记录;关键字 ALL 用于返回查询结果集中的全部记录,它是默认的关键字,即当没有任何关键字时返回全部记录。目标列表达式为"∗",或者用逗号分隔的字段名列表,或者引用字段名的表达式,或者其他表达式(常量或函数)。该子句决定了结果集中应该有什么字段。
- FROM 子句:必选子句。其中,表名可以是一个基本表名称,或者是一个视图名称,或者为用逗号分隔的基本表名称列表,或者为视图名列表,或者为基本表名和视图名混合列表。该子句决定了要从哪个(哪些)数据源查询数据。
- WHERE 子句:可选子句。该子句用于指定查询条件,DBMS 将满足条件的行显示出来(或者添加到结果集中)。
- GROUP BY 子句:可选子句。其中,列名为一个字段名,或者用逗号分隔的字段名列表。该子句用于按条件表达式分组(分类)查询到的数据。
- ORDER BY 子句:可选子句。该子句用于按字段名排序查询结果。如果其后有 ASC (默认值),则按升序排序结果;如果其后有 DESC,则按降序排序结果;如果没有该子句,则查询结果将以添加记录时的顺序显示。

注意:如果 SELECT 语句中有 ORDER BY 子句,则必须将其放在所有子句的后面。

【例 5.6】 从 Student 表中查询所有学生的学号、姓名、班级和出生日期,并按出生日期排序。

```
SELECT sid,sname,class,birthday
FROM   Student
ORDER BY  birthday;
```

【例 5.7】 从 Course 表中查询所有内容。要求将查询结果按照学分降序排序。

```
SELECT *
FROM   Course
ORDER BY  credit  DESC;
```

【例 5.8】 从 Course 表中查询所有内容。要求将查询结果按照学分降序排序,当学分相同时按照课号升序排序。

```
SELECT   *
FROM   Course
ORDER BY credit DESC,cid;
```

【例 5.9】 查询选修了课程的学生学号。

```
SELECT DISTINCT sid
FROM Grade;
```

为了增强查询功能,在查询语句中可以使用 SQL 提供的内置函数,下面列出 8 个常用的函数。

```
COUNT( ∗ )          统计查询结果中的记录个数
COUNT(<列名>)        统计查询结果中某列值的个数
MAX(<列名>)          取字段最大值
```

```
MIN(<列名>)          取字段最小值
SUM(<列名>)          计算字段的总和
AVG(<列名>)          取字段平均值
NOW()               返回当前时间(完整时间,包括年月日和时分秒)
YEAR(<日期型数据>)    返回某个日期中的年份
```

【例 5.10】 计算 c01 号课程的学生平均成绩。

```
SELECT AVG(score)
FROM Grade
WHERE cid = 'c01';
```

【例 5.11】 从 Student 表中查询学生的姓名、出生日期和年龄,并按年龄降序排序记录。

```
SELECT sname, birthday, YEAR(NOW()) - YEAR(birthday) AS 年龄
FROM Student
ORDER BY 3 DESC;
```

③ 条件查询。

如果要使用 WHERE 子句,则必须学会编写条件表达式。条件表达式其实是关系表达式、逻辑(布尔)表达式和几个 SQL 特殊条件表达式的统称。条件表达式只有真(True)和假(False)两种值。在学习编写条件表达式之前,首先应了解条件运算符。

SQL 语言中常使用的条件运算符如下。

- 比较运算符:=(等于)、>(大于)、<(小于)、>=(大于或等于)、<=(小于或等于)、!= 或<> (不等于)。
- 逻辑(布尔)运算符:NOT(非)、AND (与)、OR(或)。
- 确定范围:BETWEEN AND(在某个范围内)、NOT BETWEEN AND(不在某个范围内)。
- 确定集合:IN(在某个集合中),NOT IN (不在某个集合中)。
- 字符匹配:LIKE(与某种模式匹配,其中"%"匹配任意 0 个或多个字符,"_"匹配任意单个字符),NOT LIKE(不与某种模式匹配)。
- 空值:IS NULL(是 NULL 值),IS NOT NULL(不是 NULL 值)。

【例 5.12】 从 Course 表中,查询所有 4 学分的课程信息。

```
SELECT *
FROM Course
WHERE credit = 4;
```

【例 5.13】 从 Student 表中,查询名叫"林强"的学生。

```
SELECT *
FROM Student
WHERE sname = '林强'
```

【例 5.14】 从 Student 表中,查询出生日期大于"1996-01-01"的学生。

```
SELECT *
FROM Student
WHERE birthday > '1996 - 01 - 01';
```

有时需要查询某个范围内的数据,此时可以在 WHERE 子句中使用 BETWEEN 运算符,

该运算符需要两个值,即范围的开始值和结束值(包含开始值和结束值)。

【例 5.15】 从 Grade 表中,查询考试成绩在 70～80 分的所有学生的学号、课程号和成绩。

```
SELECT sid,cid,score
FROM Grade
WHERE score BETWEEN 70 AND 80;
```

【例 5.16】 从 Student 表中,查询 1996 年 1 月 1 日～1997 年 1 月 1 日出生的学生姓名、出生日期和所属班级。

```
SELECT sname as 姓名,birthday as 出生日期,class as 所属班级
FROM Student
WHERE birthday BETWEEN  '1996－01－01' AND '1997－01－01'
```

【例 5.17】 从 Student 表中查询"轨 14 车辆"班中的所有女生,并将结果按学号升序排序。

分析:使用前面所学的知识,只能完成查询"轨 14 车辆"班中的所有学生或者查询所有女生,而并不能完成查询不但是"轨 14 车辆"班中的学生,而且是女生的任务。这就需要组合这两个条件,因为这两个条件是"而且"的关系,所以使用 AND 运算符连接。具体的 SELECT 语句如下。

```
SELECT *
FROM   Student
WHERE class = '轨 14 车辆' AND   sex = '女'
ORDER BY sid;
```

运行结果如图 5-8 所示。

sid	sname	class	sex	birthday
1442404006	陈玲	轨14车辆	女	1996-03-04
1442404017	汪后云	轨14车辆	女	1997-01-01
1442404023	孟荣梅	轨14车辆	女	1995-04-30

图 5-8　查询结果

【例 5.18】 从 Course 表中查询学分为 2、3、4 的课程信息,并按学分降序、课号升序排序。

```
SELECT *
FROM Course WHERE credit IN (2,3,4)
ORDER BY credit DESC,cid;
```

使用 LIKE 运算符和通配符可以对表进行模糊查询,即仅使用查询内容的一部分查询数据库中存储的数据。当然,LIKE 运算符也可以单独使用,单独使用时,其功能与等于运算符(＝)相同。不过,需要注意的是,LIKE 运算符只支持字符型数据。例 5.19 演示了 LIKE 运算符的使用方法,因为没有使用通配符,实际上没有什么太大意义,只是演示了使用方法而已。

【例 5.19】 从 Student 表中查询"轨 14 车辆"班中所有学生的信息,并按学号升序排序。

```
SELECT *
FROM Student
WHERE class
```

```
LIKE   '轨 14 车辆'
ORDER BY sid;
```

例 5.20 演示了结合使用"％"和 LIKE 运算符,实现模糊查询功能的具体方法。

【例 5.20】 从 Student 表中,查询所有姓"张"的学生信息。

```
SELECT   *
FROM Student
WHERE sname
LIKE '张 % ';
```

【例 5.21】 查询每门课程的课程号、平均成绩。

```
SELECT cid, AVG(score)
FROM Grade
GROUP BY cid;
```

使用 ROUND() 对平均成绩进行四舍五入处理,并保留小数点后一位小数。

```
SELECT cid, ROUND(AVG(score),1)
FROM Grade
GROUP BY cid
```

【例 5.22】 查询平均分大于或等于 80 的学生学号、平均成绩。

```
SELECT sid, AVG(score)
FROM Grade
GROUP BY sid
HAVING AVG(score)> = 80;
```

【例 5.23】 查询平均分(不包含 c01 课程)大于或等于 80 的学生学号、平均成绩,并按平均成绩降序排序。

```
SELECT sid, AVG(score)
FROM Grade
WHERE cid <> 'c01'
GROUP BY sid
HAVING AVG(score)> = 80
ORDER BY 2 DESC
```

HAVING 和 WHERE 的用法区别如下。

- HAVING 只能用在 GROUP BY 之后,对分组后的结果进行筛选,即使用 HAVING 的前提条件是分组。
- WHERE 肯定在 GROUP BY 之前。
- WHERE 后的条件表达式中不允许使用聚合函数,而 HAVING 可以。

当一个查询语句同时出现了 WHERE、GROUP BY、HAVING 和 ORDER BY 时,执行顺序和编写顺序如下。

- 执行 WHERE 对全表数据做筛选,返回第 1 个结果集。
- 针对第 1 个结果集使用 GROUP BY 分组,返回第 2 个结果集。
- 针对第 2 个结果集中的每组数据执行 SELECT 语句,有几组就执行几次,返回第 3 个结果集。

- 针对第 3 个结集执行 HAVING 语句进行筛选,返回第 4 个结果集。
- 针对第 4 个结果集排序。

④ 连接查询。

前面的查询都是针对一个表进行的。若一个查询同时涉及两个以上的表,则称为连接查询。连接查询是关系数据库中最主要的查询,包括等值连接查询、自然连接查询、非等值连接查询、外连接查询和复合条件连接查询等。

连接查询的 WHERE 子句中,用来连接两个表的条件称为连接条件或连接谓词。连接条件一般由连接运算符(比较运算符)构成,当连接运算符为"="时,称为等值连接,使用其他运算符则称为非等值连接。

【例 5.24】 查询每个学生的基本信息和所选课程情况。

```
SELECT  Student. * , Grade. *
FROM Student,Grade
WHERE Student.sid = Grade.sid;
```

运行结果如图 5-9 所示。

sid	sname	class	sex	birthday	sid1	cid	score
▶ 1429401024	张亚	机14机械类1	女	1996-12-24	1429401024	c01	79
1442402034	高潇雨	轨14智能控制	女	1996-07-25	1442402034	c01	78
1442402034	高潇雨	轨14智能控制	女	1996-07-25	1442402034	c02	84
1442402034	高潇雨	轨14智能控制	女	1996-07-25	1442402034	c03	90
1442402034	高潇雨	轨14智能控制	女	1996-07-25	1442402034	c04	48
1442402035	朱涛	轨14智能控制	男	1995-11-21	1442402035	c01	98
1442402035	朱涛	轨14智能控制	男	1995-11-21	1442402035	c02	68
1442402035	朱涛	轨14智能控制	男	1995-11-21	1442402035	c03	88
1442402035	朱涛	轨14智能控制	男	1995-11-21	1442402035	c04	84
1442402036	林昊昊	轨14智能控制	男	1996-02-09	1442402036	c01	78
1442402037	陆晓宇	轨14智能控制	男	1994-07-07	1442402037	c01	73
1442402038	袁铭辰	轨14智能控制	男	1996-05-03	1442402038	c01	86
1442402057	李典	轨14智能控制	男	1996-12-19	1442402057	c01	65
1442404002	严垚	轨14车辆	男	1995-04-27	1442404002	c01	92

图 5-9　查询结果

例 5.24 中,SELECT 子句和 WHERE 子句中的属性名前都加上了表名前缀,这是为了避免混淆,如果字段名在参加连接的各表中是唯一的,则可以省略表名前缀。

若在等值连接中,把目标列中重复的属性列去掉,则为自然连接。

【例 5.25】 对例 5.24 用自然连接完成查询。

```
SELECT  Student. sid, sname,class,sex,birthday,cid,score
FROM Student,Grade
WHERE Student.sid = Grade.sid;
```

在通常的连接操作中,只有满足连接条件的记录才能作为结果输出。但在例 5.25 中,由于一些学生并没有选课,因此在 Grade 表中没有相应的记录,造成 Student 表中这些记录在连接时被舍弃了。有时希望以 Student 表为主体列出每个学生的基本情况及其选课情况。若某个学生没有选课,但仍想把这些学生的记录保存在结果关系中,而在 Grade 表的属性上填空值,这时就需要使用外连接。

外连接又分为左连接(LEFT JOIN)和右连接(RIGHT JOIN)。左连接列出左边关系(如例5.26 Studen 表)中所有的记录,右连接列出右边关系(Grade)中所有的记录。

【例5.26】 使用左连接改写例5.25。

```
SELECT  Student.sid, sname,class,sex,birthday,cid,score
FROM Student
LEFT JOIN Grade ON Student.sid = Grade.sid;
```

运行结果如图5-10所示。

sid	sname	class	sex	birthday	cid	score
1442404002	严垚	轨14车辆	男	1995-04-27	c03	92
1442404002	严垚	轨14车辆	男	1995-04-27	c04	96
1442404003	韩锋	轨14车辆	男	1996-12-02	c01	82
1442404003	韩锋	轨14车辆	男	1996-12-02	c02	77
1442404003	韩锋	轨14车辆	男	1996-12-02	c03	81
1442404003	韩锋	轨14车辆	男	1996-12-02	c04	66
1442404006	陈玲	轨14车辆	女	1996-03-04	(Null)	(Null)
1442404008	张志朋	轨14车辆	男	1995-12-07	(Null)	(Null)
1442404010	余奇峰	轨14车辆	男	1995-01-03	(Null)	(Null)
1442404016	孙逊	轨14车辆	男	1995-06-30	(Null)	(Null)
1442404017	汪后云	轨14车辆	女	1997-01-01	(Null)	(Null)
1442404018	马志超	轨14车辆	男	1995-02-28	(Null)	(Null)
1442404019	林强	轨14车辆	男	1995-05-27	(Null)	(Null)
1442404020	宦冬	轨14车辆	男	1995-11-17	(Null)	(Null)
1442404021	查光圣	轨14车辆	男	1995-05-09	(Null)	(Null)
1442404023	孟荣梅	轨14车辆	女	1995-04-30	(Null)	(Null)
1442404027	陈海东	轨14车辆	男	1997-04-23	(Null)	(Null)
1442405005	左亚玲	轨14建环与能源工程	女	1995-02-02	c01	85

图 5-10 查询结果

除了外连接之外,还有内连接(INNER JOIN)。内连接只返回两个表中连接字段相等的行。

【例5.27】 使用 INNER JOIN 改写例5.25。

```
SELECT  Student.sid, sname,class,sex,birthday,cid,score
FROM Student
INNER JOIN Grade ON Student.sid = Grade.sid;
```

例5.27的结果和等值连接相同。

前面介绍各个连接查询中,WHERE 子句中只有一个条件,即连接谓词。WHERE 子句中可以有多个连接条件,称为复合条件连接。

【例5.28】 查询选修了 c01 课程且成绩在 80 分以上的所有学生。

```
SELECT  Student.sid, sname
FROM Student,Grade
WHERE  Student.sid = Grade.sid AND
    Grade.cid = 'c01' AND
    Grade.score > 80;
```

连接操作除了可以是两表连接、一个表与其自身连接外,还可以是两个以上的表进行连接,后者通常称为多表连接。

【例 5.29】　查询每个学生的学号、姓名、选修的课程名及成绩。

```
SELECT    Student.sid, sname,cname,score
FROM Student,Grade,Course
WHERE    Student.sid = Grade.sid AND
    Grade.cid = Course.cid;
```

⑤ 嵌套查询。

在 SQL 语言中,一个 SELECT-FROM-WHERE 语句称为一个查询块。将一个查询块嵌套在另一个查询块的 WHERE 子句或 HAVING 短语的条件中的查询称为嵌套查询。

【例 5.30】　查询选修了 c02 号课程的学生姓名。

```
SELECT    sname
FROM Student
WHERE    sid in
        (SELECT sid
        FROM Grade
        WHERE cid = 'c02')
```

等价于下面的 SQL 语句:

```
SELECT sname
FROM Student,Grade
WHERE Grade.sid = Student.sid AND Grade.cid = 'c02'
```

【例 5.31】　查询平均分大于等于所有学生平均分的学生学号、平均成绩,并按平均成绩降序排序。

```
SELECT sid,AVG(score)
FROM Grade
GROUP BY sid
HAVING AVG(score)> =
                (SELECT AVG(score)
                FROM Grade)
ORDER BY 2 DESC
```

(5) 语句的插入。

插入记录的语句格式如下:

```
INSERT INTO <表名> [(<列名 1> [,<列名 2>, …])]
VALUES (<常量 1> [,<常量 2>, …])
```

插入语句的功能是将新记录插入指定表中。其中,新记录的属性列 1 的值为常量 1,属性列 2 的值为常量 2,……如果 INTO 子句中没有指明任何属性列名,则新插入的元组必须在每个属性列上均有值。

【例 5.32】　将一个新学生记录('1442405036','汪影','轨 14 建环与能源工程','女',1996/5/7)插入 Student 表中。

```
INSERT INTO Student
VALUES ('1442405036', '汪影', '轨 14 建环与能源工程', '女','1996/5/7');
```

（6）语句的修改。

修改操作又称为更新操作,其语句的一般格式如下:

```
UPDATE<表名>
SET 列名 1 = 常量表达式 1[,列名 2 = 常量表达式 2…]
WHERE <条件表达式> [AND|OR <条件表达式>…]
```

【例 5.33】 将 Course 表中的"数据库技术"这门课的学分修改为 4。

```
UPDATE Course
SET credit = 4
WHERE cname = '数据库技术';
```

（7）语句的删除。

删除语句的一般格式如下:

```
DELETE FROM<表名>
[WHERE <条件表达式> [AND|OR <条件表达式>…]]
```

【例 5.34】 从 Grade 表中删除学生学号为 1442402034 的学生的 c01 课程的成绩记录。

```
DELETE FROM Grade
WHERE sid = '1442402034'and cid = 'c01';
```

6. 数据库设计

数据库是管理信息系统开发和建设中的核心技术。因此,数据库设计在管理信息系统的开发中占有非常重要的位置,数据库设计的好坏将直接影响整个系统的效率。数据库设计是在现有数据库管理系统上建立数据库,需要将数据库管理系统与现实世界有机结合。

数据库设计,尤其是大型数据库的设计和开发,是涉及多学科的综合性技术,必须将软件工程的原理和方法应用到数据库建设中去。因此,数据库设计者必须具备数据库系统和实际应用对象两方面的知识。他们不但要熟悉以 DBMS 为基础的计算机系统,还要熟悉涉及所处理的现实世界的内容。所以,设计一个性能良好的数据库不是一项简单工作。

数据库设计主要包括需求分析、概念结构设计、逻辑结构设计、物理结构设计 4 个步骤。

1) 需求分析

需求分析的任务是详细调查现实世界要处理的对象,充分了解原系统工作概况,明确用户的各种需求,以确定新系统的功能。

需求分析的主要方法是调查组织机构情况;调查各部门的业务活动情况;协助用户明确对新系统的各种要求;确定新系统的边界;确定哪些功能由计算机完成或将来准备让计算机完成,哪些活动由人工完成,由计算机完成的功能就是新系统应该实现的功能。

2) 概念结构设计

概念结构设计的任务是对用户的需求进行综合、归纳和抽象,产生一个独立于 DBMS 的概念数据模型。在概念结构设计阶段,所用的代表工具主要是 E-R 图(Entity-Relationship Diagram)。E-R 方法的基本思想是在构造一个给定的 DBMS 所接受的数据模型之前,建立一个过渡的数据模型,即 E-R 模型(E-R Model)。E-R 模型直接面向现实世界,不必考虑给定 DBMS 的限制,目前广泛应用于数据库设计之中。

构造 E-R 模型实质上就是根据现实世界客观存在的"事物"及其关系所给出的语义要求,

组合基本 E-R 图形为 E-R 模型。它包括标识实体集、标识联系集、标识属性值集、标识关键字 4 个步骤。

如果所处理的对象是一个比较大的系统,则应先画出局部 E-R 图,然后再将局部 E-R 图经过合并同类实体、消除冗余,汇总为综合整体 E-R 图。另外,对于一个给定的应用处理对象,所构造出的 E-R 图并不是唯一的,可以得出不同形式的 E-R 模型。这主要是由于强调的侧重点不同,以及设计者的理解和经验的差别所致。

构造概念数据模型时要注意如下 5 点:①应充分反映现实世界中实体与实体之间的联系;②满足不同用户对数据处理的要求;③易于理解,可以与用户交流;④易于更改;⑤易于向关系模型转化。概念数据模型是 DBMS 所用数据模型的基础,是数据库设计过程的关键步骤之一。

3)逻辑结构设计

逻辑结构设计的任务是将概念模型(如 E-R 模型)转换为某个 DBMS 支持的数据模型,然后再对转换后的模型进行定义描述,并对其进行优化,最终产生一个优化的数据库模式。

数据库逻辑设计的步骤主要包括两步:第 1 步把概念数据模型转换为关系模式,按一定的规则向一般的数据模型转换;第 2 步则按照给定的 DBMS 的要求,将第 1 步得到的数据模型进行修改完善。

4)物理结构设计

物理结构设计是为逻辑结构选取最适合应用环境的物理结构,包括存储结构和存取方法。它主要依赖给定的计算机系统。在进行物理结构设计时主要考虑数据存储和数据处理方面的问题。数据存储是确定数据库所需存储空间的大小,以尽量减少空间占用为原则。数据处理是决定操作次数的多少,应尽量减少操作次数,使响应时间越快越好。

7. 数据仓库

数据仓库(Data Warehouse)有多种定义,很难提出一种严格的定义。最广义的说法是数据仓库是一个数据库,它与企业的操作数据库分别维护。数据仓库系统要集成各种应用系统,为历史数据分析提供统一的平台,并支持决策信息处理。

著名的数据仓库专家 W. H. Inmon 在其著作《*Building the Data Warehouse*》中对数据仓库作了如下描述:"数据仓库是一个面向主题的、集成的、随时间变化的、相对稳定的数据集合,用于支持管理决策。"该定义将数据仓库与其他数据存储系统(如关系数据库系统和文件系统)相区别。

对于数据仓库的概念可以从两个层次予以理解。首先,数据仓库用于支持决策,面向分析型数据处理,它不同于企业现有的操作型数据库;其次,数据仓库是对多个异构数据源的有效集成,集成后按照主题进行了重组,并包含历史数据,而且存放在数据仓库中的数据一般不再修改。

8. 分布式数据库系统

分布式数据库是指利用高速计算机网络将物理上分散的多个数据存储单元连接起来组成一个逻辑上统一的数据库。分布式数据库的基本思想是将原来集中式数据库中的数据分散存储到多个通过网络连接的数据存储节点上,以获取更大的存储容量和更高的并发访问量。

分布式数据库系统(DDBS)包含分布式数据库管理系统(DDBMS)和分布式数据库(DDB)。在分布式数据库系统中,一个应用程序可以对数据库进行透明操作,数据库中的数据分别在不同的局部数据库中存储、由不同的 DBMS 进行管理、在不同的机器上运行、由不同的操作系统支持、被不同的通信网络连接在一起。

5.3.2 关系数据库

关系数据库模型是把复杂的数据结构归结为简单的二元关系(即二维表格形式)。在关系数据库中,对数据的操作几乎全部建立在一个或多个关系表格上,通过对这些关联的表格分类、合并、连接或选取等运算来实现数据库的管理。

关系数据库诞生 40 多年了,从理论产生发展到现实产品,如 Oracle 和 MySQL 等,其中 Oracle 在数据库领域上升到霸主地位,形成每年高达数百亿美元的庞大产业市场。

常用的关系数据库产品有如下 5 种。

1) Oracle 数据库

Oracle 数据库系统是美国 Oracle 公司(甲骨文公司)提供的以分布式数据库为核心的一组软件产品,是目前最流行的客户/服务器(Client/Server)或 B/S 体系结构的数据库之一。 Oracle 数据库是目前世界上使用最为广泛的数据库管理系统,作为一个通用的数据库系统,它具有完整的数据管理功能;作为一个关系数据库,它是一个完备关系的产品;作为一个分布式数据库,它实现了分布式处理功能。但它的所有知识,只要在一种机型上学习了 Oracle 知识,便能在各种类型的机器上使用它。

2) MySQL 数据库

MySQL 是一种开放源代码的关系数据库管理系统(RDBMS),MySQL 数据库系统使用最常用的数据库管理语言——结构化查询语言(SQL)进行数据库管理。

由于 MySQL 是开放源代码的,因此任何人都可以在 General Public License 的许可下下载并根据个性化的需要对其进行修改。MySQL 因为其速度、可靠性和适应性而备受关注。大多数人都认为在不需要事务化处理的情况下,MySQL 是管理内容最好的选择。

3) SQL Server 数据库

SQL Server 是由 Microsoft 公司开发和推广的关系数据库管理系统(DBMS),它最初是由 Microsoft、Sybase 和 Ashton-Tate 三家公司共同开发的,并于 1988 年推出了第一个 OS/2 版本。Microsoft SQL Server 近年来不断更新版本,1996 年,Microsoft 公司推出了 SQL Server 6.5 版本;1998 年,SQL Server 7.0 版本和用户见面;SQL Server 2000 是 Microsoft 公司于 2000 年推出的,目前的最新版本是 SQL Server 2018。

4) PostgreSQL 数据库

PostgreSQL 是一个自由的对象-关系数据库服务器(数据库管理系统),它在灵活的 BSD 风格许可证下发行。它提供了相对其他开放源代码数据库系统(如 MySQL 和 Firebird),和专有系统(如 Oracle、Sybase、IBM 的 DB2 和 Microsoft SQL Server)之外的另一种选择。

事实上,PostgreSQL 的特性覆盖了 SQL-2/SQL-92 和 SQL-3/SQL-99。首先,它包括了可以说是目前世界上最丰富的数据类型的支持,其中有些数据类型可以说连商业数据库都不具备。PostgreSQL 拥有一支非常活跃的开发队伍,而且在许多黑客的努力下,PostgreSQL 的质量日益提高。

5) Access 数据库

Microsoft Office Access 是 Microsoft 公司把数据库引擎的图形用户界面和软件开发工具结合在一起的一个数据库管理系统。它是 Microsoft Office 中的一个成员,在包括专业版和更高版本的 Office 版本里面被单独出售。Access 以它自己的格式将数据存储在基于 Access Jet 的数据库引擎里。它还可以直接导入或者链接数据(这些数据存储在其他应用程序和数据库)。

在以上数据库中,除了 Access 数据库是单机版数据库外,其他数据库都是使用客户机/服务器模式。数据库包含数据库服务端和客户端,一般都是通过客户端来访问服务端数据库中的数据。

5.3.3 非关系数据库

1. 从关系数据库到非关系数据库

关系数据库(Relational Database)技术是 1970 年埃德加·科德(Edgar Frank Codd)提出的,关系数据库克服了网络数据库模型和层次数据库模型的一些弱点。1981 年,埃德加·科德因在关系数据库方面的贡献获得了图灵奖,因此埃德加·科德也被称为"关系数据库之父"。传统的关系数据库可以较好地支持结构化数据存储和管理,它以完善的关系代数理论作为基础,具有严格的标准,支持事务 ACID 特性,借助索引机制可以实现高效查询。关系数据库几十年来一直是统治数据库技术的核心标准,目前主要的数据库系统仍然采用的是关系数据库。但是,Web 2.0 的迅猛发展以及大数据时代的到来,使关系数据库的发展越来越力不从心。在大数据时代,数据类型繁多,包括结构化数据和各种非结构化数据,其中非结构化数据的比例更是高达 80% 以上。关系数据库由于数据模型不灵活、水平扩展能力较差等局限性,已经无法满足各种类型的非结构化数据的大规模存储需求。不仅如此,关系数据库引以为豪的一些关键特性,如事务机制和支持复杂查询,在 Web 2.0 时代的很多应用中却并不是必要的,而且系统为此付出了较大的代价。

非关系数据库技术的出现是云计算、大数据技术的必然需求,非关系数据库可以被称为一项数据库的革命,从 2009 年开始,在云计算的发展和开源社区的推动下,非关系数据库的发展显示了较强的活力,也得到了越来越多用户的关注和认可。目前,已经有多家大型 IT 企业采用非关系数据库作为重要的生产系统基础支撑。例如,Google 的 BigTable,Amazon 的 Dynamo,以及 Digg、Twitter、Facebook 在使用的 Cassandra 等。

2. 非关系数据库的定义

非关系数据库,又被称为 NoSQL(Not Only SQL),意为不仅是 SQL(Structured Query Language,结构化查询语言)。据维基百科介绍,NoSQL 最早出现于 1998 年,是由 Carlo Strozzi 最早开发的一个轻量、开源、不兼容 SQL 功能的关系数据库。2009 年,在一次关于分布式开源数据库的讨论会上,再次提出了 NoSQL 的概念,此时 NoSQL 主要是指非关系型、分布式、不提供 ACID(数据库事务处理的 4 个基本要素)的数据库设计模式。同年,在亚特兰大举行的 NO:SQL(east)讨论会上,对 NoSQL 最普遍的定义是"非关联型的",强调 Key-Value 存储和文档数据库的优点,而不是单纯地反对 RDBMS。至此,NoSQL 开始正式出现在世人面前。

3. NoSQL 简介

NoSQL 是一种不同于关系数据库的数据库管理系统设计方式,是对非关系数据库的统称。它所采用的数据模型并非传统关系数据库的关系模型,而是类似键/值、列族、文档等非关系模型。

NoSQL 数据库没有固定的表结构，通常也不存在连接操作，也没有严格遵守 ACID 约束。因此，与关系数据库相比，NoSQL 具有灵活的水平可扩展性，可以支持海量数据存储。此外，NoSQL 数据库支持 MapReduce 风格的编程，可以较好地应用于大数据时代的各种数据管理。NoSQL 数据库的出现，一方面弥补了关系数据库在当前商业应用中存在的各种缺陷，另一方面也撼动了关系数据库的传统垄断地位。

当应用场合需要简单的数据模型、灵活性的 IT 系统、较高的数据库性能和较低的数据库一致性时，NoSQL 数据库是一个很好的选择。

4. NoSQL 的种类

NoSQL 数据库虽然数量众多，但是归结起来，典型的 NoSQL 数据库通常包括键值数据库、列族数据库、文档数据库和图数据库。

1）键值数据库

键值数据库（Key-Value Database）就类似传统语言中使用的哈希表。可以通过 Key 来添加、查询或者删除数据库，因为使用 Key 主键访问，所以会获得很高的性能及扩展性。

相关产品：Memcached、Risk、Redis、SimpleDB、Chordless、Scalaris。

使用者：百度云数据库（Redis）、Github（Riak）、Bestbuy（Riak）、Twitter（Redis 和 Memcached）、Stackoverflow（Redis）、Instagram（Redis）、Youtube（Memcached）、Wikipedia（Memcached）。

2）列族数据库

列族（Column-Oriented）数据库一般采用列族数据模型，数据库由多个行构成，每行数据包含多个列族，不同的行可以具有不同数量的列族，属于同一列族的数据会被存放在一起。比如人类，我们经常会查询某个人的姓名和年龄，而不是薪资。这种情况下姓名和年龄会被放到一个列族中，薪资会被放到另一个列族中。每行数据通过行键进行定位，与这个行键对应的是一个列族，从这个角度来说，列族数据库也可以被视为一个键值数据库。列族可以被配置成支持不同类型的访问模式，一个列族也可以被设置成放入内存当中，以消耗内存为代价来换取更好的响应性能。这种数据库通常用来应对分布式存储海量数据。

相关产品：Cassandra、HBase、BigTable、Hadoopdb、Green Plum、PNUTS。

使用者：Ebay（Cassandra）、Instagram（Cassandra）、NASA（Cassandra）、Twitter（Cassandra and HBase）、Facebook（HBase）、Yahoo!（HBase）。

3）文档数据库

文档（Document-Oriented）数据库的灵感是来自 Lotus Notes 办公软件，而且它同第一种键值数据库类似。该类型的数据模型是版本化的文档，半结构化的文档以特定的格式存储，如 JSON。文档数据库可以看作是键值数据库的升级版，允许嵌套键值。而且，文档数据库比键值数据库的查询效率更高。

文档数据库会将数据以文档形式存储。每个文档都是自包含的数据单元，是一系列数据项的集合。每个数据项都有一个名词与对应值，对应值既可以是简单的数据类型，如字符串、数字和日期等；也可以是复杂的类型，如有序列表和关联对象。数据存储的最小单位是文档，同一个表中存储的文档属性可以是不同的，数据可以使用 XML、JSON 或 JSONB 等多种形式存储。

相关产品：MongoDB、CouchDB、Terrastore、ThruDB、RavenDB、SisoDB、RaptorDB、CloudKit、Perservere、Jackrabbit。

使用者：百度云数据库（MongoDB）、SAP（MongoDB）、Codecademy（MongoDB）、Foursquare(Mongodb)、NBC News(RavenDB)。

4）图数据库

图数据库以图论为基础,一个图是一个数学概念,用来表示一个对象集合,包括顶点以及连接顶点的边。图数据库使用图作为数据模型来存储数据,完全不同于键值、列族和文档数据模型可以高效地存储不同顶点之间的关系。图数据库专门用于处理具有高度相互关联关系的数据,可以高效地处理实体之间的关系,比较适合于社交网络、模式识别、依赖分析、推荐系统以及路径寻找等问题。

相关产品：Neo4J、InforGrid、Orientdb、Infinite Graph、Graphdb。

使用者：Adobe(Neo4J)、Cisco(Neo4J)、T-Mobile(Neo4J)。

5. 从 NoSQL 到 NewSQL 数据库

NoSQL 数据库可以提供良好的扩展性和灵活性,很好地弥补了传统关系数据库的缺陷,较好地满足了 Web 2.0 应用的需求。但是,NoSQL 数据库也存在自己的天生不足之处。由于采用非关系数据模型,因此它不具备高度结构化查询等特性,查询效率尤其是复杂查询方面不如关系数据库,而且不支持事务 ACID 四性。

在这个背景下,近几年,NewSQL 数据库开始逐渐升温。NewSQL 是对各种新的可扩展、高性能数据库的简称,这类数据库不仅具有 NoSQL 对海量数据的存储管理能力,还保持了传统数据库支持 ACID 和 SQL 等特性。不同的 NewSQL 数据库的内部结构差异很大,但是它们有两个显著的共同特点：都支持关系数据模型；都使用 SQL 作为其主要的接口。

目前,具有代表性的 NewSQL 数据库主要包括 Spanner、Clustrix、Geniedb、Schooner、VoltDB、Rethinkdb、Scaledb、Akiban、CodeFutures 等。此外,还有一些在云端提供的 NewSQL 数据库,包括 Amazon RDS、Microsoft SQL Azure 等。

综合来看,大数据时代的到来,引发了数据处理架构的变革。以前,业界和学术界追求的方向是一种架构支持多类应用(One Size Fits All),包括事务型应用(OLTP 系统)、分析型应用(OLAP、数据仓库)和互联网应用(Web 2.0)。但是,实践证明,这种理想愿景是不可能实现的,不同应用场景的数据管理需求截然不同,一种数据库架构根本无法满足所有场景。

因此,到了大数据时代,数据库架构开始向着多元化方向发展,并形成了传统关系数据库(Oldson)、NoSOL 数据库和 NewSQL 数据库 3 个阵营,三者各有自己的应用场景和发展空间。尤其是传统关系数据库,并没有就此被其他两者完全取代,在基本架构不变的基础上,许多关系数据库产品开始引入内存计算和一体机技术,以提升处理性能。在未来一段时期内,3 个阵营共存共荣的局面还将持续,不过有一点是肯定的,那就是传统关系数据库的辉煌时期已经过去了。

5.3.4 大数据存储技术简介

大数据的出现,必将颠覆传统的数据管理方式。在数据来源、数据处理方式和数据思维等方面都会对其带来革命性的变化。必须清楚的是,从数据库(DB)到大数据(BD),不仅是规模的变大,而是随着互联网、云计算、移动互联网和物联网的迅猛发展。无所不在的移动设备、RFID、无线传感器每分每秒都在产生数据,数以亿计用户的互联网服务时时刻刻在产生巨量的交互,要处理的数据量实在是太大、增长太快,而业务需求和竞争压力对数据处理的实时性、有效性又提出了更高要求,传统的常规技术手段根本无法应付。在这种情况下,技术人员纷纷研发和采用了一批新技术,主要包括分布式文件系统、分布式数据库、云数据库等大数据存储方案。

1. 分布式文件系统

大数据时代必须解决海量数据的高效存储问题。为此,谷歌开发了谷歌文件系统(GFS),通过网络实现文件在多台机器上的分布式存储,较好地满足了大规模数据存储的需求。Hadoop 分布式文件系统(HDFS)是针对 GFS 的开源实现,它是 Hadoop 两大核心组成部分之一,提供了在廉价服务器集群中进行大规模分布式文件存储的能力。HDFS 具有良好的容错能力,并且廉价的硬件设备,因此可以以较低的成本,利用现有机器实现大流量和大数据量的读写。

HDFS 原来是 Apache Nutch 搜索引擎的一部分,后来独立出来作为一个 Apache 子项目,并和 MapReduce 一起成为 Hadoop 的核心组成部分。HDFS 支持流数据读取和处理超大规模文件,并能够运行在由廉价的普通机器组成的集群上,这主要得益于 HDFS 在设计之初就充分考虑了实际应用环境的特点。那就是,硬件出错在普通服务器集群中是种常态,而不是异常。因此,HDFS 在设计上采取了多种机制保证在硬件出错的环境中实现数据的完整性。

2. 分布式数据库

HBase 是一个高可靠、高性能、面向列、可伸缩的分布式数据库,是谷歌 Bigtable 的开源实现,主要用来存储非结构化和半结构化的松散数据。HBase 的目标是处理非常庞大的表,可以通过水平扩展的方式,利用廉价计算机集群处理由超过 10 亿行数据和数百万列元素组成的数据表。图 5-11 描述了 Hadoop 生态系统中 HBase 与其他部分的关系。HBase 利用 Hadoop MapReduce 来处理 HBase 中的海量数据,实现高性能计算;利用 ZooKeeper 作为协同服务,实现稳定服务和失败恢复;使用 HDFS 作为高可靠的底层存储,利用廉价集群提供海量数据存储能力。当然,HBase 也可以直接使用本地文件系统而不用 HDFS 作为底层数据存储方式。不过,为了提高数据可靠性和系统的健壮性,发挥 HBase 处理大数据量等功能,一般都使用 HDFS 作为 HBase 的底层数据储方式。此外,为了方便在 HBase 上进行数据处理,Sqoop 为 HBase 提供了高效、便捷的 RDBMS 数据导入功能,Pig 和 Hive 为 HBase 提供了高层语言支持。

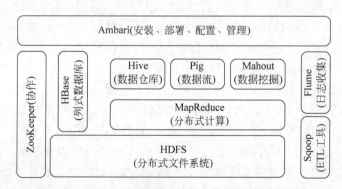

图 5-11 Hadoop 生态系统中 HBase 与其他部分的关系

3. 云数据库

云数据库是部署和虚拟化在云计算环境中的数据库。云数据库是在云计算的大背景下发展起来的一种新兴的共享基础架构的方法,它极大地增强了数据库的存储能力,消除了人员、硬件、软件的重复配置,让软硬件升级变得更加容易,同时也虚拟化了许多后端功能。云数据库具有高可扩展性、高可用性、采用多租形式和支持资源有效分发等特点。

在云数据库中,所有数据库功能都是在云端提供的,客户端可以通过网络远程使用云数据库提供的服务,如图 5-12 所示。客户端不需要了解云数据库的底层细节,所有的底层硬件都已经被虚拟化,对客户端而言是透明的。就像在使用一个运行在单一服务器上的数据库一样,非常方便容易,同时又可以获得理论上近乎无限的存储和处理能力。

图 5-12　云数据库示意图

1）云数据库与其他数据库的关系

关系数据库采用关系数据模型,NoSQL 数据库采用非关系数据模型,二者属于不同的数据库技术。从数据模型的角度来说,云数据库并非一种全新的数据库技术,而只是以服务的方式提供数据库功能。云数据库并没有专属于自己的数据模型,其采用的数据模型可以是关系数据库所使用的关系模型(如 Microsoft 公司的 SQL Azure 云数据库、阿里云 RDS 都采用了关系模型),也可以是 NoSQL 数据库所使用的非关系模型(如 Amazon Dynamo 云数据库采用的是"键/值"存储)。同一个公司也可能提供采用不同数据模型的多种云数据库服务。例如,百度云数据库提供了 3 种数据库服务,即分布式关系数据库服务(基于关系数据库 MySQL)、分布式非关系数据库服务(基于文档数据库 MongoDB)、键/值型非关系数据库服务(基于键/值数据库 Redis)。实际上,许多公司在开发云数据库时,后端数据库都是直接使用现有的各种关系数据库或 NoSQL 数据库产品。例如,腾讯云数据库采用 MySQL 作为后端数据库,Microsoft 公司的 SQL Azure 云数据库采用 SQL Server 作为后端数据库。从市场的整体应用情况来看,由于 NoSQL 应用对开发者要求较高,而 MySQL 拥有成熟的中间件、运维工具,已经形成一个良性的生态圈等,因此从现阶段来看,云数据库的后端数据库主要是以 MySQL 为主、NoSOL 为辅。

在云数据库这种 IT 服务模式出现之前,企业要使用数据库,就需要自建关系数据库或 NoSQL 数据库,它们被称为"自建数据库"。云数据库与这些"自建数据库"最本质的区别在于,云数据库是部署在云端的数据库,采用 SaaS(Soft as a Service,软件即服务)模式,用户可以通过网络租赁使用数据库服务,只要有网络的地方都可以使用,不需要前期投入和后期维护,使用价格也比较低廉。云数据库对用户而言是完全透明的,用户根本不知道自己的数据被保存在哪里。云数据库通常采用多租户模式,即多个租户共用一个实例,租户的数据既有隔离又有共享,从而解决了数据存储的问题,同时也降低了用户使用数据库的成本。而自建的关系数据库和 NoSQL 数据库本身都没有采用 SaaS 模式,需要用户自己搭建 IT 基础设施和配置数据库,成本相对而言比较昂贵,而且需要自己进行机房维护和数据库故障处理。

2) 云数据库产品

云数据库供应商主要分为如下三类。

(1) 传统的数据库厂商,如 Teradata Oracle、IBM DB2 和 Microsoft SQL Server 等。

(2) 涉足数据库市场的云供应商,如 Amazon、Google、Yahoo!、阿里巴巴、百度、腾讯等。

(3) 新兴厂商,如 Vertica、LongJump 和 EnterpriseDB 等。

市场上常见的云数据库产品见表 5-3 所示。

表 5-3 云数据库产品

企 业	产 品
Amazon	Dynamo、SimpleDB、RDS
Google	Google Cloud SQL
Microsoft	Microsoft SQL Azure
Oracle	Oracle Cloud
Yahoo!	PNUTS
Vertica	Analytic Database v3.0 for the Cloud
EnerpriseDB	Postgres Plus in the Cloud
阿里巴巴	阿里云 RDS
百度	百度云数据库
腾讯	腾讯云数据库

5.4 大数据处理与分析

解决了大数据的存储问题后,进一步面临的问题是如何快速有效地完成大规模数据的处理和分析。大数据的数据规模极大,数据结构极其复杂,为了提高大数据处理的效率,需要使用大数据并行计算模型和框架来支撑大数据的计算,而大数据的分析主要依赖数据挖掘、机器学习等技术。

由于大数据处理和分析技术非常复杂,对实验硬件设备要求非常高。限于实验环境和篇幅,本书对于大数据处理和分析只做简单的介绍,不涉及具体处理技术。在简单介绍大数据处理与分析相关内容后,主要介绍 Python 编程基础以及利用 Pandas 实现对数据的处理及分析。

5.4.1 大数据处理与分析简介

1. 大数据计算模式

大数据处理的数据源类型多种多样,如结构化数据、半结构化数据、非结构化数据,数据处理的需求各不相同,有些场合需要对海量已有数据进行批量处理,有些场合需要对大量实时生成的数据进行实时处理,有些场合需要在进行数据分析时进行反复迭代计算,有些场合需要对图像数据进行分析计算。大数据计算模式是指根据大数据的不同数据特征和计算特征,从多样性的大数据计算问题和需求中提炼并建立的各种高层抽象和模型。目前,主要的大数据计算模式有数据查询分析计算系统、批处理系统、流式计算系统、迭代计算系统、图计算系统和内存计算系统。

1)数据查询分析计算系统

大数据时代,数据查询分析计算系统需要具备对大规模数据进行实时或准实时查询的能力,数据规模的增长已经超出了传统关系数据库的承载和处理能力。目前,主要的数据查询分析计算系统包括 HBase、Hive、Cassandra、Dremel、Shark、Hana 等。

2)批处理系统

MapReduce 是被广泛使用的批处理计算模式。MapReduce 对具有简单数据关系、易于划分的大数据采用"分而治之"的并行处理思想,将数据记录的处理分为 Map 和 Reduce 两个简单的抽象操作,提供了一个统一的并行计算框架,批处理系统将复杂的并行计算的实现进行封装,大大降低开发人员的并行程序设计难度。Hadoop 和 Spark 是典型的批处理系统。MapReduce 的批处理模式不支持迭代计算。

3)流式计算系统

流式计算具有很强的实时性,需要对应用源源不断产生的数据进行实时处理,使数据不积压、不丢失,常用于处理电信、电力等行业应用,以及互联网行业的访问日志等。Facebook 的 Scribe、Apache 的 Flume、Twitter 的 Storm、Yahoo! 的 S4、Ucberkeley 的 Spark Streaming 都是常用的流式计算系统。

4)迭代计算系统

针对 MapReduce 不支持迭代计算的缺陷,人们对 Hadoop 的 MapReduce 进行了大量改进,其中 HaLoop、iMapReduce、Twister、Spark 是典型的迭代计算系统。

5)图计算系统

社交网络、网页链接等包含具有复杂关系的图数据,这些图数据的规模巨大,可包含数十亿顶点和上百亿条边,图数据需要由专门的系统进行存储和计算。常用的图计算系统有 Google 的 Pregel、Pregel 的开源版本 Giraph、Microsoft 的 Trinity、Berkeley AMPLab 的 GraphX,以及高速图数据处理系统 PowerGraph。

6)内存计算系统

随着内存价格的不断下降、服务器可配置内存容量的不断增长,使用内存计算完成高速的大数据处理已成为大数据处理的重要发展方向。目前,常用的内存计算系统有分布式内存计算系统 Spark、全内存式分布式数据库系统 HANA、Google 的可扩展交互式查询系统 Dremel。

2. 大数据分析

传统意义上的数据分析主要针对结构化数据展开,且已经形成了一整套行之有效的分析体系。利用数据库来存储结构化数据,在此基础上构建数据仓库,根据需要构建数据立方体进行联机分析处理(Online Analytical Processing,OLAP)。从数据中提炼更深层次知识的需求促使数据挖掘技术的产生,并发明了聚类、关联分析等一系列在实践中行之有效的方法。这一整套处理流程在处理相对较少的结构化数据时极为高效。但是,随着大数据时代的到来,半结构化和非结构化数据量的迅猛增长,给传统的分析技术带来了巨大的冲击和挑战。

1) 什么是数据分析

数据分析(Data Analysis)是指用适当的统计方法对收集来的大量数据资料进行分析,以求最大化地开发数据资料的功能,发挥数据的作用,是为了提取有用信息和形成结论而对数据加以详细研究和概括总结的过程。

数据分析的目的是把隐没在一大批看来杂乱无章的数据中的信息集中、萃取和提炼出来,以找出所研究对象的内在规律。

2) 数据分析的分类

根据数据分析深度可将数据分析分为3个层次。

(1) 描述性分析:基于历史数据描述发生了什么,通常应用在商业智能和可见性系统中。

例如,利用回归技术从数据集中发现简单的趋势;可视化技术用于更有意义地表示数据;数据建模则以更有效的方式收集、存储和删减数据。

(2) 预测性分析:用于预测未来的概率和趋势。

例如,预测性模型使用线性和对数回归等统计技术发现数据趋势,预测未来的输出结果,并使用数据挖掘技术提取数据模式给出预见。

(3) 规则性分析:解决决策制定和提高分析效率。

例如,仿真用于分析复杂系统以了解系统行为并发现问题;而优化技术则在给定约束条件下给出最优解决方案。

3) 大数据分析技术

数据分析是整个大数据处理流程的核心,因为大数据的价值产生于分析过程。从异构数据源抽取和集成的数据构成了数据分析的原始数据。根据不同应用的需求可以从这些数据中选择全部或部分进行分析。大数据时代的分析技术主要有统计分析、数据挖掘、机器学习、可视化分析等技术。这些技术以前就有,只是在大数据时代需要做出调整。因为这些技术在大数据时代面临一些新的挑战,主要原因是数据量大并不一定意味着数据价值的增加,相反这往往意味着数据噪声的增多。因此,在数据分析之前必须进行数据清洗等预处理工作。但是,预处理如此大量的数据对于机器硬件以及算法都是严峻的考验。

(1) 统计分析。

统计分析是基于统计理论,运用数学方式,建立数学模型,对通过调查获取的各种数据及资料进行数理统计和分析,形成定量的结论。统计分析方法是目前广泛使用的现代科学方法,是一种比较科学、精确和客观的测评方法。其具体应用方法很多,在实践中使用较多的是指标评分法和图表测评法。

在统计理论中,随机性和不确定性由概率理论建模。统计分析技术可以分为描述性统计和推断性统计。描述性统计技术对数据集进行摘要(Summarization)或描述;推断性统计则能够对过程进行推断。例如,多元统计分析包括回归、因子分析、聚类和判别分析等。

(2) 数据挖掘。

数据挖掘可以认为是发现大数据集中数据模式的一种计算过程。许多数据挖掘算法已经在人工智能、机器学习、模式识别、统计和数据库领域得到了应用。2006 年,ICDM 国际会议上总结了影响力最高的 10 种数据挖掘算法,包括 C4.5、k-means、SVM、Apriori、EM、PageRank、AdaBoost、kNN、朴素贝叶斯和 CART,覆盖了分类、聚类、回归和统计学习等方向。有时,几乎可以认为很多方法间的界线逐渐淡化,如数据挖掘、机器学习、模式识别、甚至视觉信息处理、媒体信息处理等。"数据挖掘"只是作为一个通称。

(3) 机器学习。

机器学习是一门研究机器获取新知识和新技能,并识别现有知识的学问,其理论主要是设计和分析一些让计算机可以自动"学习"的算法。机器学习算法从数据中自动分析获得规律,并利用规律对未知数据进行预测。与传统的在线联机分析处理(OLAP)不同,对大数据的深度分析主要基于大规模的机器学习技术。

(4) 可视化分析。

利用可视化技术,实时呈现当前分析结果,引导用户参与分析过程,根据用户反馈信息执行后续分析操作,完成用户与分析算法的全程交互,实现数据分析算法与用户领域知识的完全结合。一个典型的可视化分析过程应该是,数据首先被转化为图像呈现给用户,用户通过视觉系统进行观察分析,同时结合自己的领域背景知识,对可视化图像进行认知,从而理解和分析数据的内涵与特征;随后,用户还可以根据分析结果,通过改变可视化程序系统的设置来交互式地改变输出的可视化图像,从而可以根据自己的需求从不同角度对数据进行理解。

5.4.2　Python 编程基础

1. Python 概述

1) Python 简介

Python 是由荷兰人 Guido van Rossum 发明的一种面向对象的解释型高级编程语言,被广泛应用于生活中的各个领域,是最受欢迎的程序设计语言之一。在最近公布的 TIOBE 2021 年 2 月编程语言指数排行榜中,Python 已排名第三,仅次于 Java 和 C 语言。

Python 语法简洁,编程模式符合人类的思维方式和习惯,初学者很容易入门。Python 的应用领域很广泛,主要有科学计算、大数据处理、人工智能、Web 开发、网络编程、数据库应用、多媒体开发、电子游戏应用等众多领域。

Python 为用户提供了非常完善的基础代码库以及大量的第三方库。尤其在数据科学领域,Python 拥有庞大而活跃的第三方程序包生态系统,这也是大家选择 Python 进行数据处理和数据分析的主要原因。

2) Python 的版本

Python 版本实际上指的是 Python 解释器的版本。解释器可以让计算机读懂并运行 Python 程序。目前,Python(Python 解释器)有两个版本,一个是 2.x 版,一个是 3.x 版,这两个版本是不兼容的。由于 3.x 版越来越普及,所以本书将以最新的 Python 3.8 为基础来学习 Python 编程技术。

3) 搭建 Python 开发环境

(1) 安装 Python。

要进行 Python 开发,首先需要安装 Python。因为 Python 是跨平台的,可以在多个操作系统上进行编程,编写好的程序也可以在不同系统上运行。本书主要介绍在 Windows 操作系统上进行 Python 编程。下面以 Windows 10 为例介绍 Python 的安装方法。

第 1 步,根据自己操作系统的版本(32 位或 64 位)从 Python 的官方网站下载对应的 Python 版本。为了兼容 Windows 7 系统,本书将下载使用 Python 3.8.7 稳定版(64 位),如图 5-13 所示。

第 2 步,双击下载后得到安装文件 python-3.8.7-amd64.exe,将显示安装向导对话框,一定要选中 Add Python 3.8 to PATH 复选框(表示自动配置系统环境变量),如图 5-14 所示。

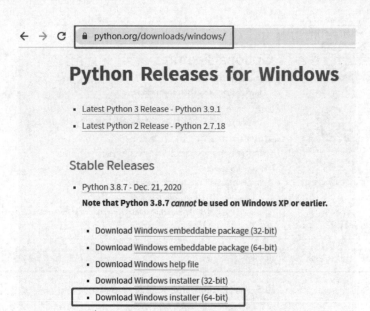

图 5-13 Python 下载页面

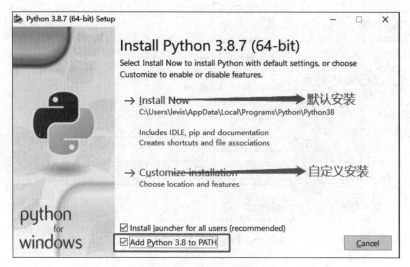

图 5-14 Python 安装对话框

  然后单击 Customize installation 按钮，进行自定义安装（自定义安装可以修改安装路径，默认安装无法修改安装路径），在弹出对话框中使用默认设置，如图 5-15 所示。

  单击 Next 按钮，打开高级选项对话框，在该对话框中，设置自定义安装路径为 D:\python38（可以修改成自己的路径），其他均采用默认设置，如图 5-16 所示。

  最后单击 Install 按钮，开始安装 Python。

  安装完成后，在 Windows 10 的搜索框中输入 cmd 命令或者先按 Win＋R 快捷键打开"运行"对话框，然后输入 cmd 命令或者在开始菜单的"Windows 系统"中，单击"命令提示符"，打开"命令提示符"窗口，然后输入 Python，出现如图 5-17 所示的画面，表示 Python 已经安装成功。

  如果输入 Python 后出现"'python' 不是内部或外部命令，也不是可运行的程序或批处理文件。"的错误提示信息，最有可能的原因是安装过程中没有选中 Add Python 3.8 to PATH

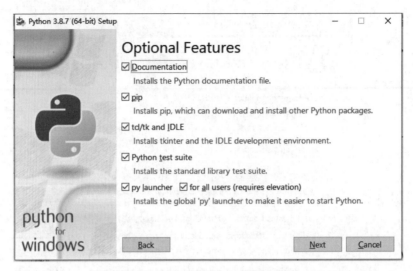

图 5-15　Python 自定义安装对话框

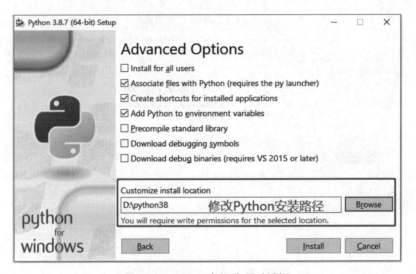

图 5-16　Python 高级选项对话框

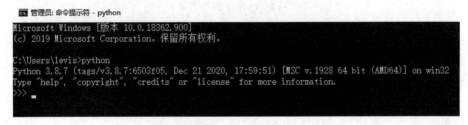

图 5-17　测试 Python 是否安装成功

复选框,可以重新安装一次 Python,务必选中 Add Python 3.8 to PATH 复选框,当然也可以手动配置环境变量,具体方法读者可以自行查找资料学习。

（2）Python 开发工具。

Python 安装完成后,会自带一个叫 IDLE 的集成开发环境（Python's Integrated

DeveLopment Environment，Python 集成开发环境），这是一个简洁实用的编辑器，初学者可以利用它方便地创建、运行和测试 Python 程序。本书也将采用 IDLE 开发工具来编写程序。

除了 Python 自带的 IDLE 开发工具以外，还有很多有名的第三方开发工具，如PyCharm、Eclipse＋PyDev、Anaconda3 等，这些开发工具功能更加强大，更适合编写复杂程序，感兴趣的读者可以自行查找资料进行安装和使用。

4）编写并运行第一个 Python 程序

Python 安装成功后，就可以开始编写代码和运行程序了。运行 Python 程序有两种方式：交互式和文件式。交互式是在 Python 自带的交互式命令行解释器中逐条输入代码并由Python 解释器逐条执行；文件式是指将所有的代码写在一个称为 Python 脚本的文本文件中，然后运行这个脚本文件。

下面通过这两种方式运行一个简单的 Hello World 程序。

（1）交互式运行。

交互式运行有两种启动和运行方法。

第 1 种方法：在 Windows 10 操作系统中，打开“开始”菜单，选择 Python 3.8，然后选择Python 3.8 64-bit，会打开一个包含>>>提示符的 Python 命令行解释器窗口，这就是第 1 种交互式运行环境。然后在>>>提示符的后面输入如下 Python 代码：

```
print("Hello World")
```

按 Enter 键后显示输出结果 Hello World，如图 5-18 所示。

```
Python 3.8 (64-bit)
Python 3.8.7 (tags/v3.8.7:6503f05, Dec 21 2020, 17:59:51) [MSC v.1928 64 bit (AMD64)] on win32
Type "help", "copyright", "credits" or "license" for more information.
>>> print("Hello World")
Hello World
>>>
```

图 5-18 在 Python 命令行解释器中运行代码

第 2 种方法：在 Windows 10 操作系统中，打开“开始”菜单，选择 Python 3.8，然后选择IDLE(Python 3.8 64-bit)，打开 Python 自带的集成开发环境 IDLE 窗口，在>>>提示符后面输入如下 Python 代码：

```
print("Hello World")
```

按 Enter 键后显示结果如图 5-19 所示。

```
IDLE Shell 3.8.7                                          —    □    ×
File  Edit  Shell  Debug  Options  Window  Help
Python 3.8.7 (tags/v3.8.7:6503f05, Dec 21 2020, 17:59:51) [MSC v.1928 64 bit (AM
D64)] on win32
Type "help", "copyright", "credits" or "license()" for more information.
>>> print("Hello World")
Hello World
>>>
```

图 5-19 在 IDLE Shell 中运行代码

　　在 IDLE Shell 窗口中编写代码,使用快捷键可以显著提高开发效率和减少错误。除了撤销(Ctrl+Z)、全选(Ctrl+A)、复制(Ctrl+C)、粘贴(Ctrl+V)、剪切(Ctrl+X)等常规快捷键之外,其他比较常用的快捷键如表 5-4 所示。

表 5-4　IDLE 中常用的快捷键

快　捷　键	功　能　说　明
Alt+P	浏览历史命令(上一条)
Alt+N	浏览历史命令(下一条)
Ctrl+F6	重启 Shell,之前定义的对象和导入的模块全部失效
F1	打开 Python 帮助文档
Alt+/	自动补全前面曾经出现过的单词,如果之前有多个单词具有相同前缀,则在多个单词中循环选择
Ctrl+]	缩进代码块
Ctrl+[	取消代码块缩进
Alt+3	注释代码块
Alt+4	取消代码块注释
Tab	补全单词

　　(2) 文件式运行。

　　文件式运行也有两种运行方法。

　　第 1 种方法:使用某种文本编辑软件(如 Windows 自带的记事本软件),将编写好的程序以扩展名为.py 的文件保存。假设已经将只有一行 print("Hello World")代码的程序保存为 hello.py 文件,存放在 D 盘的根目录下。

　　打开 Windows 命令提示符对话框。输入 D:或者 d:后按 Enter 键,进入程序所在的 D 盘根目录,然后输入命令 python hello.py 或 hello.py 后按 Enter 键,即可运行 hello.py 程序,如图 5-20 所示。

图 5-20　在 Windows 命令提示符窗口中运行 Python 程序文件

　　第 2 种方法:打开 IDLE,在菜单中选择 File-> New File 或按快捷键 Ctrl+N,打开一个新窗口。在文本编辑区域输入 print("Hello World"),并保存为 hello.py 文件。然后在菜单中选择 Run-> Run Module 或按快捷键 F5,即可运行该文件,运行结果会显示在 IDLE Shell 3.8.7 Shell 窗口中,如图 5-21 所示。

　　交互式运行和文件式运行各有优势,如果想快速测试一条代码的效果,可以使用交互式运行环境;如果程序比较复杂,包含多条代码,可以使用文件式运行。本书中的示例代码如果有

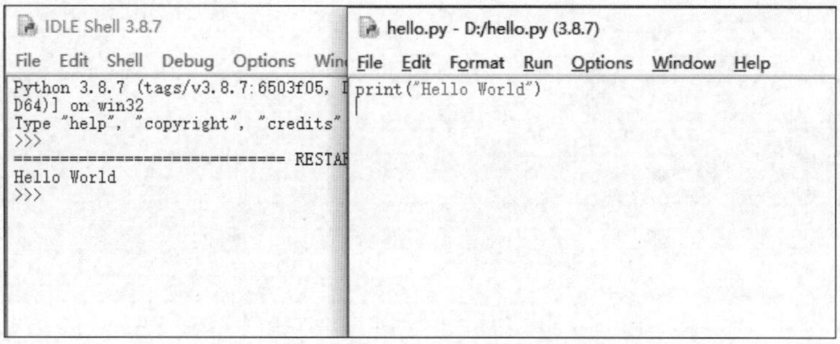

图 5-21 在 IDLE 窗口编辑程序并运行

>>>提示符,则表示是在交互式环境下运行;如果没有>>>提示符,则表示是在 IDLE 文件中运行。

5) Python 的语法特点

学习一门语言,先要了解一下这门语言的语法特点。下面将详细介绍 Python 的语法特点,如注释规则、代码缩进、编码规范等。

(1) 注释。

注释是对代码的说明信息,注释并不影响程序的执行结果,通常建议在代码中增加适量的注释,以提高程序的可读性。在 Python 中,有两种类型的注释,分别是单行注释和多行注释。

① 单行注释。

在 Python 中,单行注释是以符号♯开始直到换行为止,♯后面所有的内容都作为注释的内容,并被 Python 编译器忽略。

单行注释可以放在要注释代码的前一行,也可以放在要注释代码的右侧。例如,下面的两种注释形式都是可以的。

第 1 种形式:

```
♯ 第一个 Python 程序
print("Hello World")
```

第 2 种形式:

```
print("Hello World")   ♯ 第一个 Python 程序
```

在 IDLE 文件编辑窗口中按 Alt+3 快捷键可以将当前行或所选中代码块变为单行注释,按 Alt+4 快捷键可以取消单行注释。

② 多行注释。

在 Python 中,以 3 个单引号(''')或 3 个双引号(""")开头和结尾的内容为多行注释,并被 Python 编译器忽略。

```
'''
第一个 Python 程序
第一个 Python 程序
……
'''
print("Hello World")
```

或者

```
"""
第一个 Python 程序
第一个 Python 程序
……
"""
print("Hello World")
```

(2) 代码缩进。

在 Python 中,采用代码缩进和冒号(:)区分代码块之间不同的层次关系,这和其他程序设计语言(如 C 语言)采用大括号({})分隔代码块有很大的差异。缩进可以使用空格或者 Tab 键,但二者不能混用。其中,使用空格时,默认采用 4 个空格作为一个缩进量,而使用 Tab 键时,则采用一个 Tab 键作为一个缩进量。

在 Python 中,对于类定义、函数定义、流程控制语句、异常处理语句等,行尾的冒号和下一行的缩进表示一个代码块的开始,而缩进结束,则表示一个代码块的结束。例如,图 5-22 中代码的缩进为正确的缩进。

图 5-22　缩进与代码块之间的关系

6) Python 中的库

Python 中的库包含标准库和第三方库。标准库中的内置函数可以直接使用,而标准库中的其他模块和第三方库中的模块需要先导入才能使用。

(1) 标准库。

标准库随 Python 安装包一起发布,主要包含内置函数和一些模块。内置函数是不需要使用 import 语句导入就可以在所有 Python 代码中使用的对象,如第一个程序中的 print() 函数。本书及配套案例教程中用到的内置函数有 print()、input()、int()、float()、ord()、chr()、str()、list()、dict()、tuple()、set()、range()、zip()、map()、max()、min()、enumerate()、eval()、 len()、open()、reversed()、sorted()等。

而标准库中的模块需要先使用 import 语句导入，才能使用模块中的对象。常用的模块有 os、sys、string、re、math、random、csv、time 等。

（2）第三方库。

Python 除了标准库以外，还有大量的第三方库可以使用。第三方库需要安装以后才能使用。第三方库最常用、最便捷的安装方式是采用 pip 工具安装。pip 是 Python 官方提供并维护的在线第三方库安装工具。

安装第三方库非常简单，只要在 Windows 10 命令提示符窗口输入如下命令即可安装。

```
pip install 第三方库的名字
```

例如，安装 BeautifulSoup4 这个库。在 Windows 10 操作系统中，先按 Win+R 快捷键打开"运行"对话框，然后输入 cmd 命令，单击"确定"按钮后，打开 Windows 命令提示符窗口。然后输入如下命令：

```
pip install BeautifulSoup4
```

pip 工具会自动从网络下载 BeautifulSoup4 的安装文件和依赖文件，并自动安装到系统中，如图 5-23 所示。

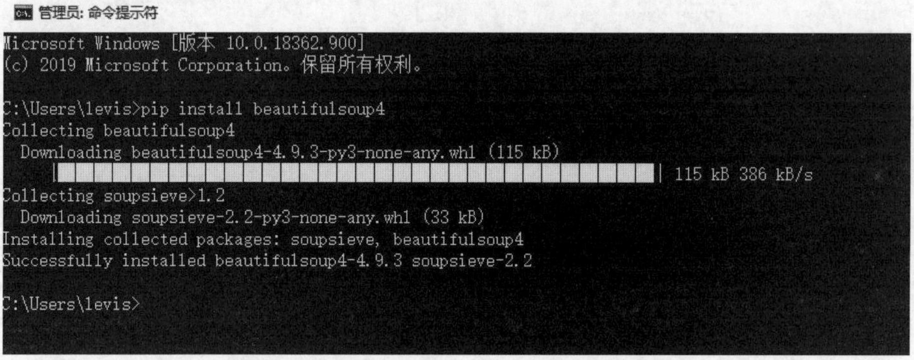

图 5-23　使用 pip 在线安装 BeautifulSoup4 库

除了使用 pip 命令在线安装以外，用户还可以离线安装第三方库。首先根据已安装的 Python 版本和计算机的字长（32 位或 64 位）下载对应的.whl 文件或.tar.gz 压缩包；然后使用 pip 命令进行安装。

安装命令如下：

```
pip install 文件名
```

此处的文件名应该是包含.whl 文件或.tar.gz 压缩包的存放路径及文件名。

用户也可以卸载一个库，如卸载 BeautifulSoup4 库，卸载过程可能需要用户确认。

```
pip uninstall. BeautifulSoup4
```

用户还可以通过 list 子命令列出当前系统中已经安装的第三方库，例如：

```
pip list
```

本书及配套案例教程使用的第三方库包括 requests、BeautifulSoup4、lxml、jieba、matplotlib、openpyxl、pandas、pyecharts、echarts-china-provinces-pypkg、echarts-china-cities-pypkg、PyMySQL、xlrd、xlwt、SQLAlchemy 等。

（3）模块的导入。

无论是标准库中的模块还是第三方库中的模块，要想使用模块中的对象，必须先使用 import 关键字导入模块。导入模块有如下 3 种方式。

方式 1：

```
import 模块名      ♯导入模块
```

例如，要导入 math 模块，就可以在文件最开始的地方用 import math 来导入。

在调用模块中的函数时必须按照如下格式调用：

```
模块名.函数名
```

例如：

```
import math      ♯导入 math 模块
math.sqrt(4)     ♯返回 4 的平方根
```

方式 2：

有时候只需要使用模块中的某个函数，此时只要通过 from 语句引入该函数即可，from 语句用法如下：

```
from 模块名 import 函数名 1,函数名 2,…
```

通过这种方式导入，在调用函数时只能使用函数名，不能加上模块名。

方式 3：

如果想一次性导入某个模块中的所有内容，还可以通过以下语句实现：

```
from 模块 import *
```

这是一种简单的导入模块中所有项目的方式，但不建议过多使用这种方式。

2. Python 语言基础

1）数据类型

计算机顾名思义就是可以用来计算的机器，要计算就必须先要有数据，数据可以是数值，也可以是文本、图形、音频、视频、网页等。不同的数据，需要定义不同的数据类型。

Python 中的数据类型可以分为两大类：一类是基本数据类型；另一类是复合数据类型。基本数据类型包括数值、字符串、布尔类型和空值。复合数据类型一般包括列表、元组、字典和集合。

（1）数值类型。

① 整数（int）：整数就是没有小数点和小数部分的数，包括正整数、负整数和 0。在 Python 中，整数包括十进制整数、八进制整数、十六进制整数和二进制整数。例如，101、0、−8182 等是十进制整数；以 0X 或 0x 开头，如 0X101、0xFF、−0x5B2 等是十六进制整数；以 0O 或 0o 开头（第 2 个符号是英文字母 O 或 o），如 0o2、−0O235 等是八进制整数；以 0B 或 0b 开头，如 0B001、0b101010 等是二进制整数。

② 浮点数（float）：浮点数就是带小数的数。在 Python 中，浮点数也可以用科学记数法表示。例如，123.45 可以表示为 1.2345e2。科学记数法中的 E 或 e 表示 10 的幂。

③ 复数（complex）：形如 3+5j，跟数学上的复数表示一样，唯一不同的是虚部的 i 换成了 j。

（2）字符串。

字符串（str）是 Python 中最常用的数据类型。一个字符串是一组字符的有序序列。在 Python 中用单引号（'）或者双引号（"）或者三引号（'''或"""）括起来的文本就是字符串。单引号、双引号和三引号被称为字符串的定界符。定界符总是成对出现的，它们本身不是字符串的一部分。例如，'a'、'12345'、"你好!"、"""python@"""、'''Hello,World'''都是字符串。Python 不支持字符类型，单个字符在 Python 中也是作为一个字符串使用。

单引号、双引号、三单号可以互相嵌套（同类型不能嵌套），用来表示更复杂的字符串。例如，'''Hi,Bob,"Let's go"'''。

```
>>> print('''Hi,Bob,"Let's go"''')
Hi,Bob,"Let's go"
```

三引号（'''或"""）表示的字符串可以换行，支持排版较为复杂的字符串；三引号还可以在程序中表示较长的注释。

Python 语言还允许使用一种特殊形式的字符，称为转义字符。它是以反斜杠（\）开头的一个字符序列，采用指定形式来表示指定的特殊字符。例如，\n 表示换行符。

```
>>> print('Hello\nWorld')
Hello
World
```

可以看到，输出结果中 Hello 与 World 之间进行了换行。

转义字符的意思是该字符被解释为另一种含义，不再表示字符本身的含义。Python 中的常用转义字符如表 5-5 所示。

表 5-5 转义字符及含义

转 义 字 符	含 义	转 义 字 符	含 义
\b	退格，把光标移动到前一列位置	\\	一个斜线（\）
\f	换页符	\'	单引号（'）
\n	换行符	\"	双引号（"）
\r	回车	\ooo	3 位八进制数对应的字符
\t	水平制表符	\xhh	2 位十六进制数对应的字符
\v	垂直制表符	\uhhhh	4 位十六进制数表示的 Unicode 字符

（3）布尔值。

布尔值(bool)和布尔代数的表示一致，一个布尔值只有 True 和 False 两种值。要么是 True，表示逻辑真；要么是 False，表示逻辑假。在 Python 中，可以直接用 True 和 False 表示布尔值（请注意大小写），也可以通过布尔运算计算出来（例如，3 < 5 会产生布尔值 True，而 2 == 1 会产生布尔值 False）。另外，在 Python 中，None、任何数值类型中的 0、空字符串""或''、空元组()、空列表[]、空字典{}、空集合等都等价于 False。其他的值等价于 True。

（4）空值。

空值(NoneType)是 Python 里一个特殊的值，用 None 表示。None 不能理解为 0，因为 0 是有意义的，而 None 是一个特殊的空值。

（5）列表。

列表(list)是写在方括号([])之间、用逗号分隔开的数据元素序列。列表中的数据元素可重复、可修改、可嵌套，元素的数据类型可以互不相同。列表是有序的，可以使用列表的索引或位置来访问每个元素，索引默认是从 0 开始。例如：

```
>>> [1, 2, 3]                    ♯包含 3 个整数元素的列表
[1, 2, 3]
>>> [7.8, 'python', - 3, 2 + 15j,0]    ♯包含各种数据类型的列表
[7.8, 'python', - 3, (2 + 15j), 0]
>>> [7.8, 'python', - 3, 2 + 15j,0][1]    ♯引用索引为 1 的列表值
'python'
```

（6）元组。

元组(tuple)是写在圆括号(())之间、用逗号隔开的数据元素序列。元组中的数据元素类型可以不同，数据元素值不能修改、可重复、可嵌套。元组是有序的对象集合，任何一组用逗号分隔的数据，会被系统默认为元组。元组与列表类似，用索引来访问每个元素，索引是从 0 开始。例如：

```
>>> (10, 20, 30)
(10, 20, 30)
>>> 3, 2.8, 2 + 15j, 'Python', True, "中国"
(3, 2.8, (2 + 15j), 'Python', True, '中国')
>>> (3, 2.8, 2 + 15j, 'Python', True, "中国")[5]    ♯引用索引为 5 的元组值
'中国'
```

（7）字典。

字典(dict)是写在大括号({})之间、用逗号分隔的数据元素集合。字典中的每个数据元素由一对关键字和值组成，中间用冒号(:)连接。字典中的元素通过关键字来存取，字典中关键字不可重复，但值可以重复。字典是无序的、可修改的对象集合。例如：

```
>>> {'sid': '2140302011', 'sname': '赵岚', 'age': 19}         ♯包含 3 个数据元素的字典
{'sid': '2140302011', 'sname': '赵岚', 'age': 19}
>>> {'sid': '2140302011', 'sname': '赵岚', 'age': 19}['sid']    ♯取出关键字为 sid 的值
'2140302011'
```

（8）集合。

集合(set)是写在大括号({})之间、用逗号分隔的数据元素集合。集合中的数据元素是无

序的、不重复的,可以添加、删除。例如:

```
>>> {1, 'ss', 1, 'Tom', 'ss', 'Tom'}        #重复元素被自动删除
{1, 'ss', 'Tom'}
```

以上仅是简单介绍了 Python 支持的数据类型,对于字符串、列表、元组、字典和集合等类型的具体操作将在后面内容做更详细的介绍。

2) 变量和常量

(1) 变量。

变量是指在程序运行过程中可以改变的量。在 Python 中,不需要先声明变量名及其类型,直接赋值即可创建各种类型的变量。但是,变量的命名并不是任意的,应遵循 Python 标识符规则。

标识符是用来标识一个变量、函数、类、模块或其他对象的名称。Python 中标识符命名应遵循如下规则。

① 标识符中可用的符号有英文字母、汉字、数字和下画线。

② 第 1 个字符不能是数字。

③ 英文字母大写和小写是有区别的,即对大小写敏感。

④ Python 中有一些标识符有固定含义和作用,被称为关键字或保留字,关键字不能用作变量名、函数名或类名等。下面是 Python 3.8.7 所支持的 35 个关键字:

False	class	finally	is	return
None	continue	for	lambda	try
True	def	from	nonlocal	while
and	del	global	not	with
as	elif	if	or	yield
assert	else	import	pass	async
break	except	in	raise	await

为变量赋值可以通过赋值运算符(=)来实现,下面举例说明变量的创建。

例如,把整数 1 的值赋给 a,这个时候就创建了变量 a,a 的类型为整型。

```
>>> a = 1
>>> a
1
```

例如,把字符串'Python'的值赋给 py,这个时候就创建了变量 py,py 的类型为字符串。

```
>>> py = 'Python'
>>> py
'Python'
>>> type(py)                #内置函数 type()可以查看变量的类型
<class 'str'>
```

例如,把列表[7.8, 'python', -3, 2+15j, 0]的值赋给 data,这个时候就创建了变量 data,data 的类型为列表。

```
>>> data = [7.8, 'python', − 3, 2 + 15j,0]
>>> data
[7.8, 'python', − 3, (2 + 15j), 0]
>>> data[0]                #引用索引为 0 的列表值
7.8
>>> type(data)
< class 'list'>
```

另外,Python 是一种动态类型的语言,也就是说,变量的类型可以随时变化。

例如,把字符串 True 的值赋给前面 list 类型的变量 data,这个时候 data 的类型就为布尔型。

```
>>> data = True
>>> data
True
>>> type(data)
< class 'bool'>
```

(2) 常量。

所谓常量就是在程序中一直不变的量。例如,常用的数学常数 π 就是一个常量。常量可以分为字面常量和符号常量。字面常量就是像 1、3.5、'Happy'、True 和 False 这些数据,使用的就是其字面意义上的值或内容;符号常量就是用一个标识符来代表一个字面常量的值。在 Python 中,并没有提供定义符号常量的方法,只是约定俗成使用全部大写的标识符表示常量,例如:

PI＝3.1415926

3) 运算符

计算机的大量功能都是通过各种各样的运算来完成的。为了完成这些运算,Python 提供了丰富的运算符,如算术运算符、赋值运算符、关系(比较)运算符、逻辑运算符等。使用运算符将不同类型的数据按照一定的规则连接起来的式子,称为表达式。例如,使用算术运算符连接起来的式子称为算术表达式,使用逻辑运算符连接起来的式子称为逻辑表达式。下面介绍一些常用的运算符。

(1) 算术运算符。

算术运算符常用于数值型数据之间的运算。Python 的算术运算符如表 5-6 所示。

表 5-6 算术运算符

运　算　符	说　　明	实　　例
＋	加	1＋2＝3
－	减	10－90＝－80
*	乘	3 * 4＝12
/	除	1/2＝0.5
//	整除,结果是对商数向下取整(即向更小的数取整数)	5//2＝2 −5//2＝−3
%	取余数,结果是除法的余数。 x%y 等价于 x－((x//y) * y)	7%3＝1 −7%3＝2
**	幂,又称次方、乘方。x ** y 表示 x 的 y 次方	2 ** 3 ＝ 8

【例 5.35】 计算 3 个数的平均值。

```
#1.a,b,c = 6,4,9
#2.ave = (a + b + c)/3
#3.print(ave)
```

运行结果如下：

```
6.333333333333333
```

当进行运算时,有可能运算对象是不同类型的数据,如果数据类型不匹配,就可能发生错误。例如:

```
>>> 1 + '2'
Traceback (most recent call last):
    File "<pyshell#200>", line 1, in <module>
        1 + '2'
TypeError: unsupported operand type(s) for + : 'int' and 'str'
```

Python 提供了很多数据类型转换函数。例如,int(x)可以将 x 转换为整数类型的值；float(x)可以将 x 转换为浮点类型的值；str(x)可以将 x 转换为字符串类型的值。

```
>>> a = '2'
>>> 1 + int(a)
3
```

(2) 赋值运算符。

赋值运算符的主要作用是把赋值运算符右边的值或者表达式的值赋给左边的变量。除了简单的赋值运算符(=)以外,Python 还提供了一系列与算术运算符相结合的复合赋值运算符,以简化代码的编写。Python 的赋值运算符如表 5-7 所示。

表 5-7 赋值运算符

运 算 符	说 明	实 例
=	简单的赋值运算符	a=b+c 表示将 b+c 的运算结果赋给 a 变量
+=	加法赋值运算符	a+=b 等价于 a=a+b
-=	减法赋值运算符	a-=b 等价于 a=a-b
*=	乘法赋值运算符	a*=b 等价于 a=a*b
/=	除法赋值运算符	a/=b 等价于 a=a/b
//=	取整除赋值运算符	a//=b 等价于 a=a//b
%=	取余数赋值运算符	a%=b 等价于 a=a%b
**=	幂赋值运算符	a**=b 等价于 a=a**b

在 Python 中,可以通过链式赋值和同步赋值给多个变量赋值。

链式赋值可以将同一个值赋给多个变量。例如:

```
>>> a = b = c = 1
>>> a
1
```

同步赋值可以将多个值赋给多个变量,值和变量个数要一致。例如:

```
>>> a,b,c = 1,2,3
>>> b
2
```

(3) 关系运算符。

关系运算符也称比较运算符,用于对变量或表达式的结果进行大小关系的比较。如果比较结果为真,则返回 True;如果比较结果为假,则返回 False。比较运算符通常用在条件语句中作为条件判断的依据。Python 的关系运算符如表 5-8 所示。

表 5-8　关系运算符

运　算　符	说　明	实　例	
==	等于	1==2	结果为 False
!=	不等于	'abc'!='abc'	结果为 False
>	大于	'a'>'9'	结果为 True
<	小于	342<897	结果为 True
>=	大于或等于	−2>=3	结果为 False
<=	小于或等于	[1,2]<=[1,2,0]	结果为 True

在关系表达式中,被比较的对象一般为相同类型的可比较数据。不同数据类型间比较会报错,但整数和浮点数之间可以进行比较。

在 Python 中,允许在一个关系表达式中比较多个值。但大小关系不具有传递性,仅当表达式中的多个关系运算的计算结果都为 True 时,才显示 True 的结果。例如:

```
>>> a = 3
>>> 1 < a < 2
False
>>> 1 < a < 10
True
```

要注意区分赋值运算符(=)和关系运算符(==),很多初学者容易混淆这两个运算符。

(4) 逻辑运算符。

逻辑运算符是对多个布尔值进行运算,运算后的结果仍是一个布尔值或是与布尔值等价的值。Python 中的逻辑运算符主要包括 and(逻辑与)、or(逻辑或)、not(逻辑非)。Python 的逻辑运算符如表 5-9 所示。

表 5-9　逻辑运算符

运算符	逻辑表达式	说　明
and	a and b	如果 a 是 False 或 a 是与 False 等价的值,不计算 b,结果为 a 的值;否则结果为 b 的值
or	a or b	如果 a 是 True 或 a 是与 True 等价的值,不计算 b,结果为 a 的值;否则结果为 b 的值
not	not a	如果 a 为 True 或 a 为与 True 等价的值,结果为 False;如果 a 为 False 或 a 为与 False 等价的值,结果为 True

两个操作数都是等价于 True 的值,结果为第二操作数的值。例如:

```
>>> [0 , 6] and 8
8
```

第一个操作数是等价于 False 的值,结果为第一个操作数的值。例如:

```
>>> [] and 8
[]
```

第一个操作数是等价于 False 的值,结果为第二个操作数的值。例如:

```
>>> [] or 8
8
```

(5)运算符的优先级。

多个运算符组合在一起构成复合表达式,复合表达式中哪个运算符先进行计算是由运算符的优先级决定的。Python 运算符的运算规则是:优先级高的运算符先执行,优先级低的运算符后执行。也可以像四则运算那样使用小括号,小括号内的运算最先执行。运算符优先级相同时,由运算符的结合方向决定求值顺序。表 5-10 按从高到低的顺序列出了常用运算符的优先级和结合方向。

表 5-10 运算符优先级与结合方向

运 算 符	说 明	结合方向	优 先 级
[ ]、[:]	索引、切片	从左到右	高
**	乘方	从右到左	
+、−	正号和负号	从右到左	
*、/、%、//	乘、除、模、整除	从左到右	
+、−	加、减	从左到右	
in、not in	成员运算符	从左到右	
is、is not	身份运算符	从左到右	
<=、<、>、>=、==、!=	比较运算符	从左到右	
not	逻辑非	从右到左	
and	逻辑与	从左到右	
or	逻辑或	从左到右	低

4)数据的输入和输出

(1)数据的输入。

在 Python 中,使用内置函数 input()可以接收用户的键盘输入,返回值为字符串。input()

函数的基本用法如下:

```
变量 = input([prompt])
```

其中,变量用于保存键盘输入的内容,可选参数 prompt 表示输入时的提示内容。

在使用 input() 函数进行输入时,无论输入的是数字还是字符都将被作为字符串读取。例如:

```
>>> a = input("请输入一个整数:")
请输入一个整数:100 ✓
>>> a
'100'
```

其中,第 2 行中的文字是 input() 函数执行时的提示信息,100 是运行时敲击键盘输入的内容,✓ 表示按 Enter 键;第 4 行是函数的返回值,两个单引号表示返回值是一个字符串。可以看到,想读取一个整数,但最后返回的是字符串。如果想要读取一个数值,则需要把接收到的字符串进行类型转换。如果输入的内容是整数或浮点数,则需要使用 int() 函数或 float() 函数进行类型转换。例如:

```
>>> a = int(input("请输入一个整数:"))
请输入一个整数:100 ✓
>>> a
100
```

【例 5.36】 从键盘输入正方形的边长,计算正方形的面积。

```
#1.   a = int(input("请输入正方形的边长:"))
#2.   print('正方形的面积 = ', end = '')
#3.   print(a * a)
```

运行结果如下:

```
请输入正方形的边长:4 ✓
正方形的面积 = 16
```

使用 int() 函数或 float() 函数进行数据类型转换的方式只能输入一个数值,若想要一次输入多个数据并转换成整数或浮点数,则要使用 map() 函数和字符串对象的 split() 方法来实现。

例如,从键盘输入两个整数分别赋值给 a 和 b 变量。

```
>>> a,b = map(int,input('请输入两个整数(用空格间隔):').split())
请输入两个整数(用空格间隔):1 4
>>> a
1
>>> b
4
```

split()方法的功能是通过指定分隔符对字符串进行拆分,并返回分割后的字符串列表。map()函数会将指定的函数(第 1 个参数)依次作用在指定序列(第 2 个参数)中的每个元素上。上例中,map()函数中的int()函数会将字符串列表中的每个元素依次转换成整数。

例如,从键盘输入两个浮点数分别赋值给 a 和 b 变量。

```
>>> a,b = map(float,input('请输入两个浮点数(用空格间隔):').split())
请输入两个浮点数(用空格间隔):1.2 5.78↙
>>> a
1.2
>>> b
5.78
```

如果想一次读入多个字符型数据,只需要使用字符串对象的 split() 方法就可以实现。例如:从键盘输入两个字符串分别赋值给 a 和 b 变量。

```
>>> a,b = input('请输入两个字符串(用空格间隔):').split()
请输入两个字符串(用空格间隔):hello world↙
>>> a
'hello'
>>> b
'world'
```

(2) 数据的输出。

在 Python 中,使用内置的 print()函数可以将结果输出到 IDLE 或者标准控制台上。其基本格式如下:

```
print(value , [end = '\n'])
```

其中,参数 value 是要输出的内容。内容可以是数字和字符串(字符串需要使用引号括起来),此类内容将直接被输出;内容也可以是包含运算符的表达式,此类内容将输出计算后的结果。可选参数 end = '\n'表示输出内容后默认换行,如果不想换行,则可以设置 end = ''。

```
>>> a = 1
>>> b = 2
>>> print(1)
1
>>> print(a + b)
3
>>> print('hello,world')
hello,world
>>> print('a + b = ',a + b)
a + b =  3
>>> print(a,b)
1 2
>>> print('hello','world',a,b)
hello world 1 2
```

可以使用%运算符实现字符串的格式化输出。例如:

```
>>> 'Hello, %s' % 'world'
'Hello, world'
```

上面例子中,% 运算符是用来格式化字符串的。在字符串内部,%s 为格式符号,相当于是一个占位符,要使用% 运算符后面的'world'来替换这个占位符。

常用的格式符号有:%d 表示用整数替换;%f 表示用浮点数替换;%s 表示用字符串替换。如果字符串中有多个格式符号,% 运算符后面的输出对象要放在小括号中,并且个数及类型要与格式符号相对应。例如:

```
>>> '输出 Hello, %s! %d次.' % ('world', 100)
'输出 Hello, world! 100 次.'
```

使用 print()函数格式化输出整数。例如:

```
>>> a = 1
>>> print('a = %d' % a)
a = 1
```

使用 print()函数格式化输出浮点数,并保留两位小数。例如:

```
>>> a = 1/3
>>> a
0.3333333333333333
>>> print('a = %.2f' % a)
a = 0.33
```

【例 5.37】 从键盘输入长方形的长和宽,并计算长方形的周长。

```
#1.a, b = map(float,input('请输入长方形的长和宽(用空格间隔):').split())
#2.print('长方形的周长 = ',2 * (a + b))
```

运行结果如下:

```
请输入长方形的长和宽(用空格间隔):3.6 8.38↙
长方形的周长 = 23.96
```

3. 流程控制语句

一个完整的 Python 程序一般包含若干条语句。按照程序中语句出现的先后次序依次执行的结构称为顺序结构;根据条件选择执行不同语句的结构称为选择结构;根据条件重复执行相关语句的结构称为循环结构。有了这 3 种基本结构,就可以编写各种复杂的程序。前面编写的程序都属于顺序结构,下面主要介绍选择结构和循环结构。

1) 选择结构

Python 中选择结构主要有 3 种形式,分别为单分支 if 语句、双分支 if…else 语句和多分支 if…elif…else 语句。

（1）单分支 if 语句。

单分支 if 语句格式如下：

```
if 条件表达式:
    语句块
```

执行流程：先计算条件表达式的值,若结果为 True 或等价于 True,则执行语句块；若结果为 False 或等价于 False,则执行单分支结构之后的语句。

其中,条件表达式可以是布尔值、关系表达式、逻辑表达式和其他有计算结果的表达式。条件表达式后面必须要有冒号。

例如,条件表达式为整数。

```
>>> if 1:
        print('hello')
hello
```

例如,条件表达式为关系表达式。

```
a = 5
if a != 5:
    print('abc')
print('xyz')
```

输出结果如下：

```
xyz
```

（2）双分支 if…else 语句。

双分支 if 语句格式如下：

```
if 条件表达式:
    语句块 1
else:
    语句块 2
```

执行流程：先计算条件表达式的值,如果结果为 True 或等价于 True,则执行语句块 1；如果结果为 False 或等价于 False,则执行语句块 2。

【例 5.38】　输入两个整数,按从大到小输出。

```
#1.    a,b = map(int,input('请输入两个整数(用逗号间隔):').split(','))
#2.    if a > b:
#3.        print(a, b)
#4.    else:
#5.        print(b, a)
```

运行结果 1 如下：

```
请输入两个整数(用逗号间隔): 1, 2↙
2 1
```

运行结果 2 如下：

```
请输入两个整数(用逗号间隔): 7, 3↙
7 3
```

例 5.38 还可以使用条件运算符进行简化。Python 条件运算符的格式如下：

```
表达式 1 if 条件表达式 else 表达式 2
```

执行流程：先计算条件表达式，当条件计算结果为 True 或等价于 True 时，返回表达式 1 的计算结果；当条件计算结果为 False 或等价于 False 时，返回表达式 2 的计算结果。

用条件运算符实现例 5.38。

```
a,b = map(int,input('请输入两个整数(用逗号间隔):').split(','))
print(a, b) if a > b else print(b, a)
```

【例 5.39】 用户登录验证。

```
#1.    name = input('请输入用户名: ')
#2.    passwd = input('请输入密码: ')
#3.    if name == 'user' and passwd == '123':
#4.        print('登录成功!')
#5.    else:
#6.        print('登录失败!')
```

运行结果 1 如下：

```
请输入用户名: user↙
请输入密码: 123↙
登录成功!
```

运行结果 2 如下：

```
请输入用户名: us↙
请输入密码: 34s↙
登录失败!
```

(3) 多分支 if…elif…else 语句。

多分支 if 语句格式如下：

```
if 条件表达式 1:
    语句块 1
elif 条件表达式 2:
    语句块 2
…
else:
    语句块 n
```

执行流程：先计算条件表达式 1 的结果，如果条件表达式 1 的结果为 True 或等价于 True，则执行语句块 1；如果条件表达式 1 的结果为 False 或等价于 False，则计算条件表达式 2，如果条件表达式 2 的结果为 True 或等价于 True，则执行语句块 2；……；如果所有条件表达式的结果都为 False 或等价于 False，则执行 else 后的语句块 n。else 子句可以省略，当省略 else 时，如果所有条件表达式都不成立，则不执行任何语句。

【例 5.40】 输入某个学生的成绩，按分数输出其等级，即 90 分及以上为 A，80 到 89 分为 B，70 到 79 分为 C，60 到 69 分为 D，60 分以下为 E。

```
#1.   grade = float(input('请输入学生的成绩: '))
#2.   if grade >= 90:
#3.       level = 'A'
#4.   elif grade >= 80:
#5.       level = 'B'
#6.   elif grade >= 70:
#7.       level = 'C'
#8.   elif grade >= 60:
#9.       level = 'D'
#10.  else:
#11.      level = 'E'
#12.  print('等级为:', level)
```

运行结果 1 如下：

```
请输入学生的成绩: 95↙
等级为: A
```

运行结果 2 如下：

```
请输入学生的成绩: 55↙
等级为: E
```

（4）选择结构的嵌套。

一个选择结构的内部可以包含另一个选择结构，其被称为选择结构的嵌套。选择结构中的单分支 if 语句、双分支 if…else 和多分支 if…elif…else 之间可以相互嵌套。

下面是双分支 if 语句中嵌套双分支 if…else 语句，形式如下：

```
if 条件表达式 1:
    if 条件表达式 2:
        语句块 1
    else:
        语句块 2
else:
    if 条件表达式 3:
        语句块 3
    else:
        语句块 4
```

其他形式的嵌套也基本类似，这里不再赘述。需要注意的是，无论怎么嵌套，都要严格遵守不同级别代码块的缩进规范。

【例 5.41】　输入一个年份,判断是否为闰年(能被 4 整除但不能被 100 整除或者能被 400 整除的就是闰年)。

```
#1.   year = int(input('请输入年份:'))
#2.   if year % 4 == 0 and year %100 != 0:
#3.       print('%d年是闰年' % year)
#4.   else:
#5.       if year % 400 == 0:
#6.           print('%d年是闰年' % year)
#7.       else:
#8.           print('%d年不是闰年' % year)
```

运行结果 1 如下:

```
请输入年份:2000↙
2000 年是闰年
```

运行结果 2 如下:

```
请输入年份:2020↙
2020 年是闰年
```

运行结果 3 如下:

```
请输入年份:2021↙
2021 年不是闰年
```

2) 循环结构

Python 中的循环结构主要有两种类型:while 循环和 for 循环。

(1) while 循环。

while 循环的语法格式如下:

```
while 条件表达式:
    语句块
```

执行流程:首先判断条件表达式的结果,其结果为 True 或等价于 True 时,则执行语句块中的语句;当执行完毕后,再重新判断条件表达式的结果是否为真,若仍为真,则继续重新执行语句块……如此循环,直到条件表达式的值为 False 或等价于 False,则循环终止,继续执行循环后面的语句。

【例 5.42】　编程求 1+2+3+…+100 的值。

```
#1.   count = 1
#2.   sum = 0
#3.   while count <= 100:
#4.       sum += count
#5.       count += 1
#6.   print(sum)
```

运行结果如下：

```
5050
```

（2）for 循环。

for 循环可以遍历（依次访问）任何序列中的每个元素。例如，遍历列表、元组、字典、集合或者字符串中的元素。

for 循环的语法格式如下：

```
for 循环变量 in 序列:
    语句块
```

循环变量用于存放从序列变量中读取出来的元素。

【例 5.43】　输入一个字符串，逐个输出每个字符（字符串的遍历）。

```
#1.   string = input('请输入一个字符串:')
#2.   for ch in string:
#3.       print(ch + ' ',end = '')
```

运行结果如下：

```
请输入一个字符串: abc↙
a b c
```

可以通过序列索引的方式执行 for 循环。例如，例 5.43 也可以用如下代码实现。

```
string = input('请输入一个字符串:')
for i in range(len(string)):
    print(string[i] + ' ',end = '')
```

这里使用了两个内置函数 len() 和 range()。len() 函数返回字符串、列表、字典、元组等序列的长度或元素个数；range() 函数用于生成一系列连续的整数，多用于 for 循环语句中，其语法格式如下：

```
range(start,end,step)
```

参数说明：

start：用于指定计数的起始值，可以省略，如果省略则从 0 开始。例如，range(5) 等价于 range(0,5)。

end：用于指定计数的结束值，但不包括该值。例如，range(3)，可得到的值为 0、1、2，不包括 3，不能省略。当 range() 函数中只有一个参数时，即表示指定计数的结束值。

step：用于指定步长，即两个数之间的间隔，该间隔可以省略。如果该间隔省略，则默认步长为 1。

在 Python 3.x 中，range() 函数的返回值是一个可迭代对象，需要通过 list() 函数转换成列表才能输出列表信息。

list()函数是对象迭代器,可以把range()函数返回的可迭代对象转为一个列表,返回的变量类型为列表。

```
>>> range(5)
range(0, 5)
>>> list(range(5))
[0, 1, 2, 3, 4]
>>> list(range(0, 11, 2))
[0, 2, 4, 6, 8, 10]
>>> list(range(0, -5, -1))
[0, -1, -2, -3, -4]
```

【例 5.44】 用 for 语句求 $1+2+3+\cdots+100$ 的值。

```
#1.   sum = 0
#2.   for count in range(101):
#3.       sum += count
#4.   print(sum)
```

运行结果如下:

```
5050
```

(3) 循环控制语句。

在执行循环时,有时会需要提前结束循环。Python 提供了 break 语句和 continue 语句来实现这种功能。

① break 语句用来跳出当前循环,从而提前结束该循环。在循环中,break 后面的语句将不会被执行;跳出循环后,程序会继续执行该循环后面的语句。

② continue 语句可以提前结束本次循环,跳过本次循环中 continue 后面的语句,转而执行下一次的循环。

break 语句和 continue 语句一般要和 if 语句结合使用。

【例 5.45】 输入一个正整数,判断其是否为素数。(素数就是只能被 1 和自身整除的数)。

```
#1.   a = int(input('请输入一个正整数:'))
#2.   if a> 1:
#3.       for i in range(2, a):
#4.           if a % i == 0:
#5.               print(a,'不是素数')
#6.               break
#7.       else:
#8.           print(a,'是素数')
#9.   else:
#10.      print(a,'不是素数')
```

输出结果 1 如下:

```
请输入一个正整数: 5↙
5 是素数
```

输出结果 2 如下：

```
请输入一个正整数: 10↙
10 不是素数
```

例 5.45 中，第 7 行的 else 语句属于 for 循环的可选语句。只有在 for 循环中的语句都正常执行结束，else 语句才会被执行。如果 for 循环因为执行了 break 语句而跳出循环时，不会执行 else 语句。while 循环也可以使用 else 可选语句，作用和 for 循环一样。

【例 5.46】 输出 10 以内的奇数。

```
♯1.   for i in range(10):
♯2.       if i%2 == 0:
♯3.           continue
♯4.       print('%d '% i, end = '')
```

输出结果如下：

```
1 3 5 7 9
```

在 Python 中，还有一种 pass 语句，表示空语句，就是不做任何事情，一般只用作占位语句，常用于各种控制语句及函数定义中。之所以使用空语句，是为了保持程序结构的完整性。例如，例 5.46 也可以用下面的代码实现：

```
for i in range(10):
    if i%2 == 0:
        pass
    else:
        print('%d '% i, end = '')
```

（4）循环嵌套。

一个循环体中包含另一个循环，称为循环嵌套。在 Python 中，允许 while 循环和 for 相互嵌套。for 循环可以包含 for 循环或 while 循环，while 循环也可以包含 while 循环或 for 循环。外循环可以包含多个内循环，多个内循环之间属于平行关系。

【例 5.47】 输出 100 以内所有的素数。

```
♯1.   for num in range(2,100):
♯2.       for i in range(2,num):
♯3.           if num%i == 0:
♯4.               break
♯5.       else:
♯6.           print(num,'',end = '')
```

运行结果如下：

| 2 | 3 | 5 | 7 | 11 | 13 | 17 | 19 | 23 | 29 | 31 | 37 | 41 | 43 | 47 | 53 | 59 | 61 | 67 | 71 | 73 | 79 | 83 |
| 89 | 97 |

4. 序列数据结构

数据结构是计算机存储、组织数据的基本方式。Python 提供了一些内置的数据结构,如字符串、列表、元组、字典和集合等,这些被称为序列结构。Python 的序列结构又分为有序序列和无序序列。其中,字符串、列表和元组属于有序序列,字典和集合属于无序序列。有序序列中的每个元素都有一个位置或索引值,第 1 个元素的索引是 0,第 2 个元素的索引是 1,依次类推。有序序列都可以进行索引、切片、加、乘、成员检查等操作;无序序列不能通过索引进行相关数据的操作。此外,序列还可以分为可变序列和不可变序列。其中,列表、字典和集合属于可变序列,可以随意修改序列中的内容;而元组和字符串属于不可变序列,不可修改序列中的内容。

1) 字符串

关于字符串,前面已经陆续介绍了部分内容,下面主要介绍一些常用的字符串处理函数、方法。

(1) 字符串的创建。

使用单引号、双引号、三引号和 str() 函数创建一个空字符串。例如:

```
>>> s = ''
>>> s
''
>>> s = str()
>>> s
''
```

使用 str() 函数可以将其他 Python 数据类型转换为字符串。例如:

```
>>> str(1.23)
'1.23'
```

(2) 字符串的引用。

使用字符串索引可以访问字符串中的字符。例如:

```
>>> s = 'Python'
>>> s[1]
'y'
>>> s[-1]
'n'
```

注意:因为字符串是不可变序列,所以通过索引只能访问字符串中的字符,不能修改、添加、删除字符。

(3) 字符串的运算。

使用+或+=可以将多个字符串或字符串变量拼接起来,+会生成新字符串,+=在原字符串变量基础上拼接字符串。例如:

```
>>> 'Hello' + 'World'
'HelloWorld'
>>> s = 'Python'
>>> s += '3.87'
>>> s
'Python3.87'
>>> s + '已安装'
'Python3.87已安装'
>>> s
'Python3.87'
```

字符串 * 整数,可以使字符串重复整数倍,会生成新字符串。字符串 * = 整数可以使原字符串变量重复整数倍,不生成新字符串。例如:

```
>>> s = 'Python3.87'
>>> s * 2
'Python3.87Python3.87'
>>> s
'Python3.87'
>>> s * = 2
>>> s
'Python3.87Python3.87'
```

使用成员测试运算符 in 测试字符串中是否包含某个字符,运算结果为布尔型。例如:

```
>>> s = 'Python'
>>> 'y' in s
True
```

(4) 字符串常用的内置函数。

```
>>> s = 'Python'
```

使用 len() 函数求字符串长度(字符个数)。例如:

```
>>> len(s)
6
```

使用 max() 函数求字符串最大值。例如:

```
>>> max(s)
'y'
```

使用 min() 函数求字符串最小值。例如:

```
>>> min(s)
'P'
```

使用 sorted() 函数对字符串元素排序(默认升序,设置 reverse 参数进行降序排序)。

例如：

```
>>> sorted(s)
['P', 'h', 'n', 'o', 't', 'y']
>>> sorted(s, reverse = True)
['y', 't', 'o', 'n', 'h', 'P']
```

使用 zip()函数将多个字符串对应索引位置的元素拉链式组合成元组,并返回 zip 对象。需要使用 list()方法将 zip 对象转换成列表输出。例如：

```
>>> a = '123'
>>> b = 'abc'
>>> c = zip(a, b)
>>> c
<zip object at 0x000001FBA0CDC700>
>>> list(c)
[('1', 'a'), ('2', 'b'), ('3', 'c')]
```

使用 enumerate()函数将字符串的索引值和字符串元素值组合成元组,并返回 enumerate 对象,需要使用 list()方法将 enumerate 对象转换成列表输出。例如：

```
>>> a = 'Python'
>>> list(enumerate(a))
[(0, 'P'), (1, 'y'), (2, 't'), (3, 'h'), (4, 'o'), (5, 'n')]
```

(5) 字符串的切片。

切片操作可以从一个字符串中抽取子字符串(字符串的一部分)。对一个字符串 s,切片操作的基本形式如下：

```
s[start:end:step]
```

其中,start 表示切片开始的索引位置,默认为 0；end 表示切片结束的索引位置,默认为字符串的长度；step 表示切片的步长,默认为 1。切片得到的子字符串包含从 start 开始到 end−1 的全部字符。

下面通过举例说明字符串切片的基本用法。

定义一个字符串 s。例如：

```
>>> s = 'Hello,World!'
```

提取从开头到结尾的整个字符串。例如：

```
>>> s[:]
'Hello,World!'
>>> s[0: -1]
'Hello,World'
```

从索引 5(第 6 个字符) 提取到字符串结尾。例如：

```
>>> s[5:]
',World!'
```

提取从索引 2(第 3 个字符)到 4(第 5 个字符)的字符串(因为 Python 的提取操作不包含最后一个索引对应的字符,所以 end 的值应为 5)。例如:

```
>>> s[2:5]
'llo'
```

提取最后 3 个字符。例如:

```
>>> s[-3:]
'ld!'
```

提取倒数第 6 个字符到倒数第 4 个字符之间的字符串。例如:

```
>>> s[-6:-3]
'Wor'
```

从开头提取到结尾,步长为 2。例如:

```
>>> s[::2]
'HloWrd'
```

从开头提取到第 8 个字符(索引为 7,end 为 8),步长为 2。例如:

```
>>> s[:8:2]
'HloW'
```

从索引 2(第 3 个字符)提取到索引 9(第 10 个字符),步长为 2。例如:

```
>>> s[2:10:2]
'loWr'
```

如果步长为负值,则表示从右到左反向进行提取操作。例如,步长为 -1,start 为 -1 或者默认值,end 为默认值,则可实现字符串逆序。例如:

```
>>> s[::-1]
'!dlroW,olleH'
>>> s[-1::-1]
'!dlroW,olleH'
```

步长为 -2,从右到左反向进行提取操作。例如:

```
>>> s[-1::-2]
'!lo,le'
>>> s[::-2]
'!lo,le'
```

(6) 字符串对象的常用方法。

字符串对象提供的方法非常多,这里通过举例介绍一些常用方法的用法。

定义一个字符串 s。例如:

```
>>> s = 'Hello,World!'
```

使用 lower()函数将字符中字符转为小写,返回新字符串。例如:

```
>>> s.lower()
'hello,world!'
```

使用 upper()函数将字符中字符转为大写,返回新字符串。例如:

```
>>> s.upper()
'HELLO,WORLD!'
```

使用 find()方法查找一个字符串在另一个字符中首次出现的索引位置。如果没找到,则返回−1。例如:

```
>>> s.find('o')
4
```

使用 count()方法统计一个字符串在另一个字符串中出现的次数。如果没有,则出现返回 0。例如:

```
>>> s.count('o')
2
```

使用 split()方法用指定分隔符对字符串进行分隔,返回列表。例如:

```
>>> s.split(',')
['Hello', 'World!']
```

使用 replace()方法替换字符串中指定的字符串。例如:

```
>>> s.replace('Wor','abcde')
'Hello,abcdeld!'
```

使用 join()方法可以将序列结构中的多个字符串以指定字符进行连接,然后返回新字符串。例如:

```
>>> s = ['a','b','c','def']
>>> s1 = ''
>>> s1.join(s)
'abcdef'
>>> '+'.join(s)
'a+b+c+def'
```

使用 strip()方法删除字符串两端的空白或指定字符；lstrip()方法删除左端的空白或指定字符；rstrip()方法删除右端的空白或指定字符。例如：

```
>>> s = '  Python  '
>>> s.strip()
'Python'
>>> s.lstrip()
'Python  '
>>> s = '__Python__**'
>>> s.rstrip('*')
'__Python__'
>>> s
'__Python__**'
>>> s.strip('_*')
'Python'
```

2) 列表

列表是一种可变的有序数据类型(类似于其他语言的数组)。与字符串不同，列表中的元素可以是不同类型，列表还可以添加新元素、删除或覆盖已有元素。

(1) 列表的创建。

使用[]或 list()函数创建空列表。例如：

```
>>> list1 = list()
>>> list1
[]
>>> list2 = []
>>> list2
[]
```

(2) 列表的引用。

使用索引访问列表中的元素。例如：

```
>>> list3 = [1, 2, 3]
```

访问 list3 中索引为 0 和−1 的元素。例如：

```
>>> list3
[1, 2, 3]
>>> list3[0]
1
>>> list3[-1]
3
```

修改 list3 中索引为 1 的元素值为 5。例如：

```
>>> list3[1] = 5
>>> list3
[1, 5, 3]
```

　　列表中的元素可以是各种类型,甚至是一个列表,即二维列表。二维列表通过两个索引访问元素。例如:

```
>>> list_list = [[1,2],3.8,['abc','xyz']]
>>> list_list
[[1, 2], 3.8, ['abc', 'xyz']]
>>> list_list[2]
['abc', 'xyz']
>>> list_list[2][1]
'xyz'
```

　　(3) 列表对象的常用方法。

　　使用 append()方法为列表尾部添加元素 4。例如:

```
>>> list4 = [1, 2, 3]
>>> list4
[1, 2, 3]
>>> list4.append(4)
>>> list4
[1, 2, 3, 4]
```

　　使用 insert()方法在列表索引 1 的位置添加元素 9。例如:

```
>>> list4.insert(1, 9)
>>> list4
[1, 9, 2, 3, 4]
```

　　使用 extend()方法为列表尾部添加另一个列表[5,6,7]。例如:

```
>>> list4.extend([5, 6, 7])
>>> list4
[1, 9, 2, 3, 4, 5, 6, 7]
```

　　使用 pop()方法删除索引为 1 的元素,并返回元素值。例如:

```
>>> list4.pop(1)
9
>>> list4
[1, 2, 3, 4, 5, 6, 7]
```

　　使用 remove()方法删除元素 4。例如:

```
>>> list4.remove(4)
>>> list4
[1, 2, 3, 5, 6, 7]
```

　　使用 clear()方法删除列表所有元素。例如:

```
>>> list4.clear()
>>> list4
[]
```

使用 index() 方法返回元素 3 首次出现的索引位置。例如：

```
>>> list5 = [1, 2, 3, 4, 3, 6, 3]
>>> list5.index(3)
2
```

使用 reverse() 方法实现对列表逆序。例如：

```
>>> list5.reverse()
>>> list5
[3, 6, 3, 4, 3, 2, 1]
```

使用 sort() 方法实现对列表排序(默认升序,设置 reverse 参数进行降序排序)。例如：

```
>>> list5.sort()
>>> list5
[1, 2, 3, 3, 3, 4, 6]
>>> list5.sort(reverse = True)
>>> list5
[6, 4, 3, 3, 3, 2, 1]
```

(4) 列表的遍历。

列表的遍历通常要结合循环来实现。例如：

```
>>> list6 = ["hello", 1.3, "world", 12, True]
>>> for item in list6:
    print(item)
hello
1.3
world
12
True
```

列表中的切片,+、+=、*、*=、in 运算符,常用内置函数都和字符串用法类似,这里不再赘述。

3) 元组

元组和列表相似,也是有序序列,但元组是不可变的,所以不能对元组进行添加、删除,修改等操作。

(1) 元组的创建。

使用()或 tuple()创建空元组。例如：

```
>>> t1 = ()
>>> t1
()
```

```
>>> t2 = tuple()
>>> t2
()
```

元组中的元素可以是不同的类型。例如：

```
>>> t3 = (1,'a','Python',3.5)
>>> t3
(1, 'a', 'Python', 3.5)
```

当元组中只包含一个元素时,需要在元素后面添加逗号,否则括号会被当作运算符使用。例如：

```
>>> t4 = ('a')
>>> t4
'a'
>>> t5 = (1,)
>>> t5
(1,)
```

(2) 元组元素的引用。

与列表一样,使用索引访问元组中的元素。例如：

```
>>> t6 = (1,2)
>>> t6[1]
2
>>> t6[-2]
1
```

元组中的切片,＋、＋＝、＊、＊＝、in 运算符,常用内置函数都和列表用法类似,这里不再赘述。

4) 字典

字典是包含若干“键值对(key：value)”的序列。字典中的元素是没有顺序的,因此不能像字符串、列表一样通过索引位置来访问元素。字典中的键必须是唯一的,可以通过“键”来访问元素的值。

(1) 字典的创建。

使用{}或 dict()函数可以创建空字典。例如：

```
>>> dict1 = {}
>>> dict1
{}
>>> dict2 = dict()
>>> dict2
{}
```

字典中的值可以是任何 Python 类型。例如：

```
>>> dict3 = {'1':'a', '2':2}
>>> dict3
{'1': 'a', '2': 2}
```

字典中的键通常是字符串，也可以是其他任意的不可变类型，如布尔型、整型、浮点型、元组、字符串等。例如：

```
>>> dict4 = {'name': '张三', 123: 123}
>>> dict4
{'name': '张三', 123: 123}
```

字典不允许同一个"键"出现两次。在创建时如果同一个"键"被赋值两次，后一个值会覆盖前面的值。例如：

```
>>> dict4 = {'name': '张三', 123: 123,123:10000}
>>> dict4
{'name': '张三', 123: 10000}
```

(2) 字典元素的引用。

通过"键"访问字典中的元素值。例如：

```
>>> dict5 = {'Python': 89, 'C': 78, 'Java': 94}
>>> dict5
{'Python': 89, 'C': 78, 'Java': 94}
>>> dict5['Java']
94
```

通过字典对象的 get() 方法访问元素值。例如：

```
>>> dict5.get('Python')
89
```

通过"键"修改字典元素的值。例如：

```
>>> dict5['Python'] = 95
>>> dict5
{'Python': 95, 'C': 78, 'Java': 94}
```

使用 del 命令删除字典中的元素。例如：

```
>>> del dict5['C']
>>> dict5
{'Python': 95, 'Java': 94}
```

使用字典对象的 pop() 方法删除字典中指定"键"的元素，并返回元素的值。例如：

```
>>> dict5.pop('Java')
94
>>> dict5
{'Python': 95}
```

使用字典对象的 clear() 方法删除所有字典元素。例如：

```
>>> dict5.clear()
>>> dict5
{}
```

（3）字典中的运算符。

字典里的 in 运算符用于判断某个"键"是否在字典中。如果"键"存在,则返回 True;否则返回 False。但是,对于元素值不适用。例如：

```
{'Python': 95, 'C': 78, 'Java': 94}
>>> 'Python' in dict5
True
```

（4）字典的遍历。

```
>>> dict5 = {'Python': 89, 'C': 78, 'Java': 94}
```

使用 items() 方法遍历字典中的"键"和值。例如：

```
>>> for item in dict5.items():
        print(item[0],item[1])
Python 95
C 78
Java 94
```

使用 keys() 方法遍历字典中的"键"。例如：

```
>>> for item in dict5.keys():
        print(item)
Python
C
Java
```

使用 values() 方法遍历字典中的值。例如：

```
>>> for item in dict5.values():
        print(item)
95
78
94
```

前面介绍的字符串中常用的内置函数在字典中也适用,这里不再赘述。

5）集合

集合是一个无序不重复的可变序列,集合的基本功能是进行成员关系测试和删除重复元素。

（1）集合的创建。

可以使用大括号{}或者 set() 函数创建集合。但是,创建一个空集合必须用 set() 函数。

因为{}用来创建一个空字典。例如：

```
>>> set1 = set()
>>> set1
set()
```

集合中不能有重复元素,如果有重复元素则会自动删除。例如：

```
>>> set2 = {1,2,3,5,1,2}
>>> set2
{1, 2, 3, 5}
```

（2）集合的运算。

可以使用"−""|""&"运算符分别进行集合的差集、并集、交集运算。例如：

```
>>> set3 = set('hello')
>>> set3
{'o', 'e', 'h', 'l'}
>>> set4 = set('world')
>>> set4
{'r', 'w', 'o', 'd', 'l'}
>>> set3 - set4
{'e', 'h'}
>>> set3 | set4
{'r', 'w', 'e', 'o', 'h', 'd', 'l'}
>>> set3 & set4
{'o', 'l'}
```

集合可以使用 in 运算符测试成员关系。例如：

```
>>> set5 = set('Python')
>>> set5
{'n', 't', 'y', 'P', 'o', 'h'}
>>> 'y' in set5
True
```

5. 函数

说起函数,大家应该不陌生。在 Excel 中,可以使用大量的函数完成计算任务。说简单一点,函数就是预先定义的、可以被反复使用的、具有独立功能的代码块。函数是高级语言普遍都支持的一种代码封装,Python 也不例外。

例如,input()、print()、range()等函数,都是 Python 安装包提供的内置函数。除了这些内置函数以外,Python 还支持自定义函数。下面介绍如何自定义函数。

1) 函数的定义

函数要先定义,才能被使用。在 Python 中,函数定义的基本语法形式如下：

```
def 函数名([形式参数列表]):
    函数体
    return 表达式或值
```

自定义函数时,需要遵循以下规则。

(1) 在 Python 中采用 def 关键字定义函数,其后是函数名和一对小括号。函数名必须是合法标识符,即使没有参数,小括号也不能少。

(2) 函数中的形式参数(简称形参)可以是零个(无参函数)、一个或者多个(有参函数)。当有多个参数时,参数之间用逗号分隔。函数参数不用指定参数类型,Python 会自动根据值来维护其类型。

(3) 在 Python 中,函数定义中的缩进部分是函数体。

(4) 在函数体中,使用 return 返回函数结果,函数返回值可以是一个或多个,返回值的类型可以是任意类型。return 语句可以在函数体内的任何地方出现,表示函数调用执行到此结束。如果没有 return 语句,则会自动返回 None;如果有 return 语句,但是 return 后面没有接表达式或者值,也自动返回 None。

(5) 在 Python 中,定义函数时可以为形参指定默认值。

下面通过几个简单示例说明函数的定义方法。

定义一个没有参数的 hello()函数,打印 Hello World。例如:

```python
def hello():
    print('Hello World')
```

定义有一个参数的 hello()函数,根据参数的值打印多个 Hello World。例如:

```python
def hellon (n):
    for i in range (n):
        print('Hello World')
```

定义有两个参数的 area()函数,求长方形的面积,并返回面积值。例如:

```python
def area (a,b):
    return a * b
```

定义有两个参数、两个返回值的 sum_and_diff()函数,求两个数的和与差,并返回和与差的值。例如:

```python
def sum_and_diff (a,b):
    return a + b,a - b
```

定义有默认参数值的 add_list()函数,给一个列表中添加数据,并返回这个列表。例如:

```python
def add_list(a, list = []):
    list.append(a)
    return list
```

在定义函数时,函数体可以是空语句。在 Python 中,使用 pass 语句表示空语句。pass 不做任何事情,一般用作占位语句。例如:

```python
def abc():
    pass
```

2) 函数的调用

函数的调用即执行函数。在 Python 中,所有函数,包括用户自定义函数和系统内置函数,都要在用户编写的程序中被调用时才能执行。

调用函数的基本语法形式如下:

```
函数名([实际参数列表])
```

调用函数时需要注意以下 4 点。

(1) 调用函数时,函数名后面的"()"不能省略。

(2) 调用函数时,"()"内的实际参数(简称实参)与函数定义中的形式参数(简称形参)要数量一致,顺序相对应并且类型兼容;有多个实参时,参数之间用逗号分隔;形参有默认参数值时,实参数量可以少于等于形参数量。

(3) 函数调用语句必须出现在函数定义之后,才能调用函数。

(4) 在执行函数调用语句时,实参的值会被传递给形参,然后执行被调用函数,在被调用函数第一次遇到 return 语句或者函数体的最后一条语句后,被调用函数执行完成。然后会返回调用这个函数的位置继续向后执行。

下面通过几个例子说明函数的调用方法。

定义一个没有参数的 hello()函数,打印 Hello World。例如:

```
def hello():
    print('Hello World')

hello()                          # 函数调用语句
```

运行结果如下:

```
Hello World
```

定义有两个参数两个返回值的 sum_and_diff()函数,求两个数的和与差,并返回和与差的值。例如:

```
def sum_and_diff(a,b):
    return a + b,a - b
x,y = sum_and_diff(8,5)          # 函数调用语句
print(x,y)
```

运行结果如下:

```
13  3
```

定义有默认参数值的 add_list()函数,给一个列表中添加数据,并返回这个列表。例如:

```
def add_list(a, list = []):
    list.append(a)
    return list
```

```
list = [1,2,3]
add_list(5,list)                    ♯ 函数调用语句
print(add_list(9,list))             ♯ 函数调用语句
print(add_list(100))                ♯ 函数调用语句
```

运行结果如下：

```
[1, 2, 3, 5, 9]
[100]
```

【例 5.48】 定义一个函数,实现判断一个数是不是回文数。回文数是指正序(从左向右)和倒序(从右向左)读都一样的整数。例如,121、123321 等都是回文数。

```
♯1.   def palindrome(n):
♯2.       temp = n
♯3.       m = 0
♯4.       while temp > 0:
♯5.           m = m * 10 + temp % 10
♯6.           temp // = 10
♯7.       return '是回文数'if m == n else '不是回文数'
♯8.   print(palindrome(123))
♯9.   print(palindrome(123321))
```

运行结果如下：

```
不是回文数
是回文数
```

6. 文件操作

在运行前面编写的程序时,所有数据都保存在内存中,而内存中的数据在程序结束或关机后就会消失。如果想让程序中的数据持久保存,则可以在程序运行时将数据写入文件中,下次需要使用这些数据时再从文件中读取。通过操作文件的读写过程,程序就可以在运行时保存数据。

在 Python 中对文件的操作非常方便,一般分为下面 3 个步骤。

(1) 使用 open()函数打开或新建文件,并返回一个 file 对象。

(2) 使用 file 对象的方法对文件进行读取或写入操作。

(3) 使用 file 对象的 close()方法关闭文件。

1) 打开或新建文件

要访问文件,必须先打开文件。在 Python 中使用内置函数 open()打开或新建一个文件对象。open()函数最常用的语法格式如下：

```
file = open(filename, mode = 'r', buffering = '-1', encoding = None)
```

参数说明：

file：open()函数返回的文件对象。

filename：必选参数，指明要打开的文件名，它既可以是绝对路径，也可以是相对路径。

mode：可选参数，用于指定文件的打开模式，可以使用的值如表 5-11 所示，默认值为 'r'，表示只读。

表 5-11 open()函数中 mode 参数的取值

模式	意 义	注 意 事 项
r	以只读模式打开文本文件	操作的文件必须存在
rb	以只读模式打开二进制文件	
r+	以读写模式打开文本文件	
rb+	以读写模式打开二进制文件	
w	以只写模式打开文本文件	若文件存在，则会清空其原有内容（覆盖文件）；反之，则创建新文件
wb	以只写模式打开二进制文件	
w+	以读写模式打开文本文件	
wb+	以读写模式打开二进制文件	
a	以追加模式打开文本文件，对文件只有写入权限	如果文件已经存在，则新写入内容会位于已有内容之后；反之，则会创建新文件
ab	以追加模式打开二进制文件，对文件只有写入权限	
a+	以追加模式打开文本文件，对文件有读写权限	
ab+	以追加模式打开二进制文件，对文件有读写权限	

buffering：可选参数，用于指定读写文件的缓冲模式，默认值为 -1，表示使用系统默认的缓冲区大小；值为 0 表示不缓冲；值为 1 表示只缓存一行数据；值大于 1 表示缓冲区的大小。

encoding：可选参数，用于指明文本文件使用的编码方式，默认值为 None，表示使用系统默认编码方式。在处理中文时，通常使用 'utf-8' 或 'gbk' 编码。

下面举例说明 open()函数的使用。

假设 D 盘下有一个 abc.txt 的文本文件，文件内容如下：

```
Hello,World
```

以下代码以读取文本文件的方式打开 abc.txt 文件。

```
>>> file = open('D:/abc.txt')
```

或者

```
>>> file = open('D:\abc.txt')
```

如果 D 盘没有 abc.txt 文件，则会出现异常。

如果以只写模式打开一个不存在的文件，则表示创建一个新文件。例如，D 盘不存在 a.txt 文件，以下代码表示创建 a.txt 文件。

```
>>> file = open('D:/a.txt', 'w')
```

如果文件内容中有中文信息，则读写文件时可以指定文件编码。

```
>>> file = open('D:\abc.txt', 'r', encoding = 'utf-8')
```

2）关闭文件

文件打开被使用完成后，应该及时关闭文件，以释放文件资源，同时也避免对文件造成不必要的破坏。关闭文件可以使用文件对象的 close()方法实现。close()方法的语法格式如下：

```
file.close()
```

说明：close()方法先刷新缓冲区中还没有写入的信息，然后再关闭文件，这样可以将没有写入的内容写入文件中。在关闭文件后，便不能再进行文件操作了。

3）读取文本文件

在打开文件后，就可以对文件内容进行读取。在 Python 中，读取文本文件内容主要通过调用文件对象的 3 个方法 read()、readline()、readlines()来完成。

（1）read()方法。

不带参数的 read()方法默认将整个文件的内容读取到一个字符串中。可以在 read()方法中传入一个整数 n，n 表示读取字符的个数。例如，read(4)表示一次读取 4 个字符。

【例 5.49】 使用 read()方法读取文本文件。

```
#1.  file = open('D:/abc.txt')
#2.  s = file.read()            #表示一次读取全部内容
#3.  print(s)
#4.  file.close()
```

（2）readline()方法。

readline()方法可以将文件中的一行读取到一个字符串中，如果要读取整个文件的内容，一般需要配合循环来完成。

【例 5.50】 使用 readline()方法读取文本文件。

```
#1.  file = open('D:/abc.txt','r')
#2.  text = ''
#3.  while True:
#4.      line = file.readline()
#5.      if not line:
#6.          break
#7.      text += line
#8.  file.close()
#9.  print(text)
```

（3）readlines()方法。

readlines()方法可以一次读取文件中的所有行，不过和 read()方法不同的是，readlines()方法返回的是一个字符串列表，列表中的一项是文件中的一行。

【例 5.51】 使用 readlines()方法读取文本文件。

```
#1.  file = open('D:/abc.txt','r')
#2.  lines = file.readlines()
#3.  for line in lines:
#4.      print(line, end = '')
#5.  file.close()
```

4) 写入文本文件

写入文件和读取文件类似,都需要先使用 open()函数打开文件并且创建一个文件对象。与读取不同的是,打开文件时要以写入模式或添加模式打开。如果文件不存在,则新建该文件。当以写入模式打开文件时,如果文件存在并且有内容,则覆盖原文件的内容。当以添加模式打开文件时,如果文件存在并且有内容,则在原文件的尾部追加新内容。

（1）write()方法。

write(字符串)方法用于将字符串参数值写入文件。

【例 5.52】 使用 write()方法将字符串写入文本文件中。

```
#1.   file = open('D:/abc.txt', 'w')
#2.   file.write('Python')
#3.   file.close()
#4.   file = open('D:/abc.txt', 'a')
#5.   file.write('add!')
#6.   file.close()
```

（2）writelines()方法。

writelines(字符串序列)方法用于向文件写入一个字符串序列。写入时不会自动添加换行符,如果需要换行,则要给需要换行的地方加入换行符。

【例 5.53】 使用 writelines()方法将字符串序列写入文本文件中。

```
#1.   lines = ['Mary', 'Bob\n', 'John']
#2.   file = open('D:/abc.txt', 'w')
#3.   file.writelines (lines)
#4.   file.close()
```

5.4.3　Pandas 数据处理与分析

Pandas 是一个开源的、功能强大的数据处理与分析 Python 工具库。常用于数据挖掘和数据分析,同时也提供数据清洗功能。Python 与 Pandas 一起被广泛应用于学术和商业,如金融、经济学、统计学、分析学等领域。下面简单介绍 Pandas 的基本用法。

1. 安装 Pandas

使用包管理工具 pip 进行安装,方法如下:

```
pip install pandas
```

2. Pandas 的数据结构

Pandas 包含两种数据类型：Series 和 Dataframe。

Series 是一种一维数据结构,能够容纳任何类型的数据(整数、字符串、浮点数、python 对象等)。每个元素都带有一个索引,与一维数组的含义相似,其中索引可以为数字或字符串。

例如,使用列表创建 Series。

```
>>> import pandas as pd
>>> a` = [1,2,3,4]
>>> pds = pd.Series(a)
>>> pds
0    1
1    2
2    3
3    4
dtype: int64
```

其中,显示的第 1 列为索引;第 2 列为元素值。

例如,使用字典创建 Series。

```
>>> dict1 = {'2020':39698.16,'2019':37556.89,'2018':34858.28}
>>> pds1 = pd.Series(dict1)
>>> pds1
2020    39698.16
2019    37556.89
2018    34858.28
dtype: float64
```

Dataframe 是一种二维数据结构,数据以表格形式(与 Excel、数据库二维表类似)存储,有对应的行和列。每行和每列可以是不同的数值类型(如数值、字符串、布尔值等)。DataFrame 既有行索引也有列索引,可以被看作是由 Series 组成的字典。

例如,使用列表创建 DataFrame,每列值类型不同。

```
>>> df1 = pd.DataFrame([['教授','副教授','讲师'],[18,67,72]])
>>> df1
     0       1      2
0   教授    副教授    讲师
1   18      67     72
```

其中,显示的第 1 列为行索引;第 1 行是列索引。

例如,使用列表创建 DataFrame,每行值类型不同。

```
>>> df2 = pd.DataFrame([['教授',18], ['副教授',67], ['讲师',72]])
>>> df2
     0       1
0   教授     18
1   副教授    67
2   讲师     72
```

创建 DataFrame 时,可以指定行索引和列索引的值。例如:

```
>>> df3 = pd.DataFrame(a, index = ['a','b','c'],columns = ['职称','人数'])
>>> df3
    职称     人数
a   教授     18
```

```
b     副教授      67
c     讲师       72
```

例如,使用字典创建 DataFrame。

```
>>> dict2 = {'年份':[2020,2020,2020,2010,2010],'职称':['教授','副教授','讲师','讲师','教授'],'人数':[18,67,72,15,3]}
>>> df4 = pd.DataFrame(dict2)
>>> df4
     年份    职称     人数
0    2020   教授     18
1    2020   副教授    67
2    2020   讲师     72
3    2010   讲师     15
4    2010   教授     3
```

3. 数据处理实例

在使用 Pandas 处理数据时,通常都是先导入文件(CSV 文件或 Excel 文件)或数据库中的数据,然后进行处理和分析。处理完成后再把处理好的数据导出到文件或数据库,或者直接可视化输出。下面通过处理第六次人口普查数据来介绍 Pandas 的基本用法。

要处理的数据来自国家统计局公布的第六次全国人口普查数据中的《全国分年龄、性别的人口》数据,数据文件名为 A0301a. xls,数据内容如图 5-24 所示。

图 5-24 全国分年龄、性别的人口数据

1) 数据读取

Pandas 读取 Excel 文件主要通过 read_excel()函数实现。由于 Pandas 处理 Excel 文件要依赖 xlrd 模块,所以需要先安装 xlrd 模块,安装命令如下:

```
pip install xlrd
```

先导入 pandas 并命名为 pd,命令如下:

```
>>> import pandas as pd
```

根据 Excel 文件内容,定义列索引(列名)列表,命令如下:

```
>>> column_name = ['年龄段', '合计', '男', '女', '比重合计', '男比重', '女比重', '性别比']
```

调用 read_excel()函数读取 D 盘根目录下的 A0301a. xls,其中 sheet_name 为 0 表示读取 Excel 中的第 1 个工作表,可以省略;Skiprows 参数为 4 表示跳过前 4 行,从第 5 行开始读取; names 参数表示给读取的内容设置列索引(列名)。命令如下:

```
>>> data = pd.read_excel('d:/A0301a.xls', sheet_name = 0, skiprows = 4, names = column_name)
```

此时,data 中的数据内容如图 5-25 所示,其中的 NaN 表示缺失值。

```
>>> data = pd.read_excel('d:/A0301a.xls', sheet_name=0, skiprows=4, names=column_name)
>>> data
        年龄段      合计         男          女      比重合计  男比重  女比重   性别比
0       总  计  1332810869  682329104  650481765  100.00  51.19  48.81  104.90
1       0-4岁   75532610    41062566   34470044    5.67   3.08   2.59  119.13
2          0   13786434     7461199    6325235    1.03   0.56   0.47  117.96
3          1   15657955     8574973    7082982    1.17   0.64   0.53  121.06
4          2   15617375     8507697    7109678    1.17   0.64   0.53  119.66
..       ...        ...        ...        ...     ...    ...    ...     ...
117       96      90889      28664      62225    0.01    NaN    NaN   46.07
118       97      68648      22045      46603    0.01    NaN    NaN   47.30
119       98      54689      18355      36334     NaN    NaN    NaN   50.52
120       99      38231      12384      25847     NaN    NaN    NaN   47.91
121  100岁及以上    35934       8852      27082     NaN    NaN    NaN   32.69

[122 rows x 8 columns]
```

图 5-25　使用 Pandas 读取 Excel 文件中的数据

2) 查看数据信息

读取到数据后,可以使用下列属性或函数查看数据的相关信息。

(1) 查看每列数据的格式。

```
data.dtypes
```

(2) 查看某列数据的格式。

```
data ['男'].dtype
```

(3) 查看空值,结果为 True 的是空值。

```
data.isnull()
```

(4) 查看某列的唯一值。

```
data['男'].unique()
```

(5) 查看数据表的值。

```
data.values
```

(6) 查看列名称。

```
data.columns
```

(7) 查看前 5 行数据。

```
data.head()        # head(10)表示查看前 10 行.
```

(8) 查看后 5 行数据。

```
data.tail()        # tail(8)表示查看后 8 行.
```

3) 数据清洗

(1) 更改"年龄段"这一列数据格式为 str。

```
data ['年龄段'] = data ['年龄段'].astype('str')
```

(2) 清除"年龄段"这一列数据中的空格。

```
data['年龄段'] = [''.join(c.split()) for c in data['年龄段']]
```

(3) 更改列名称"男比重"为"男性占总人口比重","女比重"为"女性占总人口比重"。

```
data = data.rename(columns = {'男比重': '男性占总人口比重','女比重': '女性占总人口比重'})
```

(4) 替换"年龄段"这一列中的"100 岁及以上"为"100 岁"。

```
data ['年龄段'] = data ['年龄段'].replace('100 岁及以上', '100 岁')
```

(5) 使用列"比重合计"的最小值对 NaN 值进行填充。

```
data ['比重合计'] = data ['比重合计'].fillna(data ['比重合计'].min())
```

(6) 用数字 0 填充所有 NaN 值。

```
data.fillna(value = 0)
```

注意：上述第(6)条操作只是生成了一个新的数据对象,并非对原值进行修改。若需要修改原值则通过赋值来完成。

```
data = data.fillna(value = 0)
```

（7）删除第 1 行(包含总计)数据。

```
data = data.drop(index = [0])
```

（8）删除"合计"列数据。

```
data = data.drop(['合计'], axis = 1)
```

经过以上步骤清洗以后的数据如图 5-26 所示。

```
>>> data = data.drop(['合计'], axis=1)
>>> data
      年龄段        男           女    比重合计  男性占总人口比重  女性占总人口比重     性别比
1    0-4岁    41062566    34470044   5.67      3.08       2.59    119.13
2       0     7461199     6325235   1.03      0.56       0.47    117.96
3       1     8574973     7082982   1.17      0.64       0.53    121.06
4       2     8507697     7109678   1.17      0.64       0.53    119.66
5       3     8272491     6978314   1.14      0.62       0.52    118.55
..     ...         ...         ...   ...       ...        ...       ...
117    96       28664       62225   0.01      0.00       0.00     46.07
118    97       22045       46603   0.01      0.00       0.00     47.30
119    98       18355       36334   0.01      0.00       0.00     50.52
120    99       12384       25847   0.01      0.00       0.00     47.91
121  100岁        8852       27082   0.01      0.00       0.00     32.69

[121 rows x 7 columns]
```

图 5-26　数据清洗以后的结果

4）数据提取

Dataframe 中提取数据主要使用如下 3 个函数：loc、iloc 和 ix。其中，loc 函数按标签值进行提取；iloc 函数按位置进行提取；ix 函数可以同时按标签和位置进行提取。

（1）按索引标签提取第 3 行数据。

```
data.loc[3]
```

（2）按位置提取第 3 行数据。

```
data.iloc[3]
```

（3）按位置提取前 5 行数据。

```
data.iloc[0:5]
```

（4）按位置提取前三行、前两列数据。

```
data.iloc[:3,:2]
```

（5）提取第 1、3、4 行，第 3、4 列数据。

```
data.iloc[[0,2,3],[2,3]]
```

（6）也可以使用切片提取数据。例如，从开头提取到结尾，步长为 6，输出结果如图 5-27 所示。

```
data = data[::6]
```

```
>>> data = data [::6]
>>> data
     年龄段           男        女   比重合计   男性占总人口比重   女性占总人口比重      性别比
1    0-4岁    41062566    34470044    5.67     3.08       2.59    119.13
7    5-9岁    38464665    32416884    5.32     2.89       2.43    118.66
13   10-14岁   40267277    34641185    5.62     3.02       2.60    116.24
19   15-19岁   51904830    47984284    7.49     3.89       3.60    108.17
25   20-24岁   64008573    63403945    9.56     4.80       4.76    100.95
31   25-29岁   50837038    50176814    7.58     3.81       3.76    101.32
37   30-34岁   49521822    47616381    7.29     3.72       3.57    104.00
43   35-39岁   60391104    57634855    8.86     4.53       4.32    104.78
49   40-44岁   63608678    61145286    9.36     4.77       4.59    104.03
55   45-49岁   53776418    51818135    7.92     4.03       3.89    103.78
61   50-54岁   40363234    38389937    5.91     3.03       2.88    105.14
67   55-59岁   41082938    40229536    6.10     3.08       3.02    102.12
73   60-64岁   29834426    28832856    4.40     2.24       2.16    103.47
79   65-69岁   20748471    20364811    3.08     1.56       1.53    101.88
85   70-74岁   16403453    16568944    2.47     1.23       1.24     99.00
91   75-79岁   11278859    12573274    1.79     0.85       0.94     89.71
97   80-84岁    5917502     7455696    1.00     0.44       0.56     79.37
103  85-89岁    2199810     3432118    0.42     0.17       0.26     64.09
109  90-94岁     530872     1047435    0.12     0.04       0.08     50.68
115  95-99岁     117716      252263    0.03     0.02       0.02     46.66
121  100岁          8852       27082    0.01     0.00       0.00     32.69
```

图 5-27　数据提取以后的结果

5）数据筛选

可以使用关系运算和逻辑运算对数据进行筛选，并进行计数和求和。

例如，筛选出"性别比"大于 100 并且"比重合计"小于 8 的"男""女""比重合计""性别比"四列数据，并对筛选结果按"性别比"计数。

```
data.loc[(data['性别比'] > 100) & (data['比重合计'] < 8), ['男','女','比重合计','性别比']].性别比.count()
```

对上述筛选结果按"性别比"求和。

```
data.loc[(data['性别比'] > 100) & (data['比重合计'] < 8), ['男','女','比重合计','性别比']].性别比.sum()
```

6）数据汇总

Groupby()函数可以根据一个或多个键计算分组统计，如计数、平均值、标准差等。

例如，按"比重合计"列进行计数汇总。

```
data.groupby('比重合计').count()
```

7）数据统计与分析

（1）计算"比较合计"列的标准差。

```
data ['比较合计'].std()
```

（2）计算"男""女"两个字段间的协方差。

```
data ['男'].cov(data ['女'])
```

（3）计算数据表中所有字段间的协方差。

```
data.cov()
```

（4）"男""女"两个字段的相关性分析。

```
data ['男'].corr(data ['女'])
```

（5）数据表中数值型字段之间的相关性分析。

```
data.corr()
```

8）数据输出

处理和分析之后的数据（图 5-27）可以输出为 Excel 文件或 CSV 文件，或者存储到数据库中。

（1）写入 csv 文件。

```
data.to_csv('d:/data.csv', encoding = "utf_8_sig")
```

（2）写入 Excel 文件。

① 写入 xls 文件需要安装 xlwt 模块，安装命令为 pip install xlwt。

```
data.to_excel('d:/data.xls', sheet_name = '第六次人口普查')
```

② 写入 xlsx 文件需要安装 openpyxl 模块，安装命令为 pip install openpyxl。

```
data.to_excel('d:/data.xlsx', sheet_name = '第六次人口普查')
```

（3）写入 MySQL 数据库。

写入 MySQL 数据库，需要安装 sqlalchemy 模块，安装命令为 pip install sqlalchemy。

```
from sqlalchemy import create_engine
engine = create_engine("mysql + pymysql://数据库账号:数据库密码@localhost:3306/数据库名字?charset = utf8")
data.to_sql(name = 'data', con = engine, if_exists = 'append', index = False, index_label = 'id')
```

案例完整代码如下：

```
#1.    import pandas as pd
#2.    column_name = ['年龄段', '合计', '男', '女', '比重合计', '男比重', '女比重', '性别比']
#3.    data = pd.read_excel('d:/A0301a.xls', sheet_name = 0, skiprows = 4, names = column_name)
#4.    data ['年龄段'] = data ['年龄段'].astype('str')
#5.    data['年龄段'] = [''.join(c.split()) for c in data['年龄段']]
#6.    data = data.rename(columns = {'男比重': '男性占总人口比重','女比重': '女性占总人口比重'})
#7.    data ['年龄段'] = data ['年龄段'].replace('100 岁及以上', '100 岁')
#8.    data ['比重合计'] = data ['比重合计'].fillna(data ['比重合计'].min())
#9.    data = data.fillna(value = 0)
#10.   data = data.drop(index = [0])
#11.   data = data.drop(['合计'], axis = 1)
#12.   data = data [::6]
#13.   #写入 CSV 文件
#14.   data.to_csv('d:/data.csv', encoding = "utf_8_sig")
#15.   #写入 Excel 文件
```

```
#16.  data.to_excel('d:/data.xls', sheet_name = '第六次人口普查')
#17.  data.to_excel('d:/data.xlsx', sheet_name = '第六次人口普查')
#18.  #写入 MySQL 数据库
#19.  from sqlalchemy import create_engine
#20.  engine = create_engine("mysql + pymysql://数据库账号:数据库密码@localhost:3306/数据库
名字?charset = utf8")
#21.  data.to_sql(name = 'data', con = engine, if_exists = 'append', index = False, index_label = 'id')
```

注意：代码中的数据库账号、数据库密码、数据库名称要替换成自己正在使用的 MySQL
数据库账号、数据库密码和数据库名称才能正常运行。

5.5　大数据可视化

在大数据时代，人们面对海量数据，有时难免显得无所适从。一方面，数据复杂繁多，各种
不同类型的数据大量涌来，庞大的数据量已经大大超出了人们的处理能力，日益紧张的工作已
经不允许人们在阅读和理解数据上花费大量时间；另一方面，人类大脑无法从堆积如山的数
据中快速发现核心问题，必须有一种高效的方式来刻画和呈现数据所反映的本质问题。要解
决这个问题，就需要数据可视化，它通过丰富的视觉效果，把数据以直观、生动、易理解的方式
呈现给用户，可以有效提升数据分析的效率和效果。数据可视化是大数据处理和分享的最后
环节，也是非常关键的环节。

5.5.1　数据可视化简介

数据可视化(Data Visualization)是对大型数据库或数据仓库中数据的可视化，它是可视
化技术在非空间数据领域的应用，使人们不再局限于通过关系数据表来观察和分析数据信息，
还能以更直观的方式看到数据及其结构关系。

1. 什么是数据可视化

数据通常是枯燥乏味的，通过观察数字和统计数据的转换以获得清晰的结论并不是一件
容易的事，必须用一个合乎逻辑的、易于理解的方式来呈现数据。而人类的大脑对视觉信息的
处理优于对文本的处理。因此，使用图表、图形和设计元素，可以使枯燥乏味的数据转变为丰
富生动的视觉效果。这不仅有助于简化人们的分析过程，也在很大程度上提高了分析数据的
效率，并且可以更容易地解释趋势和统计数据。

数据可视化是指将大型数据集中的数据以图形图像形式表示，并利用数据分析和开发工
具发现其中未知信息的处理过程。数据可视化技术的基本思想是将数据库中的每个数据项作
为单个图元素表示，大量的数据集构成数据图像，同时将数据的各个属性值以多维数据的形式
表示，可以从不同的维度观察数据，从而对数据进行更深入的观察和分析。

2. 数据可视化的作用

在大数据时代，可视化技术可以支持实现多种不同的目标。

1) 观测、跟踪数据

许多实际应用中的数据量已经远远超出人类大脑可以理解及消化吸收的能力范围，对于
处于不断变化中的多个参数值，如果还是以枯燥数值的形式呈现，人们必将茫然无措。利用变
化的数生成实时变化的可视化图表，可以让人们一眼看出各种参数的动态变化过程，有效跟踪

各种参数。

2）分析数据

利用可视化技术，实时呈现当前分析结果，引导用户参与分析过程，根据用户反馈信息执行后续分析操作，完成用户与分析算法的全程交互，实现数据分析算法与用户领域知识的完全结合。一个典型的可视化分析过程应该是数据首先被转化为图像呈现给用户，用户通过视觉系统进行观察分析，同时结合自己的领域背景知识，对可视化图像进行认知，从而理解和分析数据的内涵与特征。随后，用户还可以根据分析结果，通过改变可视化程序系统的设置，交互式地改变输出的可视化图像，从而可以根据自己的需求从不同角度对数据进行理解。

3）辅助理解数据

数据可视化帮助普通用户更快、更准确地理解数据背后的含义。例如，用不同的颜色区分不同对象、用动画显示变化过程、用图结构展现对象之间的复杂关系等。例如，微软亚洲研究院设计开发的人立方关系搜索，能从超过 10 亿的中文网页中自动抽取出人名、地名、机构名以及中文短语，并通过算法自动计算出它们之间存在关系的可能性，最终以可视化的关系图形式呈现结果，如图 5-28 所示。

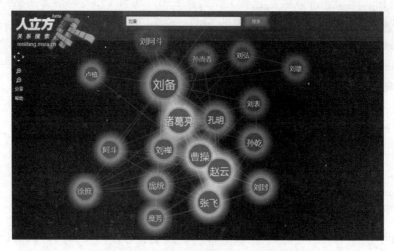

图 5-28　微软"人立方"展示的人物关系图

4）增强数据吸引力

枯燥的数据被制作成具有强大视觉冲击力和说服力的图像，可以大大增强读者的阅读兴趣。可视化的图表新闻就是一个非常受欢迎的应用，如图 5-29 所示。

5.5.2　数据可视化工具

根据信息的特征可以把数据可视化技术分为一维、二维、三维、多维信息可视化，以及层次信息(Tree)可视化、网络信息(Network)可视化和时序信息(Temporal)可视化。多年来，研究者围绕上述信息类型提出众多的信息可视化新方法并开发了相应的可视化工具，且都获得了广泛的应用。目前，已经有许多数据可视化工具，其中大部分都是免费使用的，可以满足各种可视化需求，主要包括入门级工具(Excel)、信息图表工具(Google Chart API、D3、Visual. ly、Raphael、Flot、Tableau、大数据魔镜)、地图工具(Modest Maps、Leaflet、PolyMaps、Openlayers、Kartograph、pogle Fushion Tables、Quanum GIS)、时间线工具(Timetoast、timeline、Timeslide、Dipity)和高级分析工具(Processing、Nodebox、R、Weka 和 Gephi)等。

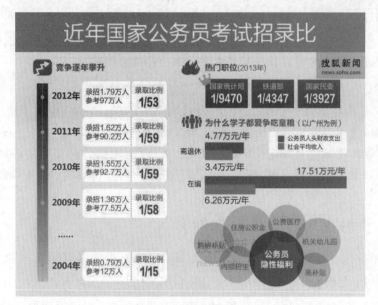

图 5-29 图表新闻示例

1. Tableau

Tableau 是一款企业级的大数据可视化工具。Tableau 可以让用户轻松创建图形、表格和地图。它不仅提供了 PC 桌面版,还提供了服务器解决方案,可以让用户在线生成可视化报告。Tableau 采用拖放式界面,操作简单;数据兼容性强,适用于多种数据文件与数据库,同时也兼容多平台,Windows、Mac 等均可使用。但它是一款商业软件,需要付费才能使用,而且主要应用于商业数据的分析与图表制作。Tableau 的客户包括巴克莱银行、Pandora 和 Citrix 等企业。

2. ECharts

ECharts 是百度公司开发的一款商业级数据图表,一个纯 JavaScript 的图表库,可以流畅地运行在 PC 和移动设备上。底层依赖轻量级的 Canvas 类库 ZRender,提供直观、生动、可交互,可高度个性化定制的数据可视化图表。ECharts 在支持常规图表的前提下,同时提供模块化引入和单文件引入,在开发时用户可以引用所有 ECharts 开发文件,方便开发和调试;而在项目发布后也可以去除不需要的文件以加快页面响应速度。

3. Timeline

Timeline 即时间轴,用户通过这个工具可以一目了然地知道自己在何时做了何事。Timeline 会让用户爱上制作漂亮的时间轴,因为它的操作非常简单直观。这是一款支持 40 种语言的开源工具,通过它用户可以建立自己的可视化互动时间轴,还可以从各种途径置入媒体中,目前已支持 Twitter、Flickr、Google Maps、YouTube、Vimeo、Vine、Dailymotion、Wikipedia、SoundCloud 等软件。

4. D3

D3(Data-Driven Documents)是一款专业级的数据可视化操作编程库,是基于数据操作文档的 JavaScript 库。D3 通过数据驱动的方式,使用 HTML、CSS 和 SVG 来渲染精彩的图表和分析图,这些图表可以实时交互。

5．Visual.ly

Visual.ly是一款非常流行的信息图制作工具,不需要涉及任何相关的知识就可以用它来快速创建自定义的、样式美观且具有强烈视觉冲击力的信息图表。

6．R

R是属于GNU系统的一个自由、免费、源代码开放的软件,是一个用于统计计算和统计制图的优秀工具,使用难度较高。R的功能包括数据存储和处理系统、数组运算工具(具有强大的向量、矩阵运算功能)、完整连贯的统计分析工具、优秀的统计制图功能、简便而强大的编程语言,可操纵数据的输入和输出,实现分支、循环以及用户可自定义功能等,通常用于大数据集的统计与分析。

5.5.3　大数据可视化典型案例

本节将介绍数据可视化的几个典型案例,包括滴滴出行大数据、百度迁徙数据图等。

1．滴滴出行大数据

北京早高峰通勤流动图显示,早高峰时,通勤人群从通州、房山等四周向中心地区聚集。如图5-30所示。

图5-30　北京早高峰通勤流动图

2．百度迁徙数据图

通信是人们在迁徙过程中最基本的需求之一,迁徙人群绝大多数是手机网民,因此手机网与迁徙人群重合度极高,而现实生活中很多手机网民都安装了百度地图等手机App,因此"百度迁徙"项目就可以通过云计算平台对百度定位数据进行计算分析,加上精准定位,就能全面、即时反映全国人口迁徙轨迹和特征。通过百度迁徙,用户可以直接看到全国包括铁路、公路和航空在内的线路,点击图上任意一个点,可看到迁入、迁出最热城市排行榜。

图5-31是2017年春节前全国活动人口的迁出流向。人们从最亮的点涌向全国的五湖四海返乡过年。图5-31中选出了迁出量最高的前20个城市,而就是这20个城市承载了全国超越40%的人口迁出量。

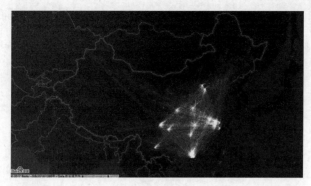

图 5-31 2017 年春节前全国活动人口的迁出流向图

5.5.4 Python 数据可视化

Python 中的可视化库非常多，比较常用的有 Matplotlib、Pandas、Pyecharts、Seaborn、Ggplot、Plotnine 等。

ECharts 是近年来非常热门的一个国产数据可视化开源 JS 库。Pyecharts 是将 Python 与 ECharts 结合的可视化库，用于通过 Python 生成 ECharts 图表。下面通过几个简单例子来介绍 Pyecharts 的用法。

要使用 Pyecharts 制作图表，首先需要安装 Pyecharts 库，可以使用 pip 命令安装，安装语句如下：

```
pip install pyecharts
```

【例 5.54】 制作某单位员工职称情况饼图。

```
#1.   import os
#2.   from pyecharts.charts import Pie
#3.   from pyecharts import options
#4.   #添加数据
#5.   data = [("教授", 3), ("副教授", 12), ("讲师", 10), ("助教", 4)]
#6.   #创建饼图组件
#7.   pie = Pie()
#8.   #设置数据、图表类型等
#9.   pie.add(
#10.       #设置系列名称
#11.       series_name = "员工职称",
#12.       #设置需要展示的数据
#13.       data_pair = data,
#14.       #设置圆环空心部分和数据显示部分的比例
#15.       radius = ["30%", "70%"],
#16.       #设置饼图是不规则的
#17.       rosetype = "radius"
#18.   )
#19.   #设置图表的数据显示格式
#20.   pie.set_series_opts(label_opts = options.LabelOpts(formatter = "{b}: {d}%"))
#21.   #设置图表的标题、位置、图例位置
```

```
#22.  pie.set_global_opts(title_opts = options.TitleOpts(title = "某单位员工职称情况",\
#23.  pos_left = "center"), legend_opts = options.LegendOpts(pos_top = 30))
#24.  #生成图表网页文件,默认为 render.html
#25.  pie.render("pro_title.html")
#26.  #打开网页
#27.  os.system("pro_title.html")
```

运行结果如图 5-32 所示。

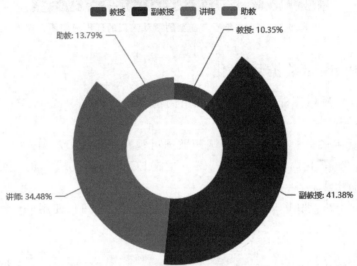

图 5-32 某单位员工职称情况饼图

【例 5.55】 制作词云图。

```
#1.   import os
#2.   from pyecharts.charts import WordCloud
#3.   from pyecharts import options as opts
#4.   #要显示的中文词语和词频#
#5.   data = [ ("你好", 10), ("苏大", 61), ("苏州大学", 43), ("阳澄湖", 40), ("独墅湖", 24),
#6.           ("东吴学院", 44), ("计算机", 68), ("Python", 84), ("大数据", 112), ("编程", 65),
#7.           ("大一", 84), ("新生", 58), ("天赐庄", 55), ("北校区", 15),]
#8.   #初始化词云图表
#9.   wc = WordCloud()
#10.  #使用 add()方法添加图表的数据和设置各种配置项
#11.  wc.add("", data, word_size_range = [10, 112])
#12.  #设置图表标题
#13.  wc.set_global_opts(title_opts = opts.TitleOpts(title = "词云"))
#14.  #生成显示图表的网页文件,不写文件名就默认生成 render.html
#15.  wc.render("wordcloud.html")
#16.  #打开网页文件
#17.  os.system("wordcloud.html")
```

运行结果如图 5-33 所示。

图 5-33 词云图

习 题

一、选择题

1. 智能健康手环的应用开发,体现了_____的数据采集技术的应用。

   A. 统计报表　　　　B. 网络爬虫　　　　C. API 接口　　　　D. 传感器

2. 大数据应用需依托的新技术有_____。

   A. 大规模存储与计算　　　　　　　B. 数据分析处理

   C. 智能化　　　　　　　　　　　　D. 三个选项都是

3. 数据清洗的方法不包括_____。

   A. 缺失值处理　　　　　　　　　　B. 噪声数据清除

   C. 一致性检查　　　　　　　　　　D. 重复数据记录处理

4. 下列关于数据库技术的叙述,错误的是_____。

   A. 关系模型是目前在数据库管理系统中使用最为广泛的数据模型之一

   B. 从组成上看,数据库系统由数据库及其应用程序组成,不包含 DBMS 及用户

   C. SQL 语言不限于数据查询,还包括数据操作、控制和管理等多方面的功能

   D. Access 数据库管理系统是 Office 软件包中的软件之一

5. 用二维表来表示实体集及实体集之间联系的数据模型称为_____。

   A. 层次模型　　　　　　　　　　　B. 面向对象模型

   C. 网状模型　　　　　　　　　　　D. 关系模型

6. 在数据库中,数据的正确性、合理性及相容性(一致性)称为数据的_____。

   A. 完整性　　　　B. 保密性　　　　C. 共享性　　　　D. 安全性

7. 数据库系统包括_____。

   A. 文件、数据库管理员、数据库应用程序和用户

   B. 文件、数据库管理员、数据库管理系统、数据库应用程序和用户

   C. 数据库、数据库管理系统、数据库接口程序和用户

   D. 数据库、数据库管理系统、数据库管理员、数据库接口程序和用户

8. 在关系模式中,关系的主键是指_____。

   A. 不能为外键的一组属性　　　　　B. 第一个属性

   C. 不为空值的一组属性　　　　　　D. 能唯一确定元组的最小属性集

9. Python 语言源程序的执行方式是_____。

    A. 直接执行   B. 解释执行

    C. 编译执行   D. 边编译边执行

10. 以下不能在 Python 交互式环境下得到运算结果的是_____。

    A. $2+6*(7.4+1)$ B. $4**(3+9)$

    C. $2/\sin(2)$ D. $3(6/3-1)$

二、填空题

1. Access 和 SQL Server 等数据库管理系统采用的数据模型是_____模型。

2. 在关系数据模型中,二维表的行称为元组,通常对应文件结构中的记录,二维表的列称为_____,通常对应文件结构中的字段。

3. 在数据库中,_____只是一个虚表,在数据字典中保留其逻辑定义,而不作为一个表实际存储数据。

4. 数据库中除了存储用户直接使用的数据外,还存储有另一类"元数据",它们是有关数据库的定义信息,如数据类型、模式结构、使用权限等,这些数据的集合称为_____。

5. 在 Python 中_____表示空类型。

6. 字典对象的_____方法返回字典中的"键-值对"列表。

7. 表达式"[3] in [1, 2, 3, 4]"的值为_____。

8. Python 语句''.join(list('hello world!'))执行的结果是_____。

9. 如果想测试变量的类型,可以使用_____来实现。

10. 表达式 list(zip([1,2], [3,4])) 的值为_____。

三、简答题

1. 简述大数据的含义及特征。

2. 简述大数据的主要来源及数据类型。

3. 简述大数据处理的基本流程。

4. 简述 DB、DBMS、DBS 和 DBA 的概念。

5. 数据库的主要特点是什么? 与传统的文件系统相比,数据库系统有哪些优点?

四、编程题

1. 从键盘输入一个圆的半径,求圆的面积。

2. 编写程序,把你的年龄转换成天数并显示二者的值,按一年 365 天来计算。

3. 编写程序,实现从键盘输入学生的平时成绩、期中成绩、期末成绩,计算学生的学期总成绩。学生的学期总成绩=平时成绩×30%+期中成绩×20%+期末成绩×50%。

4. 编写程序,从键盘输入 1 个数,判断该数是奇数还是偶数。

5. 从键盘输入 1 个 3 位整数,计算该数中各位数字之和。例如,输入 123,各位数字之和是 1+2+3=6。

6. 输入 3 个数,并输出其中最大的数。

7. 编写程序,判断输入的正整数是否为平方数。例如,144 是平方数,因为 $144=12^2$;123 则不是平方数。

8. 编写程序,接收用户输入的年份和月份,输出该月天数。要求使用 if 语句实现。

9. 输入三角形的三条边 a、b、c,编程判断是否能构成三角形。若可以构成三角形,则判断三角形类型(等边三角形、等腰三角形、直角三角形或一般三角形)。

10. 输入 n 个整数,输出其中最大的数,并指出是几个数。

11. 编写程序,找出所有三位的升序数。所谓升序数,是指其个位数大于十位数,且十位数又大于百位数的数。例如,279 就是一个三位升序数。

12. 输入一行字符,分别统计出其中英文字母、空格、数字和其他字符的个数。

13. 输入一个字符串,将字符串中下标为偶数位置上的字母转为大写字母。

14. 输入某年某月某日,判断这一天是这一年的第几天。使用自定义函数实现。

15. 将 100 以内的素数输出到文件中。

阅读材料：大数据竞赛平台——Kaggle

还记得电影《她》里的那位人工智能萨曼莎,还有电视剧《黑镜》里的克隆人 Ash 吗？这些利用大数据将人们的信息集中起来定制的对“客户”服务的产品,注定被人们热捧。虽然当前科技还未发展成电影里的样子,但相信在某个地方已经埋下了种子。

从 2012 年起,大数据(Big Data)一词如山洪一样涌入人们的耳朵,大家习惯用它来描述和定义信息爆炸时代产生的海量数据,并命名与之相关的技术发展与创新。到 2018 年,大数据出现在越来越多的路演和沙龙中,国内很多大学都开办大数据相关专业,大数据俨然已经成了时代的新宠儿。

随着时间的推移,人们也将越来越意识到数据对企业的重要性。然而,对大数据有灵敏嗅觉的企业决策者们,早就开始用大数据分析来掌控企业未来的变化。一个企业需要利用已有数据做出改变,甚至迭代更新,而数据科学家需要更多平台来展示自己创意的时代,必须要用一个连接点把企业与数据科学家串联起来。连接企业决策者和数据科学家的最好途径,非大数据竞赛平台莫属。而 Kaggle 正是企业最热衷的大数据竞赛平台之一。

Kaggle 是由联合创始人、首席执行官安东尼·高德布卢姆(Anthony Goldbloom)2010 年在墨尔本创立的,当初创立 Kaggle 的目的是解决数据科学社区中的一个难题：对于同一个问题,可以有多个模型来解决,但是研究者不可能在一开始就了解哪些模型是最好的。Kaggle 就是为了解决这样的问题应运而生的,它试图通过众包的形式来解决这一难题。现在,Kaggle 已经是一个专注于为企业和数据科学家提供举办机器学习竞赛、托管数据库、编写和分享代码的平台。该平台已经吸引了超过 80 万名数据科学家、机器学习开发者的参与,为各类现实中的商业难题开发基于数据的算法解决方案。竞赛的获胜者、领先者,在收获对方公司提供的优厚报酬之外,还将引起业内科技巨头的注意,获得各路 HR 的青睐,为自己的职业道路铺上红地毯。正是这些竞赛者和相关的解决方案吸引了 Google 公司,2017 年 3 月 Google 收购了 Kaggle。

Kaggle 的参赛者主要分为下面两种：一种是以奖金和排名为目的,包括靠奖金为生的职业 Kaggler,这些人是有丰富的数据分析、机器学习工作经验的业内人士；另一种是以提升相关技能和背景为目的的业余爱好者甚至在校学生。从背景来看,前者的来源主要有丰富 Data Science、Data Mining、Machine Learning 工作经验的业内人士,或者是实力强劲的民间“技术宅”；而后者则往往是一些有一定技术能力,但经验欠缺,从中进行学习和锻炼的“长江后浪”。

理论上来讲,Kaggle 欢迎任何数据科学的爱好者,不过实际上,要想真的参与其中,还是有一定门槛的。一般来讲,参赛者最好具有统计、计算机或数学相关背景,有一定的编程技能,对机器学习和深度学习有基本的了解。Kaggle 任务虽然不限制编程语言,但绝大多数队伍会选用 Python 和 R,所以参与者应该至少熟悉其中一种。

Kaggle 上的项目竞赛分成下面 4 个最常见的类别。

(1) Featured。这些通常是由公司、组织甚至政府赞助的,奖金池最大,竞争会更激烈。如果有幸赢得比赛,不但可以获得奖金,而且模型也可能会被竞赛赞助商应用到商业实践中。

(2) Research。这些通常是机器学习前沿技术或者公益性质的题目。竞赛奖励可能是现金,也有一部分以会议邀请、发表论文的形式奖励。

(3) Recruitment。这些是由想要招聘数据科学家的公司赞助的。只允许个人参赛,不接受团队报名。

(4) Getting Started。这些竞赛的结构和 Featured 竞赛类似,是给新手们练习的机会,没有奖金,但是有非常多的前辈经验数据教程可供学习。

除此以外,还有大师邀请赛 Master、前沿探索型 Kaggle Prospect 等非公开的竞赛,这里不做介绍。

这些竞赛整体的项目模式是一样的,就是通过出题方给予的训练集建立模型,再利用测试集算出结果用来评比。同时,每个进行中的竞赛项目都会显示剩余时间、参与的队伍数量以及奖金金额,并且还会实时更新选手排位。在截止日期之前,所有队伍都可以自由加入竞赛,或者对已经提交的方案进行完善,因此排名也会不断变动,不到最后一刻谁都不知道冠军花落谁家。由于这类问题并没有标准答案,只有无限逼近最优解,因此这样的模式可以激励参与者提出更好的方案,甚至推动整个行业的发展。

Kaggle 竞赛另一个有趣的地方在于每个人都有自己的 Profile,上面会显示所有自己参与过的项目、活跃度、实时排位、历史最佳排位等,不仅看上去非常有成就感,更能在求职和申请学位时起到能力证明的作用。

由于 Kaggle 的项目是由公司提供的,涉及各个行业,因此一般都是不同背景的人组队参加(如统计、CS、DS,项目相关领域如生物等)。下面是部分 Kaggle 案例。

1) 预测保险索赔情况

好事达保险公司(Allstate)希望能更好地预测与汽车相关的伤害索赔情况,以便更精确地制定价格。竞争者们根据 2005 年—2007 年的数据(包括具体的汽车情况以及每辆车相关的赔偿支出次数和数量)进行建模,并将它们应用到 2008 年—2009 年的数据上。澳大利亚悉尼的保险精算顾问卡尔(Matthew Carle)使用决策树形式的运算法则来告诉计算机如何进行学习,借此获得了 6000 美元的头等奖奖金。它的精确程度比好事达保险公司的模型高 340%。

2) 测量医院病人流

根据美国卫生保健研究与质量管理处(Agency for Healthcare Research and Quality)的数据,美国医疗保健体系在可预防的住院医疗上要花费 300 亿美元。HPN(Heritage Provider Network)是一家位于加利福尼亚州的医疗保健机构,它希望能够帮助医生们更快速地确诊,从而控制成本。它赞助的竞赛内容是,根据 36 个月内的一系列数据来预测哪些病人将会需要住院治疗。该项竞赛的头等奖奖金为 300 万美元(Kaggle 上奖金额最高的项目)。

3) 对旅游业进行预测

航空公司高管、旅馆经营者以及餐馆经营者都迫切想知道他们需要多少燃料、食品和员工才能让顾客们感到满意。2010 年,《国际预测杂志》(*International Journal of Forecasting*)赞助了一场竞赛,挑战一个已经发表的基于不同时期和不同地点旅游活动的预测公式。获胜者是霍华德(Jeremy Howard)和贝克(Lee Baker)。他们开发的模型可以精确考虑到一次性事件的影响,如恶劣的暴风雨。他们获得了 500 美元的奖金,以及发表建模结果的机会。霍华德本人之后继续努力,赢得了卡歌网组织的其他竞赛,并成为该公司的总裁兼首席科学家。

4) 对国际象棋手进行排名

所谓的伊诺排名算法(Elo Rating System),根据国际象棋手过去的表现来分析对弈两人的实力强弱。卡歌网组织了两场竞赛,旨在对该算法进行改进。其中一场竞赛的赞助人是国际棋联组织(World Chess Federation,FIDE)和专业咨询服务机构德勤公司(Deloitte),在这场竞赛中,组织方向参赛者提供 5.4 万人在 11 年里近 200 万局国际象棋比赛的情况,然后将他们的预测模型应用于此后进行的 10 万局比赛,以验证预测结果的精确性。萨利曼斯(Tim Salimans)拔得了头筹。在他的模型中,有些变量的权重相比更大。例如,棋手最近的表现、对手的技巧,以及他在单日里必须进行的棋局数量等。萨利曼斯获得的奖金是 1 万美元。

第 3 部分

计算思维与程序设计篇

第章

计算思维与程序设计

理论科学、实验科学和计算科学作为科学发现的三大支柱，推动着人类文明进步和科技发展，与三大科学方法相对应的三大科学思维是理论思维、实验思维和计算思维。理论思维以推理和演绎为特征，以数学学科为代表，是所有学科的基础领域；实验思维以观察和总结自然规律为特征，以物理学科为代表；计算思维以设计和构造为特征，以计算机学科为代表。本章介绍计算思维相关知识及运用计算思维进行计算机编程的基本方法。

6.1 计算思维基础

计算思维融合了数学和工程等其他领域的思维方式，是人类求解问题的一条途径，其本质即抽象和自动化。本节介绍计算思维的基本概念及运用计算思维使用计算机求解问题的基本原理和方法。

6.1.1 计算思维的概念

人类通过思考自身的计算方式，研究是否能制造工具进行模拟、代替实现计算的过程，从而诞生了各种各样的计算工具，并且在不断的科技进步和发展中发明了现代电子计算机。随着计算机的日益"强大"，它在很多应用领域中所表现出的智能也日益突出，成为人脑的延伸。与此同时，人类制造出的计算机在不断强大和普及的过程中，也对人类的学习、工作和生活都产生了深远的影响，大大增强了人类的思维能力和认识能力。1972年，图灵奖得主计算机科学家迪科斯彻(Edsger Dii. kstra)说过，"我们所使用的工具影响着我们的思维方式和思维习惯，从而也深刻地影响着我们的思维能力"，这就是著名的"工具影响思维"的论点。计算思维是计算机时代的产物，已成为各个专业求解问题的一条基本途径，是每个人都应具备的一种基本能力。

2006年3月，美国卡内基-梅隆大学计算机科学系主任周以真(Jeannette M. Wing)教授(如图6-1)在世界计算机权威期刊*Communications of the ACM*杂志上给出的计算思维(Computational Thinking)的定义为："计算思维是运用计算机科学的基础概念进行

图6-1 周以真教授

问题求解、系统设计以及人类行为理解等涵盖计算机科学之广度的一系列思维活动。"

国际教育技术协会(International Society for Technology in Education,ISTE)和计算机科学教师协会(Computer Science Teachers · Association,CSTA)在 2011 年给计算思维的定义为:计算思维是一个问题解决的过程,该过程包括以下特点。

(1) 制定问题,并能够利用计算机和其他工具来帮助解决该问题。

(2) 要符合逻辑地组织和分析数据。

(3) 要通过抽象(如模型、仿真等)再现数据。

(4) 通过算法思想(一系列有序的步骤)支持自动化的解决方案。

(5) 分析可能的解决方案,找到最有效的方案,并且有效结合这些步骤和资源。

(6) 将该问题的求解过程进行推广并移植到更广泛的问题中。

6.1.2　计算思维与算法

计算思维的本质是抽象(Abstract)和自动化(Automation)。它反映了计算的根本问题,即什么能被有效地自动执行。算法(Algorithm)就是对基于计算思维的解决问题的方法的描述。它通常由一系列操作步骤组成,通过这些步骤的自动执行可以解决指定的问题。也就是说,通过一定规范的输入,人或计算机自动执行这一系列操作步骤即算法,在有限时间内可获得所要求的输出。

【例 6.1】　已知一个矩形的长和宽,描述求矩形面积的算法。

```
♯1.　定义三个变量 x,y,s;
♯2.　通过键盘输入矩形的长并赋值给 x;
♯3.　通过键盘输入矩形的宽并赋值给 y;
♯4.　将 x * y 赋值给 s;
♯5.　在屏幕输出 s 的值;
```

例 6.1 中的 x、y、s 为矩形的长、宽、面积的符号化抽象,依次执行例 6.1 算法♯2～♯5 行的操作步骤,即可求得矩形的面积并输出,这些操作步骤就是求矩形面积的一种算法。

1. 算法的基本特征

解决不同的问题往往需要不同的算法,即使解决相同的问题也可能有多种算法。虽然算法千变万化,但所有算法一般应具有以下 5 个基本特征。

1) 有穷性(Finiteness)

算法的有穷性是指算法必须能在执行有限个步骤之后终止。

2) 确切性(Definiteness)

算法的每个步骤必须有确切的定义。

3) 输入项(Input)

一个算法有 0 个或多个输入,以取得运算对象的初始情况,所谓 0 个输入是指算法本身定出了算法执行的初始条件。

4) 输出项(Output)

一个算法有一个或多个输出,以反映对输入数据加工后的结果。没有输出的算法是无意义的。

5）可行性（Effectiveness）

算法中执行的任何计算步骤都是可以被分解为基本的可执行操作步骤，每个计算步骤都可以在有限时间内完成（也称之为有效性）。

2. 算法的要素

1）数据对象的运算和操作

算法中用到的基本运算和操作主要有以下四类。

（1）算术运算：加、减、乘、除、求模等运算。

（2）关系运算：大于、大于或等于、小于、小于或等于、等于、不等于等运算。

（3）逻辑运算：与、或、非等运算。

（4）数据传输：输入、输出、赋值等。

2）算法的控制结构

一个算法的功能结构不仅取决于所选用的操作，还与各操作之间的执行顺序有关。一个算法一般都可以由顺序结构、选择结构、循环结构3种结构组成。

3. 算法的描述

描述算法的方法有多种，常用的有自然语言、结构化流程图、伪代码和PAD图等。例6.1中算法的描述采用的是自然语言，但描述算法最常用的是流程图。

流程图（Flow Chart）利用几何图形的图框来代表不同的操作，用流程线来指示算法的执行方向，与自然语言相比，流程图对算法的描述可以更清晰、直观和形象，常见流程图符号如表6-1所示。

表 6-1　常见流程图符号

符号名称	图形	功能
起止框	（圆角矩形）	表示算法的开始和结束
处理框	（矩形）	表示算法中一般的处理过程，如计算赋值等
判断框	（菱形）	对一个给定的条件进行判断
流程线	（箭头）	用流程线连接各种符号和图形，表示算法的执行顺序
输入、输出框	（平行四边形）	表示算法中的输入、输出操作
连接点	（圆形）	成对出现，同一对连接点中填入相同的数字，用于将不同位置的流程图连接起来
注释框	（注释符号）	对算法中某一步骤进行注释、说明

【例 6.2】 用流程图描述输入矩形的长和宽，求矩形面积并输出的算法，如图6-2所示。

例6.2算法中的各操作都是按照它们在算法步骤中出现的先后顺序执行的，这种结构的算法称为顺序结构。

【例 6.3】　用流程图描述输入 2 个数,输出最大数的算法,如图 6-3 所示。

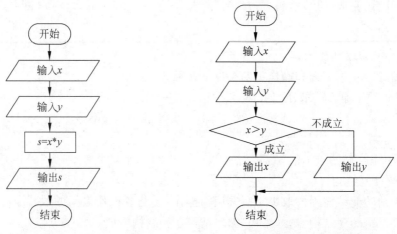

图 6-2　用流程图描述求矩形面积的算法　　　图 6-3　用流程图描述求最大数的算法

　　例 6.3 的算法中,在执行 $x>y$ 之后出现了分支,它需要根据 $x>y$ 的运算结果选择其中的一个分支进行执行,这种结构的算法称为选择结构。

【例 6.4】　用流程图描述输入 2 个正整数,使用加法运算求他们乘积并输出的算法,如图 6-4 所示。

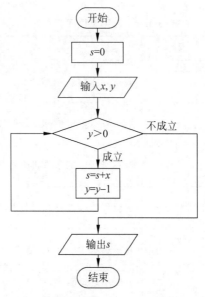

图 6-4　用流程图描述用加法求乘积的算法

　　例 6.4 的算法中,在执行 $y>0$ 之后出现了分支,它需要根据 $y>0$ 的运算结果选择其中的一个分支进行执行。如果 $y>0$ 成立,在执行完这个"成立"对应的分支后还要回到 $y>0$ 重新执行,若 $y>0$ 成立则反复执行这个分支直到 $y>0$ 不成立才能转到不成立的分支。这种可能出现反复执行某个分支的算法结构称为循环结构。

6.1.3 算法、程序与程序设计语言

将解决指定问题的算法书写成计算机可以识别、执行的指令序列,把指令序列存储在计算

机内部存储器中,在人们给出开始执行的命令之后,计算机就开始执行这个指令序列并自动完成相应操作,从而完成这个算法解决指定的问题。人们把这种可以连续执行的指令序列称为"程序",编写这些程序的过程被称为"程序设计",编写这些程序的人被称为"程序员"。图 6-5 为玛格丽特(Margaret Heafield Hamilton)站在自己为阿波罗登月飞船编写的计算机程序打印稿旁边。

人们编写的程序中的指令序列为了能被计算机正确识别和执行,必须有一定的规则,这些规则中包含了一系列文法和语法的要求,只有严格按照这些规则编写的程序才能够被计算机理解并执行。这些规则定义了人和计算机之间交流的语言,虽然没有

图 6-5 玛格丽特与她的程序打印稿

人类语言那么复杂,但逻辑上要求更加严格。符合这些规则的计算机能理解执行的"语言"被称为"计算机程序设计语言"。

能被计算机识别执行的语言称为机器语言。因为计算机只能识别二进制数,所以机器语言由二进制数组成,也被称为二进制代码语言。每台计算机的指令格式、代码所代表的含义是在设计 CPU 时确定的。如某种计算机的指令 1011011000000000,它表示让计算机进行一次加法操作;而指令 1011010100000000 则表示进行一次减法操作。用机器语言编程,就是从 CPU 的指令系统中挑选合适的指令,组成一个指令系列的过程。

由于"机器语言"与人们日常生活中使用的语言差距过大,而且大量的规则都与具体的计算机硬件设计和实现相关,因此使用"机器语言"编写程序难度很大。为了降低编写程序的难度,人们发明了与代码指令实际含义相近的英文缩写词、字母和数字等符号来取代指令代码。例如,用符号 ADD 表示实现加法运算的机器指令二进制代码为 1011011000000000。这个 ADD 也被称为 1011011000000000 的助记符,这种使用助记符的程序设计语言被称为汇编语言,也被称为符号语言。汇编语言由于采用了助记符号来编写程序,比用机器语言的二进制代码编程方便很多,在一定程度上简化了编程过程。汇编语言的特点是用符号代替了二进制机器指令代码,而且助记符与二进制指令代码一一对应,所以汇编语言与机器语言本质上相同。因为计算机硬件只能识别、执行机器语言程序,汇编语言编写的程序必须翻译成机器语言程序才能被执行,为此人们编写了称为汇编程序的翻译,即将用汇编语言编写的程序翻译成机器语言程序,然后在计算机中运行。

机器语言和汇编语言都是面向计算机硬件进行操作的,程序中使用的指令都和硬件相关,编写程序前必须对相关的 CPU 指令系统和硬件结构、工作原理都十分熟悉,对软件开发人员的技术要求非常高。另外,因为机器语言和汇编语言、硬件相关,导致在更换硬件后,程序很可能需要重新编写,增加了软件开发成本。随着计算机技术的发展,人们去寻求一些与人类自然语言相接近且能为计算机所接受的语意确定、规则明确、自然直观和通用易学的计算机语言。这种与自然语言相近并为计算机所接受和执行的计算机语言称高级语言,而机器语言和汇编

语言则被称为低级语言。

高级语言编写的程序和汇编语言编写的程序同样不能被计算机硬件直接运行,需要被翻译成机器语言程序才能被运行。高级语言是面向用户的语言,它与计算机硬件基本无关,可带来如下两大好处。

(1) 开发人员即使对计算机硬件不十分了解的情况下也可以编写高级语言程序,学习和使用难度相对于低级语言要容易得多。

(2) 硬件类型不同的计算机,只要配备上相应的高级语言的编译或解释程序,用该高级语言编写的程序就可以通用。

【例 6.5】 用机器语言(Intel 80x86)实现 2+6 功能的指令序列。

```
♯1.   1011000000000110
♯2.   0000010000000010
♯3.   1010001001010000000000000
```

【例 6.6】 用汇编语言(ASM 80x86)实现 2+6 功能的指令序列。

```
♯1.MOV   AL,6
♯2.ADD   AL,2
♯3.MOV   X,AL
```

【例 6.7】 用高级语言(C/C++语言)实现 2+6 功能的指令序列。

```
♯1.   x = 2 + 6;
```

从上面的例子可以看出,与低级语言相比,高级语言是以人类的日常语言为基础发明的一种编程语言,使用人类易于接受的文字符号来表示,从而使程序编写更容易,亦有较高的可读性,即使对计算机认知较浅的人也可以大概明白其内容。

目前,在计算机中使用的软件 95% 以上都采用高级语言编写。高级语言种类繁多,每种高级语言都各有特点,表 6-2 为 TIOBE 编程语言社区于 2020 年和 2021 年发布的编程语言应用情况排行榜。

表 6-2　常见编程语言

2021.2	2020.2	语 言 名 称	占有率/%	变化情况/%
1	2	C	16.34	−0.43
2	1	Java	11.29	−6.07
3	3	Python	10.86	+1.52
4	4	C++	6.88	+0.71
5	5	C♯	4.44	−1.48
6	6	Visual Basic	4.33	−1.53
7	7	JavaScript	2.27	+0.21
8	8	PHP	1.75	−0.27
9	9	SQL	1.72	+0.20
10	12	Assembly language	1.65	+0.54

6.1.4　程序设计

程序设计也被称为编程,就是为解决某个问题而设计的由计算机完成的工作步骤。人们通过编程解决问题的过程通常如下。

1. 确定问题

遇到问题,首先要确定和明确问题。很多问题解决不好,很大程度上都是因为开始没有明确问题。工作生活中的问题与人们所学的数学问题不太一样,如果问题不明确,就无法对问题进行有效分析,不能确定解决问题的方法步骤,无法进行程序设计。

2. 分析问题

在确定问题后,首先要仔细分析问题的细节,通过对问题的分析和方案的综合,逐步细化和明确目标系统的各个功能,建立问题的求解模型,从而清晰地获得问题的概念;其次要确定输入和输出,在这一阶段中应该列出问题的变量及其相互关系,这些关系可以用公式的形式来表达。另外,还应该确定计算结果显示的格式。

3. 设计算法

在确定问题并分析问题之后,就要寻找解决问题的途径和方法,此时进入设计阶段。在设计阶段,如果需要解决的问题比较复杂,则需要将复杂的问题分解为若干简单的子问题,通过逐一解决每个子问题最终解决整个复杂的问题。每个子问题的划分应遵循下列规则。

(1) 问题是相互独立的。

(2) 问题是单一的。

(3) 问题尽量简单。

选择一种或几种算法描述方式,对分解后的每个子问题的解决方法和步骤进行算法描述,实现最终的算法设计。

4. 程序实现

算法设计完成后,需要采取一种程序设计语言编写程序,实现所设计算法的功能从而达到使用计算机解决实际问题的目的。

在程序编写过程中,程序设计语言的选择可根据具体的问题和需求而定。要考虑语言的适用性、现实的可行性、问题求解的效率等。

5. 程序测试

程序测试是程序开发的一个重要阶段,程序的测试与检查就是测试所完成的程序是否按照预期方式工作。测试部分可分为程序调试和系统测试两个阶段。

第一阶段在程序编写完毕后进行,需通过计算机的调试来确定其正确性。调试的目的是找出程序的错误,并修正错误。错误的类型可分为语法性错误、逻辑性错误和运行错误。语法性错误是指所编写的语句不符合计算机语言的规则,这类错误在程序编译时可以被编译器发现并报错,编程人员可以根据编译器的提示找到并修正错误。

程序的逻辑错误和运行错误要复杂得多,在程序运行出错时才能被发现,编程人员需要对程序算法进行分析(可借助程序调试工具运行查找)才能找到并修正错误。

第二阶段在程序测试完毕后进行,要对系统进行整体的测试,以便检测所有的需求功能是否都被正确实现。可靠性系统测试可分为两种,一种称为白盒测试,另一种称为黑盒测试。黑盒测试是对功能的测试,只关心输入和输出的正确,而不关心内部的实现;白盒测试则是测试程序的内部逻辑结构。

6. 程序维护

程序的维护是指在完成程序并投入使用后,因修正错误,提升性能或其他属性而进行的程序修改与更新。其包括改正性维护、适应性维护、完善性维护、预防性维护等。

(1)改正性维护是指改正在程序开发阶段已发生而测试阶段尚未发现的错误,这类错误有的可能不太重要,并不影响程序的正常运行,其维护工作可随时进行。但如果错误非常重要,甚至影响整个程序的正常运行,其维护工作就必须制定计划,尽快进行修改,并且要进行必要的复查。

(2)适应性维护是指为使程序适应信息技术变化和管理需求变化而进行的修改。由于计算机软硬件环境的变化,对程序会产生更新换代的需求,用户实际需求的变化,也会对程序提出不断更新的需求。这些因素都将导致适应性维护工作的产生,进行这方面的维护工作,也要像开发程序一样,有计划、有步骤地进行。

(3)完善性维护是指为扩充程序功能和改善程序性能而进行的修改,主要是指对已有的程序系统增加一些在系统分析和设计阶段中没有规定的功能与性能特征,这些功能对完善程序系统功能是非常必要的。

(4)预防性维护是指主动为程序增加预防性的新的功能,为未来的修改与调整奠定更好的基础,以使应用程序适应各类变化而不被淘汰。

目前,根据对各种程序维护工作分布情况的统计结果,一般改正性维护占 21%,适应性维护占 25%,完善性维护达到 50%,预防性维护以及其他类型的维护占 4%。

6.2　一个简单的计算机程序

高级语言是一种可以用文字描述的语言,所以用高级语言编写的计算机程序通常是一段标准的文本,文本内容描述了实现某个功能的具体步骤,该文本内容可以用包括"记事本"在内的各种文本编辑软件编写。由于高级语言编写的程序不能被计算机硬件直接执行,因此还要有一个翻译软件把它翻译成计算机可以直接执行的机器语言程序才能运行。为了使用户编写的程序文本准确被翻译软件翻译成计算机可以正确执行的机器语言程序,该程序文本必须严格按照一定的规则进行书写,这就是程序设计语言的语法规则。将高级语言程序翻译成机器语言程序执行有两种方式:一种是编译方式,所谓编译方式就是把整个程序翻译成机器语言后再执行,C/C++语言即属于这种方式;另一种方式是解释方式,所谓解释方式就是把高级语言程序翻译一句执行一句,Java/Python 语言即属于这种方式。两种方式各有优缺点,一般来说编译方式可以得到更快的执行速度,解释方式可以得到更高的灵活性。

图 6-6　丹尼斯·里奇

1954 年,约翰·贝克斯(John W. Backus)发明了最早的计算机高级语言 Fortran;1972 年,丹尼斯·里奇(Dennis M Ritchie)发明了 C 语言;1980 年,比扬尼·斯卓斯朱夫(Bjarne Stroustup)对 C 语

言进行了扩充,后来这个扩充后的 C 语言被命名为 C++语言。由于 C++语言几乎就是 C 语言的超集,所以两者经常可以共用编译器,统称为 C/C++语言。其他热门语言如 Java、Python、C♯的发明也都和 C/C++语言有关。

本章讲述的程序代码若不做特殊说明,均同时符合 C/C++的语法要求。本节将通过一个简单的程序实例介绍一个 C/C++语言程序的基本组成。

6.2.1　程序代码

下面看一个简单的 C/C++语言程序的例子,它的功能是在用户的计算机屏幕上显示"欢迎进入 C/C++语言的世界!"这样一行文字。

【例 6.8】　在屏幕输出"欢迎进入 C/C++语言的世界!"。

```
♯1.   /*
♯2.      该程序显示如下信息:
♯3.          欢迎进入 C/C++语言的世界!
♯4.   */
♯5.   #include "stdio.h"
♯6.   int main()
♯7.   {
♯8.      printf("欢迎进入 C/C++语言的世界!\n");        //输出文字
♯9.      return 0;
♯10. }
```

在这段文本中,每行行首的♯及后面的数字不是程序文本的内容,而是为了便于描述程序代码而增加的行编号。♯1 代表第 1 行程序,后面的内容是程序文本,用户在录入编辑本章例题程序代码时只要输入数字后面的部分即可。

例 6.8 的程序代码看起来并不复杂,但它的书写有严格的语法和文法要求,要有违规录入,如大小写拼写错误、少了一个符号、全角半角写错等,编译软件就可能无法把它翻译成正确的机器语言程序,导致编译错误。

6.2.2　空白和注释

通过观察例 6.8 的程序文本可以发现,这段程序中除了一些字符外还有一些空白。空白主要包括一些换行、空行、空格、制表符(Tab)等。这些空白在程序中的作用是分隔程序的不同语法单位,以便使翻译软件进行识别处理。合理使用这些空白也可以使程序看起来更加规整、有序。

程序的♯1~♯4 行中,符号"/*"标记注释内容的开始,"*/"标记注释内容的结束;程序的♯8 行"//"标记一行注释内容的开始。注释的功能通常用于程序功能的说明,翻译软件在翻译程序时会忽略注释中的内容,不会把它翻译成机器语言程序。在 C/C++语言程序中,凡是可以插入空白的地方都可以插入注释。注释的主要功能如下。

(1)说明某一段程序的功能或这段程序使用上的注意事项,提示以后使用这段程序的人如何使用。

(2)注释符号内包括一段程序代码,可以使这段程序代码暂时失去功能,在需要时可以通过删除注释符号快速恢复这段程序的功能。

6.2.3　预处理指令

例 6.8 程序中的♯5 行是一条预处理指令,它可能是对翻译软件的翻译功能的设置,也可能是要求翻译软件在翻译前要完成的一些操作。翻译软件中专门有一个称为"预处理器"的程序用来解释执行这些预处理指令,在"预处理器"程序执行完所有预处理指令之后,编译软件中负责翻译的"编译器"程序再把 C/C++语言程序翻译为机器语言程序。

所有预处理指令总以"♯"开头。这里的♯include 预处理命令要求"预处理器"把名为 stdio. h 的文件插入♯include 这一行所出现的位置。stdio. h 文件通常由编译软件提供,该文件中声明了在 C/C++语言程序中可用的多种输入、输出功能,如果没有这条预处理指令,例 6.8 程序中♯8 行用来实现输出的 printf() 函数将无法使用。预处理指令♯include 后面的双引号中可以有不同的文件名,"预处理器"在执行♯include 预处理指令后会把相应文件的内容插入这一行出现的地方。

C/C++语言本身非常简洁,提供的各种处理功能有限,但可以通过引入功能(函数)库等方式扩充功能,从而提高程序的编写效率。为了使用这些扩充功能,用户必须在程序中使用♯include 预处理指令包含这些功能的声明文件。这些功能声明文件被称为头文件,通常使用. h 为扩展名。头文件也是文本文件,其中的内容也要符合 C/C++语言的编码规范。以程序代码为内容的文本文件被称为源程序文件,C 语言编写的程序代码源文件通常使用. c 为扩展名,C++语言编写的程序代码源文件通常使用. cpp 为扩展名。编译器默认根据源程序文件的扩展名来选择按照 C 或 C++标准编译程序。本章的程序代码若不做特殊说明,则同时符合 C 和 C++标准,保存为 C 或 C++源程序文件均可顺利编译。

6.2.4　函数

例 6.8 中的程序从♯6~♯10 行定义了一个 C/C++语言的函数。每个 C/C++语言函数都是程序的一个功能单位。一个 C/C++语言程序可以由多个函数组成,多个功能简单的函数可以组成一个功能复杂的 C/C++语言程序。由于每个函数都是一小段相对独立的程序,因此每个函数也可以被称为一个子程序。

例 6.8 程序的♯6 行定义了函数的名称为 main,函数名前面的 int 表示这个函数的返回值是一个整数。所谓返回值,即这个函数在执行结束后提交给它的上一级程序的一个数值;所谓上一级程序,即调用执行本函数的程序。

C/C++语言函数和 C/C+语言命令的显著区别是函数名称后面有一对小括号"()"。函数名后面的一对小括号可以用来接收上级程序在调用执行本函数时传过来的一些数据(这些数据称为函数参数),"()"内为空或填上 void 代表这个函数不需要通过这种方式从上一级程序传入数据。

在每个 C/C++语言程序中必须有且只能有一个命名为 main 的函数,因为这个函数是每个 C/C++语言程序执行的起点,所以这个起点必须唯一。当 main() 函数执行结束后,这个 C/C++语言程序也就执行结束了。任意一个函数中都可以通过函数名调用执行其他的函数。如果在 A 函数中调用了 B 函数,A 就是被调用的 B 函数的上级程序或上级函数。默认情况下,A 函数在调用 B 函数后,A 函数即在调用 B 函数语句处等待 B 执行结束,在 B 函数执行结束后,A 函数可以获得被调用函数 B 的返回值并从调用函数 B 的位置继续向下执行。

例 6.8 程序的♯7 行的"{"跟在函数名的后面代表一个函数的开始,在 C/C++语言程序中的{ }必须成对出现。其中,例6.8程序的♯7行的"{"与例6.8程序的♯10行的"}"是一对,分别代表该函数的开始和结束。两个大括号中间为函数的内容,其中的语句序列用来描述函数的执行步骤。C/C++语言中每条语句都可以用来完成一个具体的功能且必须以";"作为结束标志。例6.8中的main()函数比较简单,"{ }"里面只有♯8和♯9两条语句。♯8行的语句用来调用执行另外的一个函数printf(),这个函数在stdio.h文件中声明,该函数的功能是在屏幕上输出一串字符;♯9行语句用来结束本函数的运行并向上级程序返回一个整数0。

C/C++语言中的函数分成两种,一种是用户为满足自己特定需求编写的,称为自定义函数;一种是他人为了满足某一类需求编写的函数集合,称为函数库。用户除了在程序中可以使用自己编写的函数外,也可以使用别人编写的函数库中的函数。

6.2.5　程序输出

输出是程序中的一项重要功能,但C/C++语言本身并不提供输出功能,而用户自己编写代码实现输出功能是一个很复杂的过程。大多数C/C++的编译软件都提供包含输入输出功能的函数库,用户可以在自己的程序中使用预处理指令♯include包含函数库的声明头文件,就可以调用该函数库中的函数。

printf()函数就是C/C++函数库中提供的一个输出函数,用户只要在自己的程序中用预处理指令♯include包含相应函数库的头文件stdio.h(参见例6.8♯5行),就可以在自己的程序中使用printf()函数进行输出了。

printf()函数的功能是把上级程序传给它的数据以指定方式在输出设备上进行显示输出。用户可以在printf后面的一对小括号中填入数据传给printf()函数,函数printf()会把这些数据在屏幕上显示出来。

"欢迎进入C/C++语言的世界! \n"这种用双引号("")括起来的一串字符在C/C++语言程序中被称为字符串,这串字符作为数据传给printf()函数之后就会被打印在屏幕上显示出来,其中,"\n"的含义是换一行,即输出"欢迎进入C/C++语言的世界!"后,下一次输出的位置变为屏幕下一行的起始位置。读者可以尝试修改本程序中的"欢迎进入C/C++语言的世界! \n",实现不同的输出效果。

6.2.6　程序的编译运行

1. 程序的编译

高级语言源程序需要由翻译程序翻译成机器语言程序才能在计算机上运行。C/C++语言的翻译程序也称为编译程序,翻译过程也称为编译过程。C/C++语言程序的编译过程一般可分成以下5个步骤。

1)编译预处理

读取C/C++源程序文件,执行源程序文件中的编译预处理指令,根据执行结果生成一个新的文件。这个文件的功能含义同没有经过预处理的源文件是相同的,但因为执行了编译预处理指令,内容可能会有所不同。

2)编译

经过编译预处理得到的文件中没有编译预处理指令,都是一条一条的C/C++语言程序语句。编译程序所要做的工作就是通过词法分析和语法分析,在确认所有的指令都符合语法规则之后,将其翻译成功能、含义等价的近似机器语言的汇编语言代码或中间代码。

3）优化阶段

优化处理就是为了提高程序的运行效率所进行的程序优化，它主要包括程序结构的优化和针对目标计算机硬件所进行的优化两种。

对于程序结构的优化，主要的工作是运算优化、程序结构优化、删除无用语句等；针对目标计算机硬件所进行的优化与机器的硬件结构密切相关，主要考虑的是如何充分发挥机器的硬件特性、提高内存访问效率等。

优化后的程序在功能、含义方面跟原来的程序相同，但将更富有效率。

4）汇编

汇编实际上是把编译产生的中间代码或汇编语言代码翻译成目标机器语言指令的过程。由于一个 C/C++ 源程序可以保存在多个文档中，每个 C/C++ 语言源程序文档都将经过汇编得到一个由目标机器语言指令组成的文件，通常被简称为目标文件。目标文件中存放的机器语言代码程序与 C/C++ 源程序等效。

5）链接程序

由汇编程序生成的由机器语言代码组成的目标程序还不能被计算机执行，其中可能还有许多没有解决的问题。例如，该程序可能包含在多个目标文件中，文件中的代码也可能用到了该文件之外的库函数，如 printf() 函数等。链接程序进行处理之后才能最终生成可执行的机器语言程序文件。

链接程序的主要工作是将有关的目标文件彼此相连接，也就是将在一个文件中引用的符号同该符号在另外一个文件中的定义连接起来，使得所有的目标文件组装成为一个能够由操作系统执行的一个完整的机器语言程序。

经过上述 5 个步骤，一个可能包含多个程序文件的 C/C++ 源程序最终被转换成一个机器语言可执行文件。习惯上，通常把前面的 4 个步骤合称为程序的编译，最后一个步骤称为程序的链接。用户编写的 C/C++ 语言源程序如果有语法错误，则在编译的过程中会出错。发生编译错误的程序不能进行链接，发生链接错误的程序不能生成机器语言的可执行文件。若发生以上语法错误，用户可以根据编译程序的错误提示进行修正。

编程人员通常使用集成开发环境(Integrated Developing Environment，IDE)编写程序开发软件。集成开发环境是一个综合性的工具软件，它把程序设计全过程所需的各项功能集合在一起，为程序设计人员提供完整的软件开发服务。目前，比较流行的 C/C++ 集成开发环境有自由软件 DEV C++、CodeBlocks 和 Microsoft 公司的 Visual C++ 等。DEV C++ 功能简捷，比较适合初学者(DEV C++ 目前版本较多，良莠不齐，本书推荐由国内编程爱好者免费维护的小熊猫 DEV C++)；CodeBlocks 比较适合跨平台开发；Visual C++ 功能更强大，适用于专业软件的开发。本章所讲述的程序代码若无特殊说明，均可直接在 DEV C++、CodeBlocks 或 Visual C++ 2005 以前版本的 Visual C++ 集成开发环境中编译运行，Visual C++ 2005 及以后版本的 Visual C++ 集成开发环境增强了函数安全性检查，部分早期 C/C++ 库函数因不符合这些增强的安全性要求而被禁止使用，要继续在这些 Visual C++ 集成开发环境中使用这些函数，可以在程序代码起始处添加预处理命令 #define _CRT_SECURE_NO_WARNINGS 关闭这些增强的安全性要求即可。

2. 程序的运行

用户编写的 C/C++ 语言程序经编译软件编译成可以执行的机器语言程序后即可运行，其运行方法与运行其他的软件程序一样，可以在操作系统下直接启动运行。例如，在 Windows

系统环境下,用户双击编译好的机器语言程序文档就可以运行该程序了,但为了调试程序,在集成开发环境中运行这些程序更方便。

注意:包括 Windows 自带的计算机安全防护软件在内,可能会把 C/C++语言程序编译后的机器语言程序误识别为病毒,导致这些程序运行失败。为了程序的顺利运行,最好提前在保证安全的前提下关闭系统的防病毒功能。

操作系统执行程序的一般过程如下。

(1)操作系统将机器语言程序文件读入内存。

(2)操作系统为该程序创建进程,为该进程分配包括内存在内的程序运行所需要的各种资源。

(3)操作系统执行该进程。

(4)进程执行结束后,操作系统收回该进程在运行过程中分配的包括内存在内的各种资源。

用户程序的一般执行过程如下。

(1)操作系统调用执行用户程序的入口程序完成初始化。

(2)入口程序调用执行用户程序中的 main()函数。

(3)main()函数执行,中间可调用其他函数。

(4)main()函数执行结束后,程序终止。

可执行程序的默认入口程序由编译程序中的链接程序在链接时自动添加,通常不需要用户编写。

3. 程序的调试

用户编写的程序可能存在各种错误,程序中的错误大致可分为语法错误、逻辑错误和运行错误三大类。

语法错误指的是用户编写的程序违反了程序语言的语法规则,使得程序不能被正确编译,这些错误通常在程序编译过程中可以被发现。

逻辑错误指的是程序设计有思路错误导致程序运行不能实现设计者的设计目标。例如,用户希望在程序中以 A 方法得到 B 结果,但 A 方法有错误导致不能得到 B 结果。这种错误并不影响程序的编译成功,但在编译成功后运行程序得不到正确的结果。

运行错误指的是程序在运行过程中发生的错误,这种错误不一定每次都发生,可能因为程序运行环境发生变化而引起,这种错误比较隐蔽,往往是由于程序设计时考虑不周造成的。

程序的逻辑错误和运行错误被称为程序的 Bug,最早由葛丽丝·穆雷·霍普(Grace Murray Hopper)博士(如图 6-7)发现并命名,即使是高水平的程序员也很难完全避免在程序中出现 Bug,所以在程序中寻找 Bug、排除 Bug 是编程过程中的一项重要工作。找到并排除程序中的错误称为调试(Debug),很多集成开发环境都提供了程序调试的工具。最常见的程序调试方法是在集成开发环境中跟踪程序的运行过程,

图 6-7 葛丽丝·穆雷·霍普

利用开发环境提供的监视功能监视程序运行过程中数据的变化情况,通过发现程序的执行异常来发现程序的 Bug。掌握程序的调试技巧是学好编程技术必须掌握的技能。

 ## 6.3 顺序结构程序

在 6.1.2 节中,通过流程图介绍了程序的 3 种结构,本节将介绍在 C/C++语言程序中如何编写顺序结构的程序及在程序中如何进行计算、使用函数等功能的基本方法。

6.3.1 数据与输出

计算机程序实现的各种功能本质上都是数据处理。数据是各种信息在计算机内的存在形式,在计算机程序中出现的数据以常量和变量两种方式存在。所谓常量,即在程序运行过程中不可以被改变值的数据,常量通常在程序中直接以一个数值的形式出现,如例 6.9 程序。

【例 6.9】 在 C/C++语言程序中使用常量。

```
♯1.    int main()
♯2.    {
♯3.        100;
♯4.        20.5;
♯5.        'a';
♯6.        "abc 中文";
♯7.        return 0;
♯8.    }
```

(1) ♯3 行为一个整数常量 100,采用补码编码的方式存储在内存中,一般占用 4 字节内存。

(2) ♯4 行为一个实数常量 20.5,采用 64 位双精度浮点数编码的方式存储在内存中,一般占用 8 字节内存。

(3) ♯5 行为一个单字节字符常量'a',字符常量需要用半角单引号括起来,采用 ANSI 编码(英文符号为 ASCII 编码)的方式存储在内存中,每个单字节字符占用 1 字节内存。

(4) ♯6 行为一个字符串常量"abc 中文",字符串常量需要用半角双引号括起来,使用 ANSI 编码(英文为 ASCII 码,中文为汉字机内码)的方式存储在内存中,它包含 3 个英文字符编码 3 字节和 2 个中文字符编码 4 字节,后面还隐含 1 个表示字符串结束的 0(这个 0 占 1 字节),共占用 8 字节内存。

如 6.2.5 节内容所述,printf()函数可以输出一个字符串。其实,printf()函数功能很多,它还可以输出整型数据、实型数据、字符型数据等。

1. 输出整型数据

输出整型数据的代码如下:

```
printf("一个整数 % d\n",100);
```

字符串"一个整数%d\n"中的%d 告诉 printf()函数要输出一个整数,在打印输出到屏幕时,%d 会被 100 这个整数值取代,实际输出内容如下:

> 一个整数 100

用 printf() 函数也可以输出多个整数。例如：

> printf("第一个整数 %d,第二个整数 %d,第三个整数 %d\n",100,200,300);

打印输出时,其字符串中的每个%d都会被字符串后面的一个整数值替换,实际输出内容如下：

> 第一个整数 100,第二个整数 200,第三个整数 300

2. 输出实型数据

输出实型数据的代码如下：

> printf("一个实型数 %f\n",20.5);

字符串"一个实型数%f\n"中的%f代表要输出一个实型数,在打印输出到屏幕时,它会被20.5 这个实型数值取代,%f代表的实型数据默认输出 6 位小数,实际输出内容如下：

> 一个实型数 20.500000

用 printf() 函数也可以设置实型数据输出的小数位数。例如：

> printf("一个实型数 %.2f\n",20.5);

字符串"一个实型数%.2f\n"中的%.2f代表的实型数据默认输出 2 位小数,实际输出内容如下：

> 一个实型数 20.50

3. 输出字符型数据

输出字符型数据的代码如下：

> printf("一个字符 %c\n",'a');

字符串"一个字符%c\n"中的%c代表要输出一个字符,在打印输出到屏幕时,它会被 'a' 这个字符取代,实际输出内容如下：

> 一个字符 a

因为字符型数据在内存中保存的是其编码,实际上也是一个整数,所以不但可以把一个字符型数据以整型数据的方式输出(输出该字符的编码),而且可以把一个整数以字符方式输出(输出该整数值在编码表中对应的字符)。例如：

```
printf("输出字符 A 的 ASCII 码值: % d\n",'A');
printf("输出整数 100 在 ASCII 码表中对应的字符: % c\n",100);
```

以上两个打印的输出内容如下:

```
输出字符 A 的 ASCII 码值: 65
输出整数 100 在 ASCII 码表中对应的字符: d
```

在 C/C++语言程序中除了可以使用常量,还可以使用变量。所谓变量,即在程序中可以改变值的量。因为数值本身是不能改变的,如 5 不能变为 6,但一个符号表示的值是可以变的,如符号 x,它可以代表 10 也可以代表 100,所以在程序中可以用一个符号来表示一个可变的值,即变量。这种符号变量所代表的值可以在程序运行过程中被修改。例如,如果符号 a 表示一个变量,则变量 a 的值在程序运行过程中可以随时被修改。

变量 a 代表的值能被修改是因为变量 a 实际上代表的是一个内存单元,在程序运行过程中修改变量 a 的值,实际上是修改变量 a 所代表的内存单元里面存储的值。在使用变量前必须先定义,定义变量的方法如下:

数据类型 变量名;

数据类型是为了说明这个变量在对应的内存中存储数据的数据类型,变量名就是要定义变量的名字,在一个程序中定义的变量名不能重复。C/C++语言中整数的数据类型可以用 int 指定,实数的数据类型可以用 double 指定,字符型数据类型可以用 char 指定,字符串因为是多个字符组成的,可以用字符数组指定。

变量名可以由字母、数字、下画线(_)组成,但数字不能放在变量名的起始位置。为了防止混淆,变量名也不能和 C/C++语言中已固定了含义的符号重名。C/C++语言中已固定了含义的部分符号如下:

auto	break	case	char	const	continue	default	do
double	else	enum	extern	float	for	goto	if
int	long	register	return	short	signed	sizeof	static
struct	switch	typedef	union	unsigned	void	volatile	while

变量定义方法示例如下:

```
int x;        //定义一个变量 x,用来保存一个整数,占 4 字节内存
double y;     //定义一个变量 y,用来保存一个实数,占 8 字节内存
char c;       //定义一个变量 c,用来保存一个字符,占 1 字节内存
char s[100];  //定义一个变量 s,用来保存一个字符串,占 100 字节内存.
```

以下赋值语句将变量 x 赋值为整数 100,即将 100 保存到 x 所代表的内存单元中。

```
x = 100;
```

以下赋值语句将变量 y 赋值为实数 20.5,即将 20.5 保存到 y 所代表的内存单元中。

```
y = 20.5;
```

以下赋值语句将变量 c 赋值为字符'a',即将'a'保存到 c 所代表的内存单元中(内存单元中

保存的是'a'的 ASCII 编码值 97)。

```
c = 'a';
```

在 C/C++语言中,不允许直接对整个数组赋值,可以使用函数 strcpy 对字符数组赋值,以下函数调用将变量 s 赋值为字符串"abc",即将"abc"保存到 s 所代表的内存单元中。

```
strcpy(s,"abc");
```

变量的值也可以在变量定义的时候指定。例如:

```
int x = 100;
double y = 20.5;
char c = 'A';
char s[100] = "ABCD";          //在定义数组时可以直接为其赋值
```

变量的输出方法与常量的输出方法相同。例如:

```
printf("一个整数 % d\n",x);
printf("一个实型数 % f\n",y);
printf("一个字符 % c\n",c);
printf("一个字符串 % s\n",s);
```

说明:一个符号也可以代表一个不能改变的值,这样的符号可以称为符号常量。例如:

```
const int z = 100;
```

6.3.2　数据输入

程序在运行过程中允许用户输入数据,这些输入的数据可以被保存到指定的变量中,以便在程序中使用。在 C/C++语言中,通常可以使用 scanf()函数输入各种类型的数据,使用该函数需要包含 stdio.h 头文件。下面代码定义了一些变量,然后用 scanf()函数从键盘读入数据到这些变量中。

1. 输入整型数据

输入整型数据的代码如下:

```
scanf(" % d",&x);
```

以上函数调用语句的功能是从键盘读入一个整型数据到变量 x 所代表的内存单元中。其中,字符串中的%d 代表要读入的数据是个整数;&x 表示的是变量 x 对应内存单元的内存地址。如同投递包裹需要收件人地址一样,使用 scanf()函数读入数据也需要知道存储数据的变量地址。

输入 double 型数据的方法如下:

```
scanf(" % lf",&y);
```

以上函数调用语句的功能是从键盘读入一个实型数据到变量 y 所代表的内存单元中。其中,%lf 代表读入的数据是个实型数;&y 代表的是变量 y 对应内存单元的内存地址。

2. 输入字符

输入字符的代码如下:

```
scanf("%c",&c);
```

以上函数调用语句的功能是从键盘读入一个字符的 ASCII 码到变量 c 所代表的内存单元中。其中,%c 代表读入的数据是一个字符的 ASCII 码;&c 代表的是变量 c 对应内存单元的内存地址。

3. 输入字符串

输入字符串的代码如下:

```
scanf("%s",s);
```

以上函数调用语句的功能是从键盘读入一个字符串到变量 s 所代表的内存单元中。其中,%s 代表读入的数据是一串字符对应的多个 ASCII 码。这里没有使用 &s,是因为在 C/C++语言中规定,数组类型的变量名即代表数组对应的内存单元的内存地址,所以这里不能再在 s 前加 &。

4. 读入多个变量

可以使用多个 scanf()函数调用读入多个变量,也可以在一次 scanf()函数调用中读入多个变量,方法如下:

```
scanf("%d%lf",&x,&y);
```

以上函数调用语句的功能是从键盘读入一个整型数据到变量 x 所代表的内存单元中,再读入一个实型数据到变量 y 所代表的内存单元中。用户在输入数据时可以用空格分隔输入的两个数据,输入格式如下:

```
100  20.5↙
```

其中,"↙"代表 Enter 键。用户在输入内容后再按 Enter 键,scanf()函数才会读入按 Enter 键前键盘输入的内容。

注意:用 scanf()函数读入整型、实型、字符串类型数据时都可以用空格作为分隔,但读入字符型数据时不可以用空格作为分隔。因为%c 方式读入字符数据时会读入空格的 ASCII 码到变量。

【例 6.10】 读入 3 个字符并输出,输出字符间用半角逗号分隔。

```
#1.    #include<stdio.h>
#2.    int main()
#3.    {
#4.        char a,b,c;
```

```
♯5.        scanf("%c%c%c",&a,&b,&c);
♯6.        printf("%c, %c, %c\n",a,b,c);
♯7.        return 0;
♯8.    }
```

运行程序并输入如下字符：

```
a   b✓
```

程序运行结果如下：

```
a b
a, ,b
```

以上程序将字符'a'''b'的 ASCII 码值分别读入变量 a、b、c 中，但并不能读入 Enter 键对应字符的 ASCII 码值。getchar()函数可以读入包括 Enter 键对应 ASCII 码值在内的各种字符的 ASCII 码值，使用该函数需要包含 stdio.h 头文件。getchar()用法如下：

```
c = getchar();     //读入一个字符的 ASCII 码值并将其赋值给 c 变量
```

6.3.3 算术运算

在 C/C++语言程序中，可以对常量及变量数值进行各种计算，最常见的运算为算术运算。常用的算数运算符如下：

+ 加法运算符
− 减法运算符
* 乘法运算符
/ 除法运算符
% 模(求余)运算符

运算符和操作数组合在一起即表示一种运算，操作数也被称为操作对象，在 C/C++语言程序中常见运算的书写形式如下：

```
操作对象 1   运算符   操作对象 2
```

例如：

```
5 + 6
```

这种运算符和操作对象组合在一起表示一种运算的运算式被称为表达式，算术运算的结果值作为表达式的值。

例如，5+6 的值为 11,11 即为表达式 5+6 的值。

注意事项:

(1) 操作对象可以是常量也可以是变量。如果是变量，则操作对象的值是变量所对应的内存中存储的数值。

（2）除了求余运算要求两个操作对象必须是整数外，其余运算的操作对象可以为整型数值或实型数值，以上 5 种算术运算不会改变操作对象的值。

（3）如果两个操作对象是不同类型的数据，系统会先把它们转换成相同类型（这个转换并不会改变操作对象的值），然后再进行运算，运算结果值的类型也是转换后的类型。例如，若两个操作对象一个是整数、另一个是实数，则系统先把它们转换成实数类型之后再进行运算，计算结果即表达式的值也是实数类型。

（4）除法运算的两个操作对象如果是整型，则结果是去掉小数部分后的整型。例如，19/10 表达式的值是 1。

【例 6.11】 输入一个长方形的长和宽，求该长方形的面积，输出保留小数点后 2 位。

```
#1.    # include < stdio. h>
#2.    int main()
#3.    {
#4.        double x,y;              //x,y 分别用来保存长方形的长宽
#5.        double s;               //s 用来保存长方形的面积
#6.        scanf("% lf % lf",&x,&y);
#7.        s = x * y;
#8.        printf("长方形的面积为% .2f\n",s);
#9.        return 0;
#10.   }
```

运行程序并输入如下数值：

```
6  5↙
```

程序运行结果如下：

```
6 5
30.00
```

在表达式中，操作对象本身也可以是一个表达式，这样就可以将多个表达式链接起来构成一个新的表达式，这种含有两个或更多操作符的表达式称为复合表达式。例如：

```
a + b/3 * c - 15 % 3
```

在复合表达式中，与数学中的运算规则相似，运算优先级高的运算符先运算，优先级相同的则从左向右依次运算。在"＋""－""＊""/""％"5 种运算中，"＊""/""％"优先级高于"＋""－"运算，在复合表达式中优先运算。

【例 6.12】 求复合表达式的值。

```
10 + 20/10
```

说明："/"运算符优先级高于"＋"运算符，因此先计算 20/10，等于 2；再计算 10＋2，等于 12。所以，表达式的值为 12。

【例 6.13】 求复合表达式的值。

```
10 * 2/5
```

说明：由于"＊"和"/"两运算符的优先级相同,优先级相同的从左向右依次运算,先计算 $10 * 2$ 得到 20,然后再将计算结果 20 除以 5 得到 4。所以,表达式的值为 4。

如果需要提高复合表达式中某个运算的优先级,可以用"()"把相应运算括起来。小括号括允许嵌套,处于最内层的小括号内的运算优先级最高。

【例6.14】 求复合表达式的值。

$(2 + 10) * 2/5 + ((5 + 3) \% 4) * 2$

说明：

(1) 根据优先级先计算 $(2+10)$ 得 12,即 $12 * 2/5 + ((5+3)\%4) * 2$。

(2) 计算 $12 * 2$ 得 24,即 $24/5 + ((5+3)\%4) * 2$。

(3) 计算 $24/5$ 得 4,即 $4 + ((5+3)\%4) * 2$。

(4) 计算 $(5+3)$ 得 8,即 $4 + (8\%4) * 2$。

(5) 计算 $(8\%4)$ 得 0,即 $4 + 0 * 2$。

(6) 计算 $0 * 2$ 得 0,即 $4 + 0$。

(7) 计算 $4 + 0$ 得到最后结果为 4。

【例6.15】 输入一个长方体的长、宽、高,求长方体表面积,输出保留小数点后 2 位。

```
#1.    #include <stdio.h>
#2.    int main()
#3.    {
#4.        double x, y, z;           //x, y, z分别用来保存长方体的长宽高
#5.        double s;                 //s用来保存长方体的表面积
#6.        scanf("%lf %lf %lf", &x, &y, &z);
#7.        s = (x * y + y * z + x * z) * 2;
#8.        printf("%.2f\n", s);
#9.    return 0;
#10. }
```

运行程序并输入如下数值：

3 4 5↙

程序运行结果如下：

3 4 5
94.00

6.3.4 使用函数

一个实用的程序往往由许多复杂的功能组成,面对复杂的任务,人们首先想到的就是任务的分解。

(1) 先把复杂的功能分解成若干相对简单的子功能。

(2) 为每个子功能专门编写程序,对应每个子功能的程序段被称为子程序。

(3) 把完成各项子功能的子程序组合到一起,即得到一个能完成复杂任务的程序。

这种自顶向下、逐步分解复杂功能的方法就是程序设计中经常采用的模块化程序设计方

法,该方法解决了人类思维能力的局限性和所需处理问题的复杂性之间的矛盾。

除了任务分解产生的子程序之外,在程序中可能还会有一些需要反复使用的功能,为了减少重复的劳动,也可以把这些功能写成子程序,在需要时调用这些子程序即可。在 C/C++ 语言中可以把每个子程序写成一个函数,然后使用这些函数组成一个完整的 C/C++ 语言程序。所以,函数是 C/C++ 程序的基本组成单位。

C/C++ 语言中的函数可分为库函数和用户自定义函数两种。

1. 库函数

C/C++ 库函数一般分成两大类:C/C++ 标准库函数和第三方库函数。

C/C++ 标准库函数随 C/C++ 编译程序提供,用户只需在程序中包含该函数原型的头文件即可在程序中直接调用,如在前面曾经用到的 printf()、scanf()、strcpy() 等函数均为 C/C++ 语言编译软件提供的库函数。有了它们,用户不再需要为实现这些功能编写代码,可减少重复劳动、提高程序开发效率。

第三方库函数一般指标准库和用户自定义函数库之外,由其他组织或个人编写的具有特定功能的函数库,合理使用第三方库函数可以极大减轻编程工作量,快速实现软件开发目标。例如,EGE(Easy Graphics Engine)库函数是一个由国内编程爱好者开发的可以免费使用的 C++ 绘图函数库,使用该库可以快速开发出多种绘图程序(参见本章阅读材料:心形算法3)。

2. 用户自定义函数

由用户根据需要自己编写的函数,即用户自定义函数。这些函数既可以是程序细化后的子功能函数,也可以是需要反复使用的子功能函数。

1) 函数的定义

如前所述,main() 函数就是一个用户自定义函数。用户自定义函数的基本形式如下:

```
数据类型 函数名(参数列表)
{
声明部分
语句
…
}
```

数据类型用于说明函数执行结束后返回结果的数据类型,若无返回结果可以用 void 说明。函数名是一个名字,其命名规则和变量名相同。函数名用来在程序中唯一标识函数;函数名后面必须有一对"()","()"内的参数列表用来接收传递给本函数的数据,被称为函数参数;函数名后面的一对"{ }"内为函数体,可以在函数体内的声明部分定义在该函数内使用的变量,语句部分用于实现该函数的具体功能。

【例 6.16】 编写一个函数求两个整数的和。

```
#1.    int f(int x, int y)
#2.    {
#3.        int t;
#4.        t = x + y;
#5.        return t;
#6.    }
```

说明：

（1）♯1行数据类型int，说明函数执行结束后返回结果的数据类型是一个int型数值，函数的名称是f，函数在执行时接受两个整型数值并保存到函数内的整型变量x、y中。

（2）♯2行与♯6行的一对"{ }"表示函数体的开始和结束。

（3）♯3行定义了一个整型变量t。

（4）♯4行的表达式语句把变量x,y的值相加，其和保存到变量t中。

（5）♯5行的return是一条控制语句，用来结束函数的运行并把变量t的值返回给上级函数。在函数结束后，函数中创建的变量x、y、t占用的内存空间被自动释放。

2）函数的调用

函数的调用即执行函数。在标准C/C++语言程序中，除了main()函数是被系统调用的外，其他所有函数，包括自定义函数和库函数，都要在用户编写的程序被调用时才能被执行，在函数执行完成后，都要返回调用这个函数的位置继续向后执行。

调用函数的一般形式如下：

函数名(参数列表)

调用函数时，函数名后面的"()"不能省，"()"内的数值传递给被调用的函数，当被调用函数有返回的数值时，这个函数调用就是一个表达式，其值就是被调用函数返回的数值。函数调用表达式允许出现在表达式可以出现的任意地方。被调用函数也可以没有返回的数值，没有返回数值的函数调用不是表达式，也不能作为表达式的一部分出现。没有返回值的函数的调用方法是在"函数名(参数列表)"后面加一个";"构成一个函数调用语句。

【例6.17】 编写一个程序调用前例中的f函数，输出两个整数的和。

```
#1.    # include < stdio. h >
#2.    int main()
#3.    {
#4.        int x = 10, y = 20, z;
#5.        z = f(x, y);
#6.        printf(" % d\n",z);
#7.        return 0;
#8.    }
```

程序运行结果如下：

```
30
```

♯5行f(x,y)是一个函数调用表达式，该函数调用表达式把main函数中的变量x,y的值通过f的参数列表传递给自定义函数f内的两个变量x,y，然后转到函数f内执行，f函数执行后返回变量t的值，该值作为main()函数中的函数调用表达式的值，赋值操作将该函数调用表达式的值赋值给z。

♯6行调用库函数printf()输出整数z的值。

6.3.5 几个常用函数

1. 系统命令函数 int system(char * command)

system()函数是C/C++语言库函数，该函数可以发出系统命令，参数command为系统命令,命令执行成功返回 0,执行失败返回−1。使用该函数需要包含 stdlib. h 头文件,常用系统命令如下。

设置窗口大小：mode con 命令可设置窗口大小,以下函数调用设置窗口大小为 80 列、50 行。

```
system("mode con cols = 80 lines = 50");
```

设置窗口文本颜色：color 命令。命令参数 0＝黑色、1＝蓝色、2＝绿色、3＝湖蓝色、4＝红色、5＝紫色、6＝黄色、7＝白色、8＝灰色、9＝淡蓝色、A＝淡绿色、B＝淡浅绿色、C＝淡红色、D＝淡紫色、E＝淡黄色、F＝亮白色。以下函数调用设置窗口背景色为蓝色、前景色(文字的颜色)为淡绿色。

```
system("color 1A");
```

清除窗口内显示的内容：cls 命令。以下函数调用清除窗口内显示的所有内容。

```
system("cls");
```

2. 键盘输入检测函数 int kbhit()

kbhit()函数是 C/C++语言库函数,该函数可以检查当前是否有键盘输入,若有则返回一个非 0 值,否则返回 0。使用该函数需要包含 conio. h 头文件。函数用法示例如下：

```
int x;
x = kbhit();          //检查当前是否有键盘输入
```

3. 读取字符函数 int getch()

getch()函数是 C/C++语言库函数。该函数返回从键盘读取的一个字符,但不在屏幕上显示该字符,使用该函数需要包含 conio. h 头文件。函数用法示例如下：

```
char c;
c = getch();          //读取一个字符赋值给变量 c
```

注意：该函数不需要用户按 Enter 键也能读取用户输入的字符。

4. 产生随机数函数 int rand()

rand()函数是 C/C++语言库函数。该函数返回值为根据初始值产生的一个随机整数,使用该函数需要包含 stdlib. h 头文件。rand()函数的初始值可使用 srand()函数进行设置。函数用法示例如下：

```
int  x;
srand(100);           //设置随机数初始值为 100
x = rand();           //产生一个随机整数赋值给变量 x
```

5. 程序暂停函数 void Sleep(DWORD dwMilliseconds)

Sleep()函数是 C/C++语言库函数。该函数可以使程序运行暂停一段时间,函数参数

dwMilliseconds 为暂停的毫秒数,使用该函数需要包含 windows.h 头文件。函数用法示例如下:

```
Sleep(2000);          //使程序暂停 2000ms
```

6. 隐藏显示光标函数 void HideCursor(int x)

HideCursor()函数是自定义函数。该函数可以控制光标的显示与隐藏,函数参数 x=0 表示隐藏光标,x=1 表示显示光标。用户使用该函数前需要将该函数录入自己的程序中并包含头文件 windows.h。函数定义如下:

```
#1.   void HideCursor(int x)// x = 0 隐藏光标,x = 1 显示光标
#2.   {
#3.   CONSOLE_CURSOR_INFO cursor_info = {1, x};
#4.   SetConsoleCursorInfo(GetStdHandle(STD_OUTPUT_HANDLE), &cursor_info);
#5.   }
```

函数用法示例如下:

```
HideCursor(0);          //隐藏光标
```

7. 设置光标位置函数 void GotoXY(int x, int y)

GotoXY()函数是自定义函数。该函数可以移动光标在屏幕指定位置,函数参数 x 和 y 为移动光标的位置。用户使用该函数前需要将该函数录入自己的程序中,并包含头文件 windows.h。函数定义如下:

```
#1.   void GotoXY(int x, int y) //移动光标到 x 列,y 行的位置
#2.   {
#3.       COORD pos;
#4.       pos.X = x - 1;
#5.       pos.Y = y - 1;
#6.       SetConsoleCursorPosition(GetStdHandle(STD_OUTPUT_HANDLE),pos);
#7.   }
```

函数用法示例如下:

```
GotoXY(10,5);          //将光标定位在第 5 行、第 10 列
```

8. 设置输出文本的颜色 void SetColor(int color)

SetColor()函数是自定义函数。该函数可以设置输出文本的颜色,函数参数 color 取值范围是 0~15,其中 0=黑色、1=蓝色、2=绿色、3=湖蓝色、4=红色、5=紫色、6=黄色、7=白色、8=灰色、9=淡蓝色、10=淡绿色、11=淡浅绿色、12=淡红色、13=淡紫色、14=淡黄色、15=亮白色。用户使用该函数前需要将该函数录入自己的程序中,并包含头文件 windows.h。函数定义如下:

```
♯1.    void SetColor(int color)
♯2.    {
♯3.        HANDLE consolehwnd;
♯4.        CONSOLE_SCREEN_BUFFER_INFO csbiInfo;
♯5.        consolehwnd = GetStdHandle(STD_OUTPUT_HANDLE);
♯6.        GetConsoleScreenBufferInfo(consolehwnd, &csbiInfo);
♯7.        color = color + (csbiInfo.wAttributes & 0xf0);
♯8.        SetConsoleTextAttribute(consolehwnd,color);
♯9.    }
```

函数用法示例如下:

```
SetColor(4);          //设置输出的文本的颜色为红色
```

9. 设置输出文本的背景颜色 void SetBkColor(int color)

SetColorBk()函数是自定义函数。该函数可以设置输出文本的背景颜色,函数参数 color 取值范围及含义与 SetColor()相同。用户使用该函数前需要将该函数录入自己的程序中,并包含头文件 windows.h。函数定义如下:

```
♯1.    void SetColorBk(int color)
♯2.    {
♯3.        HANDLE consolehwnd;
♯4.        CONSOLE_SCREEN_BUFFER_INFO csbiInfo;
♯5.        consolehwnd = GetStdHandle(STD_OUTPUT_HANDLE);
♯6.        GetConsoleScreenBufferInfo(consolehwnd, &csbiInfo);
♯7.        color = (color << 4) + (csbiInfo.wAttributes & 0xf);
♯8.        SetConsoleTextAttribute(consolehwnd,color);
♯9.    }
```

函数用法示例如下:

```
SetColorBk(4);          //设置输出的文本的背景颜色为红色
```

 ## 6.4　选择结构程序

能自动根据不同情况选择执行不同程序的功能是对计算机程序的一个基本要求。这样的控制需要用选择结构实现。程序的选择结构需要用到条件判断,条件判断需要用到关系运算和逻辑运算。

6.4.1　关系运算

C/C++语言提供了以下 6 种关系运算符:

==　　　等于运算符

!=　　　不等于运算符

>　　　大于运算符

>=　　　大于或等于运算符

<　　　小于运算符

<=　　　小于或等于运算符

关系运算符被用于对左右两侧的值进行比较。如果比较的结果成立,即条件满足,则表达式的值为1;不满足则表达式的值为0。关系运算不改变操作对象的值。

关系运算表达式形式如下:

操作对象 1　关系运算符　操作对象 2

关系运算符的优先级总体上低于算术运算符,但在关系运算符中,>、>=、<=、<=的优先级要高于==、!=。为了防止混淆,在包含多个关系运算符的复合表达式中,通常使用"()"确定运算符运算的优先顺序。

【例 6.18】 关系运算。

```
#1.    #include<stdio.h>
#2.    int main()
#3.    {
#4.        int x=1,y=4,z=14;
#5.        printf("%d,",x<y+z);
#6.        printf("%d,",y==2*x+3);
#7.        printf("%d,",z>=x-y);
#8.        printf("%d,",x+y!=z);
#9.        printf("%d\n",z>3*y+10);
#10.       printf("%d,",x<y<z);
#11.       printf("%d\n",z>y>x);
#12.       return 0;
#13.   }
```

程序运行结果如下:

```
1,0,1,1,0
1,0
```

6.4.2　逻辑运算

C/C++语言提供了以下3种逻辑运算符:

!　　　逻辑非运算符

&&　　逻辑与运算符

||　　　逻辑或运算符

逻辑运算符被用于对操作对象的值进行逻辑运算,对于逻辑运算符,它的操作对象只有0和非0的区别,运算结果表达式的值为0或1。逻辑运算不改变操作对象的值。

逻辑运算表达式形式如下:

!操作对象

操作对象 1　&&　操作对象 2

操作对象 1　||　操作对象 2

逻辑运算的"真值表"如表 6-3 所示。

表 6-3　逻辑运算的真值表

操作对象 1	操作对象 2	! 操作对象 1	操作对象 1 && 操作对象 2	操作对象 1 || 操作对象 2
非 0	非 0	0	1	1
非 0	0	0	0	1
0	非 0	1	0	1
0	0	1	0	0

逻辑运算符的优先级如下:

! 　　　　　高于算术运算符

&& 　　　低于关系运算符

|| 　　　低于 && 运算符

【例 6.19】 逻辑运算。

```
#1.    # include < stdio. h>
#2.    int main()
#3.    {
#4.        int x = 2,y = 3,z = 4;
#5.        printf(" % d,",x <= 1 && y == 3);
#6.        printf(" % d,",x <= 1 || y == 3);
#7.        printf(" % d,",!(x == 2));
#8.        printf(" % d,",!(x <= 1 && y == 3));
#9.        printf(" % d\n",x < 2 || y == 3 && z < 4);
#10.       return 0;
#11.   }
```

程序运行结果如下:

```
0,1,0,1,0
```

【例 6.20】 输入一个年份,程序判断该年份如果是闰年则输出 1,否则输出 0。判断闰年的条件是:年份能被 4 整除,但不能被 100 整除;或者年份能被 400 整除。

```
#1.    # include < stdio. h>
#2.    int main()
#3.    {
#4.        int year;
#5.        scanf(" % d",&year);
#6.        printf(" % d\n",(year % 4 == 0 && year % 100!= 0)||(year % 400 == 0));
#7.        return 0;
#8.    }
```

运行程序并输入如下年份:

```
2021↙
```

程序运行结果如下:

```
2021
0
```

6.4.3 if 语句

在 C/C++语言中,if 语句根据设定的条件,可以控制程序中哪些语句执行以及哪些语句不执行。if 语句有两种形式。

1. 第 1 种形式

if(表达式)

    语句

if 后面的小括号中的表达式可以是 C/C++语言中的任意表达式,但以关系表达式或逻辑表达式为主。上述形式的 if 语句的执行过程为:首先计算 if 后面的表达式,如果其值非 0 则执行 if 后面的那条语句,否则跳过该语句执行 if 语句的下一条语句。

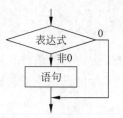

图 6-8 简单 if 语句的流程图

if 语句的执行流程如图 6-8 所示。

注意:

(1) if 后面的一对"()"是 if 语句的一部分,而不是表达式的一部分,因此它不可省略。

(2) if 后面跟的一条语句和 if() 合在一起构成一条 if 控制语句,如果 if 需要控制多条语句,则可以把这多条语句放在"{ }"之内构成一条复合语句。其书写格式如下:

if(条件表达式)

    {

    语句序列

    }

【例 6.21】 编写程序,从键盘输入一个整数,如果它大于 100,则输出是。

程序的流程图如图 6-9 所示。

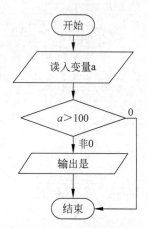

图 6-9 例 6.21 程序流程图

程序代码如下:

```
#1.    # include < stdio. h >
#2.    int main()
#3.    {
```

```
#4.        int a;
#5.        scanf("%d", &a);
#6.        if(a>100)
#7.        printf("是\n");
#8.        return 0;
#9.    }
```

运行程序并输入如下整数：

```
125↙
```

程序运行结果如下：

```
125
是
```

当程序运行时,如果用户输入小于 100 的整数 25,则程序中的 if 语句中的条件表达式值为假,不执行 if 控制结构中的语句,程序执行 if 控制结构的下一条语句,但下一条语句程序中已经没有了,从而结束程序的运行。

【例 6.22】 输入 3 个整数(整数间用空格分隔),输出 3 个整数中的最大数。

程序的流程图如图 6-10 所示。

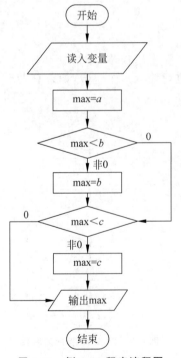

图 6-10 例 6.22 程序流程图

程序代码如下：

```
#1.    #include <stdio.h>
#2.    int main()
```

```
#3.   {
#4.     int a,b,c,max;
#5.     scanf("%d%d%d",&a,&b,&c);
#6.     max = a;
#7.     if(max < b)
#8.        max = b;
#9.     if(max < c)
#10.       max = c;
#11.    printf("%d\n",max);
#12.    return 0;
#13 }
```

运行程序并输入如下数值:

```
1  20  3↙
```

程序运行结果如下:

```
1 20 3
20
```

【例 6.23】 输入两个整数,将其从小到大排序输出(整数间用半角逗号分隔)。

程序的流程图如图 6-11 所示。

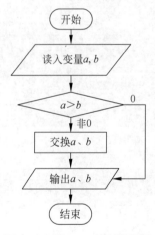

图 6-11 例 6.23 程序流程图

程序代码如下:

```
#1.   #include < stdio.h >
#2.   int main()
#3.   {
#4.       int a,b,t;
#5.       scanf("%d%d,", &a, &b);
#6.       if(a > b)
#7.       {
#8.           t = a;
#9.           a = b;
```

```
#10.        b = t;
#11.    }
#12.    printf("%d,%d\n",a,b);
#13.    return 0;
#14. }
```

运行程序并输入如下数值：

```
5  3✓
```

程序运行结果如下：

```
5 3
3.5
```

【例 6.24】 将输入的小写字母转为大写字母并输出,若输入非小写字母则直接输出。

```
#1.    #include <stdio.h>
#2.    char ToUpper(char c)
#3.    {
#4.        if(c >= 'a' && c <= 'z')
#5.            return c + 'A' - 'a';
#6.        return c;
#7.    }
#8.    int main()
#9.    {
#10.       char c;
#11.       scanf("%c",&c);
#12.       c = ToUpper(c);
#13.       printf("%c\n",c);
#14.       return 0;
#15. }
```

运行程序并输入如下字符：

```
q✓
```

程序运行结果如下：

```
q
Q
```

例 6.24 通过调用自定义函数 ToUpper() 将小写字母转换为大写字母。程序逻辑结构简单,需要注意的是 ToUpper() 中将小写字母转换为大写字母的算法。

2. 第 2 种形式

if（表达式）

　　语句 1

else

　　语句 2

第 2 种形式的 if 语句的执行过程为：首先计算 if 语句后面的表达式，如果其值非 0 则执行语句 1，否则执行语句 2。语句 1 和语句 2 也可以使用"{ }"构成复合语句。

if-else 语句的执行流程图如图 6-12 所示。

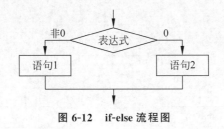

图 6-12　if-else 流程图

【例 6.25】　使用 if-else 语句改写例 6.23，即输入两个整数，从小到大排序输出。

程序的流程图如图 6-13 所示。

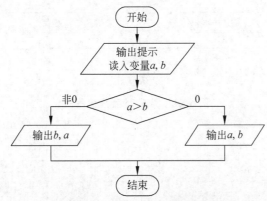

图 6-13　例 6.25 程序流程图

程序代码如下：

```
#1.   #include <stdio.h>
#2.   int main()
#3.   {
#4.       int a,b;
#5.       scanf("%d%d,", &a, &b);
#6.       if(a>b)
#7.           printf("%d,%d\n",b,a);
#8.       else
#9.           printf("%d,%d\n",a,b);
#10.      return 0;
#11.  }
```

运行程序并输入如下数值：

3　5↙

程序运行结果如下：

3 5
3,5

【例 6.26】 使用 if-else 语句改写例 6.22,求 3 个整数的最大值。

程序的流程图如图 6-14 所示。

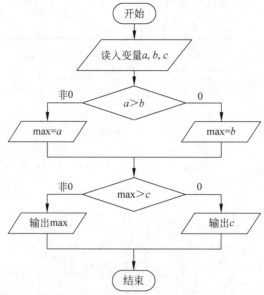

图 6-14　例 6.26 程序流程图

程序代码如下:

```
#1.  #include<stdio.h>
#2.  int main()
#3.  {
#4.  int a,b,c,max;
#5.  scanf("%d%d%d",&a,&b,&c);
#6.  if(a>b)
#7.      max=a;
#8.  else
#9.      max=b;
#10. if(max>c)
#11.     printf("%d\n",max);
#12. else
#13.     printf("%d\n",c);
#14. return 0;
#15. }
```

运行程序并输入如下数值:

```
1  20  3↙
```

程序运行结果如下:

```
1 20 3
20
```

程序的执行过程为：第 1 步将 3 个整数 1、20、3 分别输入给变量 a、b、c，所以 a 的值为 1，b 的值为 20，c 的值为 3；第 2 步执行第 1 条 if…else 语句，由于表达式 a＞b 不成立，因此执行 if…else 的 else 分支，将 b 的值 20 赋给 max；第 3 步执行第 2 条 if…else 语句，由于表达式 max＞c 成立，因此执行 if 后的语句，输出 max＝20。

6.4.4　if 语句嵌套

if 语句中包含的子语句也可以是 if 语句，在 if 语句中又包含一个或多个 if 语句的结构称为 if 语句的嵌套，if 语句嵌套的一种结构形式如下：

```
if ()
    if ()
        语句 1
    else
        语句 2
else
    if ()
        语句 3
    else
        语句 4
```

if 语句嵌套形式中的语句 1、语句 2、语句 3、语句 4 也可以是 if 语句。需要注意的是 else 总是与它上面的最近的、没有被奇数个大括号分隔的、未配对的 if 配对。else 与配对的 if 之间间隔不能超过一条复合语句。

如果嵌套结构比较多，为了避免配对出错，最好使用"{ }"确定配对关系。例如：

```
if ()
{
    if ()
        语句 1
}
else
    语句 2
```

上例 else 与最近的 if 之间间隔了一个大括号，是奇数个大括号，所以不能配对，与第 1 个 if 之间间隔一个复合的子语句，可以配对。

【例 6.27】　使用 if 嵌套改写例 6.26，求 3 个整数的最大值。

程序的流程图如图 6-15 所示。

程序代码如下：

```
#1.    #include<stdio.h>
#2.    int main()
#3.    {
#4.        int a,b,c;
#5.        scanf("%d%d%d", &a, &b,&c);
#6.        if(a>=b && a>=c)
#7.            printf("%d\n",a);
#8.        else
#9.        {
```

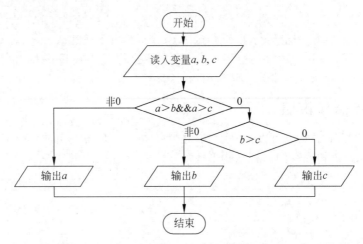

图 6-15   例 6.27 程序流程图

```
#10.        if(b>c)
#11.            printf("%d\n",b);
#12.        else
#13.            printf("%d\n",c);
#14.    }
#15.    return 0;
#16. }
```

运行程序并输入如下数值:

```
1  20  3↙
```

程序运行结果如下:

```
1  20  3
20
```

6.4.5   switch 语句

在 C/C++语言程序中,可以使用 if 语句进行分支处理,但是如果分支较多,则嵌套的层数也较多,程序冗长而且可读性降低。C/C++语言提供 switch 语句可以直接处理多分支选择,它的一般格式如下:

switch (表达式)

{

case 常数表达式 1:

    语句序列 1

case 常数表达式 2:

    语句序列 2

...

case 常数表达式 n:

    语句序列 n

default:

    语句序列 n+1

}

switch 语句的执行过程为：首先计算 switch 后面表达式的值，然后将该值依次与复合语句中 case 子句常量表达式的值比较，若与某个值相同，则从该子句中的语句序列开始往下执行，若没有相同的值，则转向 default 子句执行其后的语句序列。

switch 语句的执行流程图如图 6-16 所示。

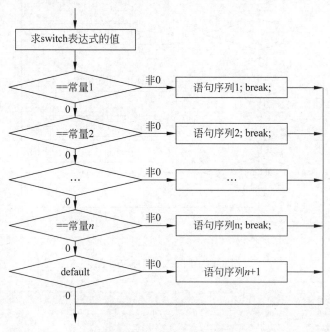

图 6-16 switch 流程图

关于 switch 语句的 4 点说明：

（1）switch 后面"（）"中表达式的值需为整数类型或字符类型。

（2）case 后的表达式必须为常数表达式，即为整型、字符型常量，或者为可以在编译时（程序运行前）计算出具体值的表达式，并且各个 case 后的常数表达式值必须互不相同。

（3）执行完一个 case 后面的语句后，若无 break 语句，则流程控制转移到下一个 case 继续执行；若有 break 语句，则跳出 switch 语句。

（4）在 switch 语句中，default 子句是可选的。如果没有 default 子句，且没有一个 case 的值被匹配，则 switch 语句将不执行任何操作。

【例 6.28】 编写程序，输入 1～5 的一个数字，输出以该数字打头的一个成语。

程序的流程图如图 6-17 所示。

程序代码如下：

```
♯1.  ♯include< stdio.h>
♯2.  int main()
♯3.  {
♯4.      int x;
```

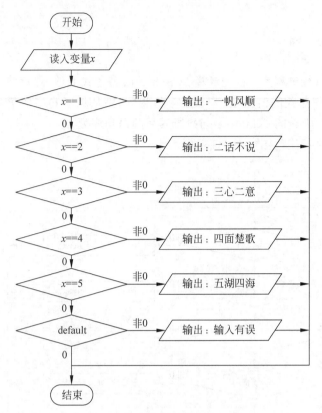

图 6-17　例 6.28 程序流程图

```
♯5.      scanf(" % d", &x);
♯6.      switch (x)
♯7.      {
♯8.      case 1:
♯9.          printf("一帆风顺 \n");
♯10.         break;
♯11.     case 2:
♯12.         printf("二话不说 \n");
♯13.         break;
♯14.     case 3:
         printf("三心二意 \n");
♯15.         break;
♯16.     case 4:
♯17.         printf("四面楚歌 \n");
♯18.         break;
♯19.     case 5:
♯20.         printf("五湖四海 \n");
♯21.         break;
♯22.     default:
♯23.         printf("输入错误!\n");
♯24.     }
♯25.     return 0;
♯26. }
```

运行程序并输入如下数值：

```
3
```

程序运行结果如下：

```
3
三心二意
```

6.5　循环结构程序

现代的计算机每秒可以完成亿万次的运算和操作,用户不可能为此写亿万条指令让计算机去运行。解决的方法是将一个复杂的功能变成若干简单功能的重复,然后让计算机重复执行这些简单的功能来完成这个复杂功能,从而得到用户想要的结果。

循环结构是让计算机重复执行一件工作的基本方法。在 C/C++语言中,常用可以实现循环结构的语句有如下 3 种。

(1) while 语句。

(2) do while 语句。

(3) for 语句。

通常这 3 种循环语句可以互换,但对于不同的需求使用不同的循环结构,不仅可以优化程序的结构,还可以精简程序。

(1) 在循环开始之前,已知循环次数,适宜使用 for 循环。

(2) 在循环开始之前,未知循环次数,适宜使用 while 循环。

(3) 在循环开始之前,未知循环次数,但至少循环一次,适宜使用 do-while 循环。

6.5.1　while 循环

while 语句用来实现"当型"循环。while 语句的格式如下：

while（表达式）

　　循环体；

此处的循环体可以是单条语句,也可以是使用"{}"把一些语句括起来的复合语句。

while 循环的执行过程为：先判断表达式,若其值为"真"(非 0),则执行循环体中的语句,否则跳过循环体,执行 while 循环体后面的语句。在进入循环体后,每执行完一次循环体语句后再判断表达式,当发现其值为"假"(0)时,立即退出循环。

while 语句的执行流程如图 6-18(b)所示。

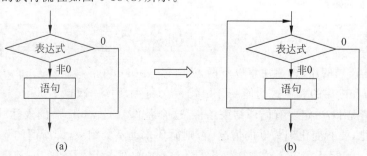

图 6-18　if 语句和 while 语句流程图比较

while 语句和 if 语句的唯一区别就是 if 语句在执行完表达式后面的语句时,if 语句即执行结束,继续执行 if 后面的其他程序语句;而 while 语句在执行完表达式后面的语句,将再一次重新执行 while 后面的表达式。

【例 6.29】　编写程序,求 sum＝1＋2＋3＋…＋100 的值。

程序的流程图如图 6-19 所示。

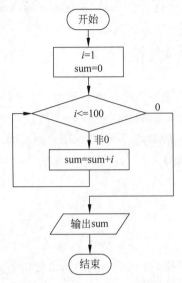

图 6-19　例 6.29 程序流程图

程序代码如下:

```
#1.    #include<stdio.h>
#2.    int main()
#3.    {
#4.        int i = 1,sum = 0;
#5.        while(i <= 100)
#6.        {
#7.            sum = sum + i;
#8.            i = i + 1;
#9.        }
#10.       printf("sum = %d\n",sum);
#11.       return 0;
#12.   }
```

程序运行结果如下:

```
5050
```

关于 while 语句的用法,要注意以下两点。

(1) 如果 while 后的表达式的值一开始就为 0,则循环体一次也不执行。

(2) 通常情况下,一定要有循环结束条件,这个条件就是 while 后的表达式的值要随着循环的执行而变化,要有变化到为 0 的情况,否则循环永远不会结束,即所谓的死循环。

【例 6.30】　编写程序求 1 * 2 * 3 * …? >=1 000 000,输出"?"处的值和最后的乘积结果。

程序的流程图如图 6-20 所示。

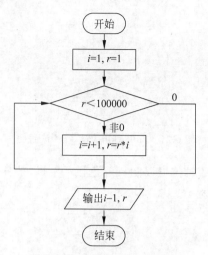

图 6-20　例 6.30 程序流程图

程序代码如下：

```
#1.    #include<stdio.h>
#2.    int main()
#3.    {
#4.        int i=1,r=1;
#5.        while(r<1000000)
#6.        {
#7.            i=i+1;
#8.            r=r*i;
#9.        }
#10.       printf("%d,%d\n",i-1,r);
#11.       return 0;
#12.   }
```

程序运行结果如下：

9.3628800

6.5.2　do⋯while 循环

do⋯while 语句用来实现"直到型"循环，它类似于 while 语句，唯一的区别是控制循环的表达式在循环底部测试是否为真，因此循环总是至少执行一次。do⋯while 语句的格式如下：

do

循环体

while（表达式）；

此处的循环体可以是单条语句，也可以是使用"{}"把一些语句括起来的复合语句。do⋯while 循环的执行过程为：先执行一次循环体，然后判别表达式，若其值为"真"（非 0），则返回继续执行循环体中的语句，直到表达式值为"假"，结束循环，再执行 while 后面的语句。

do…while 循环语句的执行流程图如图 6-21 所示。

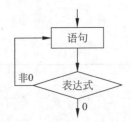

图 6-21 do…while 循环程序流程图

【**例 6.31**】 在屏幕上的随机位置以随机颜色显示字母,按任意键结束。

程序的流程图如图 6-22 所示。

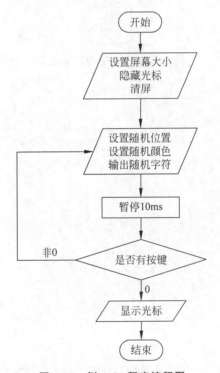

图 6-22 例 6.31 程序流程图

系统函数 system( )、Sleep( )、kbhit( )的用法,自定义函数 HideCursor( )、GotoXY( )、SetColor( )的代码和用法参见本书 6.2.5 节,程序部分代码如下:

```
#1.    # include < stdio.h>
#2.    …
#3.    int main()
#4.    {
#5.        system("mode con cols = 80 lines = 30");
#6.        HideCursor(0);
#7.        system("cls");
#8.        do
#9.        {
```

```
♯10.          GotoXY(rand() % 75 + 1, rand() % 25 + 1);
♯11.          SetColor(rand() % 16 + 1);
♯12.          printf(" % c", 'A' + rand() % 26);
♯13.          Sleep(10);
♯14.      }
♯15.      while(kbhit() == 0);
♯16.      HideCursor(1);
♯17.      return 0;
♯18. }
```

例 6.31 程序输出结果如图 6-23 所示。

图 6-23 例 6.31 程序运行结果

6.5.3 for 循环

C/C++语言中的 for 语句虽然结构复杂,但在 3 个循环语句中使用却最为简单,是最常用的循环语句,通常用于循环次数可以确定的情况。

for 语句的格式如下:

for (**表达式 1**; **表达式 2**; **表达式 3**)

  循环体

for 的执行过程如下。

(1) 先计算表达式 1。

(2) 计算表达式 2,若其值为"真"(非 0),则执行循环体中的语句,然后执行第(3)步;若其值为"假"(值为 0),则跳过循环体执行 for 后面的语句。

(3) 计算表达式 3。

(4) 转回第(2)步继续执行。

for 语句的执行流程如图 6-24 所示。

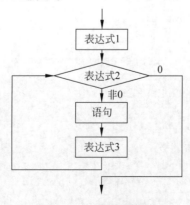

图 6-24 for 语句流程图

【例 6.32】 用 for 语句输出 26 个英文大写字母。

程序的流程图如图 6-25 所示。

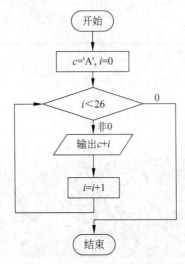

图 6-25 例 6.32 程序流程图

程序代码如下:

```
#1.    #include <stdio.h>
#2.    #include <stdlib.h>
#3.    int main()
#4.    {
#5.        int i;
#6.        char c = 'A';
#7.        system("cls");
#8.        for(i = 0; i < 26; i = i + 1)
#9.            printf("%c", c + i);
#10.       return 0;
#11.   }
```

程序运行结果如下:

```
ABCDEFGHIJKLMNOPQRSTUVWXYZ
```

【例 6.33】 用 for 语句求 sum=1+2+3+⋯+99+100。

程序的流程图如图 6-26 所示。

程序代码如下:

```
#1.    #include <stdio.h>
#2.    int main()
#3.    {
#4.        int i, sum = 0;
#5.        for (i = 1; i <= 100; i = i + 1)
#6.            sum = sum + i;
#7.        printf("%d", sum);
#8.        return 0;
#9.    }
```

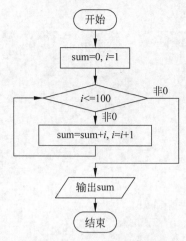

图 6-26　例 6.33 程序流程图

程序运行结果如下：

5050

【例 6.34】　用 for 语句在指定位置输出指定大小矩形。

程序的流程图如图 6-27 所示。

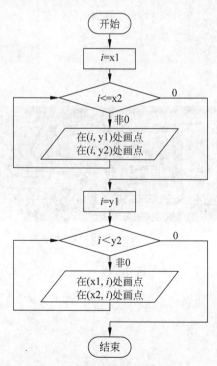

图 6-27　例 6.34 程序流程图

程序部分代码如下:

```
♯1.    void DrawRectangle(int x1,int y1,int x2,int y2)
♯2.    {
♯3.        int i;
♯4.        for(i = x1;i < = x2;i = i + 2)
♯5.        {
♯6.            GotoXY(i,y1);
♯7.            printf("■");
♯8.            GotoXY(i,y2);
♯9.            printf("■");
♯10.       }
♯11.       for(i = y1;i < y2;i = i + 1)
♯12.       {
♯13.           GotoXY(x1,i);
♯14.           printf("■");
♯15.           GotoXY(x2,i);
♯16.           printf("■");
♯17.       }
♯18. }
♯19. int main()
♯20. {
♯21.     DrawRectangle(4,2,24,10);
♯22.     DrawRectangle(10,4,30,12);
♯23.     GotoXY(1,13);                  //光标移到图形下方
♯24.     return 0;
♯25. }
```

例 6.34 程序运行结果如图 6-28 所示。

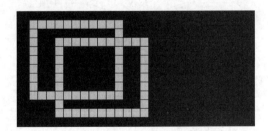

图 6-28　例 6.34 程序运行结果

【例 6.35】　在已有指定位置绘制飞机函数。

```
♯1.    void DrawPlan(int x,int y)
♯2.    {
♯3.        GotoXY(x,y);
♯4.        if(y > 0)
♯5.        printf("　▲");
♯6.        GotoXY(x,y + 1);
♯7.        if(y + 1 > 0)
♯8.        printf("　■");
♯9.        GotoXY(x,y + 2);
```

```
#10.        if(y + 2 > 0)
#11.        printf("    ■");
#12.        GotoXY(x, y + 3);
#13.        if(y + 3 > 0)
#14.        printf("   ◢■◣");
#15.        GotoXY(x, y + 4);
#16.        if(y + 4 > 0)
#17.        printf("  ◢■■■◣");
#18.        GotoXY(x, y + 5);
#19.        if(y + 5 > 0)
#20.        printf("◢■■■■■◣");
#21.        GotoXY(x, y + 6);
#22.        if(y + 6 > 0)
#23.        printf("   ◢■◣");
#24.        GotoXY(x, y + 7);
#25.        if(y + 7 > 0)
#26.        printf("  ◢■■◣");
#27.  }
```

编写飞机飞行程序,使飞机从下到上飞过屏幕。程序的流程图如图 6-29 所示。

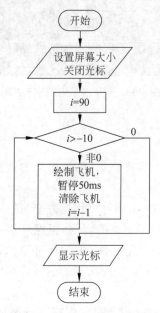

图 6-29　例 6.35 程序流程图

程序部分代码如下:

```
#1.   #include < stdio. h >
#2.   #include < stdlib. h >
#3.   #include < conio. h >
#4.   #include < windows. h >
#5.   ...                       //DrawPlan()函数的代码放在此处
#6.   int main()
#7.   {
```

```
 #8.       int i;
 #9.       printf("请通过窗口属性把窗口字体设置为最小,然后按任意键开始飞行!");
 #10.      getchar();
 #11.      system("mode con cols = 100 lines = 100");
 #12.      HideCursor(0);
 #13.      for(i = 90;i > - 10;i = i - 1)
 #14.      {
 #15.          SetColor(15);
 #16.          DrawPlan(30,i);
 #17.          Sleep(50);
 #18.          SetColor(0);
 #19.          DrawPlan(30,i);
 #20.      }
 #21.      HideCursor(1);
 #22.      return 0;
 #23. }
```

例 6.35 程序运行结果如图 6-30 所示。

图 6-30　例 6.35 程序运行结果

6.5.4　循环嵌套

一个循环体内的语句又是一个循环语句,称为循环的嵌套。内嵌的循环中还可以嵌套循环,这就是多层循环。

while 循环、do…while 循环、for 循环可以相互嵌套,虽然循环嵌套增加了编程的难度,对编程者的逻辑思维能力要求也提出了更高的要求,但循环嵌套的程序可以实现更加强大的功能。初学者需要注意的是外循环每执行一次,内循环都要执行一个完整的循环。即外循环执行一次,内循环中的语句执行 N 次(N 受内循环的条件控制);外循环执行 M 次,则内循环中的语句需要执行 $M \times N$ 次。

【例 6.36】　修改例 6.35 的飞机飞行程序,实现飞行循环飞行,直到用户按任意键退出。

main()函数流程图修改如图 6-31 所示。

修改后 main()函数代码如下:

```
 #1.  int main()
 #2.  {
 #3.      int i;
 #4.      printf("请通过窗口属性把窗口字体设置为最小,然后按任意键开始飞行!");
 #5.      getchar();
 #6.      system("mode con cols = 100 lines = 100");
 #7.      HideCursor(0);
```

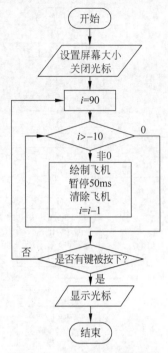

图 6-31 例 6.36 程序流程图

```
#8.     do
#9.     {
#10.        for(i = 90; i > - 10; i = i = i - 1)
#11.        {
#12.            SetColor(15);
#13.            DrawPlan(30, i);
#14.            Sleep(50);
#15.            SetColor(0);
#16.            DrawPlan(30, i);
#17.        }
#18.    }
#19.    while(kbhit() == 0);
#20.    HideCursor(1);
#21.    return 0;
#22. }
```

以上程序有个不足之处,即在每次飞行过程中用户无法退出程序,只有等当次飞行结束后程序才能退出。读者自行考虑如何改进本程序,才可以随时退出飞行。

【例 6.37】 编写字符雨程序,从程序屏幕的顶端随机坠落字母,字母落到屏幕底端后砸扁下方字母后消失,用户按下任意键退出本程序。

程序的流程图如图 6-32 所示。

程序部分代码(system()、HideCursor()、GotoXY()、SetColor()、Sleep()、kbhit()函数用法参见本书 6.2.5 节,DrawRectangle()函数代码参见例 6.34)如下:

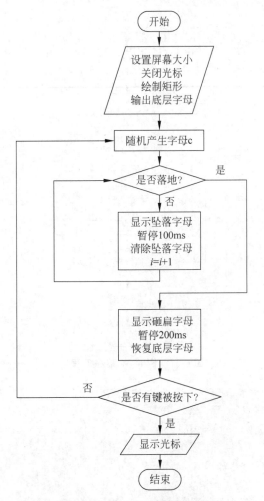

图 6-32　例 6.37 程序流程图

```
#1.     int main()
#2.     {
#3.         int x1 = 10, y1 = 1, x2 = x1 + 26 + 2, y2 = y1 + 20;
#4.         int i;
#5.         char c;
#6.         system("mode con cols = 80 lines = 22");
#7.         HideCursor(0);
#8.         DrawRectangle(x1, y1, x2, y2);
#9.         GotoXY(x1 + 2, y2 - 1);
#10.        printf("ABCDEFGHIJKLMNOPQRSTUVWXYZ");
#11.        do
#12.        {
#13.            c = rand() % 26 + 'A';
#14.            for(i = y1 + 1; i < y2 - 1; i = i + 1)
#15.            {
#16.                GotoXY(x1 + c - 'A' + 2, i);
#17.                printf(" %c", c);
#18.                Sleep(100);
```

```
#19.            GotoXY(x1 + c - 'A' + 2, i);
#20.            printf(" ");
#21.          }
#22.        GotoXY(x1 + c - 'A' + 2, i);
#23.        printf(" = ");
#24.        Sleep(200);
#25.        GotoXY(x1 + c - 'A' + 2, i);
#26.        printf(" %c", c);
#27.      }
#28.    while(kbhit() == 0);
#29.    return 0;
#30. }
```

例 6.37 程序运行结果如图 6-33 所示。

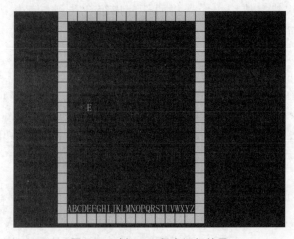

图 6-33　例 6.37 程序运行结果

6.6　Windows 桌面程序

根据本书第 3 章内容可知,当前计算机中的所有软硬件资源都是由操作系统统一负责管理的。用户编写的程序若要使用计算机中的软硬件资源,必须与操作系统打交道。因为操作系统种类众多且不断发展变化,程序设计语言本身只能提供访问操作系统的部分基本功能,用户程序若想充分使用某个操作系统的功能特定,必须学习该操作系统提供的编程接口。

图 6-34　发明 Windows 时的比尔·盖茨

Windows 操作系统是目前最流行的操作系统,该系统由比尔·盖茨(Bill Gates),如图 6-34 所示创立的 Microsoft 公司于 1983 年开发成功,通过历经多年的不断改进,该操作系统由最早的 Windows 1.0 发展到目前的 Windows 10。凭借其强大的功能和易用性,Windows 的用户数量遥遥领先所有竞争对手。Windows 操作系统本身主要采用 C 语言编写开发,在系统内部提供了完整的 C 语言开发接口,通过该接口用户可以使用 Windows 提供的所有功能。本节将介绍如何使用 C/C++语言开发 Windows 桌面程序。

6.6.1 Windows 桌面程序结构

Window 桌面程序即拥有 Windows 图形界面风格的 Windows 应用程序。为了适应 Windows 操作系统的技术特点,使用户能够使用 Windows 操作系统提供的各项功能,Microsoft 公司对标准的 C/C++语言程序结构进行了一些扩充和修改,并给出了一些自己的约定,从而形成了自己的技术特点,下面对这些特点分别给予说明。

1. 程序组成

开发一个 Windows 桌面程序,用户需要创建"程序代码"和"用户界面(Uesr Interface, UI)资源"两部分内容,然后使用编译器将两部分内容合并到一起构成一个 EXE 文件,即 Windows 桌面应用程序。

1)程序代码

Microsoft 公司对标准的 C/C++语言程序的部分语法和运行规则进行了一些修改,增加了许多自己的特性。例如,在标准的 C/C++语言程序中,必须包含一个命名为 main 的函数,C/C++语言程序的执行一般从它开始。而在标准 Windows 桌面应用程序中,用 wWinMain()函数取代了标准 C/C++语言程序中的 main()函数,成为 Windows 桌面应用程序新的入口点。Windows 桌面程序对 C/C++语言的基本语法规则和功能并没有修改。

2)UI 资源

UI 资源实际上是一组数据。Windows 桌面程序的图形界面中可包括菜单、工具栏、图标、光标、按钮、位图、输入输出框等图形元素,这些图形元素的显示形式及它们在相应窗口内的布局构成了一个 Windows 桌面程序的外貌。这些桌面程序外貌的调整,如按钮位置和大小的调整并不会影响程序内部的处理功能。因此,Windows 桌面程序将这些用于程序外貌描述的数据从程序代码中分离出来,保存为独立的数据文件,称为 Windows 程序的 UI 资源。

由于程序的 UI 资源实际上是一组描述程序窗口布局的数据,因此可以直接编辑这些数据实现增删窗口元素或调整窗口元素的位置和大小等。为了能直观地看到修改这些数据对程序界面的影响,Visual C++集成开发环境包含了一个 UI 资源编辑工具(资源编辑器),可以以所见即所得的方式通过修改 UI 资源修改程序的外观。

2. 运行模式

与标准 C/C++语言程序运行方式不同,Windows 桌面应用程序的运行是由消息驱动的。所谓消息驱动是指操作系统及应用程序之间的调用是以响应消息的方式进行的。例如,当发生针对某窗口的键盘和鼠标的输入时,Windows 系统获取该输入信息并向相应窗口发送"有输入"的消息,该窗口附属的消息处理函数通过处理该消息可以获得键盘和鼠标的输入信息。当系统需要用户程序更新窗口内容时,就向该窗口发送"更新窗口"的消息,该窗口附属的消息处理函数处理这些消息以更新窗口内容。另外,用户也可以在程序中自己定义消息,发送给本程序的不同窗口或发送给其他程序的窗口实现通信。消息实际上是一组数据,通过函数调用的方式进行传递。

因为 Windows 桌面程序的大量功能需要通过消息处理实现,所以 Windows 桌面应用程序的运行模式与标准的 C/C++语言程序有较大区别,其常见运行模式如图 6-35 所示。

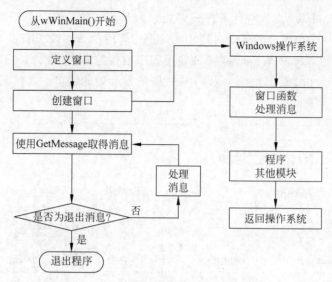

图 6-35　Windows 桌面应用程序运行模式

Windows 桌面程序从 wWinMain()函数开始执行,wWinMain()函数完成初始化后创建一个窗口的定义,这个窗口的定义被称为窗口类。窗口类中包含一个处理窗口消息的函数,该函数被称为窗口函数(或窗口过程)。该窗口函数默认名称为 WndProc,用来处理该窗口接收到的各种消息。窗口函数 WndProc()在窗口创建完成后可以与 wWinMain()函数并发运行。图 6.35 为 Windows 桌面应用程序的运行模式。

wWinMain()函数像传统的 C/C++语言程序中的 main()函数一样运行,该函数执行结束即退出程序。通常一个 Windows 桌面应用程序并不会自己结束,而是在接到用户或系统发来的退出消息时才会结束运行。为了实现以上功能,wWinMain()函数中有一个 while 循环,该循环使用 GetMessage()函数不断取得系统发来的各种消息,并在该循环中对收到的消息进行检测。若检测到发来的消息是退出消息,则退出循环并结束本程序的运行。

窗口函数比较特殊,它一般不会被 wWinMain()函数直接调用,而是由操作系统调用。每个窗口函数都属于一个窗口,只要操作系统检测到有针对该窗口的输入或有一些工作需要该窗口完成时,操作系统就会调用该窗口函数,并将相关信息以消息(函数参数)的形式传递给窗口函数,由窗口函数进行处理。在窗口函数中可以调用程序的其他函数。窗口函数因为不是由 wWinMain()函数调用的,所以窗口函数执行结束后并不返回到 wWinMain()函数中,而是等待操作系统的下次调用。wWinMain()函数和窗口函数是分别执行的,而且一个程序中虽然只有一个 wWinMain()函数,但可以拥有多个窗口,这些窗口的窗口函数都可以并发运行,但在 wWinMain()函数运行结束后,wWinMain()函数创建的所有窗口都将被关闭,这些窗口函数也都被退出。

6.6.2　创建 Windows 桌面程序

编写 Windows 桌面程序推荐使用 Microsoft 公司的 Visual C++集成开发环境,Visual C++集成开发环境包含在 Visual Studio 开发工具集中,下面讲述使用该开发环境创建一个 C++Windows 桌面应用程序的方法。

1. 新建项目

一个 C/C++ Windows 桌面应用程序通常由多个程序文件、配置文件和数据文件(资源文件)组成,Visual C++采用项目的形式对这些文件进行管理。下面以 Visual Studio 2019 为例,讲述创建一个 C++语言标准 Windows 桌面应用程序项目的方法。

在 Visual Studio 2019 启动后,显示如图 6-36 所示起始的窗口。通过该窗口,用户可以打开已有项目或创建新项目。

图 6-36　Visual Studio 2019 起始对话框

在起始窗口中的右侧“开始使用”栏选择“创建新项目”选项,进入如图 6-37 所示的“创建新项目”窗口。

Visual Studio 2019 可以创建多种应用程序,在“创建新项目”窗口中的右侧栏下拉列表中选择“C++”“Windows”“桌面”,然后找到并选择“Windows 桌面应用程序”选项,单击“下一步”按钮,进入如图 6-38 所示的“配置新项目”窗口。

在“配置新项目”窗口中的项目名称栏输入“创建新项目”的名称,在位置栏输入或选择创建新项目的位置,建议选中“将解决方案和项目放在同一目录中”复选框,然后单击“创建”按钮,程序即进入与图 6-39 相似的程序开发界面。

通过以上步骤即可创建新程序项目,该项目已经包含了若干代码文件、配置文件、数据文件,具备了一个标准 Windows 桌面应用程序的最基本功能。这些文件都保存在“项目位置/项目名称”文件夹下,用户只要通过对这些文件进行编辑、修改,即可实现自己需要的程序功能。用户若要移动、备份或提交该项目,则需要移动、备份或提交整个项目文件夹的内容。

用户在下次打开该项目时,只要在如图 6-36 所示起始窗口中选择“打开项目或解决方案”选项,根据提示找到项目保存位置,打开“项目名称.sln”文件即可。

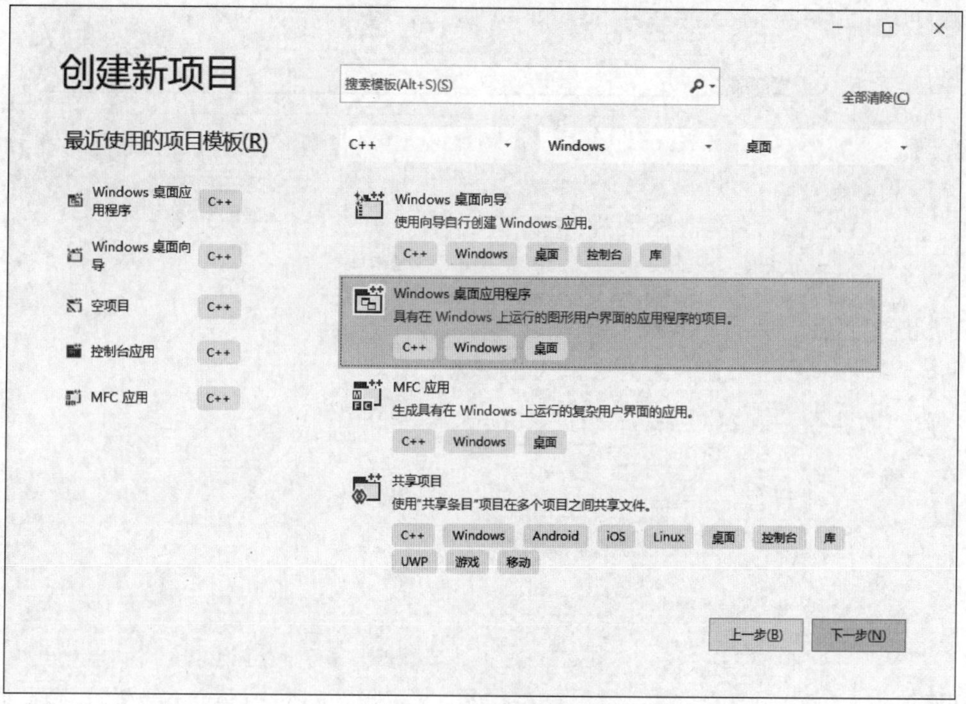

图 6-37 "创建新项目"窗口

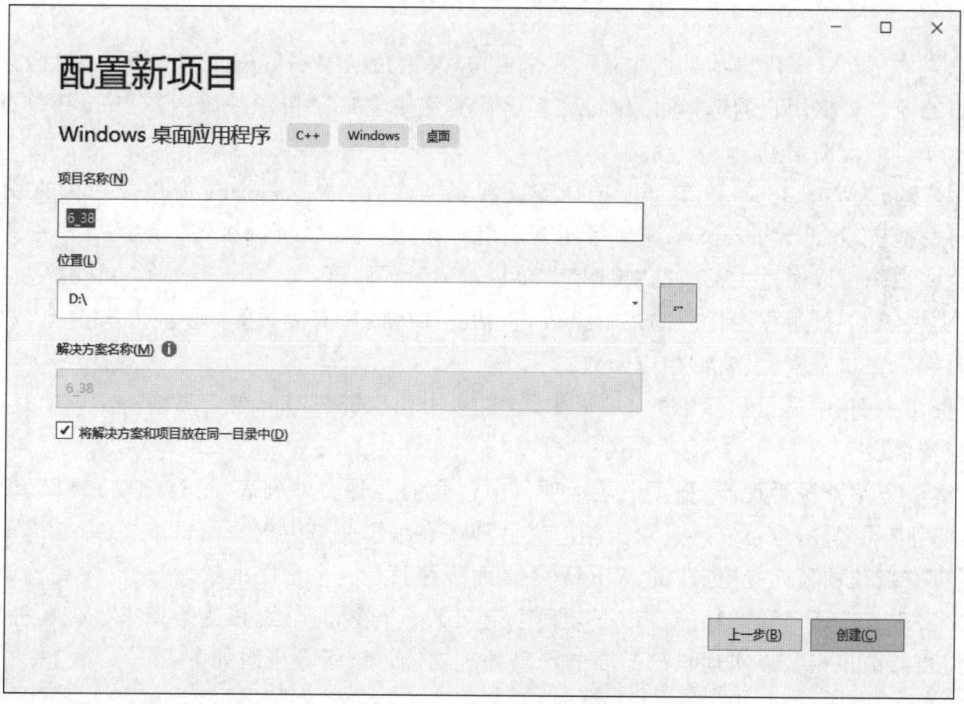

图 6-38 "配置新项目"窗口

2. 编辑程序

使用 Visual Studio 2019 创建或打开一个 C++ Windows 桌面程序项目后,显示的开发界

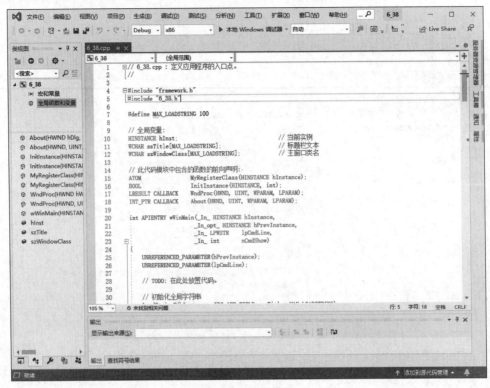

图 6-39　程序开发界面

面如图 6-39 所示,该开发界面通常显示 3 个窗口,左上角的 Workspace 窗口显示项目的组成,右上角的窗口根据用户的选择可以显示"程序代码编辑窗口""资源编辑窗口"等,下方的窗口可显示项目的辅助信息。

用户通过 Workspace 窗口可以选择需要编辑的内容。Workspace 窗口显示的视图用户可以自由拖曳组合,Workspace 窗口常用视图组合为"类视图""资源视图""解决方案资源管理器",这些视图可以通过主菜单的"视图"菜单控制显示或隐藏。

"类视图"中显示程序代码的逻辑组成,包括程序中的所有函数等,通过双击相应函数即可在代码编辑窗口中查看、编辑相应函数。

"资源视图"中显示程序中的 UI 资源,通过双击相应资源即可在资源编辑窗口中查看、编辑相应资源。

"解决方案资源管理器"视图中显示项目中包含的各种文件列表,通过该窗口可以增加或删除项目中的文件,也可以通过双击相应文件即可在编辑窗口中查看编辑该文件。

使用"新建项目向导"创建的 Windows 桌面程序只是一个程序框架,用户需要完善该框架程序来实现自己所需要的功能。该框架程序定义了一个窗口函数,该函数用来处理各种消息,用户需要修改该函数以实现自己需要的消息处理功能。该函数声明如下:

```
LRESULT CALLBACK WndProc(HWND hWnd, UINT message, WPARAM wParam, LPARAM lParam)
```

Windows 系统把需要窗口处理的消息通过函数参数传递给 WndProc 窗口函数。其中,函数参数 hWnd 为当前窗口在系统内的唯一标识;函数参数 message 代表消息的种类;函数参数 wParam 与 lParam 是消息的附加信息。在窗口函数 WndProc() 中通常使用 switch 分支语句处理 message 参数以区分不同的消息并进行处理,以实现相应的程序功能。

3. 调试运行

程序项目创建完成之后,选择集成开发环境主菜单中的"生成/生成解决方案"命令对程序进行编译,编译成功后选择主菜单中的"调试/开始执行"命令执行程序,本例程序运行结果如图 6-40 所示。

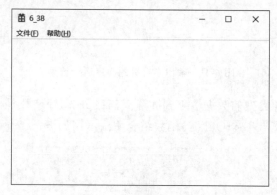

图 6-40 程序运行结果

6.6.3 输出文本

当需要显示窗口内容时,系统会向创建该窗口的桌面程序发送 WM_PAINT 消息(即以 WM_PAINT 消息为参数调用该桌面程序的窗口函数)。在窗口函数中用 switch 语句区分、处理不同的消息。用户只要修改 case WM_PAINT:之后的代码(通常在"// TODO:在此处添加使用 hdc 的任何绘图代码…"行之后),即可在程序窗口内输出文本。

注意:默认情况下,窗口的左上角坐标为(0,0),窗口右侧方向为 x 正方向,窗口下侧方向为 y 正方向,坐标单位为像素。

1. 输出字符串

Windows 系统函数 BOOL TextOutA(HDC hdc,int x,int y,LPCSTR string,int n)可在窗口内指定位置输出一个字符串。其中,函数参数 hdc 为窗口参数;x、y 为输出字符串的窗口坐标;string 为输出的字符串;n 为输出的字符串字符数;函数执行成功返回非 0 值。函数用法示例如下:

```
TextOutA(hdc, 150, 100, "第一个 Windows 程序!", strlen("第一个 Windows 程序!"));
```

将以上 TextOutA() 函数调用语句添加到 WndProc() 函数"// TODO:在此处添加使用 hdc 的任何绘图代码..."行之后,编译运行程序即可在程序窗口中输出"第一个 Windows 程序!"字符串,如图 6-41(a)所示。

Windows 系统函数 TextOutA() 只能输出字符串,C 库函数 printf() 虽然可以将各种类型的数据输出到屏幕上,但在 Windows 桌面程序中该函数已经无效,为了解决多种类型数据的输出问题,可以使用 sprintf() 函数将要输出各种类型数据内容转换为字符串,然后调用 TextOutA() 函数进行输出。C 库函数 sprintf() 函数用法与 printf() 函数相似,两者的区别是

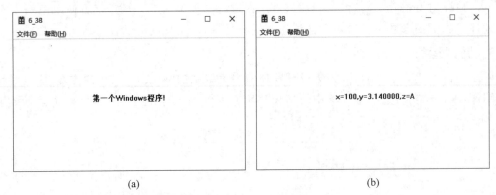

图 6-41　输出字符串的程序运行结果

printf()函数可以把各种类型的数据输出到屏幕上,而 sprintf()函数是把各种类型的数据输出为字符串,sprintf()函数与 TextOutA()函数结合用法示例如下:

```
char s[100];
sprintf(s, "x = % d,y = % f,z = % c", 100, 3.14, 'A');
TextOutA(hdc, 150, 100, s, strlen(s));
```

注意:printf()函数、sprintf()函数等早期 C/C++语言库函数因为安全性不够高(使用不当的情况下会导致内存泄漏),默认被 VC++ 2019 禁止使用,为了继续使用该函数,需要在源程序文件的起始位置添加以下两行内容:

```
#define _CRT_SECURE_NO_WARNINGS    //关闭 VC++ 2019 对早期 C/C++库函数的安全警告
#include "stdio.h"                 //包含 sprintf()函数声明的头文件
```

将修改后的程序编译运行,输出结果如图 6-41(b)所示。

2. 设置文本颜色

Windows 系统函数 COLORREF SetTextColor(COLORREF crColor)可设置输出文本的颜色。其中,函数参数 crColor 为设置的文本颜色;函数返回值为原来的文本颜色。

COLORREF 是 Windows 系统中用来定义颜色的一种数据类型,用户可以使用有参数的宏 RGB()设定颜色,并对 COLORREF 类型的变量赋值。RGB()有 3 个参数用来指定红、绿、蓝三原色的构成比例,每个原色的取值范围为 0~255。例如,用 RGB(255,0,0)可以指定红色,用 RGB(255,255,0)可以指定黄色,用(255,255,255)可以指定白色。用这种方法最多可以指定 256×256×256 种颜色。设置输出的文本颜色为红色的示例代码如下:

```
COLORREF OldColor,NewColor = RGB(255,0,0);
OldColor = SetTextColor(hdc,NewColor);           //设置文本颜色为红色
…                                                //以颜色为红色输出文本
SetTextColor(hdc,OldColor);                      //恢复原文本颜色
```

3. 设置文本背景颜色

Windows 系统函数 COLORREF　SetBkColor(COLORREF crColor)可设置输出文本的背景颜色。其中,函数参数 crColor 为设置的文本背景颜色;函数返回值为原来的文本背景颜

色。设置输出的文本背景颜色为蓝色的示例代码如下:

```
COLORREF OldBkColor,NewBkColor = RGB(0,0,255);
OldBkColor = SetBkColor(hdc,NewBkColor);        //设置文本背景颜色为蓝色
…                                               //输出背景颜色为蓝色文本
SetBkColor(hdc,OldColor);                       //恢复原文本背景颜色
```

4. 设置背景模式

Windows 系统函数 int SetBkMode(HDC hdc,int nBkMode)设置输出文本的背景模式,背景模式决定了在绘制文本前是否用背景色覆盖输出区域。其中,函数参数 nBkMode 指定要设置的模式,可为下列值之一。

OPAQUE:默认模式。背景在文本输出之前用当前背景色填充。

TRANSPARENT:背景在绘图之后不改变。

函数返回值为原来的文本背景模式。设置输出的文本背景模式为透明模式的示例代码如下:

```
int OldBkMode = SetBkMode(hdc,TRANSPARENT);     //设置文本背景模式为透明
…                                               //输出背景透明的文本
SetBkMode(hdc,OldBkMode);                        //恢复原文本背景模式
```

6.6.4　绘制图形

与输出文本相同,用户只要修改窗口函数中 switch 语句"// TODO:在此处添加使用 hdc 的任何绘图代码…"行之后的代码,即可在程序窗口内绘制图形。

1. 绘图函数

1) 绘制直线

可以先用系统函数 MoveToEx(HDC hdc,int x,int y,LPPOINT lpPoint)移动当前点到指定位置,再用系统函数 LineTo(HDC hdc,int x,int y)向指定点画直线段。在程序窗口内从坐标(10,10)到(210,110)画一条线段的示例代码如下:

```
MoveToEx(hdc,10,10,NULL);
LineTo(hdc,210,110);            //绘制一条直线
```

2) 绘制矩形

可以使用系统函数 Rectangle(HDC hdc,int x1,int y1,int x2,int y2)绘制一个矩形,通常(x1,y1)为矩形左上角坐标、(x2,y2)为矩形右下角坐标。在程序窗口内画一矩形,左上角坐标为(230,10)、右下角坐标为(430,110)的示例代码如下:

```
Rectangle(hdc,230,10,430,110);        //绘制一个矩形
```

3) 绘制椭圆或圆

可以使用系统函数 Ellipse(HDC hdc,int x1,int y1,int x2,int y2)绘制椭圆或圆。x1,y1,x2, y2 为椭圆的外接矩形的顶点坐标,外接矩形宽度和高度都必须大于 2 且小于 32 767。在程序窗口内画一椭圆,其外接矩形左上角坐标为(10,130),右下角坐标为(210,230)的示例代码如下:

```
Ellipse(hdc,10,130,210,230);                    //绘制一个椭圆
```

4）绘制圆角矩形

可以使用系统函数 RoundRect(HDC hdc,int x1,int y1,int x2,int y2,int x3,int y3)绘制圆角矩形。其中,x3 值表示绘制圆角使用椭圆的宽度；y3 值表示绘制圆角使用椭圆的高度。在程序窗口内画一圆角矩形,其左上角坐标为(230,130),右下角坐标为(430,230),圆角椭圆的宽度、高度均为 25 的示例代码如下：

```
RoundRect(hdc,230,130,430,230,25,25);                    //绘制圆角矩形
```

将以上程序示例内容添加到窗口函数的 switch 语句中"case WM_PAINT:"区域"//TODO：在此处添加使用 hdc 的任何绘图代码…"行之后,程序运行结果如图 6-42(a)所示。

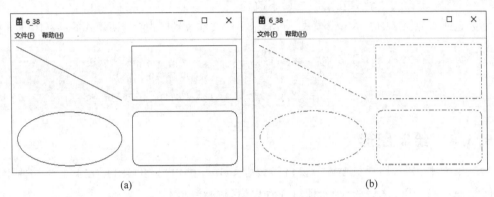

图 6-42　使用绘图函数和画笔的程序运行结果

2. 使用画笔

Windows 绘图系统提供的绘图工具中有一种被称为画笔,画笔可用于绘制线条、曲线以及勾勒形状轮廓。通过修改画笔的属性可以更改线条的外观和颜色。

使用画笔的过程如下：首先创建画笔,在创建画笔后指定画笔的属性；然后将画笔附加到系统中,就可以使用这个画笔绘制图形了。

可以使用系统函数 CreatePen(int nPenStyle, int nWidth, COLORREF crColor)创建画笔。其中,函数参数 nPenStyle 指定画笔的风格；函数参数 nWidth 指定画笔的宽度；函数参数 crColor 用来设定画笔的颜色。函数参数 nPenStyle 的取值可以参见表 6-4。

表 6-4　画笔风格

风　　格	说　　明
PS_SOLID	创建一支实线画笔
PS_DASH	创建一支虚线画笔(画笔宽度<=1 有效)
PS_DOT	创建一支点线画笔(画笔宽度<=1 有效)
PS_DASHDOT	创建一支虚线和点交替的画笔(画笔宽度<=1 有效)
PS_DASHDOTDOT	创建一支虚线和两点交替的画笔(画笔宽度<=1 有效)
PS_NULL	创建一支空画笔,绘制填充图形时不显示边框
PS_INSIDEFRAME	创建一支画笔,该画笔在封闭形状的框架内画线

画笔建立好之后,还需要将它附加到当前绘图系统(GDI)中。系统函数 SelectObject() 可以将一个画笔附加到当前绘图系统中。其中,函数参数为新画笔;函数返回值为原来画笔。绘图系统在同一时间只能使用一个画笔,因此,在将一个画笔附加到绘图系统时,通常需要保存绘图系统内原来的画笔,以便在需要时进行恢复。画笔使用方法如下:

```
HPEN hOldPen,hNewPen = CreatePen(PS_DASHDOTDOT,1,RGB(255,0,0));    //创建新画笔
hOldPen = (HPEN)SelectObject(hdc,hNewPen);                          //选择新画笔、保存旧画笔
…                                                                  //绘图语句
SelectObject(hdc,hOldPen);                                          //恢复旧画笔
DeleteObject(hNewPen);                                              //删除画笔
```

将上述修改画笔的程序代码添加到窗口函数中绘图语句的前后,程序运行结果如图 6-42(b) 所示。

3. 使用画刷

Windows 绘图系统提供的绘图工具中另外一种常用工具被称为画刷。画刷在封闭图形内以指定的风格进行填充,Windows 绘图系统中有 3 种主要类型的画刷,分别是原色画刷、阴影画刷和位图画刷。本节介绍原色画刷和阴影画刷。

与画笔用法类似,使用画刷的过程是首先创建画刷,在创建画刷后指定画刷的属性,然后将画刷附加到绘图系统中,就可以使用该画刷绘制图形了。

使用系统函数 CreateSolidBrush(COLORREF crColor) 可以创建原色画刷,其中函数参数 crColor 用来设定画刷的颜色。使用系统函数 CreateHatchBrush(int nIndex, COLORREF crColor) 可以创建阴影画刷,其中函数参数 nIndex 用来设定画刷的阴影类型。表 6-5 给出了画刷阴影类型的定义。

表 6-5　阴影类型

类　　型	说　　明
HS_BDIAGONAL	45°的向下影线(从左到右)
HS_CROSS	水平和垂直方向以网格线做出阴影
HS_DIAGCROSS	45°的网格线阴影
HS_FDIAGONAL	45°的向上阴影线(从左到右)
HS_HORIZONTAL	水平的阴影线
HS_VERTICAL	垂直的阴影线

画刷建立好之后,还需要将它附加到绘图系统中。系统函数 SelectObject() 可以将一个画刷附加到绘图系统中。其中,函数参数为新画刷;函数返回值为原来画刷。绘图系统在同一时间只能使用一个画刷,因此,在将一个画刷附加到绘图系统时,通常需要保存绘图系统内原来的画刷,以便在需要的时候进行恢复。画刷使用方法如下:

```
HBRUSH hOldBrush,hNewBrush = CreateHatchBrush(HS_CROSS,RGB(0,0,255));//创建新画刷
hOldBrush = (HBRUSH)SelectObject(hdc,hNewBrush);                      //选择新画刷、保存旧画刷
…                                                                    //绘图代码
SelectObject(hdc,hOldBrush);                                          //恢复旧画刷
DeleteObject(hNewBrush);                                              //删除画刷
```

将上述修改画刷的代码添加到窗口函数内绘图语句的前后,程序运行结果如图 6-43 所示。

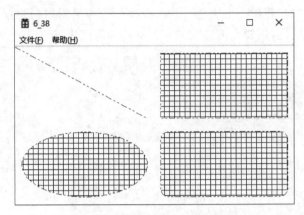

图 6-43　使用画刷的程序运行结果

除了用户自己创建的画刷,还有一些绘图系统提供的画刷可以直接使用。例如,NULL_BRUSH 是系统提供的一种透明画刷,使用该画刷可以绘制不填充的封闭图形。系统函数 GetStockObject(int nIndex)可以用来取得一个系统画刷。该函数使用方法示例如下:

```
HBRUSH hBrush = (HBRUSH)GetStockObject(NULL_BRUSH);
```

系统画刷使用完成后,不需要删除。

【例 6.38】 使用 NULL_BRUSH 画刷绘制如图 6-44 所示图形。

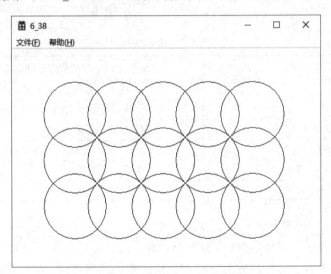

图 6-44　例 6.38 程序运行结果

将以下程序代码添加到窗口函数 switch 语句中"case WM_PAINT:"区域"// TODO:在此处添加使用 hdc 的任何绘图代码…"行之后,即可在程序运行后在窗口绘制如图 6.44 所示图形。

```
♯1.    int RADIUS = 50;                    //圆的半径
♯2.    int DISTANCE = 70;                  //两圆间距离
♯3.    int centerX = 100,centerY = 100;    //初始圆心坐标
♯4.    SelectObject(hdc, GetStockObject(NULL_BRUSH));
♯5.    for (int x = 0; x < 5; x = x + 1)   //行
♯6.    {
♯7.        for (int y = 0; y < 3; y = y + 1)   //列
♯8.        {
♯9.            int cX = centerX + x * DISTANCE;
♯10.           int cY = centerY + y * DISTANCE;;
♯11.           Ellipse(hdc, cX - RADIUS, cY - RADIUS, cX + RADIUS, cY + RADIUS);
♯12.       }
♯13. }
```

6.6.5　输入处理

在向窗口输入内容时,Windows 系统会向创建该窗口的桌面程序发送输入消息,即调用相应桌面程序的窗口函数。在窗口函数的 switch 语句中可以处理这些输入消息。本节介绍菜单输入、键盘输入、鼠标输入 3 种输入的处理方法。

1. 菜单输入

1) 修改菜单资源,添加菜单项

在主菜单中选择"视图/资源视图"菜单项进入"资源编辑"窗口,展开 Menu 项,可以发现里面已经有一个 IDC_MY638 子项(该名字跟程序项目名字相关),该 IDC_MY638 子项即为当前桌面程序默认菜单项。打开该项,右侧的编辑窗口以图形方式显示该菜单资源,用户可以在该窗口添加、修改、删除菜单项,如图 6-45 所示。

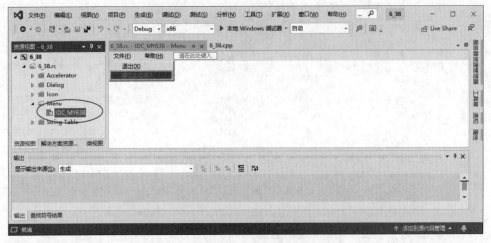

图 6-45　"资源编辑"窗口

本例在框架程序原有"文件(F)"菜单下添加一个新的菜单项:展开"文件(F)"菜单项如图 6-45 所示,单击"退出(X)"下侧的"请在此输入"字符串进入字符串编辑状态,输入"演示"字符串添加新的菜单项,如图 6-46(a)所示。

添加菜单项完成后,还需要设置该菜单项的 ID。菜单项 ID 为一串大写英文标识符,该标

(a)　　　　　　　　　　　　　　(b)

图 6-46　菜单属性窗口

识符通常以"ID_"开始。菜单 ID 作为菜单项的唯一标识在程序中不能重复,设置菜单项 ID 方法如下:在新添加的菜单项(本例为"演示")上右击,在弹出的菜单中选择"属性"命令,显示如图 6-46(b)所示属性窗口,在窗口"杂项\ID"栏填写 ID_DEMO 标识符;填写完成后可以直接按 Enter 键确认,新的菜单项添加完毕。

2) 修改窗口函数代码,处理菜单消息

菜单项添加完成后,需要添加处理该菜单命令的代码。进入代码编辑窗口找到窗口函数,该窗口函数中 switch 语句的"case WM_COMMAND:"之后为处理菜单命令的代码区域。因为菜单命令可能有很多项,所以"case WM_COMMAND:"之后还嵌套一个 switch 语句对不同菜单命令进行再次区分,用户只要在这里添加需要处理的菜单命令(相应 ID)及处理代码,即可处理相应菜单项的输入。处理"演示"菜单命令的示例代码如下:

```
LRESULT CALLBACK WndProc(HWND hWnd, UINT message, WPARAM wParam, LPARAM lParam)
{
...
switch (message)
    {
    ...
    case WM_COMMAND:
            ...
        switch (wmId)
        {
            case ID_DEMO:                                    //添加"演示"菜单的 ID
                MessageBoxA(hWnd,"演示菜单项","菜单消息",0);  //命令处理代码
                break;                                       //处理结束
            ...
        }
    }
...
}
```

MessageBoxA()是一个 Windows 系统函数,该函数可以弹出一个消息对话框并显示一个字符串。以上程序代码可以在用户选择"文件/演示"菜单项后弹出如图 6-47(a)所示的消息对话框。

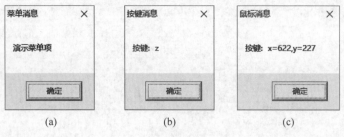

图 6-47　程序运行结果

2. 键盘输入

在有针对窗口的键盘输入时,系统会调用相应桌面程序的窗口函数。与处理菜单命令消息相同,用户只要在窗口函数中添加相应处理代码,即可处理对窗口的键盘输入。WM_CHAR 为键盘输入的消息,用户需要在窗口函数的 switch 语句添加 case WM_CHAR：项处理该消息。用户键盘按键的 ASCII 码值通过 wParam 参数传入,用户根据该值即可获得用户的按键信息。处理键盘输入的示例代码如下:

```
LRESULT CALLBACK WndProc(HWND hWnd, UINT message, WPARAM wParam, LPARAM lParam)
{
...
switch (message)
    {
    ...
    case WM_CHAR:                        //添加键盘输入消息处理
        char s0[100];
        sprintf(s0, "按键: % c", wParam);
        MessageBoxA(hWnd,s0,"按键消息",0);
        break;                           //处理键盘输入结束
    }
...
}
```

用户在本程序窗口处于前台时按键盘键后(本例按键为 Z),程序会弹出如图 6.47(b)所示的消息对话框。

3. 鼠标输入

在有针对窗口的鼠标输入时,系统会调用相应桌面程序的窗口函数。与处理菜单命令消息和键盘消息相同,用户只要在窗口函数中添加相应处理代码,即可处理对窗口的鼠标输入。WM_LBUTTONDOWN 为鼠标左键的按键消息,用户需要在窗口函数的 switch 语句中添加 case WM_LBUTTONDOWN：项处理该消息。用户鼠标光标在窗口区域内时按鼠标左键,系统向窗口发送 WM_LBUTTONDOWN 消息,鼠标在窗口内的坐标值通过 lParam 参数传入。

Windows 系统在发送鼠标消息时,将鼠标 x、y 坐标合并成一个参数 lParam,用户在处理消息时可以使用有参数的宏 LOWORD(lParam)得到鼠标的 x 坐标,使用有参数的宏 HIWORD(lParam)得到鼠标的 y 坐标。处理鼠标输入的示例代码如下:

```
LRESULT CALLBACK WndProc(HWND hWnd, UINT message, WPARAM wParam, LPARAM lParam)
{
...
switch (message)
    {
    ...
    case WM_LBUTTONDOWN:                              //添加鼠标左键按键输入消息处理
            char s1[100];
            sprintf(s1,"按键: x = % d,y = % d",LOWORD(lParam),HIWORD(lParam));
            MessageBoxA(hWnd,s1,"鼠标消息",0);
            break;                                    //处理鼠标左键按键输入结束
    }
...
}
```

用户在本程序窗口内按鼠标左键后,程序会弹出如图 6-47(c)所示的消息对话框。

6.6.6 几个重要消息

1. 窗口重绘消息

当窗口需要显示时,系统发送 WM_PAINT 消息给桌面程序,桌面程序接到 WM_PAINT 消息后即可绘制需要显示的内容。

除了前述被动绘制窗口,程序也可以主动绘制窗口。在程序中,通过调用系统函数 InvalidateRect()可以主动向窗口发送 WM_PAINT 消息,方法如下:

```
InvalidateRect(hWnd, 0, 1);            //擦除窗口背景并重绘
InvalidateRect(hWnd, 0, 0);            //不擦除窗口背景重绘
```

【例 6.39】 在窗口内单击鼠标左键,以鼠标单击位置为圆心,画半径为 20 的圆。

1) 在窗口函数中添加静态变量 x,y

函数中默认方法定义的变量在函数每次被调用时都要重新分配内存,即上一次调用函数修改的变量值无法保存到下次调用时。在 C/C++ 语言中可以通过把一个变量定义成静态变量的方式来解决这个问题。静态变量在函数再次调用时不会重新分配内存,其值也可以在整个程序的运行过程中一直保持。静态变量在定义时用 static 进行说明,本例需要在窗口函数中说明两个静态整型变量,并指定初值为-1。程序代码如下:

```
LRESULT CALLBACK WndProc(HWND hWnd, UINT message, WPARAM wParam, LPARAM lParam)
{
        static int x = - 1,y = - 1;                  //添加静态变量 x,y
        ...
}
```

2) 添加鼠标左键处理消息

```
case WM_LBUTTONDOWN:                            //添加鼠标左键消息处理
    x = LOWORD(lParam);
    y = HIWORD(lParam);
```

```
    InvalidateRect(hWnd, 0, 0);
    break;
```

3）在 WM_PAINT 消息中添加画圆功能

```
case WM_PAINT:
    PAINTSTRUCT ps;
    hdc = BeginPaint(hWnd, &ps);
    //TODO:在此处添加使用 hdc 的任何绘图代码...
    if(x!= -1&& y!= -1)
    {
        Ellipse(hdc,x-20,y-20,x+20,y+20);            //绘制一个椭圆
    }
    EndPaint(hWnd, &ps);
    break;
```

程序运行结果如图 6-48 所示。

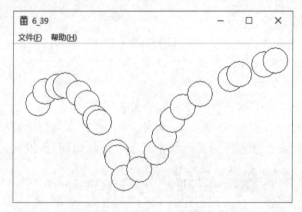

图 6-48　例 6.39 程序运行结果

2. 定时器消息

为程序创建定时器后,每隔一定的时间 Window 系统会向程序发送一个定时器 WM_TIMER 消息,用户在程序中处理这个消息即可定时完成指定的操作。在一个桌面程序中可以创建多个定时器,创建定时器的系统函数为 SetTimer(),其用法示例如下:

```
SetTimer(hWnd,1,1000,NULL);
```

删除定时器的系统函数为 KillTimer(),其用法示例如下:

```
KillTimer(1);
```

其中,函数参数 1 为定时器的编号,若用户创建了多个定时器,则需要用这个编号区分是哪个定时器发来的消息;函数参数 1000 代表每隔 1000ms 得到一个定时器消息。WM_TIMER 为定时器发出的消息,用户需要在窗口函数的 switch 语句中添加 case WM_TIMER:项处理该消息。创建定时器时指定的定时器编号通过 wParam 参数传入窗口函数。处理定时

器消息的代码示例如下：

```
LRESULT CALLBACK WndProc(HWND hWnd, UINT message, WPARAM wParam, LPARAM lParam)
{
...
switch (message)
    {
    ...
    case WM_TIMER:                     //添加定时器消息处理
        switch(wParam)
        {
        case 1:                        //标识为 1 的定时器
            ...                        //处理定时器消息
            break;
        }
    break;                             //处理定时器消息结束
    }
...
}
```

【例 6.40】 在窗口内显示一个秒表，秒表每隔 1 秒走一步，每分钟走一圈。

(1) 修改菜单资源，在"文件(F)"菜单中添加菜单项"开始"，并设置菜单项"开始"的 ID 为 ID_BEGIN。

(2) 在窗口函数中添加绘制秒表所需参数变量并赋值。

绘制秒表需要确定表心坐标、表盘大小、表针大小、秒针指向角度及秒针指向的端点坐标。秒针指向角度及秒针指向的端点坐标需要保存到下次函数调用，所以其为静态变量。

```
LRESULT CALLBACK WndProc(HWND hWnd, UINT message, WPARAM wParam, LPARAM lParam)
{
int x0 = 220, y0 = 120;                                        //秒表中心
int letf = x0 - 100, top = y0 - 100, right = x0 + 100, bottom = y0 + 100;  //秒表外接矩形
int r = 90;                                                    //秒针长度
static double a;                                               //指针角度
static int x1 = - 1, y1 = - 1;                                 //指针端点位置
...
}
```

(3) 添加菜单处理消息，用户通过菜单启动秒表。

```
LRESULT CALLBACK WndProc(HWND hWnd, UINT message, WPARAM wParam, LPARAM lParam)
{
...
switch (message)
    {
    case WM_COMMAND:
            ...
        switch (wmId)
        {
            ...
```

```
                case ID_BEGIN:
                     SetTimer(hWnd,1,1000,NULL);                //处理菜单开始命令
                     break;
                ...
}
```

（4）添加定时器处理消息，计算秒针旋转位置并发出 WM_PAINT 消息。

```
LRESULT CALLBACK WndProc(HWND hWnd, UINT message, WPARAM wParam, LPARAM lParam)
{
...
switch (message)
    {
    ...
    case WM_TIMER:                     //添加定时器消息处理
            switch(wParam)
            {
            case 1:                     //标识为 1 的定时器
                a = a + 0.10471;        //每秒旋转角度
                x1 = x0 + r * sin(a);   //旋转后指针端点 x 坐标
                y1 = y0 - r * cos(a);   //旋转后指针端点 y 坐标
                InvalidateRect(hWnd, 0, 0);
                break;
            }
        break;                          //处理定时器消息结束
...
}
```

（5）处理 WM_PAINT 消息添加画表功能。

```
case WM_PAINT:
        PAINTSTRUCT ps;
        hdc = BeginPaint(hWnd, &ps);
        // TODO:在此处添加使用 hdc 的任何绘图代码...
        if(x1!= - 1 && y1!= - 1)
        {
            Ellipse(hdc,letf,top,right,bottom);          //绘制秒表边框
            MoveToEx(hdc,x0,y0,NULL);                    //移动当前点
            LineTo(hdc,x1,y1);                           //绘制秒表指针
            Ellipse(hdc,x0 - 5,y0 - 5,x0 + 5,y0 + 5);    //绘制秒表边框
        }
        EndPaint(hWnd, &ps);
        break;
```

程序运行结果如图 6-49 所示。

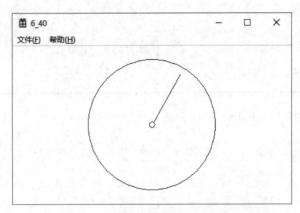

图 6-49　例 6.40 程序运行结果

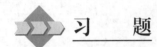 习　题

1. 简述什么是计算思维,它有什么重要意义?

2. 简述什么是算法,它有哪些特点?

3. 简述几种常用算法的描述方法,它们各有哪些特点?

4. 编写一个做菜的算法,分别用自然语言和流程图进行描述。

5. 用流程图描述算法:输入 x、y,计算 z=x÷y,输出 z。

6. 用流程图描述算法:输入 n,计算 z=n!,输出 z。注意:n! 需要用乘法实现。

7. 简述使用计算机的问题求解过程。

8. 简述什么是高级语言和低级语言,它们各有什么特点?

9. 简述一个 C/C++语言程序主要由哪些部分组成?

10. 什么是算术运算? 什么是关系运算? 什么是逻辑运算?

11. C/C++语言如何表示"真"和"假"? 系统如何判断一个值的"真"和"假"?

12. 简述 Windows 程序的组成。

13. 简述 Windows 消息的作用。

14. 比较 Windows 程序与标准 C/C++语言程序的差别。

15. 简述使用 Visual Stdio 2019 建立 Windows 桌面程序的步骤。

16. 下列标识符中,哪些是 C/C++语言中有效的变量名称?

John　　　　 $123　　　 _name　　　 3D64

ab_c　　　　 2abc　　　 char　　　 a#3

17. 请计算出下列语句中各个赋值运算符左边变量的值。注意:并不是按顺序执行这些语句的,假定在每条前都已有下列语句。

```
int i,j,k;
double x,y,z;
i = 3;
j = 5;
x = 4.3;
y = 58.209;
```

(1) k=j*i;　　　　　　　　　　(2) k=j/i;

(3) z=x/i;　　　　　　　　　　(4) k=x/i;

(5) z=y/x;　　　　　　　　　　(6) k=y/x;

(7) i=3+2*j;　　　　　　　　　(8) k=j%i;

18. 根据下列要求写出对应的 C/C++语言表达式。

(1) 设 x 为整数，且 $0 \leqslant x < 5$，写出对应的 C/C++语言表达式。

(2) 若有代数式 $a^2 \div (5a+6b)$，写出对应的 C/C++语言表达式。

19. 设 x 的值是 21，y 的值是 4，z 的值是 8，c 的值是'A'，d 的值是'H'，请写出下列表达式的值。

(1) x+y>=z　　　　　　　　　(2) y==x-2*z-1

(3) 6*x!=x　　　　　　　　　　(4) c>d

(5) x=y==4　　　　　　　　　(6) (x=y)==4

(7) (x=1)==1　　　　　　　　(8) 2*c>d

20. 设 x 的值是 11，y 的值是 6，z 的值是 1，c 的值是'k'，d 的值是'y'，请写出下列表达式的值。

(1) x>9 && y!=3

(2) x==5 || y!=3

(3) !(x>14)

(4) !(x>9 && y!=23)

(5) x<=1 && y==6 || z<4

(6) c>='a' && c<='z'

(7) c>='A' && c<='A'

(8) c!=d && c!='\n'

21. 画出以下程序的流程图并给出运行结果。

```
#include "stdio.h"
int main(){
    int x = 9,y = 2,z;
    printf("%d\n",z= x/y);
    return 0;
}
```

22. 画出以下程序的流程图并给出运行结果。

```
#include "stdio.h"
int main(){
    char x = 65;
    int a = 97;
    printf("%c\n",x);
    printf("%d\n",x);
    printf("%d\n",a);
    printf("%c\n",a);
    return 0;
}
```

23. 画出以下程序的流程图并给出运行结果。

```c
# include "stdio.h"
int main(){
    int a = 2,b = -1,c = 2;
    if(a < b)
        if(b < 0)
            c = 0;
        else
            c = c + 1;
    printf(" % d\n",c);
    return 0;
}
```

24. 画出以下程序的流程图并给出输入 1 后的运行结果。

```c
# include "stdio.h"
int main(){
    int x,y;
    scanf(" % d",&x);
    y = 0;
    if(x > = 0)
        if(x > 0)
            y = 1;
        else
            y = -1;
    printf(" % d, % d\n",x,y);
    return 0;
}
```

25. 画出以下程序的流程图并给出运行结果。

```c
# include "stdio.h"
int main (){
int x = 1,y = 0,a = 0,b = 0;
switch(x){
    case 1:
        switch (y)
            {
            case 0 : a = a + 1 ; break ;
            case 1 : b = b + 1 ; break ;
            }
    case 2:a = a + 1; b = b + 1 ; break;
    case 3:a = a + 1; b = b + 1 ;
        }
    printf(" % d, % d",a,b);
    return 0;
}
```

26. 画出以下程序的流程图并给出运行结果。

```c
# include "stdio.h"
int main (){
int k = 1,n = 263 ;
```

```
do{
        k * = n % 10 ; n/ = 10 ;
        }
    while (n) ;
    printf(" % d\n",k);
    return 0;
    }
```

27. 画出以下程序的流程图并给出运行结果。

```
# include "stdio. h"
int main (){
    int i,a = 0;
    for (a = 1,i = - 1; i < 1;i = i + 1){
        a = a + 1 ;
        printf(" % d,",a);
    }
    printf(" % d",i) ;
    return 0;
}
```

28. 画出流程图并编写程序。从键盘输入一个实数,求其绝对值并输出,要求小数点后保留2位。

29. 画出流程图并编写程序。从键盘输入一个英文字母,输出其 ASCII 码值。

30. 画出流程图并编写程序。从键盘输入一个圆柱体的半径和高度,求它的体积和表面积并输出,要求小数点后保留2位。

31. 画出流程图并编写程序。已知某计算机主板总线位宽64位,编写程序输入总线工作频率(单位 MHz)和每时钟周期传输次数,输出总线带宽(MB/s)。

32. 画出流程图并编写程序。已知某数码相机拍摄的真彩色照片为5000万像素,编写程序输入相机存储卡容量(单位为 GB)和保存照片的压缩倍率,输出该存储卡能存储该相机拍摄的照片数量。

33. 画出流程图并编写程序。从键盘输入两个实数,将这两个数字进行互换并输出。

34. 画出流程图并编写程序。从键盘输入一个实数,按四舍五入的方法转为整数并输出。

35. 画出流程图并编写程序。从键盘输入三个实数,输出其中最小的数,要求小数点后保留2位。

36. 画出流程图并编写程序。从键盘输入1~7的整数,输出对应的星期一到星期日的字符串。例如,输入2则输出"星期二";输入8则输出"数据非法"。

37. 画出流程图并编写程序。从键盘输入年份,输出该年份是否为闰年。

38. 画出流程图并编写程序。输出所有英文字母及它们的 ASCII 码值。

39. 画出流程图并编写程序。输入 n 再输入 n 个整数,输出其中最小的数,并指出其是输入的第几个数。

40. 画出流程图并编写程序。输入一个整数(小于10位),求它的位数并输出。

41. 画出流程图并编写程序。输入一个整数 n,输出 1-3+5-7+…+n 的结果。

42. 画出流程图并编写程序。一张纸的厚度为 0.08mm,输出对折多少次能达到珠穆朗玛峰的高度(8848.13m)。

43. 画出流程图并编写程序。10 000 元存入银行,年利率是 3%,每过 1 年,将本金和利息相加作为新的本金。计算 5 年后,获得的收入是多少,精确到小数点后 2 位。

44. 画出流程图并编写程序。操场上有一百多人上体育课,三人一组多 1 人,四人一组多 2 人,五人一组多 3 人,求出操场上一共有多少人。

45. 我国古代数学家张邱编著的《算经》中有一道"百钱买百鸡"的问题难倒了很多人,题目是 5 文钱可以买一只公鸡,3 文钱可以买一只母鸡,1 文钱可以买三只小鸡,现在用 100 文钱要买 100 只鸡,编写程序输出有几种买法,如何买。

46. 某学校在做历史在校生人数统计时发现部分数据丢失,已知该校某年高三年级有学生 380~450 人,现仅找到该年级当年的语文期末成绩记录为平均分 76 分,其中男生平均分 75 分,女生平均分 80.1 分,请编写程序计算当年该校高三有多少学生。

47. 有一个人想知道一年之内一对兔子能繁殖多少对兔子,于是就筑了一道围墙把一对刚出生的兔子关在里面。已知一对兔子每个月可以生一对小兔子,而一对兔子从出生后第 3 个月起每月生一对小兔子。假如一年内没有发生死亡现象,编写程序输出一对兔子一年内(12 个月)能繁殖多少对兔子。

48. 创建一个 Windows 桌面程序,在窗口内绘制一个围棋棋盘。

49. 创建一个 Windows 桌面程序,在窗口内绘制习题 38 中存款变化的增长曲线,x 轴为时间、y 轴为存款数量。

50. 修改例 6.40 程序,增加菜单项"停止",实现停止表针运行功能。

阅读材料:程序之美

1. 心形算法

尽量用简洁的代码打印出精美的心形图案,一直是编程爱好者的追求,以下 3 个程序展现了作者精巧的构思和非凡的创意。

(1) 以下代码可以保存为 .c 或 .cpp 文件,使用 C 或 C++编译器编译(推荐采用"小熊猫 Dev-C++"),运行结果以字符的形式显示一个平面心形图案,如图 6-50 所示。

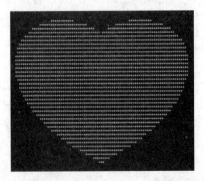

图 6-50　程序运行结果——一个平面心形图案

```
#1.    # include < stdio.h>
#2.    # include < math.h>
#3.    # include < stdlib.h>
```

```
#4.    # define U 0.06
#5.    # define V 0.025
#6.    # define M 1.1
#7.    # define N 1.2
#8.    int main()
#9.    {
#10.       double x, y;
#11.       double m, n;
#12.       system("mode con cols = 100 lines = 60");
#13.       for (y = 2; y > = -2; y -= U)
#14.       {
#15.           for (x = -1.2; x <= 1.2; x += V)
#16.           {
#17.               if(((((x * x + y * y - 1) * (x * x + y * y - 1) * (x * x + y * y - 1) - x * x * y * y * y)< = 0))
#18.                   printf(" * ");
#19.               else
#20.                   printf(" ");
#21.           }
#22.           printf("\n");
#23.       }
#24.       getchar();
#25.       return 0;
#26. }
```

（2）以下代码可以保存为.c 或.cpp 文件,使用 C 或 C++编译器编译(推荐采用"小熊猫Dev-C++"),运行结果以字符的形式显示三维效果心形图案,如图 6-51 所示。

图 6-51 程序运行结果——三维效果心形图案(1)

```
#1.    # include < stdio.h >
#2.    # include < math.h >
#3.    double f(double x, double y, double z)
#4.    {
#5.        double a = x * x + 9.0 / 4.0 * y * y + z * z - 1;
#6.        return a * a * a - x * x * z * z * z - 9.0 / 80.0 * y * y * z * z * z;
#7.    }
#8.    double h(double x, double z)
```

```
♯9.    {
♯10.       for (double y = 1.0; y >= 0.0; y -= 0.001)
♯11.          if (f(x, y, z) <= 0.0)
♯12.             return y;
♯13.       return 0.0;
♯14.  }
♯15.  int main()
♯16.  {
♯17.      double z, x, v, y0, ny, nx, nz, nd, d;
♯18.      system("mode con cols = 130 lines = 60");
♯19.      for (z = 1.5; z > -1.5; z -= 0.05)
♯20.      {
♯21.          for (x = -1.5; x < 1.5; x += 0.025)
♯22.          {
♯23.              v = f(x, 0.0, z);
♯24.              if (v <= 0.0)
♯25.              {
♯26.                  y0 = h(x, z);
♯27.                  ny = 0.01;
♯28.                  nx = h(x + ny, z) - y0;
♯29.                  nz = h(x, z + ny) - y0;
♯30.                  nd = 1.0 / sqrt(nx * nx + ny * ny + nz * nz);
♯31.                  d = (nx + ny - nz) * nd * 0.5 + 0.5;
♯32.                  putchar(".:-=+*#%@"[(int)(d * 5.0)]);
♯33.              }
♯34.              else
♯35.                  putchar(' ');
♯36.          }
♯37.          putchar('\n');
♯38.      }
♯39.      return 0;
♯40.  }
```

（3）以下代码因为使用了 C++ 语言编写的 EGE 图形库，需要保存为 .cpp 文件使用 C++ 编译器编译（推荐采用"小熊猫 Dev-C++"），运行结果以图形的形式显示三维效果心形图案，如图 6-52 所示。

图 6-52　程序运行结果——三维效果心形图案（2）

```
#1.     #include <graphics.h>                              //包含 EGE 图形库头文件
#2.     #define SCR_WIDTH 500                               //定义图形宽度
#3.     #define SCR_HEIGHT 450                              //定义图形高度
#4.     ...                                                 //略,沿用图 6-51 效果的程序#1～#14 代码
#5.     int main()
#6.     {
#7.         initgraph(SCR_WIDTH, SCR_HEIGHT, INIT_RENDERMANUAL);    //EGE 库函数,设置图形模式
#8.         for (int sy = 0; sy < SCR_HEIGHT; sy++)
#9.         {
#10.            double z = 1.5 - sy * 3.0 / SCR_HEIGHT;
#11.            for (int sx = 0; sx < SCR_WIDTH; sx++)
#12.            {
#13.                double x = sx * 3.0 / SCR_WIDTH - 1.5;
#14.                double v = f(x, 0.0, z);
#15.                int r = 0;
#16.                if (v <= 0.0)
#17.                {
#18.                    double y0 = h(x, z);
#19.                    double ny = 0.001;
#20.                    double nx = h(x + ny, z) - y0;
#21.                    double nz = h(x, z + ny) - y0;
#22.                    double nd = 1.0 / sqrtf(nx * nx + ny * ny + nz * nz);
#23.                    double d = (nx + ny - nz) / sqrtf(3) * nd * 0.5 + 0.5;
#24.                    r = (int)(d * 255.0);
#25.                }
#26.                putpixel_f(sx,sy,EGERGB(r, 0x0, 0x0));       //EGE 库函数,以指定颜色画点
#27.            }
#28.        }
#29.        getch();
#30.        closegraph();                                    //EGE 函数,关闭图形模式
#31.        return 0;
#32. }
```

2. 分形算法

分形图是一种较为流行的艺术图形。所谓分形,就是指组成部分与整体以某种方式相似,局部放大后可以在某种程度上再现整体。以下程序展示了一棵树的分形图和一个三角形的分形图,如图 6-35 所示。

树的分形图是由一些分支构成的,就其中某个分支来看,它具有与整棵树相似的外形。绘制的原则是:先按某一方向画一条直线,然后在此线段上找到一系列节点,在每个节点处向左、右偏转 60°各画一条分支。节点位置和节点处所画分支的长度比值按 0.618 分割。绘制函数如下:

```
#1.     #include <math.h>
#2.     void Tree(HDC hdc, int x, int y, double lenth, double fai)
#3.     {
#4.         int x1,y1;
#5.         int nx,ny,count;
#6.         double nlenth;
```

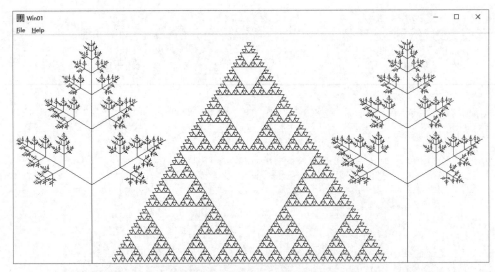

图 6-53　分形算法程序运行结果

```
♯7.        x1 = x + lenth * cos(fai * 3.14/180.0);
♯8.        y1 = y - lenth * sin(fai * 3.14/180.0);
♯9.        MoveToEx(hdc, x, y, NULL);
♯10.       LineTo(hdc, x1, y1);
♯11.
♯12.       if(lenth < 10)return;
♯13.       nlenth = lenth;
♯14.       nx = x;
♯15.       ny = y;
♯16.       for(count = 0; count < 7; count = count + 1)
♯17.       {
♯18.           nx = nx + nlenth * (1 - 0.618) * cos(fai * 3.14/180.0);
♯19.           ny = ny - nlenth * (1 - 0.618) * sin(fai * 3.14/180.0);
♯20.           Tree(hdc, nx, ny, nlenth * (1 - 0.618), fai + 60);
♯21.           Tree(hdc, nx, ny, nlenth * (1 - 0.618), fai - 60);
♯22.           nlenth * = 0.618;
♯23.       }
♯24. }
```

　　三角形的分形图绘制方法是：先画一个大三角形，连接三角形的三条边的中点，得到四个较小的三角形，然后对外围的三个小三角形进行与大三角形相同的处理，得到一系列更小的三角形。以此类推，将三角形不断地分割下去，直到最小的三角形的边长小于某个值时停止分割。绘制函数如下：

```
♯1.    void Triangle(HDC hdc, int x1, int y1, int x2, int y2, int x3, int y3)
♯2.    {
♯3.        int xm1, ym1, xm2, ym2, xm3, ym3, fx, fy;
♯4.        xm1 = (x1 + x2)/2;
♯5.        ym1 = (y1 + y2)/2;
♯6.        xm2 = (x2 + x3)/2;
♯7.        ym2 = (y2 + y3)/2;
```

```
♯8.        xm3 = (x3 + x1)/2;
♯9.        ym3 = (y3 + y1)/2;
♯10.       MoveToEx(hdc,xm1,ym1,NULL);
♯11.       LineTo(hdc,xm2,ym2);
♯12.       MoveToEx(hdc,xm2,ym2,NULL);
♯13.       LineTo(hdc,xm3,ym3);
♯14.       MoveToEx(hdc,xm3,ym3,NULL);
♯15.       LineTo(hdc,xm1,ym1);
♯16.       fx = xm1 − xm2;
♯17.       fy = ym1 − ym2;
♯18.       if((fx * fx + fy * fy)< 150) return;
♯19.       Triangle(hdc,x1,y1,xm1,ym1,xm3,ym3);
♯20.       Triangle(hdc,xm1,ym1,x2,y2,xm2,ym2);
♯21.       Triangle(hdc,xm3,ym3,xm2,ym2,x3,y3);
♯22.  }
```

参照本书 6.6 节内容,使用 Visual Studio 2019 创建 Windows 桌面应用程序,在源代码文件中添加以上两个分形算法函数,在窗口函数 switch 语句中 WM_PAINT 消息处理区域添加以下代码(粗体内容),编译运行程序即可显示如图 6-52 所示的精美分形图案。

```
case WM_PAINT:
    ...
    {
        Tree(hdc,850,500,490.0,90.0);
        Tree(hdc,170,500,490.0,90.0);
        int x1 = 510,y1 = 10,x2 = 210,y2 = 473,x3 = 810,y3 = 473;
        Triangle(hdc,x1,y1,x2,y2,x3,y3);
    }
    ...
```

参 考 文 献

[1] 张福炎,孙志辉.大学计算机信息技术教程[M].6版.南京:南京大学出版社,2015.

[2] 金海东,朱锋,黄蔚.大学计算机信息技术[M].上海:上海交通大学出版社,2017.

[3] 李海燕,周克兰,吴瑾.大学计算机基础[M].北京:清华大学出版社,2013.

[4] 黄蔚.新编大学计算机信息技术教程[M].北京:清华大学出版社,2010.

[5] 颜烨,刘嘉敏.大学计算机基础[M].重庆:重庆大学出版社,2013.

[6] 战德臣,聂兰顺.大学计算机:计算思维导论[M].北京:电子工业出版社,2013.

[7] 周洪利,朱卫东,陈连坤.计算机硬件技术基础[M].北京:清华大学出版社,2012.

[8] 谢永宁.计算机组成与结构[M].北京:中国铁道出版社,2013.

[9] 林福宗.多媒体技术基础[M].3版.北京:清华大学出版社,2012.

[10] 胡晓峰,吴玲达,老松杨,等.多媒体技术教程[M].4版.北京:人民邮电出版社,2015.

[11] 洪杰文,归伟夏.新媒体技术[M].重庆:西南师范大学出版社,2016.

[12] 刘鹏.大数据[M].北京:电子工业出版社,2017.

[13] 林子雨.大数据技术原理与应用[M].2版.北京:人民邮电出版社,2017.

[14] 王鹏,黄炎,安俊秀,等.云计算与大数据技术[M].北京:人民邮电出版社,2014.

[15] 陈志德,曾燕清,李翔宇,等.大数据技术与应用基础[M].北京:人民邮电出版社,2017.

[16] 王珊,萨师煊.数据库系统概论[M].4版.北京:高等教育出版社,2006.

[17] KROENK D M,AUER D J,数据库原理[M].5版.赵艳铎,葛萌萌,译.北京:清华大学出版社,2011.

[18] 郑小玲,张宏.Access 数据库实用教程[M].2版.北京:人民邮电出版社,2013.

[19] 崔洋,贺亚茹.MySQL 数据库应用从入门到精通[M].2版.北京:中国铁道出版社,2014.

[20] RUNOOB. COM. MongoDB 教 程 [EB/OL]. [2021-3-29]. http://www. runoob. com/mongodb/ mongodb-tutorial. html.

[21] 张博 208.关于 Kaggle 入门,看这一篇就够了[EB/OL].(2017-6-15)[2021-3-29].https://blog.csdn. net/bbbeoy/article/details/73274931.

[22] KNAPP A.数据狂人之间的竞赛[EB/OL].栗志敏,译.(2012-3-6)[2021-3-29].http://www. forbeschina. com/review/201203/0015583. shtml.

[23] IT 小喇叭.大数据竞赛平台霸主之争,Kaggle?[EB/OL].(2015-7-20)[2021-3-29].https://baijia. baidu. com/ s? old_id=112869.

[24] 黄蔚,熊福松,钱毅湘,等.Python 程序设计.[M]北京:清华大学出版社,2020.

[25] 张志强,周克兰,郑红兴.C/C++程序设计[M].北京:清华大学出版社,2019.

部分习题参考答案

第1章　计算机组成及工作原理

一、判断题

1. √　　2. ×　　3. ×　　4. ×　　5. √　　6. ×　　7. ×　　8. √

二、选择题

1. C　　2. D　　3. C　　4. B　　5. A　　6. D　　7. A　　8. D

9. A　　10. B　　11. C　　12. B　　13. B　　14. D　　15. D　　16. B

三、填空题

1. 操作码　　2. 硬件　　3. 指令系统　　4. 精简指令系统　　5. 内存

6. 数据总线、地址总线　　7. 芯片组

四、简答题

(略)

第2章　计算机软件与信息表示

一、判断题

1. √　　2. ×　　3. √　　4. ×　　5. √　　6. √　　7. ×

二、选择题

1. D　　2. A　　3. A　　4. B　　5. C　　6. B　　7. B　　8. A　　9. A

10. D　　11. C　　12. D　　13. D　　14. B　　15. C　　16. C　　17. C

三、填空题

1. 数据　　2. 共享　　3. 只读　　4. 327.2　　5. 11110101　　6. 指数、尾数

四、简答题

(略)

第3章   计算机网络与信息安全

一、判断题

1. √   2. ×   3. ×   4. √   5. √   6. ×   7. ×   8. ×

二、选择题

1. A   2. B   3. A   4. B   5. D   6. A   7. C   8. B

9. B   10. C   11. B   12. D   13. A   14. C   15. A

三、填空题

1. 计算机技术   2. 双绞线   3. 误码率   4. 域名

5. 7   6. C   7. 网络   8. 网络协议   9. 路由器

四、简答题

(略)

第4章   计算机新技术

一、判断题

1. ×   2. √   3. ×   4. √   5. ×   6. √

二、选择题

1. A   2. D   3. D   4. B   5. A   6. C   7. B   8. C

三、填空题

1. 公有云、私有云、混合云、行业云   2. 强人工智能、弱人工智能

3. 沉浸   4. 公有区块链、行业区块链、私有区块链   5. 法定、等价

四、简答题

(略)

第5章   大数据技术

一、选择题

1. D   2. D   3. D   4. B   5. D   6. A   7. D   8. D

9. B   10. D

二、填空题

1. 关系   2. 属性   3. 视图   4. 数据字典   5. None   6. items()

7. True()   8. 'hello world!'   9. type   10. [(1, 3), (2, 4)]

三、简答题

(略)

四、编程题

(略)

第6章   计算思维与程序设计

习题

(略)

图书资源支持

感谢您一直以来对清华版图书的支持和爱护。为了配合本书的使用，本书提供配套的资源，有需求的读者请扫描下方的"书圈"微信公众号二维码，在图书专区下载，也可以拨打电话或发送电子邮件咨询。

如果您在使用本书的过程中遇到了什么问题，或者有相关图书出版计划，也请您发邮件告诉我们，以便我们更好地为您服务。

我们的联系方式：

地　　址：北京市海淀区双清路学研大厦 A 座 714

邮　　编：100084

电　　话：010-83470236　　010-83470237

客服邮箱：2301891038@qq.com

QQ：2301891038（请写明您的单位和姓名）

资源下载：关注公众号"书圈"下载配套资源。

书　圈

获取最新书目

观看课程直播